执钥启扉持钩寻钓
凭舟浮海开卷观妙

# 开启心理与行为研究的第一扇门

# 心理与行为研究入门指南

刘金平 ◎ 编著

2012年度河南省教师教育课程改革研究项目
"卓越教师人才心理健康素质培养"研究成果

科学出版社
北京

## 内 容 简 介

心理学研究方法课程是心理学专业和应用心理学专业本科生及心理学各专业研究生的必修课程。

本书的主要内容包括心理学的研究概述，研究选题，研究假设，研究取样，研究的信度和效度，数据收集方法（包括实验法、准实验法、心理测验法、问卷法、观察法、访谈法等），数据的整理与统计分析（包括 t 检验、F 检验、卡方检验、相关检验），研究报告的写作。

本书对心理学专业及相关专业研究生、本科生，心理学工作者，心理学爱好者有重要参考价值。

---

**图书在版编目(CIP)数据**

心理与行为研究入门指南 / 刘金平编著．—北京：科学出版社，2015.8
ISBN 978-7-03-045587-1

I.①心… II.①刘… III.①心理行为-研究方法-指南 IV.B842-3

中国版本图书馆 CIP 数据核字（2015）第 210023 号

责任编辑：朱丽娜　乔艳茹/责任校对：郑金红
责任印制：张　倩/封面设计：楠竹文化
编辑部电话：010-64033934
E-mail：fuyan@mail.sciencep.com

*科学出版社* 出版
北京东黄城根北街 16 号
邮政编码：100717
http://www.sciencep.com
*新科印刷有限公司* 印刷
科学出版社发行　各地新华书店经销
\*

2015 年 11 月第　一　版　开本：720×1000 1/16
2016 年 3 月第二次印刷　印张：24 1/4
字数：432 000
**定价：86.00 元**
（如有印装质量问题，我社负责调换）

# 前言 Preface

如何进行心理与行为研究？这个问题很宽泛，答案内容或许包括很多方面。比如，如何立意（提出一个好的"想法"）？好的立意或者观点从哪里来？如何把"想法"转化为研究题目和研究假设？如何根据心理与行为研究的基本规范设计自己的研究？如何搜集和处理数据以便简明、有逻辑、符合规范地呈现研究的结果？如何分析和解释研究结果？如何把自己的研究撰写成论文公开发表？等等。这些问题必须都要包括在内。要回答好这个问题也不是一件容易的事。因为回答这个问题首先需要有丰富的心理与行为领域的理论知识和历史知识，其次需要有较丰富的研究工作经验，最重要的是需要有回答该问题的动力和热情。其实，回答这个问题最好的方法是写一本心理与行为研究的初级读本，让初学者慢慢懂得一些研究的门径。真正的学界"大腕""大牛"是不屑于做这项工作的，因为这项工作出力不少，还不见得能讨个好。笔者曾经给几届本科生和研究生讲授过心理学研究方法课程。对本科生来说，该课程有一定的难度，因为本科生除了做一些练习型的研究之外，很少有机会自主进行独立研究，相应地也缺乏研究的经验，对研究方法课程缺乏感性认识，理解起来就有难度。但是，该课程是心理学专业和应用心理学专业的必修课，对学生来说还必须上。一部分学生只是因为课程计划的要求不得不选这门课，因此学习过程也是听听而已，混个及格分万事大吉，说明这部分学生对该课程的重要性认识不足。对研究生来说，该课程更为重要、更为实用，必须很好地掌握。几年前笔者就着手编写一本心理与行为研究的入门读本，帮助初学者了解心理与行为研究的基本思路和方法。由于事务繁杂，断断续续一直耽搁到今天总算有了个眉目，并把书名定为"心理与行为研究入门指南"。

笔者向来赞成这样的观点，即认为心理与行为科学既是一套关于人的心理和行为的理论，也是一套研究人、提高人的心理与行为品质的技术。这里不对这种观点进行全面、深入、细致的阐述，只是对技术这个层面稍用笔墨。心理与行为科学不能停留于思辨，也不能停留于经验的观察，因为思辨往往是空洞的、没有数据支持的，它与哲学就无法区分；同样，如果心理与行为科学停留于自然观察和描述水平，也是不行的，因为单纯的自然观察和描述只能了解心理与行为的表面现象和外部联系，不能深入到心理与行为的内部，不能揭示其本质和内在联系。心理与行为科学的研究，特别是实验研究，可以把复杂的问题分解为许多变量，这样我们就能通过一定的策略和技术探讨变量之间的关系。

Randolph A. Smith 等认为，学习心理与行为科学研究方法课程，有以下几个方面的好处[1]。

第一，有助于学生学习其他心理学课程。心理与行为科学的知识是建立在研究方法基础上的，其他的心理学课程的许多内容都包含研究方法内容。对研究方法的理解越充分，就能越好地掌握其他课程的内容。例如，学习知觉、记忆等内容，其中有大量的实验研究。即使是人格心理学、社会心理学、临床心理学等分支学科都涉及研究方法。

第二，掌握研究方法可以帮助学生在毕业后从事研究工作。心理学专业的本科毕业生就业去向比较多，如到中小学做心理咨询和心理辅导、到公司从事人力资源管理等工作。这些工作都需要有一定的研究方法修养和训练。即使从事的工作与心理学没有直接关系，但在工作中需要进行某种类型的研究的可能性还是很大的，研究方法课程在这种情况下就能助一臂之力，起码知道如何着手探讨问题，不至于无所适从。有些进入非心理与行为科学领域的学生，也可能会用到大学所接受的专业训练对非心理学课题进行研究，因为许多学科的研究思路和研究规范都有相通的地方。

第三，为研究生阶段的学习和研究打下基础。指导过研究生的老师都知道，在研究生复试的时候，老师们最希望了解考生对研究方法和实验心理学的掌握情况，这些老师想考查一下考生是否具有一定的研究能

---

[1] Smith R A, Davis S F. 2006. 实验心理学教程——勘破心理世界的侦探. 郭秀艳，孙里宁译. 北京：中国轻工业出版社：15-16.

力和研究方法的基础训练。研究方法方面的知识与技能是顺利完成研究生阶段学业的保证。

除了以上所述，笔者认为学习心理与行为科学研究方法课程，有利于训练学生的科学思维方法，提高思维的逻辑性、创造性、严密性，这些思维品质的提高显然可以促进学生整体科研能力的提高。

写作一本适用于本科生和低年级研究生阅读的简明研究方法读本，并非易事。困难之一在于，笔者才疏学浅，恐难驾驭现有异常丰富的心理与行为科学的专业文献，因此只能努力尽量多地浏览和参考重要的有代表性的文献。困难之二在于，随着科技的发展，心理与行为研究的新方法、新手段如雨后春笋，层出不穷，对于一本主要面向本科生的研究方法读本，不能面面俱到，因此只能采撷常用的基本研究方法做一介绍。

写作这个读本的过程其实是一个很好的学习过程。为了弄明白一些问题，参考了大量的国内外相关著作和教材、论文，获益颇多。因此，对这些文献的作者表示衷心的感谢。在书稿的写作过程中，笔者的学生贾振彪、李云亭、原雨霖、李藏、刘萍、贺含珍付出了许多劳动，在此一并对他们表示感谢。本书得以顺利出版，还要感谢科学出版社编辑付艳分社长，以及朱丽娜、乔艳茹编辑的鼎力相助。

刘金平<br>
2015 年 1 月 1 日于仁和书屋

# 目 录
# Contents

前 言 // i

## 第一章　科学方法和心理与行为研究 //1

### 第一节　什么是科学方法 // 1
　　一、科学研究 // 1
　　二、科学研究的特征 // 7
　　三、科学、推理和常识 // 8
　　四、独立精神 // 11

### 第二节　心理与行为科学的方法 // 14
　　一、作为科学的心理与行为科学 // 14
　　二、心理与行为研究的基本假设 // 15
　　三、行为：研究被试主观经验的途径 // 16
　　四、心理与行为科学研究的基本过程 // 17

### 第三节　当代心理与行为科学研究方法 // 18
　　一、早期心理学研究方法 // 18
　　二、当代心理与行为科学研究方法的特点 // 18
　　三、心理与行为科学研究方法的分类 // 23

### 第四节　心理与行为研究中的伦理问题 // 24
　　一、伦理原则 // 24
　　二、必须"欺骗"时怎么办 // 29
　　三、向参与者说明情况 // 30

## 第二章　好的"想法"从哪里来 // 32

### 第一节　如何做文献检索 // 32

一、文献检索在心理与行为科学研究中的作用 // 33
  二、心理与行为科学文献的种类及主要分布 // 34
  三、文献检索过程和方法 // 37
  四、撰写文献综述报告 // 37
 第二节 研究选题的意义和类型 // 38
  一、选择研究课题的意义 // 38
  二、心理与行为科学研究课题的主要类型 // 39
 第三节 发现问题的策略 // 40
  一、发现和提出问题 // 41
  二、选题的评价 // 47
  三、课题论证 // 48

# 第三章 如何提出研究假设 // 50

 第一节 理论假说 // 51
  一、科学假说及其特点 // 51
  二、科学假说的功能 // 52
  三、假说的检验 // 53
 第二节 研究假设的建立 // 54
  一、什么是假设 // 54
  二、理论构思与假设的建立 // 55
  三、通过测量检验假设 // 63
  四、研究观点的产生 // 64
  五、科学家的创新思维过程 // 71

# 第四章 如何评价研究的可靠性和有效性 // 73

 第一节 研究的可靠性 // 73
  一、什么是信度 // 74
  二、信度的种类 // 75
  三、可接受的信度范围 // 79
 第二节 研究的有效性 // 80
  一、什么是效度 // 80
  二、测量效度的种类 // 81
  三、测验信度与测验效度的关系 // 90
  四、实验效度的种类 // 92

五、内部效度、外部效度、统计结论效度和构想效度之间的
　　　　关系 // 102

# 第五章　研究的取样 // 103

## 第一节　取样的理论 // 103
　　一、关于取样的几个基本问题 // 103
　　二、取样的意义 // 106
　　三、选取样本的基本要求 // 107

## 第二节　取样的程序和技术 // 109
　　一、取样的一般程序 // 109
　　二、取样的技术 // 109

## 第三节　取样的误差及其影响因素 // 112
　　一、取样的误差 // 112
　　二、确定样本大小 // 114

# 第六章　数据的收集：实验法 // 116

## 第一节　实验法概述 // 116
　　一、几个基本概念 // 116
　　二、实验法的种类 // 118
　　三、实验研究中的逻辑与因果关系 // 118

## 第二节　真实验设计 // 124
　　一、实验设计中的一些常用术语 // 124
　　二、实验设计的思想基础 // 127
　　三、实验设计的分类 // 130
　　四、几种基本的实验设计 // 132

# 第七章　数据的收集：准实验法 // 142

## 第一节　准实验设计概述 // 142
　　一、准实验设计 // 142
　　二、准实验设计的用途 // 143

## 第二节　准实验设计的类型 // 144
　　一、不等同组间设计 // 144
　　二、间歇时间序列设计 // 147
　　三、相关设计 // 152

# 第八章 数据的收集：单一被试设计 // 155

## 第一节 单一被试设计的简要历史 // 155
一、单一被试设计的含义 // 155
二、单一被试设计的历史 // 156

## 第二节 单一被试设计的两种形式 // 157
一、描述性单一被试设计 // 157
二、实验性单一被试设计 // 158

## 第三节 单一被试实验设计的类型 // 159
一、A-B 设计 // 159
二、A-B-A 设计 // 160
三、A-B-A-B 设计 // 160
四、A-B-C-B 设计 // 161
五、多重基线设计 // 161

## 第四节 单一被试研究中影响效度的因素及控制 // 162
一、内部效度 // 162
二、外部效度 // 163

## 第五节 单一被试设计的应用领域及评价 // 164
一、单一被试设计的应用领域 // 164
二、对单一被试设计的评价 // 165

# 第九章 数据的收集：心理测验法 // 167

## 第一节 心理测验及测验编制概述 // 167
一、什么是心理测验 // 167
二、心理测验的水平和种类 // 169
三、影响心理测验的因素 // 172
四、测验的编制 // 173

## 第二节 心理测验理论 // 178
一、经典测验理论 // 178
二、项目反应理论 // 180

## 第三节 常用的心理测验 // 187
一、智力测验 // 187
二、人格测验 // 193

## 第四节 态度的测评 // 207

一、语义分析法 // 207
　　二、里克特量表 // 210

# 第十章　数据的收集：访谈法　// 213

## 第一节　访谈法的特点和类型　// 213
　　一、访谈法的含义 // 213
　　二、访谈法的类型 // 214
　　三、访谈法的评价 // 219

## 第二节　访谈法的设计　// 221
　　一、影响访谈效果的因素 // 221
　　二、访谈的信度、效度和客观性 // 222
　　三、访谈问题的设计 // 223

## 第三节　访谈的过程与技巧　// 228
　　一、做好准备工作 // 228
　　二、与被访谈者建立和谐的关系 // 229
　　三、遇到拒绝怎么办 // 229
　　四、谈话的技巧 // 229
　　五、做好访谈记录 // 230

# 第十一章　数据的收集：问卷法　// 231

## 第一节　问卷法及其种类　// 231
　　一、问卷法及其特点 // 232
　　二、问卷法的种类 // 232

## 第二节　问卷的设计　// 233
　　一、问卷的组成部分 // 233
　　二、问卷的编制步骤 // 234
　　三、问题的设计 // 236

## 第三节　问卷法的实施　// 242
　　一、问卷施测的程序 // 242
　　二、提高问卷回收率 // 243

# 第十二章　数据的收集：观察法　// 244

## 第一节　观察法及其分类　// 244
　　一、观察法的含义 // 244

二、观察法的类型　// 245

**第二节　观察法的特点及观察的测定**　// 252

一、观察法的特点　// 252

二、观察的测定　// 253

三、对观察法的评价　// 255

# 第十三章　数据的处理：数据整理和描述统计　// 257

**第一节　数据的表达**　// 257

一、次数分布表　// 257

二、次数分布图　// 258

三、茎-叶图　// 259

**第二节　数据集中趋势**　// 259

一、平均数　// 259

二、众数和中位数　// 260

**第三节　数据离散趋势**　// 260

一、全距　// 261

二、方差和标准差　// 261

三、标准差的应用　// 263

# 第十四章　统计检验：显著性及其意义　// 265

**第一节　虚无假设的显著性检验**　// 265

一、虚无假设和备择假设　// 265

二、Ⅰ型错误和Ⅱ型错误　// 266

三、轻信风险和盲目风险　// 268

四、$r$ 值的显著性　// 269

**第二节　效应值的检验**　// 270

一、二项式效应值显示法　// 270

二、$r^2$ 的局限性　// 272

三、统计检验力分析　// 273

**第三节　构建置信区间**　// 274

一、置信区间与显著性水平　// 274

二、置信区间的构建　// 275

三、置信区间与样本量　// 276

## 第十五章　统计检验：两组均数的比较　// 277

### 第一节　$t$ 检验的原理　// 278

一、$t$ 检验的定义　// 278

二、$t$ 检验的分类　// 278

### 第二节　$t$ 检验与信噪比　// 285

一、简介　// 285

二、$t$ 检验与信噪比的关系　// 285

三、利用 $t$ 表查找 $p$ 值　// 287

### 第三节　$t$ 检验计算效应值　// 290

一、简介　// 290

二、效应值的概念　// 290

三、效应值的统计分析方法　// 291

四、效应值估计量的分布　// 291

五、齐性检验　// 292

### 第四节　用 $t$ 检验计算置信区间　// 293

一、什么是置信区间　// 294

二、计算效应值的置信区间　// 294

三、根据 BESD 的上下限取得效应值　// 294

### 第五节　最优化 $t$ 检验　// 295

一、影响 $t$ 值的两个因素　// 295

二、最优化 $t$ 检验的途径　// 296

## 第十六章　统计检验：多组均数的比较　// 297

### 第一节　$F$ 检验概述　// 297

一、$F$ 分布的概念　// 297

二、$F$ 分布的特点 // 298

三、$F$ 分布表 // 298

### 第二节　方差分析中的 $F$ 检验 // 299

一、方差的可分解性 // 299

二、方差分析的基本假设 // 301

三、$F$ 值与 $t$ 值的比较 // 301

四、方差分析的基本步骤 // 302

五、方差齐性检验 // 304

六、单因素方差分析 // 304

七、多因素方差分析 // 306

## 第十七章　统计检验：相关的显著性 // 308

### 第一节　相关系数 // 308

一、相关 // 308

二、相关系数 // 310

三、相关图 // 311

### 第二节　皮尔逊积差相关 // 312

一、皮尔逊相关的概念与适用资料 // 312

二、皮尔逊相关系数的计算 // 312

三、皮尔逊相关系数的统计检验 // 315

### 第三节　斯皮尔曼等级相关 // 317

一、斯皮尔曼等级相关的概念与适用资料 // 317

二、斯皮尔曼等级相关的计算 // 317

三、斯皮尔曼等级相关系数的统计检验 // 321

### 第四节　点二列相关 // 322

一、点二列相关 // 323

二、点二列相关系数的计算 // 324

三、点二列相关系数的统计检验 // 325

### 第五节　列联表相关 // 326

一、phi 系数　// 326

二、列联表相关　// 328

三、四格相关的显著性检验　// 328

## 第十八章　统计检验：计数数据的比较　// 329

### 第一节　$\chi^2$ 检验的原理　// 329

一、$\chi^2$ 检验的假设　// 330

二、$\chi^2$ 检验的类别　// 330

三、$\chi^2$ 检验的基本思想和基本公式　// 331

四、期望次数的计算　// 331

五、小期望次数的连续性校正　// 332

### 第二节　拟合优度检验　// 333

一、拟合优度检验的一般问题　// 333

二、拟合优度检验的应用　// 334

三、连续变量分布的拟合度检验　// 335

四、比率或百分数的拟合度检验　// 336

五、二项分类的拟合度检验与比率显著性检验的一致性　// 336

### 第三节　独立性检验　// 338

一、独立性检验的一般问题与步骤　// 339

二、四格表独立性检验　// 340

三、$R \times C$ 表独立性检验　// 342

四、多重列联表分析　// 342

### 第四节　同质性检验与数据的合并　// 343

一、单因素分类数据的同质性检验　// 343

二、列联表形式的同质性检验　// 343

三、计数数据的合并方法　// 344

### 第五节　$\chi^2$ 值与 $\varphi$ 系数　// 345

## 第十九章　研究报告的阅读和撰写　// 351

### 第一节　阅读研究报告时应注意的问题　// 351

一、引言部分的问题　// 351

二、方法部分的问题　// 352

三、结果部分的问题　// 352

四、讨论部分的问题　// 352

### 第二节　撰写研究报告和论文　// 353

一、论文与研究报告的意义和要求　// 353

二、论文与研究报告的各个部分　// 353

## 第二十章　方法只是工具不是目的　// 358

### 第一节　研究的维度　// 359

一、干预维度　// 359

二、环境维度　// 360

三、参与维度　// 360

### 第二节　作为人的活动的心理与行为科学研究　// 361

一、研究活动的开端：问题　// 361

二、寻求答案的限制　// 361

三、作为复杂的人类过程的科学　// 364

四、研究中的价值观　// 366

五、实用性　// 367

六、科学是超越方法的　// 367

## 参考文献　// 370

# 第一章 科学方法和心理与行为研究

心理学实验方法的创立，是当代心理与行为科学能够屹立于世界科学之林的基础，而威廉·冯特（Wilhelm Wundt）等人功莫大焉。一般来说，心理与行为科学作为一门独立的学问，学界公认以德国哲学家、生理学家、心理学家威廉·冯特1879年在莱比锡大学创立世界第一个心理学实验室为标志。在此之前，人们是通过经验、思辨、推理、直觉等途径获得心理与行为科学知识的，而运用这些方法获得的知识，其科学性往往受到质疑。可见，科学方法、技术手段的革新是科学发展和进步的阶梯。从1879年到现在的一百多年间，心理与行为科学的发展历程正印证了这一点。

虽然不同的科学门类具有不同的具体方法和技术，但是它们具有共同的逻辑思路和基本要求、基本原则。本章主要讨论科学与科学方法的基本特征，心理与行为科学研究方法的主要类型和发展历史。

## 第一节 什么是科学方法

### 一、科学研究

（一）科学与科学研究

科学的历史和人类的历史基本上一样古老。据考古发现，我们人类在地球上生活了700万年，大约距今30万年前，原始人就在制造石器的过程中开始了认识自然、改造自然的实践活动。"科学"一词，英文为science，源于拉丁文的scio，其本意是"知识""学问"。

科学，是由一系列概念、判断构成的具有严密逻辑性的包含规律性知识的理论体系，是人类认识世界的成果。科学寻求对自然现象逻辑上最简单的描述。研究，指的是创造知识和整理修改知识以及开拓知识新用途的探索性活动。这里讲的研究有两层含义：一是创造知识，是探索未知的问题，目的是要创新、发展；二是整理知识，是对已有知识进行分析、整理、鉴别，是知识的规范化、系统化，是知识的继承。

美国应用语言学家哈奇（Hatch）和法哈蒂（Farhady）给研究所下的定义是："用有系统的方法与步骤，找出问题的答案。"在这个定义中，有四个要点需要注意。第一，所谓的研究，是与问题密切联系的，因为疑惑是人们寻求问题答案的原动力，若无疑惑产生，则无需解决问题。第二，研究者要发挥这种原动力，就必须应用有系统的研究步骤和方法。第三，这里讲的方法是指为了获得科学知识应该遵循的程序及采用的手段、工具和方式。它不仅是一种技巧、技术，也是一门艺术，其实质在于规律的应用，遵循规律就成了方法。而方法论，是关于认识世界和改造世界的方法的理论，是方法的体系。[①] 第四，无论何种问题，研究者都要力图给出问题的答案，无论是积极的还是消极的，是肯定的还是否定的。

（二）科学的特征

作为知识体系的科学具有以下特征。

1. 客观真理性

科学是以事实为基础的。这里的"事实"包括实验事实和观察事实。所谓实验事实，即在某种人为设定的条件下进行实验所取得的事实材料；所谓观察事实，即通过观察客观对象的实际变化过程所获得的事实记录材料。一般来说，自然科学由于其所研究的对象比较简单，过程比较确定，可逆性、可重复性强，所以更多地依赖实验事实，而社会科学由于所研究的对象极其庞大复杂，变化过程反复无常，具有不可逆性，所以更多地依赖观察事实。不过，这种区分也不是绝对的，一些自然科学，如天文学，就是主要通过观测、记录天体的运动变化资料来进行研究的，而一些社会科学，在某些情况下，也可以开展某些实验，如管理学中有名的"霍桑实验"。任何科学，包括自然科学，之所以能够称之为科学，就是因为它们都具有客观真理性，这是科学的一个最根本特征。

所谓科学的客观真理性，首先是就其来源而言的，它是以存在的事实为研究对象，以客观事实为基本依据和出发点的；其次是就其内容而言的，是对客

---

[①] 裴娣娜.1999.教育科学研究方法.沈阳：辽宁大学出版社：2.

观事物的本质及规律的真实反映。

2. 抽象性和深刻性

科学绝不满足于对所研究的对象进行外在的现象描述，而是要进一步探讨现象背后所隐藏着的本质和规律。例如，"水往低处流"，这只是一种现象的描述，这种描述至多只是为真正的科学研究奠定一个基础，还不能叫科学，只有当牛顿发现了"万有引力定律"，并用这一定律来解释"水往低处流"等自然现象的时候，才算真正进入了科学的大门。

3. 可证伪性

可证伪性是科学的一个基本特征，也是区别于伪科学的主要特征。波普（K. Popper）批判了逻辑经验主义，而提出了证伪主义理论。证伪逻辑主张"理论的科学标准，就是理论的可证伪性或可反驳性"，只有具有可证伪性、可反驳性的理论，才是科学的；反之，不具有可证伪性、可反驳性的理论，就不是科学的。1919 年，爱因斯坦的广义相对论的光线弯曲的预言得到了观测的支持，这给波普的理论以巨大的震动。这意味着，任何理论不管曾获得何等成功，也不管曾经受过何等严格考验，都是可以被推翻的。伪科学之所以为伪科学，不是因为它可以找到支持自己的例证，而是在于经验上能否被证伪。因为像占星术之类的非科学同样可以拥有根据观察、根据算命天宫图和根据传记所积累的大量经验证据，声称自己得到了"可证实性"而钻进科学的行列。所以，科学并不在于它的可证实性，而是在于它的可证伪性。

4. 可预测性

科学的可预测性，是科学理论的重要功能，也是决定科学理论是否可取的重要标志。科学理论之所以有预言功能，一方面是因为它本身具有逻辑上的推演能力，另一方面也是人类具有科学创造力的反映。

科学理论的预言功能主要表现为以下几个方面：

第一，对经验事实、经验规律的重复预言。比如，我们对一个铁棒进行加热，可以预言它会膨胀。

第二，具有广阔的视野，也就是能够预言某个新颖的、至今未曾料到的经验事实，这来源于科学理论的基本结构和逻辑解释模式。大量的科学史也表明，一个科学理论所刻画的自然规律越深刻、越普遍，它的预见性就越强；预见的事实越多，它的实践意义和理论意义越大。

5. 可检验性

科学不同于伪科学，具有可检验性。科学理论的可检验性是指从构建的命题体系中可以推导出可供经验检验的事实命题，以取得理论和经验的一致性。对科学来说，理论的可检验性是一条非常强的哲学规定，它是科学理论得以存在的必要条件。一般来说，从科学理论推导出的结论能够与观察的结果取得一致，那么它的真理性和精确性就得到了充分的确认。科学理论与观察实验的结果符合得越好，那么它被科学共同体接受的可能性越大。所以，科学理论一定具有可检验性。而伪科学一般地在经验上和理论上或者不能检验，或者受到牵强附会与虚假的支持。伪科学最惧怕实验，因而往往使用最华丽的语言，千方百计地逃避实验。

6. 动态发展性

科学在探索事物的本质和规律的时候，并不是毕其功于一役，一下子完成的，而是有一个过程。在这个过程中，一开始人们的认识总是不很正确、不很完善，以后逐渐趋于正确和完善。试图要求一种科学理论一开始就十分完善，不允许有错误，不允许有缺陷，这种态度本身就不是科学的。所以科学作为认识的结果，是时间的函数，是发展着的知识体系。科学在一定条件下和一定范围内具有稳定的内容，但这种稳定是相对而言的、有条件的。科学是相对稳定性和动态发展性的辩证统一。

7. 存在一个适用范围

也就是说，任何理论都有适用的范围，任何理论的预测结果都只在一定的精度范围内是正确的。例如，牛顿万有引力定律在一定精度下是正确的，广义相对论和量子理论在极小的极端引力情况下失效，也就是在这种情况下适用精度无限扩大，无法得出有意义的结论。不过不少科学家仍然努力寻找与探索是否有某种理论可以囊括所有的自然现象，虽然哥德尔定理否定了公理系统实现这一目标的可能性。

8. 价值中立

价值中立，最早源于英国哲学家大卫·休谟提出的"是"与"应该"的划分，他认为事实判断与价值判断之间有着不可逾越的鸿沟，因而我们并不能简单地从"是"与"不是"推论出"应该"与"不应该"。在前人观点的基础上，德国社会学家马克斯·韦伯在慕尼黑大学所做的演讲"以学术为业"中提出，应当把价值中立性作为从事社会学研究所必须遵守的方法论准则，每个人都是自己的主人，不能拿自己的标准来衡量别的人或事，在研究中应该保持中立的态度。

对于科学，价值中立的基本含义是：其一，一旦科学家根据自己的价值观念选定了研究课题，就必须停止使用自己或他人的价值观，而遵循他所发现的资料的引导。无论研究的结果对他或对其他什么人是否有利，他都不能将自己的价值观念强加于资料。从这个意义上说，从事科学研究的人，作为科学家应该受科学精神的支配。其二，既然事实世界和价值世界是两回事，就不能从实然的判断推导出应然的判断。科学是反映自然、社会、思维等各种现象的本质和规律的知识体系，是探索世界奥秘和追求真理的科学实践和认识活动。通过对科学史、科学知识构建和科学对社会的影响等方面的研究，学者们概括出科学具有以上基本特征。理解科学的基本特征，有助于我们区分科学与伪科学，有助于我们更好地认识世界和改造世界。

（三）科学方法

科学方法是人们从事科学研究所采用的方法、手段。科学研究指的是生产以范畴、定理、定律形式反映现实世界各种现象的本质和运动规律的知识体系的一种活动。

古希腊的泰勒斯第一次将科学和宗教加以区分，提出演绎推理的方法。

亚里士多德提出了归纳-演绎法。他认为，由归纳得出科学的一般原理，然后再由一般原理推论出需要解释的现象，这就要用演绎法。

欧洲中世纪的经院哲学家则强调演绎法是唯一的科学方法，关于自然的一切可靠结论都必须从宗教教义中演绎出来。中世纪后期，一些异端哲学家发展了归纳-演绎法。例如，格罗塞特提出否证法，R. 培根提出实验法和作为一般科学方法的数学方法，同时代的司各脱提出求同法，而奥卡姆提出差异法，它们都是归纳法。

17世纪的伽利略，在自己的科学研究中采用了实验方法和数学方法。强调归纳应充分利用抽象和理想化才能得出一般原理，还强调应从原理中演绎出新的结论，即做出预见。

F. 培根建立归纳法。他提出渐近归纳法和排除法，通过肯定、否定和比较，逐步排除偶然的因素，得到普遍的原理，在此基础上做进一步的归纳和排除，原理的普遍程度随之提高，直到得到普遍程度最高的原理，即定律。

与 F. 培根相反，笛卡儿提出演绎主义的科学方法，他认为清楚明白的概念就是真理，所以由这些概念导出的命题就是先验的真理，利用演绎可推导出其他真理来。笛卡儿还用自己的方法建立了解析几何学。

牛顿反对笛卡儿的方法，他提出分析-综合法和公理法，他的力学理论就是按这两种方法建立起来的，运动三定律的公式化是用分析方法得到的，它们是力学的公理，是自然哲学的数学原理。公理公式化后，就可以通过综合方法演绎出各种定理，公理是演绎的起点。最后还要把演绎的结果与现象联系起来，即确认推导出的定理与经验事实相一致。他用这两种方法解释并预见了现象。

英国哲学家、逻辑学家穆勒（John Stuart Mill）总结了归纳法，提出"五法"：求同法，差异法，共变法，剩余法，求同-差异法。他还认为，归纳法既是科学发现的方法，又是科学证明的方法。惠威尔反对穆勒的归纳法，他认为科学理论的发现，除个别例子外，基本上都是依据科学家的创造性洞察力得到的，而不是遵循某些归纳类型得出的，所洞察的理论能否被证实，是要看据此理论的演绎结果是否与观测到的经验事实相一致，由此他提出假说-演绎法。

英国逻辑学家耶方斯（W. S. Jevons，1835—1882）从概率归纳逻辑出发也提出假说-演绎法。这显然是 19 世纪自然科学有了进一步的发展，开始酝酿新的科学革命——进入现代科学的前夜，因而要求新的科学方法的产物。假说-演绎法从这时起，直到 20 世纪即现代科学时代一直居于"正统"的地位。其一般观点是：在科学发现中，先提出假说，然后由它演绎出一些推论，检验这些推论，如果它们是真实的，那么便可以断定这个假说是真的，即它成为科学的定律或理论。

随着科学的发展，人们常用数学方法代替上述过程中的逻辑演绎，这使得数学方法日益成为一般科学方法，在许多科学的构建中起着无可替代的作用（称之为科学的数学化）。尤其在 20 世纪中叶电子计算机产生以后，计算方法几乎成为可与实验方法、理论方法分庭抗礼的主要科学方法之一。20 世纪 40 年代以来产生的横向科学，如系统论、信息论、控制论等方法论也逐渐转化为一般科学方法，如功能模拟方法、黑箱方法、反馈控制方法等都成为现代科学的常用方法。

以上各个时代的科学方法，在现代科学中都得到相应的应用。这些方法，通常被称为一般科学方法，是适用于一大类学科的科学方法，如适用于自然科学、生命科学等。实际上，科学方法可分为三个层次：一是个别科学领域或科学学科中采用的特殊科学方法，如物理学中的光谱分析法、数学中的数学归纳法等；二是适用于一类科学的科学方法，是一部分学科或一类学科采用的方法，如实验法、数学方法等；三是适用于一切科学的哲学方法。前面阐述的科学方法都是第二层次的"一般科学方法"。

（四）科学架构

科学架构是指科学的组成部分。一般认为科学架构包括科学知识、科学思想、科学方法和科学精神。科学知识和科学思想是科学架构中的硬件；科学方法，尤其是科学精神则是软件，是在科学实践活动中形成的一种唯实求真的信仰和精神。

按研究对象的不同，可将科学分为自然科学、社会科学和思维科学，以及总结和贯穿于这三个领域的哲学和数学。按与实践的不同联系可分为理论科学、技术科学、应用科学等。

## 二、科学研究的特征

科学作为一种人类活动，不同于其他的人类活动，其具有独特性。科学研究的目的是要认识研究对象的本质和规律，从而找出解决问题的答案。要达到此目的，所有科学研究都具有以下特征。

1. 科学研究都有比较系统的理论框架

科学研究不同于一般的生产劳动，科学研究是探索新知识、探索未知世界的过程，是解决理论和实践中的问题的过程。因此，科学研究必须在一定理论的指导下，通过实际调查研究，获得科学的数据和事实，以便检验理论假设是否正确，或者解决实践中遇到的各种问题，提高劳动生产率。理论是人们解释和理解各种现象以及现象之间关系的具有内在逻辑体系的概念和范畴系统。理论框架是某一知识领域中已有的、研究者自己提出的或者前人和同时代的其他人提出来的解释事物和现象的关系、事物本质的某种理论体系，其作用在于提供有研究价值的课题及与研究课题有关的知识，包括作为研究基础的理论背景、研究的基本假设与预期等。例如，中国古人对世界本源的认识和理解，是以"阴阳五行"理论为框架的，用"金木水火土"的生、剋、制、化，阴阳互易、相依的理论来解释宇宙万物的变化。而现代科学用物质的分子和原子的化和分解来解释物质的变化。又比如，中医学用"阴阳虚实寒热表里"的辩证关系来理解和治疗疾病，西医用细菌、病毒感染来解释和治疗疾病。同样是治病，东西方医务人员所用的理论框架是不同的。但无论如何，它们都有一定的理论框架，这一点是相同的。

2. 科学研究都有控制机制

作为科学研究对象的客观事物是相互联系的，我们要认识某对象的本质及发展规律，找到因果联系，就要在研究中设法恒定或排除某些无关变量，以便观察一些关键特征及其影响因素，找出事物发展的因果关系。可见，控制机制就是用一定的方法改变或操纵一些条件，恒定一些条件，简化事物之间的关系，便于研究。控制机制主要通过严密、科学的实验设计来实现。

3. 科学研究是探索未知世界的活动

科学研究总是有意识地、系统地寻求研究对象的本质、发展过程和规律性。通过观察某一现象的事实，通过对事实的分析与解释，得出一般性的结论。

科学高于所有的人类活动。这句话的一个明显的意义就是科学是被人们运用的。另一个同等精确的意义就是所有的人都在某个方面运用科学。因为科学活动只是对人们了解世界的方式的一个简单延伸。科学在许多方面近似于我们孩提时代认识世界的方式。所以，从某种意义上说，每个人都是"科学家"，因为在孩提时代蹒跚学步和探索世界时，我们就已经在像科学家一样探索世界了。

观察一个小孩子。当一件东西吸引了他的目光时，他一定会对它产生兴趣，并设法通过观察、探索和学习来熟悉它。接下来，他会摆弄它、感觉它，从这些主动的观察和积极的互动中，孩子们慢慢地了解了这个世界。他会得出这样的结论："如果我弄翻了玻璃杯，我就会看见牛奶流到地上形成一个美丽的图案"或者"如果我碰到了壁炉上的红色圆圈，我的手指就会受伤"。在每一次的互动中，孩子对世界的认识逐渐丰富起来。

就像孩子一样，科学家在探索未知世界的特征时，其所应用的基本研究策略都建立在这样一条简单的法则之上：要发现世界是什么样子的，就要亲身经历它，仅仅具有关于世界本性的知识是远远不够的。相反，科学家们就像孩子一样，他们经历这个世界来决定他们的看法是否准确地反映了现实。直接经验是一个基本工具，它是连接我们的看法和现实之间鸿沟的桥梁。

此外，科学还有另一个方面是很多人没有想到的，那就是怀疑。我们怀疑的一种方式是质疑一些达成共识的真理——无论是"地球是平的"，还是"所有的行为都是习得的"，并且去寻找关于世界的不同模型。我们使用的另一种怀疑的方式就是质疑我们的研究，是否会有其他的一些因素对结果产生影响。

科学通过观察和实验得出一般的结论，这些结论通常可以用数据来代表。例如，月球和地球之间的距离是238 000千米、人平均每分钟的心跳次数一般为72次等都是科学的结论。科学可以揭示事物之间的关系，描述事物的发展过程。例如，心理学研究发现，在青春期以后学习第二语言比之前学习更困难；还发现，随着个体的成长，个体能听到的高频率的声音越来越少。总之，不管是什么主题，只要是关于某一特殊领域的已知事实，我们都称之为科学知识。

大部分的科学知识都是建立在对一个特殊领域长期研究的基础上的。科学理论能够帮助我们理解世界是"怎样的"，也帮助我们理解世界"为什么"是这样的。科学知识与科学技术可以广泛地应用到现实生活中，使人们的生活更方便，工作效率更高。

### 三、科学、推理和常识

**(一) 科学与常识**

**1. 科学高于常识**

科学不同于常识。常识是经验性的知识，源于直接经验，具有很大的局限性。常识建立在人们的经验和感知基础上。但是，人们的经验和对世界的感知可能是非常有限的。心理学教本上介绍的各种错觉告诉我们，有时候感觉经验是靠不住的。人们的思维也可能有偏差。社会心理学研究表明，人们在观察和参与到一个既定的情境中时会产生不同的心理归因。如果我们被问到某人为什么获得了较差的成绩时，我们倾向于内归因，如"他不会学习"或"他不聪明"；但是，如果我们自己在考试中失利，我们则倾向于外归因，如"我那天有三门考试"或"考试是不公平的"。

尽管常识能够帮助我们处理日常生活的常规方面，但是它也可能形成一堵墙，阻止我们理解新的领域。这可能构成一个问题，尤其是当我们进入一个日常经验以外的王国时。例如，人们认为爱因斯坦的论断"时间是相对的"就是有悖于常识的。弗洛伊德认为"人们并不总是能够意识到我们自己的动机"，斯金纳认为"自由的概念将不会应用到大多数个体的行为中去"。这些论断都是和我们的常识相反的。也许，我们认为平稳跳动的心脏是更健康的，但是现在通过非线性分析得出的结论认为，健康类型的心脏是不稳定的，那些异常的心脏则是规则跳动的。

2. 科学是理解世界的方式之一

我们有时会陷入一个圈套，即把科学看作是一个最好的研究行为和经验的方式，甚至是唯一的方式。事实确实如此吗？答案是否定的。科学是认识世界的重要方式，但并不是唯一的方式。正像其他认识的方式一样，科学方法也有某些局限性。此外，还有许多其他丰富的方式或渠道，如艺术、哲学、宗教和文学，可以使我们获得许多关于人类行为的新观点。心理与行为科学从这些不同的方式中吸收了许多有益的东西，而且今后也会继续这样做。

为了理解人们的行为和经验，心理与行为科学研究者常常从艺术、科学和许多其他学科领域汲取营养，激发新的想法，建构新的概念和理论。然后，通过实验和观察检验新观点是否正确。与其他的认识方式所不同的是，科学不仅提供了一种新观念的来源，而且是评估这种关于现实的新观念的强有力的方法。

（二）固执、权威和推理

1. 固执

皮尔斯使用"固执"的概念来表示人们固执地持有某种认识。这种固执的认识常常是根深蒂固、不易改变的。例如，人们常常认为："妇女当兵不太合适"、"你不能教一只老狗学新的技巧"或者"科学总是有益的"。这些陈述不断被重复，最后被人们当作了真理。但是它们却很少被检验和证明过。广告和国外的政治竞选使用这种技术，反复陈述一个简单的词组或标语。如果重复的次数足够多，即使一句空话也会被接受为真理。

作为认识世界的一种方式，这种方法存在两个问题。第一，某种陈述可能是空话，并且其准确性从来也没有被检验过。它能得到广泛的接受可能仅仅是因为熟悉性。第二，固执不能提供任何修正错误观念的方式。也就是说，一旦一种认识被广泛地接受仅仅是基于"固执"，那么它是难以改变的。社会心理学家表示，一旦一个人接受了某种信念而没有数据的支持，这个人会常常找个理由来认为这种信念是正确的，这个人甚至会拒绝接受和这个信念相反的新信息。比如，人们做出尝试某种饮食的决定，可能仅仅是因为"这种饮食据说是有益的"。这种"固执"的观点被简单地接受。又比如，我们接受某种关于经验和行为的观点，可能仅仅因为它对我们而言是熟悉的，或者因为它被其他人广泛地接受。

2. 权威

接受新观念的第二种方式是权威人物的观点。接受权威的说法使人们对世界的认识更简便、更省力，其基本逻辑是"权威都这么说了，我们还怀疑什么？只要照着办就行了"。在许多情况下，尤其是涉及我们一无所知的领域时，相信权威是最有效的办法。在我们小的时候，父母常常使用权威的方法来引导我们的行为。如果一个著名的物理学家或教育家说某事是正确的，几乎每个人都相信它是正确的。

虽然权威带来了一致性基础上的稳定性，但是这并不等于说这种方式是没有问题的。接受权威的观点作为获得正确认识的唯一方式的主要问题是，权威可能会是错误的，并因此将人们带向一个错误的方向。例如，当每个人都接受"地球是宇宙的中心"的观点时，没有人想去研究地球的运行轨道。随之而来的是，检查权威断言的形成基础是重要的。这些断言到底是基于个人想法、传统、启示，还是直接经验？下面的例子讨论了现代科学刚开始时由权威向实验的转变。

在科学史上，伽利略是权威向实验转变的开始。

对许多科学家来说，伽利略是一个明显改变规则的标志性人物，同时，他与牛顿一起被称为现代科学最主要的发现者。当然，在文艺复兴时期，许多人影响了科学的开始，如哥白尼、开普勒和哲学家 R. 培根。在他们之前，智力问题是通过权威来获得答案的，特别是教会权威。这一时期的教会依据的是古希腊哲学家亚里士多德对"物质"问题的回答，也就是我们今天所指的自然科学。

从建筑物的高处落下的两个球哪个会先着地？在伽利略之前，回答这个问题都是依据亚里士多德的理论。亚里士多德认为世界由四种元素构成，即土、气、水和火，这四种元素按照自己的本性来运动。要回答两个物体谁先着地的问题，人们就会推理为两个物体中由土元素组成的物体会寻求返回地面从而先落地；如果一个物体比另一个物体重，人们就会推论这个物体中含有的土元素要多于那个较轻的物体，因此会更先落地。没有一个人想过亲自试一试从一个塔上扔下两个物体来观察一下到底哪个先落地。

伽利略成功地用实验的方法替代了遵从权威。伽利略发现小球从斜面上落下的原理类似于物体从高空下降的原理，通过这一发现，伽利略成功地挑战了亚里士多德的权威理论。通过伽利略的工作，一种新的、建立在观察和实验基础上的科学诞生了。

3. 推理

推理和逻辑是哲学的基本方法。推理常常采用逻辑三段论的形式，如"所有的男人都不会算数；李明是男人；因此，李明不会算数"。当我们试图解决问题和理解某些关系时，每天都在使用这些推理，但是仅仅使用推理的方法并不总是能够得到恰当答案的。因为推理方法中有一个潜在的问题是，推理使用的原假设必须是正确的。如果原假设是错误的，推理法就不起作用了。例如，上面的三段论中推导出的结论"李明不会算数"在逻辑上是有效的，即使它依据的前提"男人都不会算数"是非常荒谬的。当我们单独使用推理时没有办法确定推论的前提是否准确。因此，我们可以说逻辑是完美的，但是因为我们推论的原假设可能是靠不住的，所以结论也往往会是错误的。

## 四、独立精神

科学研究是发现新知识、追求真理和发现事物发展的客观规律的过程，为了保证知识的客观性、真理性，研究者必须保持理性的、客观的研究态度；必须具有独立思考精神才可能使研究过程不受或者少受主观因素和其他偏差的影响，才可能使研究结论客观公正。

（一）独立思考精神

保持理性、中立、客观的、旁观者的态度来研究科学问题是具备独立思考精神的前提。理性、中立、客观的态度是指研究者事先没有对某种结果或导向的偏好，在研究过程中充分搜集证据和事实，运用客观分析的手段，得出结论。如果发现结果与假设不一致，会去思考是假设出了问题还是结果有问题，研究的方法和手段是否严谨，然后做出基于事实的判断，或肯定或修改假设。而独立思考精神，就是能够从多重角度或者独到的角度来分析问题和阐释现象，坚持用一贯的科学研究标准来对事物进行判断。不人云亦云，不亦步亦趋。

（二）独立思考精神是学者的基本素养

独立思考是一种做学问的态度，也是学者的基本素养。我们的思维活动受制于许多内外因素，如思维的习惯、已有的经验、我们的希望和动机，以及外在的干扰等，要做到独立思考、独立分析十分不易。我们的头脑被灌输了许多"既定"的知识和框架，必须摆脱这些既有的事物对思维的影响和控制。作为生活在社会中的个体，我们或多或少被"洗脑"，无意识地戴着"有色眼镜"看问题，常常只看到我们想看的东西（选择性偏差），有时甚至无视事实，或者把相反的事实看成是对自己假设支持的证据。

在研究领域，"追逐热门"就是违反独立思考精神的。比如，追逐时髦的课题，认为时髦的才是先进的，并认为统计方法也有先进落后之分，因而追逐时髦的研究方法和数据分析技术，而忘记方法是为研究目的服务的，不能为方法而方法。追逐热门和将"某概念进行到底"的现象在中国文化中表现突出的重要原因可以用美国社会心理学家艾森（Ajzon）和费希班（Fishbein）的合理行动理论（theory of reasoned action）加以解释。该理论假设人都是理性的，在采取某一行动（如追逐热门）之前会作充分的权衡考虑。而影响个体行为的因素无非有两个：其一是个体对该行为的态度或内心认同程度；其二是个体所知觉到的社会规范，即对"如果我做或不做此事别人会怎么看我"的知觉。当这两个因素一致时，个体会毫不犹豫地采取行动。而当二者不一致时，是根据个人的喜好行事还是按大众的规范行事就变得不明确。许多跨文化心理学的研究结果表明，在强调个体主义的国家，如美国、加拿大、澳大利亚，多数人会以个人的态度决定行为；而在强调集体主义（个人与他人的联系）的国家，如中国、日本、韩国，多数人则会以社会规范来决定行为。因此，在强调集体和人际关系的文化中，在相当程度上，一个人的行为更多反映的是社会的表面价值取向，而非个体内心深处认同的观念。因此，一个在集体主义文化中生活成长的学者要保持独立思考的精神，追求自己内心真正感兴趣的研究课题，所要做的挣扎和努力就比在个体主义文化中生活的学者大得多。

追逐热门有可能导致短期的成功，因为研究者选择了热门的课题，使用了热门的方法，赢得了论文评阅人的好感，研究成果得到了发表。但从长远来看，因为热门的话题不断演进、不断变化，如果研究者不能够紧紧跟住潮流，一直都对关于那个热门课题的最前沿知识有所把握的话，要持续发表关于"热门课题"的论文就会相当困难。因此，从长远来看，追逐热门会使研究者失去自己的身份特征（personal identity），研究了几十年，到后来自己也搞不清自己的研究专题是什么，东一榔头，西一棒槌，没有系统性。因此，不能保持独立思考态度的学者，很可能产生随波逐流的研究倾向，而没有独立思考的精神，就难以成就大学者。

### （三）独立思考精神的养成

20世纪中叶，美国心理学家阿希（Asch）研究了从众行为。阿希的基本假设是，美国社会是一个以个体主义为导向的社会，文化中强调的是个体的独立精神，亦即不轻易受他人影响，而坚持自己的主张和个性的精神。因此，如果让一个普通人与一群陌生人坐在一起，共同面对一个简单的任务，这些人彼此应该会给出独立的、正确的答案。为了检验这个假设，阿希设计了一个简单的线条长度判断的任务。他先让被试看一张图，上面画了一条线段，然后再展示一张图，上面画了三条长短不一的线段。被试的任务是判断第二张图中的哪一条线段与第一张图中的那条线具有相同的长度。经过反复的实验，阿希发现了一个令他吃惊的结果，那就是，虽然有四分之一的被试不管在什么情况下，都能够坚持自己的正确答案，但是居然有四分之三的被试在整个实验过程中起码会随波逐流一次，给出错误的答案。这种从众行为在中国这个强调群体和谐的社会中，尤其是面对一群你所熟悉的同事时发生的概率通常比美国人更高，这个结果本身不足为奇。但是有意思的是，阿希在进一步对从众现象的边界条件，特别是"众口一词"的效应进行探索的时候，却发现了一个相当出人意料的结果。所谓"众口一词"效应，指的是在你发言之前有多少人表述了彼此相似，但与你的观点相左的意见。如果在你发言之前所有的人都做了如此表述，那么你改变初衷的可能性就会相当地大，亦即"众口一词"效应。阿希在后来的实验中系统地改变了这些给出错误答案的成员人数，从1个、2个、3个一直到14个。结果发现，在所有这些成员之中，只要有一个人表达不同的意见，其他人从众的可能性就会大大降低，这甚至发生在有13个成员都众口一词，而只有1个成员没有附和的情况之下。更有意思的是，这个成员即使不发表反对意见，而是保持沉默、一言不发，其效果也同样显著。阿希之后的研究者也得出了同样的实验结果。与此同时，他们发现，"持不同意见者"的表态能够冲击甚至毁掉大多数人所建立的共识，而对后来的人敢于表达自己的真实想法起到极大的鼓励作用。由此，显示了与从众正好相对立的效应，即"一个人的力量"。

研究表明，从众者并不是真正从内心接受众人的观点。在多数情况下，从众者只是为了"合群"，为了不被别人排斥。因此，一旦这种社会压力去除或者不存在，人们就会重新回到自己原有的立场。而在少数人影响多数人的过程中，情形则恰恰相反。少数人本来"势单力薄"，即使多数人中有人同意他们的观点，迫于"压力"，也常常不敢表达，以便划清自己与他们的界限。但是，少数人的观点却常常会挑战多数人的想法，使他们在头脑中激起思考的涟漪，使他们从不同角度去看问题。思考的过程需要一段时间，但一旦思考的结果使他们看到"少数意见"的合理性，他们反而更可能从内心深处接受你的"异端邪说"，而产生内心的认同。因此，认识少数人的力量能够帮助我们坚定保持独立思考精神的信念。

## 第二节　心理与行为科学的方法

### 一、作为科学的心理与行为科学

心理与行为科学的研究建立在与其他科学领域相同的假设基础上：人们的行为和思想是可以通过科学的分析揭示出来的。我们的研究建立在进一步假设基础上，即人类本质上是一个系统，他可以通过科学的实验及对实验结果的理性分析来理解和解释。一些现象看起来似乎超出了科学分析的范围，但是，通常它们并没有。例如，随着科学仪器和科学方法越来越精确，心理学家可以应用它们来研究以前看似不能研究的课题：心理学家用眼动仪记录阅读时的眼动轨迹，用多导仪记录皮肤电阻变化等，用脑电仪记录人接受刺激时的脑电活动。

心理学家试图理解行为的规律，而要准确地理解、预测和控制行为是一项非常艰难的工作，不像一般人认为的那样简单。外行人同样理解行为，然而他们对行为的理解带有片面性和主观性，充其量是个人经验的积累和总结。为了避免这种主观主义，心理学家要通过有条理的行为研究形成有关行为的假设，然后运用有组织的方法检验他们的假设。心理学家用来检验他们的假设的方式称作科学探究。

科学方法不是灵丹妙药，因此不是万能的。一些研究方法的教科书的作者似乎暗示着科学方法由一些简单的步骤组成，只要按照这些步骤进行就可以发现大自然的奥秘。这是把科学和科学研究不合理地简单化了。试想，如果存在这样一种方法，那么为什么科学仍是以缓慢的、摸索的、反复出错的方式前进呢？比如，为了寻找治疗癌症的方法，人类已经投入了大量的资金、人力和物力，历时半个多世纪，但进展仍然很缓慢。同样，对异常行为的原因，如儿童自闭症的研究，仍然不彻底。

科学的方法由各种各样的技术、方法、策略、设计及逻辑学的法则组成。这些方法随着问题的不同而不同，随着学科的不同而不同。

## 二、心理与行为研究的基本假设

当科学方法运用到心理与行为科学时，它是以关于身体和心理世界的一些假设为依据的。这些基本假设如下。

### （一）次序性

次序性，认为人们的身心特征是有顺序的，而不是随机的或者无计划的，并且假设现象间有系统的联系，心理和行为的发展遵循一个能被观察、描述和预言的有条理的先后顺序进行。比如，婴儿先会爬，然后会走；对一个物体的感觉早于对它的再认识；饥饿的动物比不饥饿的动物更具有攻击性地索要食物奖赏的反应倾向。

### （二）决定论

万事皆有因。认为人们的行为都是由一定的心理活动决定的，这种观点叫作心理决定论。也就是说，心理现象是引发一种行为的前因，尽管在许多情况下确切地说明原因是什么是十分困难的。但值得注意的是，仅仅是因为一件事在另一件事之前发生，并不一定意味着它引起了第二件事情的发生。如果坚信前一事件一定是后一事件的原因，那么就会形成迷信，很多迷信就是这样形成的。原因在前，但在前的不都是原因。而且，一果可能有多因，一因可能引起多果。比如，精神分裂症的原因有多种，包括儿童期的紧张、激素失调、基因的因素、疾病和其他因素，或者这些因素的混合，等等。

### （三）实证论

整个现代心理与行为科学是建立在实证论基础上的。实证论认为科学研究必须通过观察和实验，通过获得的数据来得出结论。实证研究所依赖的是测量的数据，比如，对学习成绩的评估得分，自尊量表和智力量表的得分，等等。

但是，不是所有通过实验得到的数据都是有效的。如果有选择地收集数据来支持一个事先形成的观念，或者无意识地忽略一个问题的重要部分，那么这样的数据就是无效的。在第一种情况下，对深受一个人重视的理论来说，如果选择支持原来观点的数据而隐瞒与之矛盾的数据，它就几乎什么也没有证明出来。有些政治家就是用这种方法来欺骗舆论的。这种做法有时被称作"如何用数据撒谎"。在第二种情况下，研究者可能出于无知，没有意识到行为可能有多种原因，而仅仅报告了有效数据的一部分。这样，结论也许因为对关键信息的无意忽视而令人生疑。要解决这个问题，就要对问题进行全面分析，认识到问题的复杂性。

## （四）简约法则

一般来说，科学家喜欢对自然现象进行简单的或者十分简约的解释，而不是复杂的解释。简约的假设在概括更普遍的人类行为特点时是十分重要的。因为它允许科学家从具体的调查结果向更加普遍的结论进行推断。在探索激素对玩具偏爱的影响实验中，数据的表现形式是很简单的：对玩具偏爱的先行条件是雄性激素。通过这个简约的陈述，也许就可以做出明智的概括，比如，男人中的女子气行为和女子中的男子气行为也许与激素水平有关。为了证实这种概括，还需要进行进一步的实证研究。

在西方心理学中，简约法则使心理学家在不同的人种和不同的物种之间寻找普遍的规律，就是寻找具有普遍性的解释。比如，心理学家从黑猩猩、老鼠、猴子、鸽子、猫等动物那里观察到的现象，往往向更大范围内的人和动物进行概括。这也是经常遭到批评的一种做法，认为这是"人兽不分"。

如何看待这种简约性法则呢？首先，应该承认不同种的动物之间以及动物与人类之间确实存在着一些相同或相似的心理与行为机制。特别是低级认知过程方面相似性就更大。这是许多研究证明了的。其次，由于人类的进化高于动物，人类特有的语言和劳动以及伴随这些产生的思维和意识使人类具有不同于动物的心理和行为特点。不能简单地把动物研究的结果推广到人的身上。最后，即使是人类本身，不同年龄、种族和文化背景的人的心理和行为也有不同的特点，当代的文化心理学也证明了这一点。因此，对于简约法则，要慎重运用。

### 三、行为：研究被试主观经验的途径

有时，我们想问科学实验中的被试一些他（它）们很难直接回答的问题，如我们不能直接问一个动物它是否是色盲或它能看到什么特殊的颜色。然而，我们可以创造条件，在这种条件下动物会在出现或不出现某种颜色时表现出不同的行为。当然，有些内在的心理过程即使是人类都很难辨别出来，如认知、情感和无意识过程：你怎样来解释出现在你头脑中的一个设想？我们怎样知道一个人是否在做梦？有时，我们用某种指标来标记某个过程。例如，阿瑟芮斯基（Aserinsky）和科莱特曼（Kleitman）1953年发现做梦时伴随着快速眼动（REM），因此，当梦境出现时就被称作快速眼动睡眠。在神经心理学研究中，我们常用心理生理学指标，如皮肤电活动、脑电活动等指标。

假设研究者想知道动物是否能看到颜色，就必须寻找一种"询问"动物的

方法，让动物间接地回答。在开始实验之前，研究者要先推断一下，在出现或不出现某种颜色时动物的行为有什么不同。你可以创造出一种呈现某种颜色的情境，这个情境对于解决这个问题是很有必要的。创设某种颜色的情境的实质就是控制条件，如斯金纳箱。斯金纳箱是为一些小动物设置的，如老鼠和鸽子。箱中靠近食盘的壁上有一个控制杆。大部分的斯金纳箱是由电自动控制的，因此简单地按压一下控制杆或按压某个固定的次数就能使食物掉到食盘中。例如，你可以将食物运输系统设置成这样一种方式，即当一种特殊颜色（如绿色）的光线出现时，如果控制杆被按压则得到食物；当另一种颜色或没有颜色出现时，即使控制杆被按压也不会得到食物。如果动物能够看到颜色，那么你认为动物会如何反应？如果动物看不到颜色，动物又会如何反应？

把你自己想象成这个动物，你就会推论到如何判断这个动物（也就是你自己）到底是不是能够分辨颜色或者是否有看到光线的能力。这种方法也就是我们在做实验证实我们的想法之前的推论和假设，这在科学中占有很重要的地位。

很明显，通过客观的行为和经验去研究某种现象有时候并不是通过直接的途径。比如，有时候我们说我们感觉到有"压力"，也许你通过客观事物之间的物理作用可以弄清楚什么是压力，但它是看不见、摸不着的；心理上的压力更是毫无踪影，需要通过一个人的表情、行为等来推断"他"到底有没有"压力"。因此，在科学的世界里，我们通过观察和实验来弄清楚那些看不到的隐藏在客观现象后面的东西。

### 四、心理与行为科学研究的基本过程

一项具体研究课题的完成，包含了一系列的步骤：选定研究课题，检索文献资料，形成理论构思，制订和实施研究计划，搜集、整理、分析通过研究得到的数据资料，最后得出结论，撰写研究报告或论文。如图 1-1 所示。

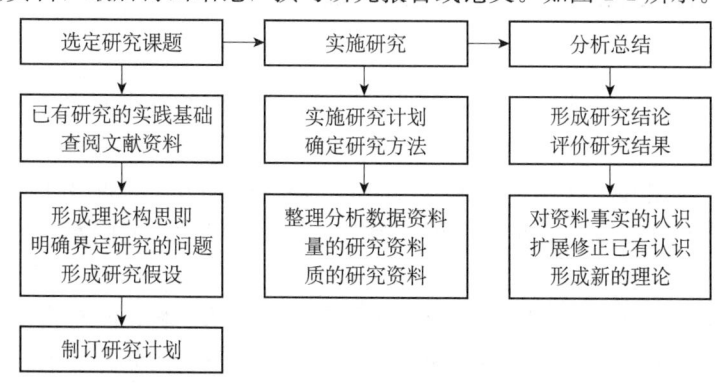

图 1-1 心理与行为科学研究的一般过程

## 第三节　当代心理与行为科学研究方法

### 一、早期心理学研究方法

艾宾浩斯曾说，心理学有长久的过去，但只有短暂的历史。这句经常被心理学研究者引用的话，道出了心理学发展的基本过程。在19世纪中叶之前，心理学没有从哲学和神学中独立出来，到1879年，以威廉·冯特在莱比锡大学建立世界上第一个心理学实验室为标志，心理学才真正独立于科学之林。

19世纪是西方资本主义迅速发展和血腥扩张的时期。资本主义工商业的发展促进了心理学在近代的发展。科学上的三大发现（能量转化与守恒、细胞、进化论）推动了自然科学的发展，也促进了哲学和心理学及其研究方法的变革，要求心理学摆脱那种思辨的、唯理的、机械的和形而上学的思想方法的束缚，大力倡导和实际应用自然科学所用的研究方法。

工业的发展及工业对科学的需要，引起了在科学研究中注重"经验""实验""观察""实证"等研究方法的热潮。赫尔巴特（J. F. Harbart）指出，科学研究应当从经验出发，注重自然科学的方法，反对思辨的方法。韦伯（E. H. Weber）在对感觉的研究中，将实验法与数量化的测量法结合起来，研究了触觉两点阈和重量感觉阈限，发现了感觉的差别阈限，提出了相应的计算公式。在韦伯研究的基础上，费希纳（G. T. Fechner）运用最小可觉差法、正误法和平均差误法等测量方法，对感觉量进行测量，并提出了韦伯-费希纳定律，这些研究就构成了当代实验心理学中的心理物理学内容。

### 二、当代心理与行为科学研究方法的特点

#### （一）多元化取向

研究方法的多元化是基于研究课题的多元化及科技进步而实现的。自从艾宾浩斯开创了用实验方法研究高级心理过程以来，后来的研究者针对记忆、思维、人格、情绪和动机等研究课题设计了相应的研究方法。近几十年来，统计技术和计算机技术也有长足的发展，为心理与行为科学研究的数据处理带来了革命性的变革。

学科的交叉融合。心理与行为科学是文理交叉的学科，既有自然科学属性的一面，又有人文科学属性的一面。处在这个特殊位置的学科必然要受到多种邻近学科的影响。所以心理与行为科学的研究要考虑社会学、人类学、生物学、

医学等学科的相关研究结果。研究的多学科化很明显地体现在申报课题时的多学科人员组成上。

纵向与横向结合。横向研究一直是心理与行为科学领域占主导地位的研究方法，而近年来，研究者越来越强调纵向研究的优势。要想揭示事物之间的因果关系，单靠横向研究是做不到的，因而随着学科的发展，纵向研究起的作用日益显著。

跨文化比较。我国本身是一个多民族国家，不同民族有着不同的文化背景，对不同文化背景下个体或群体心理的探讨不仅对丰富心理与行为科学理论有意义，而且也对服务于社会实践有意义。另外，东西方文化的差异有着悠久的历史渊源，心理与行为科学研究在与国际水平接轨时也必须考虑东西方文化的影响。

（二）生态化倾向

生态化是现代心理与行为科学研究的特点之一。控制条件下的实验室研究在探索心理的基本过程、基本规律中起过重要作用，而当代心理与行为科学研究除了进行传统的理论研究与实验室研究之外，还十分重视现场研究。现场研究是在现实的情景和条件下控制和观察心理活动，测定和记录整个心理过程。现场研究可以验证实验室研究的结果，还可以解决生产和生活中存在的实际问题。

生态化表现在，由于运用新的实验设计技术和统计分析技术有效地控制误差，在心理与行为科学的研究中实验情境与现实越来越接近。比如，多因素设计是人们熟悉的实验设计模式，但过去受研究指导思想和技术的影响，常常把因子看成是相互独立的因素，只关心其主效应，且一次研究中只涉及一个因子。然而，心理活动与特征是由个体的、社会的、内部的、外部的多种复杂因素共同作用和交互影响的结果，人与其生活的空间不可能分离开来。多因素设计之所以受到重视，主要是因为它具有较高的生态效度（ecological validity）。在研究者感兴趣、变量结果的精度不降低的前提下，多因素设计能容纳较多的自变量，增加了实验的现实性，同时在统计分析中交互作用被认为更具有理论价值，对交互作用的性质与意义的进一步分析与解释能更系统地了解因子间的复杂关系。又比如，过去大量的心理实验追求理想的标准实验设计，实验组、对照组严格控制，对等比较来考察实验效应。但在通常条件下，这种要求难以满足，且人工化情境使一些心理现象的表现受到影响，因此现在大量的研究采用准实验设计，然后通过协方差分析技术在很大程度上消除系统偏差和组内误差变异。

（三）量与质的结合

量的研究（quantitative research）与质的研究（qualitative research）是心理与行为科学研究的两种基本范式。心理与行为科学的研究过程是一个依据假设不断收集资料和分析资料，以验证假设的过程。收集资料是通过各种具体的研究方法（如问卷法、实验法、观察法）来实现的，而分析资料是对收集到的资料加以整理以便得出结论的过程，一般来讲，量化的资料要用适当的统计分析方法进行数据处理，而质的研究中的分析主要依靠归纳，而且所得结果不是统计结果，是一种描述、说明、解释。虽然统计分析也可适用于质的研究中的部分数据分析，但它们毕竟不是质的研究中分析的主要部分。

1. 量的研究及其特点

量的研究就是采用实验、调查、测验、结构观察及已有的数量化资料，对心理现象进行客观的研究，将所得结果作相应的统计推断，使研究结果有普遍的适应性。

量的研究一般指对事物可以量化的部分进行测量和分析，以检验研究者自己关于该事物的某些理论假设的研究方法。量的研究有一套完备的操作技术，包括抽样方法（如随机抽样、分层抽样、系统抽样、整群抽样）、资料收集方法（如问卷法、实验法）、数据统计方法（如描述统计和推断统计）等。其基本的研究步骤是：研究者事先建立假设并确定具有因果关系的各种变量，通过概率抽样的方式选择样本，使用经过检测的标准化工具和程序采集数据，对数据进行分析，建立不同变量之间的某种关系，必要时使用实验干预手段对控制组和实验组进行对照，进而检验研究者自己的理论假设。

量的研究范式认为，在人们的主观世界之外，存在一个客观且唯一的真相，研究者必须采用精确而严格的实验程序控制经验事实的情景，从而获得对事物因果关系的了解。因此，量的研究强调在研究设计、数据搜集、结果的处理和解释上必须具备严格的形式，具体表现在：强调对事物进行量化的测量与分析；强调对研究对象进行人为干预，创设实验条件；主要采取假设验证的研究范式。

量的研究形成了包括严格的抽样技术（随机抽样）、量化的资料搜集技术（调查、实验）与以数理统计为基础的资料分析技术（描述统计、推断统计）在内的一套完整的方法体系。由于量的研究的科学化倾向与社会科学的发展方向契合，自19世纪后期以来，量的研究很快取代了思辨研究的位置，在社会科学领域得到了广泛的应用，成为主导性的研究范式。

一般来说，量的研究具有以下特点：

（1）用数字来度量研究对象；

（2）分析的对象是具有数量关系的资料，采用数学分析的方法对数据资料进行算术或逻辑运算，抽象并推导出对某些特定问题具有价值的数据，经过解释赋予其一定意义；

（3）量的研究强调具体、严格的研究程序和分析方法，强调结论的客观性。

### 2. 质的研究及其特点

质的研究就是在自然的情境下采用无结构访谈、焦点访谈、参与型观察、实物分析等，对心理现象进行详细的描述，并以当事人的视角理解其对现象的意义或对事物的看法，不对研究结果作普遍的推演。可以看出，量的研究和质的研究都指的是相关的一类研究方法（或称一类研究范式），而不是指称某一具体的研究方法。

尽管量的研究取得了辉煌的胜利，但是其"拆整为零"的研究方式，对技术与方法的过度依赖，以及价值中立的原则也导致了诸多弊病，损害了社会科学的整体性、意义性与动态性。

20世纪50年代以来，不同领域的研究者开始对长期居于主导地位的量的研究传统进行反思，如波普、库恩（T. Kuhn）、拉卡托斯（L. Lakatos）、费耶阿本德（P. Feyerabend）等纷纷提出与实证主义截然相反的思想观点。他们强调，科学研究应当是多元化的，量的研究并非社会科学研究的唯一范式，研究者可以通过多种途径，从多种角度对社会现象进行研究。在此基础上，不同的研究者从不同的理论传统和研究领域出发，在总结过去研究范式的基础上提出许多新的研究主张，逐渐形成了一个新的研究范式，即质的研究。质的研究是以研究者本人作为研究工具，在自然情景下采用多种资料搜集方法对社会现象进行整体性探究，使用归纳分析资料和形成理论，通过与研究对象互动对其行为和意义建构进行解释性理解的一种活动。

质的研究的哲学基础来自三种哲学思潮，即后实证主义、批判理论与建构主义，同时解释学、现象学、符号互动论及社会批判理论等思想也对其有重要影响。在具体方法上，质的研究对量的研究的唯科学主义倾向进行了批判，反对将科学凌驾于所有知识之上，指出研究应当是开放和多元的，因此其方法体系也应多元化，包括参与观察和非参与观察、无结构与半结构访谈、案例分析、行动研究、历史研究、人种志研究方法等多种形式，其典型特征如下。

第一，在研究目的上，质的研究更重视对事实的解释性理解，强调"事实"本身必须通过研究者主观的诠释，才可能揭示其意义；同时，质的研究还强调研究者必须从当事人的视角来看待研究问题，了解研究者本人的想法与行为方式；质的研究也不寻求普遍的共识，强调研究的复杂性与不确定性，以寻求新的意义。

第二，在研究情境上，质的研究更强调研究情景的自然性，主张在现有的环境下开展研究，研究者不做事先安排。因此，在质的研究中，研究者应该深入研究现场，在尽可能自然的环境中和被研究者一起交流、学习、工作，按照被研究者看问题的角度、方法、观点，了解他们眼中的现实，揭示其意义世界。

第三，在研究策略上，质的研究更为开放和灵活，主张在研究前不对研究问题作详尽的假设，只提出大体的研究思路。在研究的过程中，研究者随时根据新问题与新信息调整研究方向，修订原来的思路，使之更适合所要研究的问题。

第四，在具体的研究方法上，质的研究更多地采用了访谈、观察、档案分析等方法，强调在研究过程中研究者自身的体验，主要以文字化的描述为主。

第五，在资料分析思路上，质的研究多以归纳分析为主，强调一边进行研究一边分析资料，同时还应根据分析的结果对研究加以修正。

第六，在研究者与被研究者的关系上，质的研究反对量的研究的价值中立原则，主张研究者应当积极与被研究者交往，并认为这是研究不可缺少的部分。

有人认为质的研究包括自然性、描述性、解释性、互动性、动态性等特点。

自然性，即强调在自然情境中作自然式探究。量的研究要求对研究情境进行较严格的控制。而质的研究对研究情境不进行操纵或干预，它运用各种办法去收集与现场自然发生事件（即研究对象）相关联的一切资料，然后从其中的关系结构中去发现事件发生的缘由和意义。在研究者的眼中，现场发生的每一件事情、每一个细节都是重要的，都可能是一条线索，都有助于更广泛地了解所研究的对象。现代录音、摄像技术的进步又使质的研究较传统的质的研究更趋于客观、现实。

描述性，即以丰富的资料来描述心理现象和过程。量的研究以数字来表示研究的某种观点或研究结果，质的研究依靠的是文字或图片的描述。研究中收集到的资料，诸如现场记录、访谈记录、官方文件、私人文件、照片、录音带、录像带等，都是描述性资料，结果的呈现也是以文字来表述。

解释性，即以了解研究对象自己的观点为目的。量的研究是通过对心理事实的测量来验证研究者先前的假设，建构能预测与控制未来的理论。质的研究则以解释为己任，它不期望寻找到普遍规律，而求再现所研究的心理现象的实质；努力从当事人的视角理解他们的行为的意义和他们对事物的看法，而不作任何价值判断。

互动性，即正视研究者对研究的主观影响。量的研究采取种种措施来保证研究者中立，传统的质的研究中，研究者也多以可信任的局外人身份进行研究，以求较少带有个人色彩。而实际上研究者与被研究者之间不可避免地会存在一种关联、心理上的互动。当代质的研究不回避这种"互动"，并且主动地将研究者本人作为重要的研究工具，认为研究者的个人特征，诸如研究动机、角色意识、个人经历、视角等，不仅会对研究产生一定影响，而且可以为其他研究者提供丰富的信息，以对研究的可靠性做出判断。它强调研究者要对质的研究背景材料进行反省，有清醒的认识，并写入研究报告中。因此，20世纪80年代以前的质的研究报告大都采用第三人称形式，以确保报道角度的客观性，而近年来用第一人称撰写的研究报告越来越多。

动态性，即研究过程是开放的、变化的。与传统的质的研究不同，当代质的研究逐步发展出了一套操作方法和检验手段，其研究过程包括：确定研究现象、提出研究目的、了解研究背景、构建概念框架、抽样、收集材料、分析材料、得出结论、建立理论、检验效度和推广度、撰写报告。这些步骤在形式上与量的研究相似，但其运行顺序、所含内容、操作手段都不尽相同。量的研究要求研究者在开展具体研究工作之前要精心设计工作程序，并以此作为行动纲领，严格遵循，以便能对最后的数据结果做出有效的解释。而在质的研究中，以上这些环节是彼此重叠、互相渗透、循环往复的，它要求研究者是具有弹性、易适应的人，能根据现场的情况积极调整研究程序，包括研究方向和焦点。因此，质的研究方法是不完全规则的、不可标准化的。

研究方法的选择是由研究对象的性质决定的。心理与行为科学应该研究"人"已成为共识，而人是复杂的、多层次、多元化和动态的，同时又具有系统性和整体性，因此我们不应该也不可能用单一的研究模式去人为地强制性地统一所有的研究工作。量的研究、质的研究虽然具有不同的基础假设、不同的程序，但二者不是对立的，它们是从不同的角度、在不同的层面、用不同的方法对事物的本质进行研究，各有所长，在心理与行为科学研究中都大有用武之地。在心理与行为科学很多领域的研究中，量的研究、质的研究的成果可以相互补充、加深认识。

### 三、心理与行为科学研究方法的分类

研究的方法各有千秋，但是没有所谓高低之分。如果我们把心理与行为科学的研究视作一个三足鼎立的三角结构的话，那么它的三个端点可以分别是准确性、普适性和真实性。但是一种研究方法往往无法同时兼顾这三项指标，比如，实验研究的准确性高，可以验证因果关系，但它的生态性因严格的实验控制而降低，普适性也因样本等原因而受到限制。案例分析和现场研究的真实性高，但因为揭示的是变量之间的相关关系而不一定是因果关系而降低了研究的准确性和普适性。理论研究和行为模型的建构则能够收纲举目张之效。因为是纲，则普适性高，也因为是纲，则不免抽象，因而使准确性和真实性降低。

如图1-2所示，心理与行为科学的研究方法还可以根据三个不同的维度进行分类[①]。这三个维度分别是研究环境、数据收集方法和研究设计。其中，研究环境包括实验室（L）和实地（F）两类，数据收集方法包括自我报告（S）和观测（O）两种，而研究设计则分为实验（E）、相关性研究（C）和描述性研究（D）三个类型。由此得出12种（2×2×3）研究类型。对研究方法的分类既有助于我们认清自身研究的现状，又有助于对进行互补性研究的规划。

---

① 王晓田.2010.有关行为研究方法学的六点思考.心理学报，42（1）：37-40.

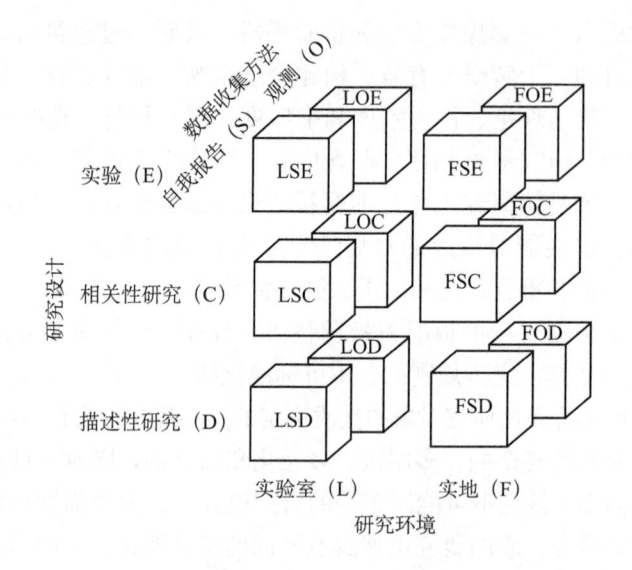

图 1-2　三维研究方法分类图

资料来源：王晓田．2010．有关行为研究方法学的六点思考．心理学报，42（1）：37-40

## 第四节　心理与行为研究中的伦理问题

### 一、伦理原则

心理与行为科学中常见的研究类型有三种，即描述研究、相关研究和实验研究。任何一项简单的研究（如描述、鉴别相互关系或推断结果）可能以三种类型中的一个作为目标，但是有的研究具有不止一个目标。无论哪种类型的研究，无论研究的目标是什么，都要考虑研究方法的伦理问题。

术语"伦理"起源于希腊语 ethos，意思是"性格或习性"，涉及"价值"。我们根据伦理要求在道德意义上评价一个人的性格或行为，正如此术语在科学中的应用一样。我们用伦理标准判断各个研究者的行为和他们所用的研究策略是否符合道德要求。伦理原则最初由美国心理学会（American Psychology Association，APA）所创造和采用，现在已经广泛地被研究者所接受。主要原则如下。

（一）尊重人及其意愿

尊重人及其意愿指研究者要尊重参与研究的被试。"意愿"的意思就是"独立"。在讲到心理与行为科学研究的伦理原则时，意愿是指被试有能力、有权利自由选择是否参与实验。研究者的道德和法律责任就是确保被试知道他们将做什么，并且让他们自由决定是否参与。在具体运用中，就是告诉他们有关研究的情况，并得到他们同意的书面协议（知情同意书）。然而，也存在这样的情况，即没必要或不可能得到被试的书面同意（如利用公共记录和一些现场实验研究）。一个由社会心理学家所做的关于小费的实验证明了这一点。社会心理学家向服务生和餐馆老板解释了这项研究，并且得到他们的同意去做这项研究。然而很明显，为了不破坏操作的可信性，不使实验失去意义，肯定不能告知被试（在餐馆就餐的顾客）研究的目的（实验的结果显示，女服务生的微笑使顾客所付小费的量增加，而男服务生的微笑并不能增加小费）。

在大多数情况下，书面的同意是研究程序所必需的。发给被试一张表格，其主要内容包括：①实验的本质；②造成的任何潜在的危险和不便；③确保数据的可信的程序；④参与的自愿性，并可在任何时候都不受歧视、不用承担后果地自由退出，如表 1-1 所示。

表 1-1　书面协议手写部分的样本

| 被试注意 | A 部分 | B 部分 |
| --- | --- | --- |
| 在你参加此实验之前，请你在 A 部分所提供的空格处填上你的姓名，一旦实验结束，主试将询问你的情况，将要求你在 B 部分填写三项内容，表明你同意 | 我同意参加这个项目。已经通知我关于此项目，并且我认为理解了这项研究的基本内容<br>我明白可以在任何时候离开并且我的匿名将受到保护<br>被试签名：　日期： | 请在实验做完后填写下面的陈述或提问：在"是"或"否"上打"√"选择<br>我已被询问任务执行的情况。（是）（否）<br>我没被迫参与实验。（是）（否）<br>所有的问题我都满意地做了回答。（是）（否） |

然而，即使是严格遵守研究伦理的研究者也会在无意中犯错误。

无论何时，小孩或未成年人作为被试时，主试要得到其父母的同意，在获得其父母的许可之前，禁止诱导小孩去参加。如果孩子和他们的父母没有住在一起，主试可向最能代表孩子利益的监护人征求意见。一旦获得孩子的父母或监护人的同意，主试要征求孩子关于实验日期的意见，并问他们是否愿意参加（假定孩子足够成熟，能够参与实验）。

（二）有益处和不违反法律道德

有益处意味着"做得好"，意味着行为或社会研究者必须保证对被研究者不造成伤害。除此之外，人们期望研究者将他们研究的利益扩大化，研究者将自己的研究计划呈送给估价小组，该小组被称作"公共机构董事会"（institutional review board, IRB）。它提供了一种监管机制，通过它来估计所做研究的利益和代价。被 IRB 分类为最小危险（如对被试造成的危害的可能性和程度应低于在日常生活中所经历的）的研究通过及时的快速评估通常是合格的。涉及在校学生的研究项目往往都是危险性最低的项目，这些项目通常是学校教师代替 IRB 来审查，对学生具有超过最低危险影响的研究项目往往被亮红灯，需要 IRB 成员进行详细的获益与成本分析。

以下是伦理审查常问的问题。

审查者：

1. 谁是初级调查者？谁是该项目的负责人？
2. 在该项研究中，有人帮助你吗？
3. 你和你的研究团队研究过类似的项目吗？

研究的本质：

4. 该研究的目的是什么？
5. 要求研究的参与者做什么事情？或者说研究者要对他们做什么？
6. 研究者是否用了欺骗？如果有，为什么需要欺骗？
7. 欺骗的本质是什么？
8. 参与者会冒任何可能的风险吗，包括生理、心理、法律或者社会的风险？
9. 如果没有任何风险，你如何证明？如何使风险最小化？

研究的参与者：

10. 你如何招募参与者，你给予其何种报酬？
11. 你如何向你的被试解释研究并获得他们的知情同意书？你如何向他们讲明他们可以随时退出实验？
12. 你的研究参与者的基本特征有哪些（年龄范围、性别、机构归属、预计用多少参与者）？
13. 你的研究需要的参与者具有哪些特殊特征（如儿童、孕妇、少数民族、精神发育迟滞者、酗酒者）？
14. 有其他机构或者个人与你合作研究该项目或者赞助该项目吗？
15. 参与者必须在某种特殊的精神状态或者身体状态下参与研究吗？

材料：

16. 如果研究过程中用到带电设备或者其他机械设备，如何保证其安全性？
17. 你可能用到哪种标准测验？你如何向参与者解释其在该测验上的得分？

保密性：

18. 你用何种方法对所得数据进行保密？

询问：

19. 你计划如何询问参与者？

图 1-3（图中横坐标表示收益，纵坐标表示代价或者称成本）代表了一个理想化的代价-收益伦理评价模型，有助于我们理解上述程序是如何起作用的，通

过对研究者提出的详细的研究计划进行审查,并且考虑研究者对审查人员所提问题的回答情况,审查人员将全面衡量该研究隐含的获益和成本。前述的伦理审查常问的 19 个问题是研究者必须回答的。我们假定你将必须回答自己的研究中面对的类似问题。然而,你的回答不必提交给 IRB,而是由你的老师或者由你的伦理讨论组(如由你的同学所组成的小组)成员来评价。

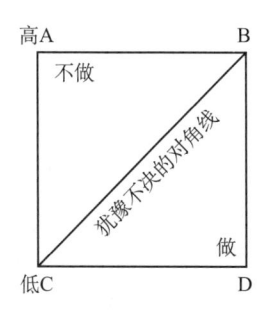

图 1-3  一个理想化的代价-收益伦理评价模型

资料来源:Rosnow R L,Rosenthal R,1998

一般来说,一项具体的研究的获益和成本的分析往往通过一个名为"方法与社会价值觉察"的评定量表来评定。也就是这个评价依赖于在给定情况下 IRB 成员怎样选择去定义代价和收益。他们对做某一项研究的成本的估计一般要考虑到研究对被试所造成的麻烦和不便、时间、金钱和精力的消耗、隐私权和受损等。他们对做某项研究所得收益的估计一般要考虑到研究对被试及对他人的教育或心理方面的益处,对科学的进步可能的贡献等。经过深思熟虑,并且有最小危险的研究将比没有经过深思熟虑,包括有生理或心理危险的研究更有意义。在图 1-3 中,在标志有 A 的区域的研究不会获得赞成,因为代价高而收益低。在 D 区的研究受到赞成,因为收益高而代价低。如果研究落在了 BC 对角线上(犹豫不决的对角线),难以决定,这时就要改变设计或者获得进一步的信息。

上述理想化的研究评估的缺陷在于,只关注了"做"该研究的获益和成本分析,而忽视了"不做"该研究的成本分析。也就是说,忽视了是否淘汰一项具有潜在的重要意义的研究也是伦理评估的主题。由于该缺陷的存在,有学者开始质疑 IRS 对自己的责任要求没有对研究者的责任要求严格。官僚作风和团体压力有时也会阻碍具有重要社会意义的研究项目的通过。例如,一项关于青少年性行为的调查被终止了,因为其违反了社区规范。然而,终止该项研究意味着社区将得不到必要的数据以解决一般关注的健康问题。另外的问题是 IRB

可能简单地运用风险分析来决定研究项目的取舍，而忽视其潜在的利益。

### （三）公正

第三个原则的主旨是研究的风险和收益应公平分配。假定有一项研究检验一种治疗梅毒的新药的有效性，方法是随机地让一半人服用新药，另一半人以假药丸代替真正的药丸，这样实验就剥夺了一些人（如控制组的人）获得救命药的权利，显然这是不公平的。一个已被应用的替代方案就是给控制组最好的现成的药。

### （四）信任

第四个原则是努力在主试与被试之间建立信任关系。它以这样的假定为基础，即告知被试需要做什么（如知情同意），并且承诺不会有任何损害这种信任之事发生，但是，如果研究者认为完全地、毫无保留地把信息告诉参与者，会使他们产生反应偏差，那么是否可以对参与者隐瞒事实呢？为处理此种情况，在实验后，研究者要询问参与者反应的情况。另一种建立信任的方式是保护参与者的资料的机密性。所谓保密就是意味着保护参与者的资料不受到没有根据的评价。这是保护参与者隐私的一种方式，可能也是促使他们提供可靠数据的一种方式。也就是说，在研究中，保密性能使被试更公开、更诚实地做出反应。

在你的研究中，为保护机密性，你需要在适当的地方建立程序来保护你的数据。例如，你可以设计一个编码系统，在此系统中，你所用的参与者的名字以一系列数字呈现，以致任何人均不能鉴别出来。在一些情况中，参与者以匿名的方式参与，并且不要求他们给出能鉴别他们身份的信息。他们的隐私很明显地受到了保护。在政府资助的生化和行为研究中，有时研究者可能得到保密证明，它是一份正式协议，要求研究者保护数据的机密性（这样可以避免数据泄露）。

### （五）诚实

第五个原则的目标是推动科学的进步，即追求有效的知识。换句话说，对有益知识的追求是一种伦理问题，那就意味着伦理和科学质量（如设计和数据分析质量、解释质量和结果的代表性）被认为是相互关联的。质量差的研究是一种伦理问题，因为它是一种资源的浪费，并有可能对社会产生误导（甚至会损害）。有时暗示因果关系的存在（但数据不支持这种关系）表面上是无知的表现，但很可能被认为有伦理问题，而不仅仅是设计问题。

设想你正在 IRB 服务，收到一个研究的建议，按照研究者自己的判断，这项研究"要检查私立学校是否比公办学校更能促进儿童智力的发展"。从私立和公办学校随机挑的儿童将接受全面测验。从私立和公办学校的学生的比较得分可证明此假说。这项研究就存在一些伦理问题。很明显，这种设计不符合因果推理，因为很有可能智力方面的不同源于两所学校的生源的质量不同。为了真实地研究这个问题，研究者将不得不随机分配学生到私立或公办学校去——伦理和真实的悖论。然而，所建议的设计问题不仅是资源（如金钱和时间）的浪费，此项研究也可能导致不合理、不精确的结论，这种结论可能对支持此项研究的群体造成伤害。有趣的是，如果研究者准备或打算仅仅了解私立学校和公办学校的学生是否存在较大差别的话，那么其最初设计是十分合适的。

### 二、必须"欺骗"时怎么办

在心理与行为科学的研究中还涉及一个伦理问题：研究者有时为了达到某种研究目的不得不采用"欺骗"的手段，那么如何处理不得已的"欺骗"呢？事实上，欺骗行为在社会科学中的应用已经是一个棘手的问题。有人认为任何形式的欺骗都是道德上的错误，但也有人认为为了科学的目的，采用欺骗的手段也无伤大雅。一般来说，在心理与行为科学的研究中常见的欺骗有这样几种情况：第一种情况是，研究者并不告诉参与者研究的真正目的，而是给予其错误的信息，使他们不知内情，蒙在鼓里；第二种情况是让参与者服用某种安慰剂；第三种情况是，只告诉参与者部分信息，而不让其知道研究的细节。

一个有名的引起颇多争议的运用欺骗的研究是米尔格伦（Stanley Milgram）关于服从的课题。米尔格伦的实验引起了行为和社会科学界的伦理大讨论。他的研究兴趣来源于在第二次世界大战期间人们对纳粹的盲目服从所带来的可怕后果的深深的担忧。在那个黑暗的时期，不可想象的东西变成了现实，成千上万的大人和儿童被屠杀于煤气房间里。米尔格伦做此实验的目的就是研究盲目服从并实施破坏行为的心理机制。尤其是他想研究正常的成年人能在多大程度上服从权威的命令去伤害第三者。

米尔格伦欺骗自愿的参与者说，他们将作为教师对在执行任务中犯错误的学生进行电击惩罚，而且米尔格伦对教师和学生之间的距离进行操纵，目的是看看当学生请求参与者停止电击的时候，参与者实施电击时会不会变得仁慈些。米尔格伦及其研究团队对研究结果简直不敢相信。许多参与者（老师）毫不犹豫地按照实验的命令"请继续"或"你别无选择，你必须继续"继续提高电击的程度，而不管学生怎么请求被试停下来。使米尔格伦感到惊讶的是，并没有人反感或抗议而退出实验。在不同的大学里重复做这个实验时，都出现令人震惊的相同结果。

尽管在这些研究中，学生是米尔格伦的助手，参与者并没有实施真正的电击，但这一研究披露以后，引起了学者们关于该研究的伦理和价值问题的争论。有人批评说，该类实验可能使参与者产生负疚感、焦虑感等不良情绪，而米尔格伦认为主要的问题不是骗术的应用，而是参与者的服从，参与者显现出的极度紧张是研究者始料不及的，但研究的目的不是简单地制造焦虑。的确，在实施研究之前，他已经询问过同事们对此实验结果的预测。没有一个专家能预料到结果中所出现的盲目服从。像那些专家一样，他也认为参与者将会拒绝服从命令。此外，他对是否对参与者造成伤害表示怀疑，尽管他们中出现了明显的焦虑表现。为确保参与者在实验后不会感觉情绪不适，他采用了一些预防措施，即实验后，给予参与者一次和学生进行友好沟通的机会，并告知被试学生没有受到危险的电击而是假装的。为了发现是否有大范围的负面影响，米尔格伦还发给参与者调查问卷以了解他们读了整个调查报告后的反应。接受测量的人中，不到1%的人说他们后悔参加，15%的人中立或矛盾，超过80%的人说他们很高兴参加，米尔格伦把这一结果看作是为他的研究提供了道德上的判断。

米尔格伦认为，研究的参与者而不是实验者才是决定一个特定的"欺骗"是否为道德所接受的最终仲裁者。

### 三、向参与者说明情况

前面提到的米尔格伦的研究中，在实验结束后给参与者提供一次与学生见面和交流的机会，共同讨论研究的目的及讨论用骗术的必要性。研究者也会就此机会消除参与者可能有的错误观念和焦虑，保持他们的尊严，并让他们认识到实验有重要的意义。若用了骗术，消除对参与者人际交往中的信任感所造成的不良影响是非常重要的。

向参与研究的被试说明情况，是为了使其消除顾虑，感到满意。以下是一些向被试说明情况的指导原则：

第一，如果在实验中运用了骗术，研究者就应当详尽地解释实验的真相及这样做的用意。例如，研究者会解释说，科学就是追求真理，但是有时为了揭示真相，借助于骗术也是必要的。

第二，尽管研究者能够真诚地、负责地对待被试，但一些被试可能会使实验显得失真，好像是错误的研究程序所致。不管运用何种骗术，研究者应当给被试解释清楚，同时使他们确信所参与的实验根本不反映他们的智力或性格，而仅仅显示出了实验设计的科学有效性或效度。为了不浪费被试的时间和努力，研究者会费尽心思地设计出有效的实验设计。

第三，研究者在实验之后应当循序渐进地耐心地为被试进行解释，因为耐心的解释和沟通将会减少被试的负面情绪，使其不把自己作为一个"受害者"来看待，而是把自己作为寻求真理的"共同投资者"。

第四，不要用双重骗术，因为被试会认为研究中的第二个骗术是正式的事后说明。双重骗术是非常有破坏性的，因为研究者这样做会使被试认为研究者一直在说谎。

　当然，如果有人想退出研究，研究者必须尊重被试的选择，否则，研究者就违背了第一个原则。

# 第二章　好的"想法"从哪里来

本章我们要先介绍定量研究的一般过程，然后介绍文献的查阅及选题过程。

许多时候，我们获得的新想法，是在阅读文献时产生的，换句话说，好的选题很多时候来自对文献的研究。在设计研究的过程中，我们也要查阅大量的文献。因此，我们在本章介绍文献查阅的一般问题。

科学研究要了解研究选题，这是研究工作的开端。经验告诉我们，无论做任何工作，好的开端就是成功的一半。可见，发现和提出问题是解决问题的第一步，而且是最重要的一步。研究的选题没有固定的来源，有些选题可能是政府和有关部门的"命题作文"，比如，地沟油泛滥，政府为了加强治理，就要找出鉴别地沟油的科学方法，于是就以课题的形式向全社会招标。又比如，2013年度全国教育科学规划重点招标课题指南中所列的课题：小学生数字化学习能力与测评研究。更多的课题是由研究者根据学科发展的需要，根据个人的研究兴趣和研究领域、研究专长自行选择的。可见，发现和选择课题并非易事。

## 第一节　如何做文献检索

进行科学研究必须占有大量丰富的文献资料，因此就需要进行文献检索。进行文献检索的目的是掌握科学研究的动态，以此作为选题的依据和研究的起点。

## 一、文献检索在心理与行为科学研究中的作用

文献是指记录有知识和信息的一切载体。文献是记载人类知识的最重要的手段，是传递和交流研究成果的重要渠道和形式。文献作为一种主要情报源和信息源，是进行科学研究的重要部分。

"文献"一词最早见于《论语·八佾》，朱熹注："文，典籍也；献，贤也。"古人以文为典籍记录，献就是贤者及其学识。后来发展为专指著述。文献是把人类的知识用文字、图形符号、音像等手段记录下来的有价值的典籍，包括各种手稿、书籍、报刊、文物、影片、录音、录像、幻灯片、胶卷、网络等。文献检索是指从文献中迅速准确地查找出所需要的情报的一种方法和程序。

心理与行为科学文献是记载有关心理与行为科学的情报信息和知识及研究成果的载体。科学研究中，文献检索有重要作用。

### （一）确定研究方向

通过文献检索，可以帮助研究人员全面掌握所要研究问题的情况，选定研究课题和确定研究方向。

文献资料提供科学研究选题的依据。通过查阅有关资料，搜集现有的与这一特定研究领域的有关信息，对所要研究的问题做系统的批判性分析。内容包括：对于该课题，前人和他人的主要研究成果，达到的水平，研究的重点，研究的方法，经验和问题。要了解哪些问题已经解决，哪些问题需要进一步研究和补充，在此问题上争论的焦点是什么，从而进一步明确研究课题的科学价值，找准自己研究的突破点。科学研究要站在前人研究的基础之上，继承是发展的前提。

### （二）提供研究思路和研究方法

文献资料提供科学信息，使研究者能够跟踪和吸收国内外研究学术思想和最新成就，了解科学研究的前沿动向，获得最新情报，为研究者提供新的研究思路、研究范式和研究方法。

### （三）避免重复，提高效益

有人研究，估计我国有40％的科研项目在国内外已经出了成果。这既浪费了大量的人力物力，又导致我们的研究长期不能赶上世界先进水平。通过文献检索，可以清楚已经做了哪些研究，留下了什么成果，目前正在做什么研究，发展情况如何，这就减少了不必要的浪费，节省了大量人力与物力，方便我们更好地进行创造性工作。

总之，文献检索在科研工作中是重要的一环，也是研究工作者必须具备的基本技能或能力。著名科学家钱三强将图书情报和仪器设备比喻为科学研究的两只翅膀。据美国国家科学基金会、美国凯斯工学院研究基金会调查统计，一个科研人员在一个科研项目中，用于研究图书情报资料的时间，占全部科学研究时间的三分之一至二分之一，如表2-1所示。

表2-1 社会科学和理工科各项研究活动的时间比例　　　单位：%

| 项目 | 选定课题 | 情报搜集与信息加工 | 科学思维与科学实验 | 学术观点的形成（论文） |
|---|---|---|---|---|
| 社会科学 | 7.7 | 50.9 | 32.1 | 9.3 |
| 理工科 | 7.7 | 30.2 | 52.8 | 9.3 |

## 二、心理与行为科学文献的种类及主要分布

### （一）文献的三个等级

一次文献，首次出版的各种文献，也称原始文献，包括专著、论文、调查报告、档案材料等以作者本人的实践为依据而创作的原始文献，是直接记录实践经过、研究成果、新知识、新技术的文献，具有创造性，有很高的直接参考和借鉴使用价值，是我们利用的主要对象。但它储存分散，不够系统。

二次文献，是对原始文献加工整理，使之系统化、条理化的检索性文献，也是报道和查找一次文献的检索书刊，包括题录、书目、索引、提要和文摘等。二次文献具有报告性、汇编性和简明性，是对一次文献的认识，是检索工具的主要组成部分。

三次文献，是在利用二次文献的基础上对某一范围内的一次文献进行广泛深入的分析研究之后综合浓缩而成的参考性文献，包括动态综述、专题评述、进展报告、数据手册、年度百科大全、专题研究报告等。我们使用的各种教科书也属于三次文献。

### （二）心理与行为科学文献的主要分布

（1）书籍。它包括名著要籍，心理与行为科学专著，教科书，工具书（如百科全书）。名著要籍指一个时代的一个学科的一个流派最有影响的权威著作。例如，伍德沃斯的《实验心理学》，詹姆士的《心理学原理》，弗洛伊德的《梦的解析》《精神分析引论》，科瓦奇等的《近代心理学历史导引》，波林的《实验心理学史》等。

心理与行为科学专著（包括论文集）是就心理与行为科学领域某一学科、某一专门问题进行系统、全面、深入的论述，内容专深，大多是作者多年研究成果的结晶。专著文物就某个问题阐述其历史和现状，研究方法和成果，不同

学派的观点和争论，存在的问题和发展趋势，并附有大量参考文献。

教科书是专业性书籍，具有科学性、系统性和逻辑性。内容一般是心理与行为科学的基本理论、基础知识。要求学术的稳定性、名词术语规范、结构系统完整、叙述概括及文字通顺。

此外，心理与行为科学的年鉴、辞书、百科全书等工具书都是常见的文献。

（2）期刊。它是定期或不定期的连续出版物。我国较权威的心理与行为科学期刊有《心理学报》《心理科学》《心理学动态》《应用心理学》《心理学探新》《心理发展与教育》《心理卫生杂志》。此外，还有《心理学杂志》《社会心理学》等期刊，以及中国人民大学复印报刊资料中心出版的《心理学》、各高校的学报等。

国外出版的心理与行为科学期刊和心理与行为科学信息源主要有：

《通用的目录》（Current Contents）；

《社会科学引文索引》（Social Science Citation Index）；

《科学引文索引》（Science Citation Index）；

《生物学文摘》（Biological Abstracts）；

《工效学文摘》（Ergonomics Abstracts）；

《医师索引》（Index Medicus）；

《心理学文摘》（Psychological Abstracts）；

《美国心理学家》（American Psychologists）；

《心理学年鉴》（Annual Review of Psychology）；

《心理学报》（Psychological Bulletin）；

《心理学评论》（Psychological Review）；

《心理科学》（Psychological Science）；

《美国心理学杂志》（American Journal of Psychology）；

《动物的学习与行为》（Animal Learning and Behavior）；

《行为治疗》（Behavior Therapy）；

《行为的神经科学》（Behavioral Neuroscience）；

《加拿大实验心理学杂志》（Canadian Journal of Experimental Psychology）；

《儿童的发展》（Child Development）；

《认知心理学》（Cognitive Psychology）；

《认知科学》（Cognitive Science）；

《发展心理学》（Developmental Psychology）；

《发展的心理生理学》（Developmental Psychobiology）；

《变态心理学杂志》(Journal of Abnormal Psychology);

《应用行为分析杂志》(Journal of Applied Behavioral Analysis);

《应用心理学杂志》(Journal of Applied Psychology);

《比较心理学杂志》(Journal of Comparative Psychology);

《教育心理学杂志》(Journal of Educational Psychology);

《实验儿童心理学杂志》(Journal of Experimental Child Psychology);

《实验心理学杂志：动物的行为过程》(Journal of Experimental Psychology: Animal Behavior Processes);

《实验心理学杂志：普通心理与行为科学》(Journal of Experimental Psychology: General)

《实验心理学杂志：学习、记忆和认知》(Journal of Experimental Psychology: Learning, Memory and Cognition);

《实验心理学杂志：人的知觉与作业》(Journal of Experimental Psychology: Human Perception & Performance);

《实验社会心理学杂志》(Journal of Experimental Social Psychology);

《行为的实验分析杂志》(Journal of the Experimental Analysis of Behavior);

《记忆和语言的杂志》(Journal of Memory and Language);

《人格与社会心理学杂志》(Journal of Personality and Social Psychology);

《学习与动机》(Learning and Motivation);

《记忆与认知》(Memory & Cognition);

《神经心理学》(Neuropsychology);

《知觉与心理物理学》(Perception & Psychophysics);

《心理生理学》(Psychobiology);

《实验心理学季刊》(Quarterly Journal of Experimental Psychology);

《行为研究方法、仪器和计算机》(Behavior Research Methods, Instrumentation and Computers);

《心理学研究方法》(Psychological Methods);等等。

(3) 专家咨询。通过访问专家、学者获得情报信息。

(4) 因特网。网上有各种数据库以及相关网站和网页，也是获得信息的便捷渠道。

## 三、文献检索过程和方法

（一）检索过程

第一步，分析和准备阶段。包括分析研究课题，明确自己检索的课题要求与范围，确定课题检索标志，以确定所需文献的作者、文献类号、表达主题内容的词语和所属类目，进而选定检索工具，确定检索途径。

第二步，搜索阶段。搜索有关文献，鉴别可用文献，阅读并做卡片记录，写读书笔记、文章摘录等。

第三步，加工阶段。主要包括剔除假材料，以及陈旧、重复的材料等。

（二）文献检索的基本方法

（1）顺查法：按时间顺序，由远及近，由旧到新。

（2）逆查法：由新到旧、由近及远地来查。

（3）引文查找法：又称跟踪法，以已掌握的文献中所列的引文文献、附录的参考文献作为线索，查找有关主题的文献。

（4）综合查找法：综合运用各种方法进行查找。正确的检索方法应该达到四点要求：一是准确，二是全面，三是专深，四是快速。综合法可以利用工具书、书目、检索性文摘等。

## 四、撰写文献综述报告

通过阅读所收集到的各种资料并做了笔记以后，就要着手撰写文献综述报告。文献综述报告是就某一个研究课题范围内的有关文献资料内容进行综合评价分析。综述也是研究过程。从查阅一篇篇具体文献到撰写文献综述，要求研究者要将具体问题放在一个大的背景中分析，要敏锐地捕捉作者思考问题的角度、层面、方法上的独特性，在全局上对所要研究的问题的发展历史、现状及趋势有一个整体把握，从而找到自己研究的切入点和立论点。要写出一篇高质量的综述报告，不仅要有较强的问题意识，而且要有透析、抽象、提炼的理论思维能力，这样才能做到"从有机整合，理清结构，把握关系的高度，从理论的抽象向理论的具体发展的意义上实现创造"。

文献综述没有统一的格式，但一般来说，包括以下五个方面[①]。

（1）引言部分。就是提出研究的问题并简要说明问题的性质，研究者要说明和解释自己为什么要研究这个问题，即研究的目的，阐述研究这个问题的重

---

① 杰克·R. 弗林克尔，诺曼·E. 瓦伦. 2004. 教育研究的设计与评估. 蔡永红等译. 北京：华夏出版社：96.

要意义。

（2）综述的主体部分。首先，告诉读者你对文献是如何搜集的，你的研究方法是什么，说明文献资料的分析范围（时间跨度、主要分布）、分析维度和分析程序；其次，简要报告在此问题上其他人的已有发现和所持观点；最后，分阶段系统整理研究问题的发展过程，说明每一时期该课题研究的重要问题及取得的重要进展，还要重点阐明该课题范围内当前研究的重点和热点问题，在一些主要问题上的争论的不同观点代表性著作，同时在方法论层面对以往研究进行反思。这一部分可以划分若干个小标题，把有关联的研究放在一起来讨论。分析讨论要有重点，不能胡子眉毛一把抓。因此，对你认为比较重要的研究工作要做详细的介绍，你认为次要的就一笔带过，通常用两三行文字略加概括即可。例如，可以这样行文：其他几项小规模研究也报告了类似的结果。

（3）综述的总结部分。此部分与文献综述的主线密切联系，陈述与该研究有关的课题的已有知识和观点的全貌。总结部分有多种表达方式，比如，可以用列表的方式表述，这样可以使读者一目了然到底有多少其他研究者报告了同样或者类似的研究结果，或者提出了类似的建议。

（4）结论部分。研究者应该在文献综述上得出某些结论，例如，文献提出的解决这个问题的最佳行动路线是什么呢？

（5）参考文献目录（包括专著和论文）。

## 第二节　研究选题的意义和类型

### 一、选择研究课题的意义

研究课题是研究工作的基本单元，是为了解决以相对单一且独立的心理与行为科学问题而确定的研究题目。选题，是指经过选择来确定所要研究的问题，包括提出问题和确定问题。从宏观方面讲，选题包括两方面的含义：一是确定科学研究的方向；二是确定研究的具体问题。选择和确定研究课题是心理与行为科学研究的开始环节，也是关键的一步。它不仅决定现在和今后科学研究发展的方向、目标与内容，而且在一定程度上规定了科学研究应采取的方法与途径。

在高校和研究机构中，除了国家、省（自治区、直辖市）所确定的指令性重点攻关课题之外，大多数研究课题是单位和个人的自选课题，因此，对心理与行为科学研究者来说，选择课题是经常性的工作。选择课题对研究工作有重要意义。如果研究课题不明确,就不知道具体研究什么,也谈不上如何研究。如果选择课题不切实际,就是花费了大量的财力、物力、人力和时间,结果也可能一无所得。研究课题还规定了研究所采用的方法,不同的课题,为达到不同的目的,所采用的方法和手段也不同。可见,选题在研究工作中有特殊的地位和作用。正如英国科学家贝尔纳(J. D. Bernd)所说:"课题的形成和选择,无论作为外部的经验技术要求,抑或作为科学本身的要求,都是研究工作中最复杂的一个阶段。一般来说,提出课题比解决课题更困难……所以评价和选择课题,变成了研究战略的起点。"[1]

有研究者总结了我国心理学界研究选题工作方面存在的问题,切中时弊,十分中肯。主要的问题包括:

第一,重基础课题轻应用课题;应用课题又表现为选题孤立、零星,缺乏系统的、大型的协作研究课题。

第二,研究课题的系统性、连续性和积累性差。

第三,描述性课题多,因果探索课题和预测性课题少。

第四,研究课题的理论背景弱,选题的理论指导性差。

第五,研究选题缺乏宏观调控,自发性强。

第六,单一性课题多,综合性课题少。

第七,研究方法方面的研究较少[2]。

选题存在这些问题,肯定会影响研究结果的质量、降低研究的意义,或者降低研究的应用价值。我们认为,研究者特别是初学者应该在选题方面多下工夫,要勤于思考、深入思考、独立思考、创新思考。回头看看几十年来发表的大量研究,我们不得不承认,缺乏创新或许是许多现有研究的一大伤疤,揭起来就很疼;创新也是我们努力的方向,这恐怕是我国学术界包括心理学界许多同仁的共识。创新不易,但创新并不是高不可攀的。

## 二、心理与行为科学研究课题的主要类型

按研究的性质和目的,可以分为三大类,即基础性研究课题、应用性研究课题和发展性研究课题。

### (一)基础性研究课题

基础性研究课题是指以研究心理现象或过程的基本规律,揭示各种现象间的本质联系,探索新领域,发现新原理为基本任务的课题。所获得的研究成果

---

[1] 转引自:顾天祯.1985.如何选择教育科研课题.教育评论,4:58-61.
[2] 董奇.2004.心理与教育研究方法.北京:北京师范大学出版社:73-74.

能增进人类对心理现象的性质和基本规律的理论认识，丰富心理与行为科学的内容，推进基本理论的建树，为解释、优化人的心理和行为表现提供方法上和理论上的指导。例如，对心理本质的研究、对心理现象的内在机理的研究、对心理现象的产生和发展规律的研究、对心理现象物质载体的研究等，凡是心理与行为科学领域中各种理论问题的探索都属于基础性研究。这类研究课题具有开创性特征，属前沿性课题。这类课题探索性强，自由度大，不确定因素多，研究的周期相对比较长，成功的把握比较小。研究初期很难估计它的社会价值和应用价值，但一旦成功会使心理科学产生革命性进步。因此，此类研究要求研究者具备较高的理论素养和丰富的知识储备。

（二）应用性研究课题

应用性研究课题是指为基础理论寻找可能的实际应用途径的课题。基础理论的研究往往体现为基础理论的建树，而不是为了解决生产、生活、教育、管理等领域的实际问题。例如，对记忆的生理机制及规律的研究，虽然能使人类认识记忆现象的本质，但不能直接用来提高人们的记忆效率。要想提高对某一具体事物的记忆效率，必须进行应用性研究，即解决识记中遇到的各种问题。应用性研究的特点是"定向性"，即针对某一问题提出具体的解决措施。

应用性研究与基础理论研究是相互影响、相互促进的。一方面，应用性研究要利用基础性研究的成果；另一方面，已有的基础理论常常满足不了实际应用的需要，或者在应用中发现了新问题，从而大大地推动基础理论的研究。

（三）发展性研究课题

发展性研究课题是指将应用性研究成果加以扩大，或者直接研究生活、生产中提出的各种实际问题的课题。应用性研究成果可以是应用性理论，也可以是新产品、新设计方案等。但这种产品、设计方案要应用到实际中去，还必须通过发展性研究才能实现。例如，在实验室条件下，设计出一个最佳匹配的人机系统，但这一设计能否在生产中发挥其优越性，还必须进行工业性的中间试验和生产实际应用才能判断，而解决从实验室到中间试验和生产实际应用所出现的新问题、新情况就属于发展性研究课题。发展性研究课题的特点是针对性强、研制周期短、容易出成果，并可直接促进生产力的发展或解决实际问题。

## 第三节　发现问题的策略

科学家怎样提出他们的观点呢？通常他们通过研究文献、寻找线索来发现尚需探查的问题或仍未解决的问题；他们可通过聆听会议上别人的发言而提出自己的观点，所读所听可能激发他们的灵感，从而发展出看待某一现象的新方式，甚至是把某一现象颠倒过来。例如，心理学家一直以来都认为态度决定行为，但是康奈尔大学的研究员拜姆（Bem）却颠倒了这一关系。他认为一个人的行为可以决定他的态度。比如，假如一位政治学家为了利益在某一问题上表明他的立场，在反复为之辩护后他就会认为："我想我真的相信它。"这位政治家的自我认知使他的态度发生了转变。又比如，假设你狼吞虎咽地吞下了一块三明治，随后你就会有这样的想法："我一定是饿坏了。"随后，拜姆设计并实施了一些实验以测试和证明他所谓的"自我认知理论"。

兰德（Edwin H. Land）发明拍立得照相机源于他三岁女儿的询问，如问他"为什么照相机不能一次成像"。后来，当他外出散步时一直思考这一问题，突然他就想到了一个可使照相机一次成像的好主意。在20世纪50年代早期，乔治·狄迈斯楚在从瑞士郊外散步回来后，发现夹克上粘了一些绒果，突然他就想出了一个好主意发明了粘扣。他注意到绒果上长满了钩子，它可以扣住夹克的纤维形成的环，他想这或许是个可以变废为宝的好方法。这些例子生动地说明，只要开阔视野和心灵就可能随时随地激发想象力，创造出新事物。

## 一、发现和提出问题

发现和提出问题是研究工作的开端。那么，如何在心理学理论研究和实际生活中找出有价值的问题线索呢？

### （一）注意发现心理学理论之间的矛盾

对于同一种心理现象，或许有不同的研究者提出了迥然不同的理论假说，这时我们就要深入思考，善于发现这些理论之间的矛盾之处，作为研究课题的起点。心理学理论研究中，随着浅层次问题的解决，往往能引申出更多更深层次的问题。有人说，一门真正的科学，它所研究的东西越多，就越会暴露出更多尚未研究的问题。因此，心理学研究者只要善于分析理论自身的矛盾或理论与经验事实之间的矛盾，就能发现大量的值得深入探讨的问题。一般认为，要发掘心理学理论层次的问题，可以从以下几个方面着手。

（1）关注学科前沿领域。学科前沿领域是指某一学科的最新发展，所探讨的问题具有战略意义，具有开创性，一旦获得突破，可能会扩大学科领域，或者改变科学研究的方向。

（2）善于捕捉理论研究的薄弱环节、薄弱领域。心理学领域的研究课题受制于几个条件，如研究技术和手段、心理学的传统等，这样就会出现这样的情况：有合适研究方法的问题得到充分的研究，得出丰硕的成果；没有合适研究方法的问题，一直作为问题而存在。这些没有得到充分研究的领域和问题，就是薄弱环节。当然，作为学生，因为基础知识和研究经验都欠缺，要想发现有价值的问题并不容易。随着方法的进步，有些从来无人涉足的问题，就可能成为有价值的研究课题。选择这类课题必须正确估计当前的知识背景和个人的主观条件。那些超前性的还不具备开采条件的新课题，或者超出个人学术能力的新课题，都不能贸然选定。

（3）留意心理学与邻近学科之间的交叉点。心理学是一门边缘学科，它与其他自然科学和社会科学有密切联系。从横向联系中发掘课题也是常见的选题方法。

（4）运用其他学科的理论和方法，换个视角理解原有的心理学问题。

（5）回顾研究史，发现新问题。整理、概括和分析历史上已有的心理与行为科学资料，寻找内在联系。一百多年来心理学的各个分支领域都积累了丰富的经验资料，有必要对其进行分析、概括、加工和整理，以便找出其内在联系。如果心理学研究停留在观察、描述和数据记录阶段，而不去发掘材料的内在联系，那么资料就会失去科学价值。

（6）注意发现现有理论与新事实之间存在的矛盾。

（7）善于从反面启迪思考，提出新问题。

（8）发现有价值的问题，不要轻易放手。当在研究工作中偶然地发现了某种新现象，就要抓住机遇，顺藤摸瓜，引出新问题。

（9）发现多种假说之间的差异。多种假说同时存在是心理学的重要特征之一。研究中可以把不同的学术论文或者不同的教科书进行比较，发现多种假说对同一问题的不同解释，寻找差异，启迪思维，发现新课题。

（10）补充和完善现有理论。

（11）追求理论的普遍性和逻辑简单性。

（12）揭露理论体系内部的逻辑矛盾。

（13）接受哲学预见和科学幻想的启迪。

（二）贴近生活，服务生产，发掘问题

这里涉及基础研究和应用研究的划分与结合问题。我们知道，基础研究探索心理学自身的理论体系的内在问题，研究心理过程、心理结构、心理机制、生理机制、心理发展、环境制约等问题，目的是弄清楚心理的基本原理、基本的活动机制及内在的规律性。应用研究涉及心理学原理服务于社会生活和生产实际，帮助人们解决社会生活和生产中遇到的有关心理学的问题。从道理上讲，二者同等重要，不可偏废，不存在哪个更重要，哪个更高级、更有尊严的问题。二者同样有价值。事实上，一百多年来心理学解决了大量的相关的应用问题，得到了人们的尊重。从工业、商业、军事到临床和教育，心理学的贡献是很大的。因此，我们要发扬传统，积极走进生活、走进社会，关注生产，观察生活，主动地服务于生产和生活。

（三）通过深入的案例研究，提出新的观点

心理学家、社会学家、精神科医生和其他人等都运用面谈、测验和其他蕴含潜在信息的方法来为深入的案例研究搜集信息。案例这个术语尽管有多种意思，但它一般指的是研究的对象，它具有的特征使研究者把它们看作是某些已知现象的特定实例。

深入的案例研究具有详细的记录和条理清楚的辨析，而不是普通的无条理的辨析，也不是我们日常生活中（如在办公室、学校或家里）遇到的"事例"。采用这一方法的调查人员或者应用卷宗材料，或者描述或记录人们做某事，或者报告自己或他人做某事时实际发生的事情，深入的案例研究广泛地应用于心理学、教育学和社会学等领域。心理学史上有许多成功的深入的案例研究。比如，弗洛伊德经典研究都离不开案例。运用个案资料和从其他精神科医生那里得到的资料，弗洛伊德整合了他的心理动力学理论，增进了我们对心理失常病因学的了解，这些理论又反过来促进了行为科学的广阔领域，包括记忆、动物行为、认知发展等的研究。

又比如，临床心理学家伦敦（P. London）进行了完全不同类型的深入的案例研究。当他阅读了一本有关纳粹罪犯行径的书以后，它就引起了他的研究兴趣：第二次世界大战时期拯救犹太人于纳粹恐怖之下的基督教徒的性格特征和动机有哪些？他和同事开展深入的案例研究，对27名营救者和42名被营救者分别逐一进行面谈并录音。回答者不是来自随机样本，因此研究者从这些营救者那里获得的研究结果，不能推广到第二次世界大战时帮助过犹太人的其他人群中。这些案例研究充其量也仅仅只能生成一些不完整的假设，但这一工作还是得出了许多宝贵的线索。

在伦敦的诸多结论中，我们发现对营救者的行为绝不能做任何简单的解释，他们中的一些人由于努力得到了很好的报偿，另一些人花完了财产变得一无所有，还有一些人白手起家并与被营救者共同分享他们仅有的资源。这样动机就更难确定了，他们中一些人是宗教狂，另一些却是无神论者，一些人与犹太人有很深的渊源，另一些却是反犹太教者。伦敦发现了三个重要线索。首先，几乎所有接受采访的营救者都有冒险的特质；其次，他们对父母模式的道德行为十分认可；最后，他们在德国文化中都处于社会边缘。伦敦设想出一种解释方案：冒险和寻求机会的热情在营救者行为的最初阶段非常重要，但是带给营救者力量使他们坚持做下去的是他们对道德模式的强烈认同和被边缘化的感受。从几个案例的访谈中伦敦受到了启发，提出了可能的解释。

（四）从似是而非的事件中发现意义

我们知道，科学史上有些研究问题是偶然得到解决的，研究者试图使似是而非的事件（即矛盾的事件）变得有意义。社会心理学家拉丹（Bibb Latane）和达利（John Darley）对发生在纽约皇后大道的骇人听闻的谋杀案的周围环境的矛盾之处十分迷惑，一名护士凌晨三点下班回家，突然她被一个多次行刺她的男人再次袭击，当邻居们听到她凄厉的喊声后纷纷趴到窗户上，想看个究竟。依拉丹和达利所言，尽管罪犯伤害她超过半小时之久，却没有一个邻居帮助她，也没有一个人报警。心理学家认为：那么多人都没有人站出来救人，是不是他们认为会有其他人这么做呢？因此，拉丹和达利提出他们的假设，即责任分散原理，它假定紧急事件的目击者越多，可能提供帮助的人越少。

研究者进行一系列的实验继续检验责任分散假说。例如，一项研究显示，紧急事件中在场的学生越多，主动提供帮助的人越少。在这一实验中，一批学生表示同意参加有关城市大学生活问题的讨论，随着讨论的继续，一股烟透过墙缝钻进了屋内。当屋里只有一个人时，他报告紧急事件的可能性是他和三个其他同学在一起时的两倍。一群学生在一起表现出对烟雾的无动于衷，其原因是他们通过对事件进行合理化解释消除了自己的恐惧心理，所以没有报告这一紧急事件。每个学生都认为别人会报警，所以不必担心。这就是责任分散。

（五）运用隐喻和类比

隐喻（metaphors）提供了一个关于世界的独特的视角。隐喻指的是一个单词或一个短语，我们用它表示某种意义，而这种意义又不是这个单词或短语的字面意思。"她的生活就是不断向上攀登""他处于岩石和硬地之间"，这两句话都是对另一种情况的类比。无论是用在日常对话、心理治疗还是科学中，从一个事物中受到启发，使我们看到了一种新的联系。例如，认知、精神分析甚至行为疗法都经常运用隐喻策略来帮助患者实现顿悟或行为目标。科学的历史，包括行为科学，都充满着神奇的隐喻和类比，它们用来帮助我们理解各种不同的现象。

在社会心理领域，耶鲁大学的教授麦奎尔（William J. McGuire），将预防接种隐喻作为他理论的基础。他发展了一种技术，用于诱导人们产生对宣传信息的抵抗力。他先假设，一些信条在美国社会被人们如此广泛地接受，以至于人们认为这些信条是不言而喻的真理（如"精神疾病是不遗传的""饭后刷牙是个好主意""吸烟有害健康"）。麦奎尔以预防接种隐喻作为出发点，做出了这样的推断：这种信念很容易被周密设计的宣传所改变，其中有两个原因，第一，宣传机器的接受者在组织防御方面是缺乏练习的，因为宣传机器一直在抨击文化中的陈旧信条，却很少要求人们去捍卫他们的信念；第二，没有激起他们的防卫是因为他们可能认为这种信念根深蒂固，毋庸置疑。

换句话说，麦奎尔的初步想法是，认为文化中的既有信条存在于"无菌"的环境中，因为从未有人攻击过它们，当个体面对大规模的高效宣传时，尤其不能接受对既有信条态度的转变。麦奎尔推断道，既有信条中的信念很像是未接种过的天花，生活在无菌环境中的人看起来充满活力，但假设没有接种过疫苗就很容易被病毒感染。另外，小小剂量的天花病毒可以激起人自身的抵御，使其可以抵抗随后的病毒侵袭。由这一隐喻可归纳出：人们必须对铺天盖地的宣传产生免疫力。让大家提前置身于一些宣传中，大家就可以通过提前训练增强抵抗力，但置身于太多的预先宣传中可能产生反作用而使他们改变态度，正如麦奎尔在他的试验性研究中所提出的，问题是要在"预防"中培养精确数量的"活病毒"，而不至于产生"疾病"，这样就可以帮助我们对未来大量的相同"病毒"的侵袭产生抵抗力。这里，预防接种的隐喻很好地帮助了研究者理解人们对既有信条的保持行为。

（六）解释对立的研究结果

有时，科学家在解释对立的结果时会产生顿悟，在一些情况下，甚至可以认为两种结果都是正确的。20 世纪 40 年代，赫尔（Clack L. Hull）和托尔曼（Edward C. Tolman）对动物学习的本质进行了长时间的争论，赫尔受巴甫洛夫的条件反射启发，形成了他的系统行为理论，声称刺激（S）作用于有机体（O），反应（R）既取决于刺激又取决于有机体，依照这一"S—O—R"模型，学习是一个"刺激—反应"连接过程，而且强化是自动的。而托尔曼的"S—S"模型强调学习的认知本质，行为是目的导向的，并需要环境的支持，但这一过程不是一个连续的过程，该过程依赖于动物的试探性行为，从中动物学会了什么行为导致什么行为。托尔曼谈到动物是为了达到目的而学习，并在学习中形成了"认知地图"。

这两种阵营不仅有不同的理论和方法论，而且他们还选用不同种类的白鼠。托尔曼选用一系列野生雄鼠和实验室有白化病的母鼠繁育而生的老鼠；赫尔研究团队选用另一些自然繁育的老鼠。当两个种系的老鼠被隔离 30 多年（在这段时间它们被分别繁育）以后，研究者琼斯（Jones）和芬耐尔（Fennell）突然想到，可以用基因的不同来解释托尔曼派和赫尔派为什么会得到不同的结果。为了检验这一假设，琼斯和芬耐尔从这两组中挑选被试重复托尔曼派和赫尔派所做的动物学习实验。根据琼斯和芬耐尔所言，赫尔派的老鼠"跑出起始盒子，沿路缓行，转个弯到达了目标盒子"，而托尔曼派的老鼠"却几乎忘记了周围环境"，换句话说，赫尔和托尔曼都是对的。

另外一个关于科学家怎样通过解释冲突性结果提出创新性假设的例子，是斯坦福大学的一位社会心理学家罗伯特，他提出了"社会促进"的理论假设去解释一些公开的冲突性资料。一些报告指出当有观众在场时人类和动物的表演水平会得到提高，而另一些报告则指出有他人在场时表演会更差劲。例如，在一个实验中，要求被试学习一系列无意义音节，或者单独学习，或者在有其他人在场时学习，学习音节数是测量指标。在一定时间内单独学习音节的被试平均能学会 9 个多，在观众面前学习的被试平均能学会 11 个还多。在另一个实验中，被试分组完成相似的任务比单独完成效果差。由此可见，他人在场在一些任务中可以提高表演效果，在另一些任务中则不能。

那么，这些看起来不一致的结果该如何解释呢？实验心理学的一个重要发现是，高动机水平使人们对刺激产生强烈反应。当任务与先前的相似，又经过训练达到熟练水平，强烈反应就是正确的；当任务是新的，不清楚如何反应才是正确的，或者没有熟练掌握，那么强烈的反应或许就是错的。研究者认为他人在场增强了个人的动机水平导致了强烈的反应，因此，研究者推论出，他人在场阻碍了学习新的反应而增强了经过熟练学习的反应。如果这是对的，那么学生就应该单独学习，最好在一个单独的小房间里，然后（一旦他们学会了正确的反应）和其他同等水平的学生一起在观众面前接受检验。

（七）修正旧的观点

修正旧的、有影响力的观点也是创新的途径。例如，斯金纳认为，可以用新的视角重新审视巴甫洛夫和桑代克的两种不同的理论。20 世纪 30 年代，斯金纳清楚地区分了巴甫洛夫和桑代克的条件作用理论，为他和其他心理学家的经典性研究开辟了道路。

巴甫洛夫是经典性条件反射实验的先驱者。在实验中他设置一种条件，用中等强度的刺激使动物做出最佳行为反应。假如我们像巴甫洛夫一样，想让饥饿的狗听到铃声就分泌唾液。但是在狗习惯于这个装置之前，我们一摇铃，发现狗不能自动分泌唾液，而是看到狗竖起耳朵吠叫，却没有分泌唾液。现在我们知道铃声不能像食物那样使动物做出相同的反应。下一步是摇铃的同时给狗喂肉，这样做数次后，我们会发现狗会在没有发现肉而仅仅听到铃声时就开始分泌唾液。

相反地，桑代克于 20 世纪早期和巴甫洛夫同时做实验，建立了"尝试—错误学习"理论。他研究猫如何逃出迷箱得到食物，他坚信猫是不会自己找出解决方法的。他认为猫的成功出逃并获得实物强化了成功出逃活动和实际出逃的联系。

斯金纳清楚地认识到巴甫洛夫和桑代克关于条件类型的差别。斯金纳认识到，在巴甫洛夫设置的条件下，最主要的因素是刺激，它促使动物产生反应，而且反应是反射性的。在桑代克的尝试—错误条件下，最主要的因素是刺激结果（即逃出迷箱的强化）出现在反应之后。斯金纳集中研究了后一种情况，即操作性条件作用或工具性条件作用。在操作性条件下，首先，有机体对刺激做出反应，然后做一些可能增加或减少再次做出相同反应的可能性的活动。如果我们想训练狗听到命令就坐下，我们就必须在一段时间内不给其喂食，操作性条件过程要求我们必须在狗坐下时给予奖励。操作性条件的原理在军事部门、教育机构、行为失常治疗等领域具有广泛用途。

### 二、选题的评价

（一）问题是否有研究价值

有了具有新意的观点，还要对其进行研究价值评估。就是说你要问一问自己：这种新观点能否或值得用测验来检验？是否有充足的理由来支持自己的观点？要回答这些问题，研究者就要搜集与其观点最相近的文献并与有共同兴趣的同事们讨论自己的观点，看究竟是否有深入研究的价值。

研究价值包括两个方面，即理论价值和应用价值。理论价值是指一项研究必须对心理与行为科学自身的问题的理解有新的贡献，或者是发现新的原理、新的现象，或者是修正、补充、完善、批判现有的理论和学说，总之，对学科自身的成长有所裨益。应用价值是指一项研究的结果对社会生活、社会生产、人的健康和幸福的提升有所启发、有所帮助。我们不要奢求一项研究同时具有同等重要的理论意义和现实意义、应用价值。一项研究能够在其中一个方面有那么些许的贡献已经是不错的了。因此，初学者不要贪大求全，不要研究自身无法把握或者把握不好的课题。

（二）问题是否有研究的可行性

可行性是指研究选题必须是能够被研究的，具有可能性、可行性，即在目前条件下经过努力可以解决的问题。可行性包括三方面的条件：

一是客观条件。除必要的资料、设备、时间、经费、技术、人力、理论准备外，还有科学上的可能性。

二是主观条件。是指研究者本人原有的知识、能力、经验及对客体的兴趣。选题时个人要慎思自己的条件，选择那些能够发挥自己专长的课题，扬长避短。

三是时机问题。选题必须抓住关键性时机。提出的时机过早，条件不成熟，就不会有什么研究结果；提出过晚，只能是跟在别人的后面走，简单重复别人的研究，不会有什么新意。正如贝弗里奇所说，如何辨别有价值的线索，是研究艺术的精华所在。

（三）是否有创新

研究课题一定要有新意，要在充分思考的基础上有了心得，有了基本的思路，形成了逻辑较完整的构思以后才能动手实施。"有新意"意味着不能单纯地重复别人的研究，有新意是基本的要求。更高的要求是创新。创新意味着发现前所未有的心理研究课题，提出前所未有的理论假说，用新的视角理解问题，用新的理论解释已有数据。这是较高层次的研究。善于提出新问题，勤于思考新问题，敢于提出新见解，这不仅是一种态度，更重要的是这是一种精神，是科学自身必须具有的探索精神。单纯地读书和模仿是不会实现创新的。忘我地思考、不懈地坚持、打破现有框框的勇气是创新必备的条件。

要确定一个具有创新性的课题，首先，要掌握心理与行为科学研究的动态，熟悉本学科的历史和现状，把握本学科发展的动向，了解本学科中哪些问题已经解决了，哪些还没有解决但有人正在探索，哪些问题至今还没人探索过。如果获得了这些研究信息，那么你所选定的课题就不会重复别人的工作，就能保证具有一定的创新性。其次，研究者本人要有良好的思维品质，例如，强烈的好奇心、大胆的怀疑精神和丰富的想象力等都是选择独创性课题要求的主观条件。

### 三、课题论证

选题确定过程中还要对课题进行必要性和可行性论证。主要内容包括：

（1）目的性论证，论证课题的目的是不是为了适应社会需要和科技发展需要。

（2）根据性论证，论证课题是否有一定的科学事实和科学理论作为根据。

（3）创造性论证，论证课题在理论和方法上是否具有先进性、新颖性和突破性。

（4）条件性论证，论证完成课题的主客观条件是否具备。

（5）实用性论证，论证课题所取得的成果是否实用。

对于研究生和本科生的毕业论文选题，课题评议主要由导师或者导师组来完成；对于各级政府基金项目的申报选题，课题评议由相关部门组织专家评审。

# 第三章  如何提出研究假设

　　从根本上说，理论来源于实践。科学的理论最初往往都是以科学假说（假设）的形式提出的，不管这个假说是来自观察，还是来自其他形式的经验，或者来自逻辑推断。然后对科学的假说进行验证，并对理论假说进行修正和完善，逐渐形成某种理论。在心理与行为科学研究中也遵循这样的基本规律。

　　从哲学意义上讲，理论对实践具有指导作用。因为理论是对实践经验的总结和概括，它从某些方面揭示了事物和现象发展的基本规律，理论指导下的实践就会少走弯路，效率较高。从心理与行为科学的研究层面来看，理论具有解释心理和行为、预测心理和行为，以及统整数据的作用。为什么有人脾气好，有人脾气不好？为什么有人组织能力强，而有人数学能力强？学生的学习动机是如何发展的？对于诸如此类的问题，没有学习心理与行为科学的人也会试图来解释和说明，但是他们使用经验来解释，而心理学家是在大量观察数据的基础上形成某种理论以后，用理论来解释和说明。比如，做梦，很多人凭经验解释为"日有所思夜有所梦"，而弗洛伊德用潜意识理论解释为"梦是愿望的达成"；认知心理学家解释为"梦是认知活动的延续"。预测心理和行为是指，在理论指导下，可以推测在某种情境下，人们可能出现的心理和行为。例如，兴趣是学习动机的重要来源，那么我们可以预测，设法培养和激发学习兴趣，很有可能激发学习动机。理论对数据的统整作用是指，理论帮助人们理解纷繁多样甚至矛盾的数据。

# 第一节 理论假说

## 一、科学假说及其特点

### (一) 假说

假说是指在已有知识和事实的基础上，经过人们的推断和论证得出的某种理论设想，或者称为有待实证检验的理论。进一步说，假说是以已有的科学理论为指导，对未知事物产生的原因及其运动规律做出推测性的解释。这种假说需要在实践中检验它的科学性，减少它的推测性，以增加它的确定性。

### (二) 科学假说的主要特点

1. 具有科学性

科学假说一般是建立在一定实践经验的基础上，并经过了一定的科学验证的一种科学理论，因此它不同于毫无事实根据和缺乏科学论据的猜想、传说、臆测。

在科学史上，魏格纳提出的大陆漂移假说是著名的科学假说之一。1910年的一天，德国气象学家魏格纳偶然翻阅世界地图，发现大西洋两岸的轮廓线似乎具有吻合性。翌年秋天，他又在一本文献中看到，有人根据古生物学的证据提出巴西和非洲曾有过陆地连接的观点，这与他本人的发现不谋而合，于是他开始利用业余时间查找地学资料，搜集大陆漂移的证据。

魏格纳在1912年1月6日法兰克福地质学会上做了"大陆与海洋的起源"的讲演，提出了大陆漂移假说，并于1915年出版了《海陆的起源》一书，系统地阐述了大陆漂移假说。

该假说的核心观点是，认为在地质历史上距今3亿年的古生代，地球上的大陆只有一块，即所谓泛大陆。大约2亿年前，在太阳和月亮的引潮力作用及地球自转产生的离心力作用下，浮在大洋壳上的大陆壳便逐渐地分崩离析，花岗岩层在玄武岩层上做水平漂移。到了距今300万年前，大陆最终形成我们今天所看到的位置。

大陆漂移假说一经提出，便在地质学界引起了轩然大波，因为它挑战了当时在地质学界占统治地位的大陆固定论。

该假说依据的科学事实有两个：一是非洲西部的海岸线与南美洲东部的海岸线彼此吻合；二是两地在地层、构造、古气候、古生物方面存在一致性。

在逻辑外推方面，这一假说又是建立在已知的力学原理、地球物理学、古气候学、古生物学和大地测量学等认识成果基础上的，具有自洽性和合理性。正是基于上述两个科学事实，魏格纳所提出的关于原始整体大陆分裂成若干块的推测，才具有一定的科学性。

必须指出，科学假说所依据的科学事实比已知的科学理论更为重要。因为科学理论虽然也是科学假说的依据，但它只是相对完成的认识，随着新事实的发现，理论也要修改自己的内容。理论要服从事实，假说要解释事实，这是科学的基本原则。

2. 具有推测性

假说的基本思想和主要论点，是根据不够完善的科学知识和不够充分的事实材料推断出来的，因此它还不是对研究对象的确切可靠的认识。

科学假说虽然有一定的科学根据，但在研究问题的初始阶段，根据常常不足，资料也往往不完备和不充分。其对问题的看法也常常带有一定的想象、猜测的成分，正确与否还需要经过实践检验。因此，任何假说都有很大程度的假定性、或然性。

例如，魏格纳学说中有一个最致命的弱点，即它没有提出一个令人信服的关于漂移动力的说明。地球自转的离心力和日月的引潮力太弱，根本不足以推动如此巨大的陆地做如此长距离的漂移。魏格纳本人也意识到这个问题。虽然他强调了这些力虽然小但上亿年的积累将产生可观的效应，但他依然对此没有信心，以致不得不承认"形成大陆漂移的动力问题一直是处在游移不定的状态中，还不足以得出一个能满足各个细节的完整答案"。地质学家们抓住这一弱点，给新理论以猛烈的打击。

3. 具有过渡性

过渡性是指科学假说是从感性经验或者推测发展到科学理论的过渡环节。假说本身就是没有定论的观点，随着研究的深入，研究者可能获得更多的资料和实验结果，对科学假说进行完善、修改、补充，也可能对科学假说进行批判，以至于最终抛弃之。

4. 具有可证伪性和可检验性

科学假说的可证伪性是指从一个理论推导出来的结论（解释、预见）在逻辑上或原则上要有与一个或一组观察陈述发生冲突或抵触的可能。这是著名科学哲学家波普的著作《猜想与反驳：科学知识的增长》中提出的概念。

可检验性是指科学假说能够用一定的方法、手段来检验其真伪，没有方法检验的假说不能成为科学假说。

## 二、科学假说的功能

科学假说是根据已有事实和理论提出来的需要进一步验证的理论。因此，它是进一步观察、实验的起点。科学假说是人们把已有的感性经验条理化的一种途径或方式，为人们进一步观测研究指明了可能的方向。具体地讲，科学假说在科学的发展过程中所起的作用有以下几个方面。

（一）科学假说是通向科学理论的桥梁

科学假说是科学理论发展的一般形式。观察和实验的结果、事实资料的积累，不能自然而然地导致科学理论的建立，只有通过科学假说这个中间环节，科学认识运动才能由事实资料的积累达到科学理论的创立。所以，科学假说是科学发展的一般形式和必经途径，是通向科学理论的桥梁。

（二）科学假说具有指导作用

科学假说的提出进一步确定了继续进行观察和实验的内容、方法和方向，指引着科学研究的深入和发展，这就是科学假说的指导作用。在某一学科领域提出的科学假说，对该领域在观察和实验中所获得的事实资料的理解具有一定的指导意义。例如，门捷列夫根据元素周期律修正了铟、铀等几种元素的原子量，重新改排了金、锇、铂等元素组的原子量大小次序，经重新测定表明，他的见解是完全正确的；此外，他不仅在元素周期表中留下了一些未知元素的空位，而且又对当时尚未发现的三种元素镓、钪、锗的特性做了精确的预言，这和发现这些元素以后实际测得的性质非常一致。

（三）不同假说的争论有利于促进科学的发展

对于同一种科学事实或者现象，不同的研究者或许提出不同的科学假说对其进行解释，这样就使得科学假说呈现出多样性。不同假说、不同观点的争论，可以开阔思路，相互补充，启发思考，揭露矛盾，激发研究者的研究热情。

### 三、假说的检验

逻辑分析和实践检验是假说的两种检验方式。实践检验是假说转化为理论的主要方法，逻辑分析是实践检验的辅助方法。

逻辑分析是指分析假说在逻辑上的合理性，判定假说在理论上能否成立，即分析假说是否符合道理。经过逻辑分析就可以决定假说是保留还是抛弃。逻辑分析的主要任务是：分析假说中的概念是否具有精确性、明晰性与简单性；分析假说在逻辑上是否具有一致性；分析假说是否得到已有的科学理论与科学事实的支持等。经过逻辑分析进行初步筛选，确定可能在科学实践中得到确证的假说。

逻辑分析的作用不仅表现在筛选和确认假说，还表现在它能使事实与假说之间建立联系。因为用于检验科学假说的事实都是具体的、个别的观察结果，而被检验的假说常常是普遍性的、抽象性的命题，所以在假说与科学事实之间存在着一般和个别、普遍和特殊、抽象和具体的关系问题。只有通过逻辑分析，才能使假说和事实建立起联系，从而确证或反驳某种假说。

逻辑分析其实是实践检验的逻辑表现，实践是逻辑分析的基础，逻辑分析的规则是在人类实践千百万次的重复中固定下来的，逻辑证明的结果要直接或间接地接受实践的检验。

实践检验就是借助于观察和实验对假说及其推论进行验证。

## 第二节　研究假设的建立

### 一、什么是假设

（一）假设的定义

假设是对两个或两个以上变量关系的猜测性陈述。换句话说，假设就是关于某个研究的可能结果的一种预期。在日常生活中，人们提出问题常常不能马上动手去解决，而是首先对可能的结果进行预测。同时，研究假设是研究者对所研究的问题预先做的预测。它是建立在一定理论基础上的可检验的预测。

假设与假说在一般的行文中可以互相替代，基本是同义词。二者的区别在于，假说较为整体、较为笼统，假设较为具体、较为清晰、操作性更强。

（二）假设的特征

研究假设具有以下特征：

（1）研究假设是从问题转化而来的，假设应当用明确的、毫不含糊的形式陈述出来，如"对高频字的命名反应时短于对低频字的命名反应时"。

（2）研究假设是对两个或多个变量之间关系的预测，这种预测是建立在理论分析、前人研究或经验基础上的。

（3）研究假设应当是可检验的，即它的真伪是可以通过观察或实验来确定的。

一般从一个研究问题中，可以同时导出几个研究假设。例如，"教师对为学习障碍儿童设立特殊班级的措施是如何看待的"这个问题可以派生出以下两个假设。

假设一：在某地区的教师们相信，那些因学习障碍而进入特殊班级的学生将因此被贴上差生的标签。

假设二：在某地区的教师们相信，为学习障碍的儿童设特殊班级将有助于这些学生改善其学习技能。

## 二、理论构思与假设的建立

### （一）概念和理论构思

一般来说，心理与行为科学理论和数据的关系有两种类型。一种是归纳关系，这是从大量的观察和数据出发，概括和提炼出理论；一种是演绎关系，这是从理论出发，经过测量获得数据，再考察数据与理论的吻合程度。因此，从某种意义上说，心理与行为科学研究就是对研究者发现或提出的理论和概念进行测量的过程。理论和概念是整体与部分的关系，即理论是由一系列相关概念构成的。

概念是对同类事物、现象共同特征的抽象和概括，它反映了人们对一类事物本质特征的认识。心理与行为科学中的许多概念，如幸福、动机、智力、人格、思维、情绪等，都是概括的结果。

简单的研究可能涉及一个概念或者少数的几个概念，而复杂的研究就要涉及较复杂的概念关系，如研究主观幸福感、工作业绩、工作动机之间的关系。研究中涉及的概念往往要转化成操作性的定义。

在理论上要阐明几个概念之间的关系，就要为研究设立理论构思。构思是研究者想象中的不能独立地观察到的行为维度。理论构思是研究的逻辑框架和逻辑基础，数据是为验证、修改和完善逻辑框架服务的。理解这一点对初学者来说非常重要，但初学者往往不易理解，不易引起重视。

理论框架、理论基础是指某项研究所依据的现有理论。当代心理与行为科学较大的理论取向（也称研究范式）有生物学理论取向、行为学理论取向、心理动力学理论取向、人本论理论取向、认知论理论取向和进化论理论取向。理论取向是研究者关于人的心理和行为的基本观点，它决定了研究者理解心理和行为的基本方式，决定了研究的内容、方法、策略和建构理论的方向。

### （二）常见的变量

在心理与行为科学研究中，我们把被观察的事项称为变量（variables）。每次观察的结果称为变量的值（value）。

#### 1. 自变量、因变量和控制变量

自变量是另一变量变化的原因，在真正的实验中，自变量就是那些被实验者操纵的变量。自变量又叫作刺激变量；自变量的每一个水平叫作自变量的值。例如，光的强度、声音的响度、房间的温度、背诵的遍数都属于自变量。实验者决定它们的数量和性质。由于实验者相信它们会引起行为的变化，所以这些被选作了自变量。增加声音的强度可以提高个体对它的反应速度，增加背诵的次数可以提高实际的效果。当自变量水平的变化引起了行为的改变时，我们就

说行为是在自变量的操纵下改变的。

自变量操纵行为的失败，称为零结果或虚无结果。这通常有多种解释。首先，实验者对自变量的重要的猜测可能是错误的，而零结果是正常的。另一个解释更加普遍，即实验者未能对自变量进行有效操纵。假设你在做一个以二年级儿童为被试的实验，你的自变量是他们每次正确反应之后获得的小糖果数目，一些儿童只能得到1块，一些能得到2块。结果你没发现行为上的差异。但是如果你的自变量有更大的变化范围，比如，从1块到10块，也许你就会得到行为上的差异。你的操纵可能不足以反映自变量的效果。或者，也许你不知道，他们班级在实验前刚举行了一个生日宴会，他们的肚子里已经塞满了冰淇淋和蛋糕。那么，在这种情况下，10块糖果也不会产生效果。这就是在一些以食物为奖赏的动物研究中，实验前先要进行食物剥夺的原因。

实验者须对自变量进行小心操纵，无法做到这一点是产生零结果的常见原因。由于无法确定是由于操纵失败还是由于零结果正确，所以实验者不能得出任何关于自变量和因变量间因果关系的结论。造成零结果的其他常见原因与因变量和控制变量有关。

因变量是自变量作用的结果，换句话说，因变量是指被实验者观察和记录的随自变量的变化而变化的被试行为。因变量又叫机体变量、行为变量。因变量的不同水平叫作因变量的值，也叫作观察值。例如，被试的反应速度、动物学习走迷宫的时间、老鼠按压杠杆的次数、皮肤电的变化、脑电的变化等，都可以作为因变量。

好的因变量的一个标准是稳定性。这意味着当实验被准确地重复时，即用相同的被试和相同水平的自变量重做实验时，因变量的分数将保持不变。如果测量因变量的方法有缺陷，就会发生不稳定现象。有时由于因变量的水平定得不合适，就会出现因变量分数"停留"在量表的顶端或底部，即出现"天花板效应"和"地板效应"。被试反应的正确率达到100%，称为天花板效应；无论自变量如何变化，都不能引起因变量分数的增加，总是在最低分，称为地板效应。前者如题目太简单，所有的被试都得100分，后者如题目太难，所有的被试都得0分，失去了区分度。这时，就出现零结果。

自变量和因变量一般来说可以直接或间接地观察到，而中介变量就不能观察到。所谓中介变量是指与有机体有关的不可观察的过程或状态，用于帮助解释自变量与因变量之间的关系，也常作为假设的构思，它可以从观察的结果得出推论。例如，奖励引起了学习成绩的提高，可以推论奖励提高了学习动机，动机促使成绩提高，动机就是中介变量。

控制变量是研究中常常用到的一个变量，是指在实验中保持恒定的某些潜在的自变量。在心理与行为科学实验中，往往有多个可能的自变量和因变量应该根据研究目的和实验设计原则，确定其中的控制变量。

对于任何实验，需要控制的变量都很多，远远地多于研究中实际控制的变量数。即使在一个相对简单的实验中，如要求人们记忆三字母音节，仍需要控制许多变量。每天的不同时间会导致你不同的记忆效率，因此理想的实验设计应该控制该时间变量。气温也很重要，因为实验室如果太热会使你昏昏欲睡。你最后吃东西的时间也很重要，因为它可以影响记忆。智力也是一个影响因素。此外，还可列举很多。实验中，研究者尽可能地控制一些变量，目的是希望相对于自变量效应而言那些未控制的因素的效应很小或者可以忽略不计。虽然严格控制一些变量非常重要，但只有当自变量对因变量产生较小的效应时才更加关键。保持变量恒定并不是去除无关变量的唯一方法，因为统计方法也可以控制无关变量。三种变量如图 3-1 所示。

| 自变量被操纵 |
| 因变量被观察 |
| 控制变量被保持恒定 |

图 3-1　三种变量

自变量和因变量不是固定不变的，一项实验中的自变量可能是另一实验中的因变量；在同一研究中，相同的变量可以在一种分析中作为自变量，在另一种分析中作为因变量。如图 3-2 所示。

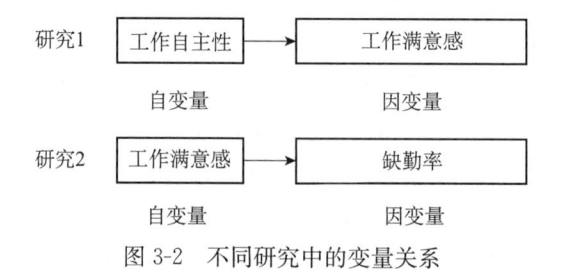

研究1　工作自主性 → 工作满意感
　　　　　自变量　　　　因变量

研究2　工作满意感 → 缺勤率
　　　　　自变量　　　　因变量

图 3-2　不同研究中的变量关系

在多数实验研究中同时操纵 2~4 个自变量。多自变量有几个优点：首先，在同一实验中操纵多个变量比分别做几个独立实验效率要高；其次，实验控制往往更好，因为在一个实验中，一些控制变量比在几个独立实验中更能保持恒定；再次，最重要的是从几个自变量中概括出来的结论比尚待概括的资料更有价值；最后，这样可以研究交互作用，即自变量之间的相互关系。

当交互作用存在时，独立地讨论每一个变量都是没有意义的。当一个自变量产生的效应在第二个自变量的每一个水平上都不同时，我们称两个自变量之间有交互作用。

在实验中我们常常选取多个因变量。我们知道，因变量（被观察变量）是行为的指标，它揭示了被试作业成绩的好或差。实验者对行为的评分作为因变量的值。

## 2. 干涉变量

当一个变量的系统变化可能改变其他两个变量之间的关系时，这个变量就称为干涉变量。

例如，工作知识对于努力和绩效之间的关系来说，就是一个干涉变量。在工作知识丰富的条件下，努力容易导致高绩效；如果缺乏工作知识，工作再努力也难以取得好成绩。

### （三）通过阅读和思考，培养兴趣，发现问题

如果要开始一项实验研究，怎么着手？从哪里开始？下面我们就集中讨论这个问题。

兴趣是发现和提出问题以及进一步思考问题、解决问题的开端。像其他人类活动一样，科学研究的乐趣和成就是从兴趣开始的。对某一领域课题的浓厚的兴趣是最好的老师。但是当我们开始做自己的第一个实验时，往往不重视这样的事实：探索活动是从兴趣开始的。随之而来的后果是，我们的第一个实验任务只是苦闷地等待研究兴趣和研究问题的出现。本科生中的一部分学生在中高年级，开始对心理与行为科学的一些领域产生兴趣，但对大多数同学来说，强烈的兴趣还没有出现。发现和培养心理与行为科学兴趣的有效方法是对心理与行为科学的不同领域进行探索，并尝试思考最初发现的问题。

例如，作为本科生和低年级研究生，通过浏览心理与行为科学入门教材，会发现有的研究领域会引起你的兴趣，你可能会跑到图书馆通读这方面的教材和专著，并设法与你的心理学老师进行讨论。当然，兴趣是可以变化的，甚至在几年中兴趣可以多次变化。当研究者对一个确定的课题发生了兴趣，他们就会尽其所能了解有关这个课题的一切，他们去图书馆查找有关资料，参加有关研讨会，与其他专家交换意见，他们积极思考与该课题有关的问题。过一段时间，研究者会发现，在他们洗澡时、吃早餐时或者睡觉时，有关研究课题的事情也会涌现到头脑中，就像一个孩子摆弄一个新玩具一样，科学家们从不厌倦地思考着自己的课题，以期通过勤奋的思索获得对问题的新的洞察和理解。

科学研究的本质在于考察我们关于世界的看法是否正确，它最简洁的形式是考察我们的想法和现实之间、我们的心理世界与物质世界之间是否吻合、是否一致。头脑产生的心理世界与外部的物质世界是有极大差别的。因此，我们必须抱有这样的基本认识，即我们关于世界的理智的想法或者假说，都是我们作为个体主观地产生的。假说或者想法是否符合实际，必须通过实验等途径加以检验。

（四）把问题转化为操作性定义

心理与行为科学的研究是从研究者产生某种"想法"开始的。那么，如何评估这种想法的科学性？也就是说，这种想法是否有道理，是否符合客观实际？一种办法是使我们每个人的观点明确或将其描述为特定的行为或具体的活动，即把某种想法（当然是主观的）转化为有客观指标的某种行为或活动，这样任何人都可以加以证实或重复。这个转化过程就是拟定操作性定义（operational definition）的过程。操作性定义实现了"想法"的客观化、可操作化和可测量性。因此，掌握操作性定义的拟定要领非常重要。操作性定义是根据可观察、可测量、可操作的特征来界定变量含义的方法，即从具体的行为、特征、指标上对变量的操作进行描述，将抽象的概念转换成可观测、可检验的项目。从本质上说，下操作性定义就是详细描述研究变量的操作程序和测量指标。比如，有一种观点认为，观看电视上的暴力镜头会增加侵犯行为，一般认为这个观点对解释儿童和青少年暴力倾向的获得具有一定的合理性，但是，在我们能证实这个观点之前，必须精确定义"电视暴力镜头"的含义。一个不会直接呈现血腥镜头的谋杀节目比一个令人激动的拳击比赛更具有暴力倾向吗？对于"电视暴力镜头"，可以用暴力在屏幕上呈现的时间如分钟来评估，也可以用特定的动作类型来评估，还可以用地上出现多少血来评估，或者是把三者结合起来评估。同时，进行评估还要制定测量的尺度。又比如，要证明心理疗法是否有效，首先必须界定心理疗法的定义，还要确定如何测定心理治疗的效果，这里就必须采用操作性定义。

操作性定义可以用来界定一个笼统的概念，如侵犯和疗效，并把它放到特定的范围内进行考察，也就是说，用清晰的、可观察的、可操作的、别人可以重复的操作术语来界定一个概念。例如，我们可以用一个孩子在看过了含有暴力内容的电视节目后摔打玩具的次数来定义"侵犯"。同样，我们也可以把心理治疗的疗效定义为对一个人人格的测定和评估的分数，或者界定为人际关系或工作效率。我们还可以用一个精神病患者成功地正常生活的天数作为疗效的操作定义。这些都是用特定的操作性术语界定概念的例子。我们用一个操作性术语（物质世界）界定了一个概念（心理世界），这就要求我们要选择一种可以客观测量的指标来表示心理世界的概念。这种循环代表了科学的全部含义：科学活动在我们的观念和物质现实之间来回运作，操作性定义把我们的思想观念、假设与物质世界的实物和操作联系在一起。

操作性定义的一个棘手问题是，一个给定的概念可以用几种方法来界定。反之，一个给定的操作性定义只界定了提出的概念的一个有限方面。虽然我们都知道，某个学生在期末考试中的多项选择题上的得分只反映了该生在大学课堂中所学知识的很窄的一个方面。但是，严格地说，它确实是该生成绩的一个很充分的可操作性定义。假设我们对一种针对严重抑郁症的新的治疗方法的疗效很感兴趣，且不考虑我们采用的研究设计，我们将面临的是操作性地定义独立变量：抑郁。我们知道抑郁有几种不同的表现（图3-3），每一个方面都可以成为抑郁的操作性定义的表述中心。例如，我们知道抑郁症患者的生化指标与正常人相比有某些改变，所以这些生化指标构成了可以称为抑郁症的可操作性定义的充分条件。我们也知道心理治疗家对于患者是否抑郁有较一致的判断标准。所以我们对抑郁程度的操作性定义也可建立在我们对不同的心理治疗家对抑郁评估的研究之上。总之，要经过仔细研究以后，才能知道哪一种操作性定义是最好的。比较好的办法是同时使用几个操作性定义，这是最安全的。例如，我们可以把对抑郁的界定建立在关于抑郁的测定的得分，加上心理治疗家给出的判断和实验对象感觉抑郁的主观报告上。如果这一组操作性定义的条件不能同时具备，至少我们应从中选一种已知与其他条件相关的作为界定操作性定义的条件。在界定操纵性定义时，要切记它们是有一定主观性的，它们常常受到同一领域的先前研究的影响。

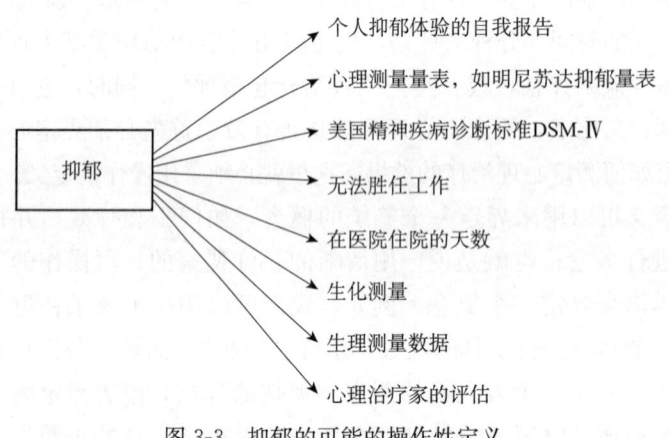

图 3-3　抑郁的可能的操作性定义

抑郁：
- 个人抑郁体验的自我报告
- 心理测量量表，如明尼苏达抑郁量表
- 美国精神疾病诊断标准DSM-Ⅳ
- 无法胜任工作
- 在医院住院的天数
- 生化测量
- 生理测量数据
- 心理治疗家的评估

研究者在界定一个操作性定义时，其实也是在帮助别人理解某个概念是如何界定的。对研究者来说，某个研究对象的概念的操作性定义可能不止一个。比如，研究者可以在一个以动物为研究对象的实验中把饥饿的操作性定义界定为"从上次喂食以来的时间"，但这个定义并不是唯一的，饥饿还可以用其他多种方式来定义。

科隆巴赫（Cronbach）和弥尔（Meehl）所提出的一个重要观点就是我们所关注的一个重要的变量形态，他们称之为结构变量。结构变量要求关注我们所采用的操作性定义是否确实是我们要测量的结构的充分的、完整的定义。如果我们要测量人的智力，我们就会了解并明确决定这类特定测试的因素或构成。关于一个实验，我们想了解，在使用特定的操作和测量的基础上，关于测定对象的结构的效度。因此，一个人在测定重力的概念结构时必须考虑，抛出一个苹果这个动作是否可以为我们得出结论提供一个充分的基础。同样，在我们关于"抑郁"测定的例子中，人们必须考虑在测定抑郁概念的结构时，一个特定的关于"抑郁"的测定是否可以让我们得出一个有效的推论。

请回答：以下哪一个是"口语能力"这个词的操作性定义？选项：①阅读的能力；②看电视的能力；③SAT 词语部分的得分；④与人交谈的能力。

建立了合适的操作性定义以后的工作就是建立科学的研究假设。

（五）建立合乎逻辑的假设

对于一个研究领域，研究者在开始实验时，有以下两种情况。一种情况是研究者对这个领域有了深入了解，可以用实验方法来测试特定的结论和假设。这种情况下的假设采取这种形式表述：如果……那么……另一种情况是，研究者对所研究的领域一无所知，于是用实验的方法作为探索的工具。这时，假设可以用以下方式表述：如果……我们想知道会发生……构成这两种类型假设基础的两种逻辑是有根本不同的。

1. "如果……我们想知道会发生……"型假设和归纳推理

如果研究者在一个新领域（如在艾滋病研究的早期）开展工作，并对研究的现象一无所知，研究者对做出确定的预言没有十足的把握，在此情况下，研究者就会进行自然观察、相关研究和用实验的方法来获得新的数据，从而可以着手确切地表述关于这个现象结构的初步看法。这种从一个特定的事例或者几个新事实概括出一个更一般概念的过程叫作归纳推理。

研究者使用归纳推理将新的事物概括成为新的认识来增进人类的知识。例如，当研究者观察到一只黑猩猩用手势与一个人进行交流时，研究者运用归纳推理，下结论说黑猩猩可以和人类交流。我们从一个特定事件中概括出一般概念来认识世界。

这种逻辑形式的不足在于，研究者会忽略那些没有观察到的事实，而恰恰这些被忽略的事实也许对人们观察的效果有重要影响。例如，假如人们观察到有个 106 岁的寿星有喝酸奶的习惯，根据这个观察人们也许会得出推论说酸奶让人长寿，这是归纳推理的误用，因为还有其他几个因素导致了这个人长寿而不只是喝酸奶。也就是说，支持这个结论的内部效度是有问题的。

2. "如果……那么……"型假设和演绎推理

人们对于某个特定现象有很多了解，并用公式表述一个清晰的观念或者理论，那么人们可以演绎一个特定的假设来预测一个没有经过检验但与此现象有关的操作。在这个最简单的形式中，演绎推理呈现出一个"如果……那么……"形式的表述方式：如果我关于世界的观点是正确的，那么这个原因应该产生以下结果。例如，当人们说"如果精神分裂症由遗传决定是正确的，那么我们将发现，双生子之间和陌生人相比，前者精神不正常发生的概率大于后者"，关于这个假说，可以先给出操作性定义，然后通过控制条件进行实验，最后得出结论。如果实验结果证明这个假说是被支持的，那么这个新事实增强了人们已有的精神分裂症由遗传决定的观念。如果这个假说没有被支持，那么人们就有理由怀疑关于精神分裂症由遗传决定的观点。这样，实验的结果帮助对事实之间的关系做出合乎逻辑的推论。事实上，研究设计越周密，研究者就越能对事实之间的关系做出明确判断。

归纳和演绎与观察之间的联系：

观察 →归纳（关于世界中存在的关系的观点和理论）

在研究一个现象的早期阶段，科学家们由观察得出理论。一些科学哲学家如波普相信心理与行为科学处于这个阶段，因此归纳仍然是心理与行为科学研究的主要实验方法。

观察 ← 演绎（建立在预料观察坚实基础之上的理论）

一旦一个全面的理论成熟后，从这个理论可以得出预测并通过实验证实，古典物理学是应用这个程序的最好的榜样。

（六）推论

检验假设的一个重要程序是推论。有研究者认为某个科学领域的研究的快速进步得益于采用了强推论的科学方法。

强推论可以分为四个步骤：

（1）设计备择假设；

（2）设计一个决定性的实验（或几个实验），这些实验会出现多种可能的结果，其中的每个会排除一个或更多的假设；

（3）实施实验得出明确的结果；

（4）返回到第一步，给所支持的假设以更精确的描述。

我们通过一个例子来说明以上步骤。假如有一个研究者生活在伽利略时代，并且想用该程序研究自由落体。亚里士多德曾假定，两个一起被丢下的重物，较重者先落地。而伽利略认为两个物体会同时落地。应用强推论方法，研究者丢下两个重物，并假设如果重者先落地，那么亚里士多德的理论得到支持，相反，如果同时落地，则伽利略的理论得到支持。这时科学家就可以对理论进行精确的表述。普拉特（J. R. Platt）把强推论的程序比喻为爬树，每一步都是建立在前一步的基础上，普拉特认为，强推论不仅是使科学迅速进步的方法，而且在每一个科学家的思想中都是核心成分。

"很明显，自己在应用这个方法时应该与别人运用的一样多，它指的是在自己心里经常用这个方法来思考问题，在听到其他科学解释或者理论时进一步问：先生，你的实验证伪了什么假说？"[①]

这段引文包含了一个非常重要的观点。我们需要考虑的不仅是什么实验结果支持我们的假设，还要考虑有什么实验结果不支持我们的假设。以这种方式，普拉特的强推论程序强调科学中问题解决的方面和充分的理论概化的探索，同时也作为一个启发性的方法帮助研究者确定关于世界的观念是否可以以可被证实的假设的形式表述出来。

### 三、通过测量检验假设

把一个一般的想法转化为可测量的研究假设并不是一项简单的工作，许多学生往往用一般性的陈述来表达自己的"想法"，并且提出的问题往往大而不当。他们提出的问题不是不重要，也不是没有趣味，而是从他们的陈述方式来说，所提问题是不可测量的。只有当有趣的想法能够被转述为可测量的假设时，这种想法才是有意义的，才是可以付诸实践的。可测量的假设的一个特征是，它所假设的变量之间的具体关系是可以分辨的。很多心理与行为科学领域之所以很少有人研究，就是因为无法把问题转变成研究假设。例如，浪漫的爱情、创造力、超感官知觉、精神疾病等领域就是很好的例子。因为问题的特殊性，一些领域根本就没有可证伪性或者可证实性。就是对经验丰富的科学家来说，从一个概括性的观点到确定的探索性假设的转变也要求有缜密的思考。有时候，正像某些研究者所说，在设计一个研究时，让它尽量简单，不要同时对一个特定现象的太多不同方面进行研究。事实上，提出一个能被科学地回答的问题并不容易。

如上所述，一个可验证的探索性假设的重要特征是具有可测量性。可测量的考虑有助于确定我们形成操作性定义的方式。我们希望研究的变量可以被精确地和一致地测量，即具有信度和效度。一种测量方法的多次测验结果必须有一致性，这就是信度。例如，如果一台放在浴室的秤不管你上去称多少次，指针总是指向同一个刻度，我们说这个秤是有信度的、可靠的（假设你的体重在一段时间内没有变化）。我们也需要这样的人们，他们的特定行为出现的频率使我们的观察是有信度的。

---

[①] Platt J R. 1964. Strong inference. Science，146：352.

对事物的测量必须是精确的、有信度的。在浴室的秤的例子中，指针的读数必须是以某种单位的测量如千克，来精确反映你的体重。现在假设有一位热心肠的朋友劝你减肥，所以他把秤调得比实际的重量要多5千克，虽然多指示了5千克，但你的秤还是可靠的。因为你每一次称体重时，它仍然可以显示一个一致的体重数。但是，由于多秤了5千克，这个测量就没有效度了。因为这台秤不能准确地反映你的真实体重。要做到有效度，测量必须在一定的范围内反映真实的数量。所以，在我们的实验中，用来测量的方法要尽可能地保证既有精确性（有效度），又有一致性（有信度）。

怎样选择合乎目的的既有信度又有效度的测量方法呢？你可以白手起家，自己设计一种测量方法并证明它确实是有效的和可信的，或者纵览文献资料，从别人用过的测量方法中选择一种方法并加以改进。因为对许多研究领域来说，第一种选择难度较大，而且过程长，要求有很高的专业技能。我们建议研究者选择第二种方法并在文献资料中使用过的测量量表的基础上，编制出自己的测量方法。不管你做出何种选择，始终要注意测验方法的信度和效度。即使在你的实验中只需一个人按一下按钮来测量反应时，你仍然必须确定这个设计能够有效测量的结构。换句话说，如果你对信息加工过程的结构感兴趣，那么你要力求选择对信息加工过程来说最好的测量方法。

虽然研究者会从已出版的研究报告中受到启发，但同时也得益于其在实验中自己的实践。研究者也会去寻找一种经过大量的实践证明是有效的方法。

请读者回答：动物行为实验室中的钟表走快了5分钟，如果用它来为动物的自由活动30分钟计时，它是一个可靠的仪器吗？

## 四、研究观点的产生

所有的实验都是伴随着我们对生活于其中的世界的看法或思考开始的，这种思考或看法随后以一个概括性的判断或问题形式清楚地表现出来。例如，你可能认为精神分裂症与节食有关或焦虑与过多家庭作业有关，或者你可能对导致助人行为的因素感兴趣。无论你的观点是什么，你必须把它转换成一个科学研究的问题或假设，也就是说，你必须把它变成一个可测量的陈述，其中要表明将要检验哪些具体的变量以及这些变量之间可能存在的关系。这时就涉及操作性定义。研究者要弄清楚四个问题：①自变量和因变量的定义；②自变量和因变量是如何被测量的，考虑信度和效度；③自变量和因变量之间的假设关系；④研究者将如何测量这种假设关系。解决了这些问题你就已经通过了进行科学研究的一个重要障碍，如图3-4所示。

一旦你克服了这个障碍，就可以准备继续前进，并考虑实验过程的程序本身。在此之前，我们想给你提供一些对研究有帮助的工具。首先让我们看看一些心理学家是如何设想出研究观点的。

```
┌─────────────────────┐
│   定义自变量和因变量   │
└─────────────────────┘
          ↓
┌─────────────────────┐
│ 自变量和因变量测量的操 │
│   作性定义及信度、效度 │
└─────────────────────┘
          ↓
┌─────────────────────┐
│ 自变量和因变量关系的假设│
└─────────────────────┘
          ↓
┌─────────────────────┐
│ 自变量和因变量假设关系 │
│   是如何检验和测量的   │
└─────────────────────┘
```

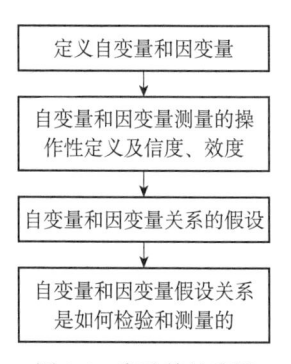

图 3-4　实验前的步骤

（一）研究的想法从哪里来

任何一个实验都可能从报纸上、电视上、科学家那里或学生那里，或者从我们自己的经历中，甚至从稀薄的空气中受到启发，形成某种想法。发展心理学家朱迪·卡西迪，是从一个舞蹈演员变为心理学家的，虽然我们中间的很多人无法把舞蹈与心理学研究联系起来，她却能将自己以前的经历用来解释她的关于母子依恋领域的"奖励-获得"研究。

她曾经这样讲：我在大学从来没有接触过心理学的课程，我是学英语专业的，大学毕业后去纽约成了一个舞蹈演员，那个时候我的一些朋友在做一个关于婴儿的研究工作：观察母亲和孩子之间的互动。因为是在纽约，经常召开一些学术会议，当我的有些朋友去参加关于母亲和婴儿之间关系的研讨会时，我有时会和他们一起去。在研讨会上，他们会放映很多有关母婴互动的录像带，我发现这些录像带很美，令人愉快，非常有震撼力。宝宝们在一岁内很明显不会用语言与人交流，但在一岁内母亲和宝宝之间却发生了很多让人难以置信的母子间的交流。

在宝宝一岁时，我们一点也不难理解什么会让他们不愉快。我花了很多时间看录像带，和他们一起活动，真像是舞蹈。当我看录像带时，我想到自己正在观察母亲和宝宝之间的一种舞蹈。作为一个舞蹈演员，会被非言语交流的力量深深地打动，这是一种用肢体来交流的力量。所以，当我看妈妈们和宝宝们在一起活动时，对我来说相信和理解他们之间的沟通方式是很清楚和容易的，这些肢体活动对宝宝们来说包含有信息和意义，这与他们发展出他们与妈妈的关系的意义和他们的自我价值是很有联系的。我很喜欢观察他们。

我这样做影响了自己的舞蹈事业，过了一段时间我认识到也许不得不放弃舞蹈了，在此期间，我决定在纽约进修一门关于亲子互动的大学课程，当时我还在跳舞，修这门课只是觉得很有意思，我读了很多关于母子关系的资料，觉得很有趣，并喜欢上了这些东西。我很快发现学习我想知道的东西的最好办法是学习发展心理学。我只是一直在读书，一本接着一本，我很快找到了关于玛丽·安斯沃思的资料，并跟随她学习。

我的第一个研究项目确实是作为一个舞者而产生的。安斯沃思观察婴儿依恋程度的主要做法叫作"陌生情景"：这个20分钟的实验程序包括母亲和宝宝，在这个过程中，妈妈离开房间，然后回来。我正在学习如何去研究这个情景的录像带，如何评估母婴之间的依恋关系。你看到的最主要的是妈妈回来后，宝宝对此的反应，这似乎很简单。但你还看见了很多其他以前没有被研究的发生在这20分钟时间里的事。此期间的事发生在一间放有玩具的房间里，你可以看到宝宝在玩，房间里还有妈妈坐的几把椅子。我正在编辑18个月大的婴儿的活动录像。他们能走，但很多走得摇摇晃晃，有时还有点有惊无险的动作。当时屋里有很多玩具，很快玩具被扔得满地都是，这期间妈妈离开又回来了。很多宝宝愿意向妈妈走去，或者走到门口去找她，所以他们将不得不绕过那些玩具。

我看到宝宝们用各种方式试图达到目的：一些宝宝奋力越过玩具而不是小心翼翼地走过去。他们想捡起一个玩具，但因自己力气太小而未成功。他们把玩具搅成一团，他们被绊倒，跌倒，碰了头，撞了墙，他们试着爬上椅子但不断掉下来。

尽管宝宝们的跌倒都不是故意的，但在某种程度上像卓别林的滑稽动作，一些宝宝似乎对自己肢体活动的限度更注意一些，并开始了真正意义上的用自己的身体去克服环境中的障碍。这些方式是很多的。安斯沃思的研究和波尔贝的依恋理论都认为，有安全感的宝宝由于可以在需要的时候从妈妈那里获得安全感，他们可以更好地克服环境带来的障碍，他们愿意探索并走到布置好的环境的其他地方，而那些缺乏安全感的宝宝则很少自发去探索周围环境，所以我在观察时注意到了这些情况，并把这些不同的表现称为"克服环境障碍的能力"。我们列了一个很简单的检查表，观看并编辑了妈妈离开之前，在实验室的游戏间宝宝的活动。在此研究中我们发现，正如理论预测的那样，不同的婴儿的表现是不一样的。

出身于舞蹈演员的朱迪·卡西迪博士开始关注母婴之间的行为模式。接着她研究了诸如活动水平和沮丧情绪之类的心理因素与互动模式之间是否存在一种关系。她不得不去查阅相关资料，修大学课程。期间，她尝试研究母婴互动，通过一系列的相关研究试图证明，依恋理论所描述的母婴互动类型是否与发展过程有关。当我们仔细审视这项研究时，我们知道朱迪·卡西迪博士所提出的方法来解决，包括自然观察、相关研究和实验室实验。
……………………land）博士是一位社会心理学家。他和他的研究团队研………………问是探讨哪些因素影响人们是否帮助处于困难中的人。这………………列问题，引发了一系列研究。下面一段话说明了他的观点的

"……………社会心理学时，发现了一个问题：男人袭击女人时人们为什么不愿………呢？我逐渐对该问题产生了兴趣。在很长时间里，我对这种现象有一个常识性的解释。而我的学生却对此有别的解释，学生们的观点使我认识到，常规性的解释并不是唯一的正确解释。我所做的就是回到一个真实情景中来讨论问题。当时正好有一个叫凯蒂·杰努瓦斯的妇女在纽约市街头当着30多个人的面被歹徒残杀，而没有一个人出手相助或者报警。

"故事是这样的：凌晨3点，一个叫凯蒂·杰努瓦斯的妇女到了家，把车停在住所对面的停车场。从停车场出来穿过街道向家走去，这时有人从对面向她走来，她开始感到不自在，那人的眼神使人很不舒服，她转身向一个报警电话走去，这时那人追上了她，并用刀向她刺去，她叫了起来：'天啊，有人刺杀我！'随着她的叫声，街道两旁的窗子都打开了，人们伸出头来张望，屋里的灯亮了，有人叫了一声，凶手受了惊吓跳上汽车逃跑了。一辆公交车从旁边经过，人们从车上下来。于是，街旁房子里的人熄了灯，关上窗户回去睡觉了。她显然得不到任何人的帮助，她尽力向另一所房子爬去，这时那个凶手回来追上她又用刀刺她，她又呼叫起来，窗子又一次打开，灯光又一次亮了起来，人们又叫了起来，那凶手又一次逃走了。第三次，他又回来了，这次他杀死了她。整个事件持续了一个半小时。

"这是1964年发生在纽约的真实案例。那些从街道旁住宅楼窗户向外看的人除了吓唬凶手几乎没有做什么有用的事情。纽约的报纸质问道：'纽约怎么了？'并对人们的冷漠进行了讨论。两名分别叫拉坦尼和达理的心理学家决定研究旁观者介入的问题。这两位心理学家认为旁观者人数的多少并不重要，事实上在一大群人中的人们会将助人的责任推给别人。这些心理学家称这种现象为'责任的分散'。而且，别人的不介入会使其他人认为自己对情境的判断是错误的。

"好了，这就是我总是讲给我的学生的观点。但我的学生感到还有别的东西在起作用。所以我重新阅读了那本采访目睹凯蒂·杰努瓦斯被杀的人的采访记录的书，共有38位目击者，我读了他们对所发生的事情的叙述。他们讲到了一件事，那就是他们被吓坏了。我不明白为什么他们这样说，因为他们都在自己的家里，是很安全的。但他们还说他们认为那是一对恋人的争执。我逐渐对此

产生了兴趣，于是我去《纽约时报》杂志，并开始查找近几年的报道，寻找各种男人攻击女人的案例。我发现这类报道的出现相当频繁，因为《纽约时报》一般不报道犯罪新闻，所以这类报道一般较重要。

"另一个案子发生在 20 世纪 70 年代中期。这次的情景是一个男子在 30 多人的围观下强奸了一个女人。这些人观看了犯罪的全过程，他们什么也没有做，而且犯罪地点距离警察局只有半个街区远，从采访记录中，你再一次发现，围观者以为那个罪犯是那个女子的男朋友。我开始考虑这是旁观者行为的可控制因素。我要做的是证明这一点。我进一步思考，如果旁观者不知道人们之间的关系，他们会作何猜想。我想证明的第一件事情是：如果旁观者知觉到一个女人和攻击她的人之间的关系，是不是会比知觉到一个陌生男人攻击一个陌生女人的情景会做出更少的介入行为呢？"

在上文中，肖特兰德博士产生了一个观点，一个经过良好训练的人的猜测，一部分来自他的学生们对一般解释的不满，一部分来自阅读关于目击者的叙述记录。他认为，当一个妇女在受到攻击时，是否得到帮助的重要因素之一是：旁观者是否觉察到了该男人和该女人之间的关系。作为一个社会科学家，肖特兰德博士想在实验中证实他的观点，在他设计出实验之前，他必须将他的观点重新表述为一个可以以科学的方式加以证明的假设。在肖特兰德博士开始一个实验之前，他通过图 3-5 来说明建立一个研究假设的有关步骤。

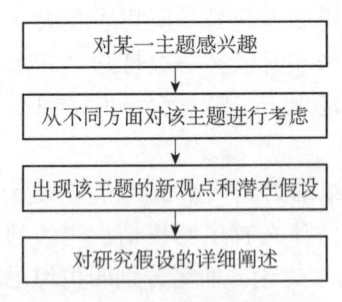

```
对某一主题感兴趣
    ↓
从不同方面对该主题进行考虑
    ↓
出现该主题的新观点和潜在假设
    ↓
对研究假设的详细阐述
```

图 3-5　建立研究假设的步骤

肖特兰德博士要验证的具体假设是：旁观者观察到女人被袭击，当被袭击者和袭击者的关系被知觉为陌生人，旁观者相对而言更有可能介入。为了验证这个假设，肖特兰德博士设计了一项实验：一个男子和一个女人在互殴。设想你是这个实验的研究被试，看见一个男子和一个女人正在斗殴，如果那个女人喊"天晓得我为什么要嫁你"或如果她喊"我不认识你"，你认为你在哪种情况下更会出面劝架？

为了确定因变量和自变量，让我们重新审视一个研究假设的结构。研究者建构研究假设的一般形式是："如果我这样做（自变量），那将出现这个（因变量)。"在肖特兰德博士的研究中,他控制着旁观者对男子和女人之间关系的觉察。在一种情况下男子和女子被设计成让人看成是夫妻关系("天晓得我为什么要嫁你"),在另一种情况下被认为是陌生人关系("我不认识你"),这里要测量的因变量就是被试的反应,在这里是指实验中的旁观者是否介入。这里说的介入是什么意思呢?肖特兰德博士把介入的操作性定义描述为以下四种行为之一:①用附近的电话报警;②请求在附近工作的人给予帮助;③冲着袭击的男子喊叫,阻止他;④试着平息争斗。现在我们已经明白了要测量的东西是什么,接下来的问题是:如何测量因变量?在这项研究中肖特兰德用了一个很简单的程序,他只是计算那些介入或不介入设计好的争斗的人数。

在我们结束探讨这个研究之前,让我们简略了解一下研究结果的部分内容。研究结果与肖特兰德博士的假设是一致的。在"夫妻关系"的情况下,20%的旁观者有介入行为,而在"陌生人关系"的情况下,80%的旁观者有介入行为。这里可能存在的问题是,被试的反应(数据)也许有多种解释,因此肖特兰德博士又设计了更多的研究,以便对多种解释进行验证。

让我们再看一个研究者是怎样形成她的研究观点的,这个研究者是一位发展心理学家,即诺娃·纽卡姆波。

有学者对研究孩子们如何表述他们的愿望感兴趣,也就是说,要研究一下孩子们如何表述命令的意图。(例如,孩子说:"给我拿点橙汁来。")这是个很有意思的想法。这也是罗宾·拉考夫表述的一个观点,他认为男性与女性表达命令意愿的方式是不同的。他认为女性更忧郁和不自信。据拉考夫的研究,女性在表达意愿时更倾向于说:"请你打开门好吗?"而不是说:"把门打开。"用"这儿很热"来暗示,而不是说:"开开窗户。"

假设拉考夫的观点正确,研究者想考察一下孩子们是否已显示出这种基于性别不同的类型定位。首先,研究者想通过成人证明拉考夫的理论。拉考夫是个语言学家,他用理论的形式表述自己的观点,但从没有用科学的方式来证明它们。也就是说,他从来不从男性和女性那里收集数据来看他们说话的风格是否真的有所不同。

研究者请来被试,让他们互相交谈。一次请来两位被试,或者两位男子,或者两位女子,或者一男一女。这样做是因为考虑到:一方面,确定男性和女性说话的风格是否不同是重要的;另一方面,这种不同与谈话对象是同性还是异性是否有关也很重要。参与第一个实验的被试互不认识,研究者交给他们一个讨论提纲,还告诉他们可以讨论任何感兴趣的话题,然后打开录音机,离开现场,让他们谈话15分钟。

在展开这项研究时,研究者将男性与男性、女性与女性、男性与女性配对,然后观察结果。这项研究中研究者"测量什么"呢？因变量是说话风格，这个根据拉考夫的理论进行操作性定义，具体地讲，合乎定义的词汇的数量（诸如"你明白""有点儿""我猜""也许"）和含蓄表述的词汇的数量（诸如"这儿挺冷的，不是吗？"）都应加以注意。接下来要考虑的问题就是："这些变量如何测量？"研究者使用了两种测量方法。第一种方法是计算 15 分钟的录音时间内每一个人说的直接或含蓄表述词汇的数量，然后她计算每个人说话的时间（如果在一对谈话伙伴中一个人一直在说而另一个人几乎一点儿也插不上嘴，那么只从表述词汇频率的数量上很难下结论）。因此，研究者用了第二种方法，每个人说得合乎要求的词汇的数量除以这个人说话的总时间。同样，她计算含蓄表述词汇的数量除以此人说话的时间。她发现按照操作性定义男性与女性的说话风格没有不同。

我们可以把这部分的研究结果和发展心理学家杰弗瑞·帕克的一次面谈结合起来看，杰弗瑞·帕克研究孩子们友谊关系的天性。他对孩子们友谊关系的天性的兴趣源于他个人的经历。但是，他需要超越自己的经历并检验一些孩子间的普遍关系。对于对研究工作有兴趣的人来说，他为他们在自己的大学时代开展研究工作并发现自己感兴趣的课题，提供了很好的榜样：特别要注意研究方法。这种方法是，在与孩子们的访谈中，在了解情况的基础上，形成全面的认识，他利用这些信息来设计研究，以便在游戏中更好地明确变量。最终，他以五个关键维度的形式，科学地界定了友谊，并为后来的研究者所应用。

在研究友谊的关键因素时，研究者设想出帮助我们测量友谊的五个关键维度：第一是，两个孩子从彼此身上得到了大量时间和快乐；第二是，亲密无间和个人秘密的吐露；第三是，当你和这个人接近时会从他那里得到关于生活的忠告；第四是，有效性，简单地说，这个维度只是询问别人是否会使你感觉良好；第五是，从消极的方面看，是冲突的维度。使用这些维度，研究者编制了测量友谊的有效问卷，可检验在哪些方面孩子会有良好的友情关系和在哪些方面孩子没有良好的友情关系。

科学家不同于一般人的地方在于，他们发现和产生观点的方法不同。有的人从过去的经历中学习，有的人从课堂上学习，有的人从与别人的谈话中学习，有的人通过读别人的书学习，而对有的人来说，观点就好像从透明的空气中出现的一样来得那么容易。

（二）直觉和发现

根据人们生活的具体时代不同，人们认为对事物持有的观念是出其不意地进入人的头脑的，这些观念分别被认为是来自上帝的声音，无意义的闲谈，大脑左半球的被激活，非科学的，玄妙的同时也是有意义的，或者是一个心理直觉的典型。其实，人们对大脑的工作机制还知之甚少，特别是关于我们自己的思考过程尤其如此。它观察着并理解这个世界。虽然我们不知道观点是从哪里自发产生的。在这里我们可以查看一些例子，这些例子可以说明，自发产生的或直觉的观点影响了科学的进程和科学家个人的工作。典型的例子是爱因斯坦，当被问到他如何发现观点并解决问题时，他回答说："词语或者语言，它们是用来写和说的，在我思考的机制中似乎不起什么作用……上述提到的思考的要素，无论如何，应该说是视觉的和某些肌肉的类型。常规的词语或其他符号的颇费斟酌只在研究的第二阶段才如此。"

在另一个场合，爱因斯坦谈到一个问题的解决与某种身体的感觉有关，比如，在他驾船时，一个观点恰好在头脑中形成。不管怎样，他接着说，一般来说，从一种身体的状态转变成科学的符号需要几年的时间。爱因斯坦设想的一个人骑着一束光是一个视觉的顿悟，它改变了科学。虽然这个想象是一瞬间出现的，但爱因斯坦花费了相当长的时间构想出相对论，并让其他科学家理解这个理论。

另一个有趣的例子是德国化学家凯库勒（F. Kekule）。在1865年的一天，凯库勒正坐在一把椅子上，看着壁炉里的火，睡着了。他后来描述了随后做的梦。

原子们又一次在我的眼前出现，这一次一群原子在背景上比较安静。由于这些原子的形状重复呈现，可以比较细致地观察它们。现在可以分辨大的结构，多种多样的形态，长长的一排，有时很紧地挤在一起，所有的原子成对地螺旋状地摆成一条蛇的形状，看哪，那是什么？其中一条蛇咬住了自己的尾巴。在我眼前形成一个旋转的模型，好像被一道亮光照着，我醒了。

这个关于一条蛇咬住自己尾巴的简单的梦导致了苯分子的环状结构的观点，随之进行的研究改变了有机化学领域的面貌。通过这个梦，凯库勒形成了一个观点，他认为对某种化合物的分子的最好描述是闭合的环状组合。

虽然直觉是自发的，但在此之前，这些科学家在他们各自兴趣所在的领域进行了几年艰苦的工作。而且，他们的直觉必须转化成科学家的言语和工作。这要求不但要被同一领域的科学家所接受，而且首先要为理解直觉做足够的准备工作。

## 五、科学家的创新思维过程

20世纪20年代，华莱士（G. Wallas）对科学家如何解决难题产生了兴趣。因为这个过程几乎没有人知道，华莱士阅读了大量科学家的著作后得出结论说，科学的过程可以被描述为以下四个阶段。

第一个阶段：准备阶段。在这个阶段，一个人开始对某个问题感兴趣，尽其所能了解有关这个问题的所有资料，从不同的角度审视它，虽然我们说不清为什么会对正从事研究的问题有兴趣，但在某个方面来看这个问题或观点，对我们来说，比其他的更有趣。正是在这个阶段，肖特兰德博士对他的学生关于人们对被袭击的女性的不作为行为的原因提出的不同理由产生了兴趣。这个最初阶段是以科学家的兴趣和随后进行的对这个问题的有关资料的搜集开始的。通过搜集资料来得到研究领域的确切状态，也许要多次去图书馆，查阅甚至多次反复查阅很多重要的文献。肖特兰德博士不但与学生们讨论，而且翻阅了所有他能找到的关于旁观者行为的资料。最后，通过审视事件目击者的言论来切入自己的研究课题。

第二个阶段：孕育阶段。在这个阶段爱因斯坦去航海，凯库勒打了个盹儿。在这个阶段离问题的解决似乎很近了，但却一无所获。一种通常的报告是，我们在想别的事情时，这些新想法经常出人意料地出现了。记住这个孕育阶段也要花上几年时间，就像爱因斯坦经历过的一样。

第三个阶段：豁然开朗阶段。在这个阶段，观点或解决方法开始明朗，这个观点的出现可以是凯库勒的梦的形式，或者是爱因斯坦身体知觉的形式，或者它只是个不知从哪里冒出来的简单的观点。在这个阶段，脑海中涌现出了一个以前没有发现的答案，或者是一个观察世界的全新的方法。

第四个阶段：验证阶段。对科学家来说，发现新情况是不够的。当你证明观点或假设是否与真实世界相符时就进入了这个阶段。认识到进行科学研究，有些方面是很重要的，包括学习所有的与你感兴趣的问题有关的资料，然后仔细思考这些资料。最后，你会从全新的角度出发发现自己的解决方案。为了试图理解科学家如何形成关于他们实验的观点，最重要的一步是到图书馆花大量的时间熟悉你所感兴趣的几个领域的资料。

# 第四章　如何评价研究的可靠性和有效性

测量工具是我们进行研究的武器，就像打仗一样，武器的性能有时决定了战争的胜负。在研究中所使用的工具的质量非常重要，因为研究者得出的结论是以其使用自己选择的研究工具所得的数据为基础的。准备和选择研究工具时，需要考虑研究工具的信度和效度（也要考虑研究设计、研究过程的效度），这是衡量一项研究的质量的重要指标。

本章的目的是详细阐述测量结果波动对研究的有效性（效度）和可靠性（信度）评估的作用。一般来说，信度指一致性、可靠性或稳定性，如水果商的称量结果可被重复测量或被精密工具所验证。效度是指测量工具应测到它应测量的东西，即研究的有效性。

在行为研究中，可信、有效的测量工具，如人格测验、脑电图（EEG）、一组评定者或态度问卷，会缩短发现测量特性的时间。如果测量工具是不可靠的，那么它很可能是无效的。但是无效的测量工具有可能是可靠的。例如，在特定条件下，可以想象一个人平均每分钟眨眼次数大致相同。这个测验有很高的信度。但是，在任何条件下我们都不能从被试的眨眼速率来预测他的跑步速度（即对预测跑步来说此测验效度很低）。

## 第一节　研究的可靠性

测量是获得数据的手段，数据的质量对于保证研究的质量很重要。数据是否可靠，成为决定研究质量的重要因素。测量的可靠性即信度是检验数据质量的关键指标。

## 一、什么是信度

### （一）信度的概念

信度（reliability）是两次或者多次测验结果的一致程度，或者称为可靠性。一项好的测验，其结果具有可靠性、一致性、稳定性。多次再测和不同的研究者进行的再测其结果具有一致性，这样的测验工具才具有可应用性，也才可靠。假如进行多次测量结果相差很大，说明信度低。这就像用一把不标准的尺子量物体的长短。每次测量同一物体得到的结果相差很大，说明这尺子有问题，信度低。比如，尺子是用橡皮筋制成的，能够伸缩，那么结果肯定不一样，也就是信度低。当然，这里讲的一致性、可靠性并不是指各次测验结果之间没有差别，其实差别是客观存在的，是不可能完全消除的，误差在一定的范围内也是可以接受的。

### （二）误差

不管我们测量什么，如用直尺量长度、用秤称物体的重量或用心理量表测量一个人的人格特征，其测量结果都存在波动，该波动称为误差。假设一个水果商连续几次称同一串葡萄，在正常情况下，不管是他还是其他人称这串葡萄，都应该称出同样的重量。但是，不管他称得有多准，每次得到的重量都会有些许不同。实际上，称得越认真和精确，重量的波动就越可察觉。

在我国，各种计量设备的准确性的监督和管理机构一般是国家和地方政府的技术监督部门。在美国，专门负责核对度量的政府机构是华盛顿特区国家标准局。它通过把测量工具和特定标准相比较来完成核对度量这件工作。比如，标准局拥有一个在1940年确定的重量为10g的标准原器，自那时起每周被重测一次。在每次测重时，力图排除各种影响结果的因素（如气压、温度等），但是测量结果仍然有可以觉察的波动。例如，在五次测重中，测得如下结果：9.999591g、9.999600g、9.999594g、9.999601g和9.999598g。虽然前四个数字几乎是同样的，但是后三个数字仍然出现了波动。尽管测得如此精确，但是我们可以清楚地看到随机波动仍起作用。随机波动这类误差又被称为随机误差，可以和系统误差（又称偏差）相区分。

随机误差和系统误差的根本区别是，随机误差是围绕确定的数量上下波动，多次测量的平均值接近这个"确定数量"；而系统误差偏向于某一方向，使测量结果的平均数很大或很小。换句话说，随机误差可通过多次测量求其平均来消除；系统误差则不能消除，但仍然影响着测量结果。那位称葡萄的水果商把拇指放在秤上，就会在原来的基础上加些重量，把葡萄的价钱卖得更高（此为系统误差）。

## 二、信度的种类

（一）重测信度

用同一测量量表对同一组被试进行两次或者多次的测验，其结果的一致程度就是重测信度。重测信度能估计测量工具波动的程度。为求出重测信度，我们可以将同一测验以一定时间间隔两次施测于同组被试。重测信度由两次测验分数的皮尔逊相关系数 $r$ 表示。

当然，有时不可能对同一组被试进行重测。重测信度要求同样的测量工具在不同的场合施测于同一组被试。然而，有时不可控制的因素使之不可行。

例如，《圣经》上有一个阐述古代"行为评估"的例子。这个故事讲到基列人（Gileadites）用一个测验项目来鉴别逃亡的以法莲人（Ephraimites）。这个测验要求被测者发出 shibboleth 这个单词的音，凡是不能正确读出的人将被处死。然而，以法莲人不能发出"sh"音。这个测验就使以法莲人数量减少。但是，这个测验是没有任何机会检测测验的重测信度的。

测量的信度用相关系数 $r_{xx}$ 表示。根据经典测验理论（$X=T+E$，测验得分等于真分数加上误差分数），信度系数可以用总变异中系统变异量所占的比重来衡量（总变异＝系统变异＋误差变异；系统变异是指个体在心理特征方面的真实差异）。用公式表示，即

$$r_{xx}=\frac{s_x^2-s_e^2}{s_x^2}=1-\frac{s_e^2}{s_x^2} \tag{4-1}$$

式中，$r_{xx}$ 为重测信度，$s_x^2$ 为测量的总变异量，$s_e^2$ 为误差变异量。

误差变异越小，信度越高。当误差变异为 0 时，$r_{xx}=1.00$，信度最高。一般研究是达不到这个标准的。当 $r_{xx}=0$ 时，说明测验完全不可靠。在统计学上，当 $r_{xx}$ 达到显著水平时，测量的信度就可被接受。

皮尔逊相关测量的是两个变量相关的程度，如高度和重量的相关程度。皮尔逊相关系数 $r_{xx}$ 的取值范围是 $-1.0 \sim +1.0$。$r_{xx}=0$ 时的意义为两个变量没有关系，即不相关。例如，高的人平均不比矮的人重或轻。当 $r_{xx}=+1.0$ 时，表明两个变量完全正相关，当一个变量增加时，可以预测另一个变量必定增加；当 $r_{xx}=-1.0$ 时，表明两个变量完全负相关，当一个变量增加时，另一个变量必定减少。

有了皮尔逊相关系数的这些特点，如果你在使用特殊的测量工具时，希望

初测和再测间呈现何种相关？答案当然是皮尔逊相关系数 $r_{xx}$（即重测信度）越高越好。因为重测信度越高，测验越可靠。换句话说，$r_{xx}$ 越接近于 +1.0，测量工具的跨时间稳定性越明显。

实际上，行为科学中很多有用的测量工具的重测信度都低于 +1.0。为了让我们对重测信度 $r_{xx}$ 有所了解，专门负责修订和管理 SAT（学业态度测验）的组织中的两位研究者布劳恩（H. Braun）和维纳（H. Wainer）列出了一些典型的信度。比如，SAT 中人文科学论文分数的 $r_{xx}$ 介于 0.3~0.6，化学科目分数的 $r_{xx}$ 介于 0.6~0.8。又比如，测量一组 6 岁和 10 岁男孩的身高后求其相关，可以发现相关程度达 0.8 以上。

当浏览一项标准化测验时，将会得到这个测验的重测信度和其他有用信息。例如，50 年来《精神病测量年鉴》已经提供了成千上万个用于商业上的心理和教育评估、研究的评述和背景。重测信度系数的变化不仅取决于测验的内部信度，也取决于测验和再测的时间间隔（时距）。时距越长，重测信度可能会逐渐降低。因此，测验的说明书上应该注明测量重测信度的时距和其他相关信息，如评估信度的样本的特性。

重测信度一般较高。需要注意的问题是，两次测量的时间间隔为 30 天较好，因为太长和太短都不利。

重测信度的主要缺点是：

（1）由于项目内容杂乱无章或项目之间毫无关系，或者被试在测验时有严重的反应定势和偏向，重测信度可能很高，但实际上可能很低。

（2）两次同样的测验，被试一般不太合作，有实际困难。

（二）复本信度

复本信度是指对相同的测验对象实施两个同一性质的测验（称为 A 版本和 B 版本），其测验结果的一致程度，也称为平行信度、等同信度。用这种方法获得信度的方法也称为等值形式法（equivalent-forms method）。这种方法要求研究者在同一时间内用同一工具的两种不同但却是等价的版本对同一人群进行施测。这里用的两个版本的项目不同，但是两个版本的项目是从相同的内容中取样，并且独立地构成两个测验。信度系数是通过计算两组数据的相关得到的。相关越高，说明信度越高，即说明两个测验测量了相同的事物或者对象。

若对被试实施两次同样的测验，由于被试对试题题目有所熟悉，重测信度 $r$ 会人为地变大。而用性质相同的另一个版本测量同一组被试，就可以避免这个问题。当然并非所有的测验都有复本，但很多常见的测验都有其复本。如果复本和原本是相关的，那么在原本上得高分，在复本上也将得高分。这种相关系数常被用来评估两套测验分数的信度，即复本信度。

（三）内部一致性信度

重测信度关心测验的跨时间稳定性，而测验的内部一致性信度所关心的是测验的项目间的相关程度。求内部一致性信度的方法是将一个测验施测于一组被试，然后将测验分成两半，求出两半测验分数的相关性（叫作分半信度）。例如，我们可以求出奇数项目得分和偶数项目得分的相关系数。这种方法假定奇数项目和偶数项目是完全同质的。不像重测信度那样只给出整份测验的相关系数，分半信度给出了半份测验的相关系数。当然，另一个区别是重测信度是实施两次测验后获得的，而分半信度只需实施一次测验即可获得。

假设你想估计你的同学对使用某本书的看法。你制作了一个三项目的测验来做这项工作。你的导师建议你可以考察项目间相关，然后看一下测验的整体相关程度。如果整体相关程度较低，可以考虑增加项目。为了算出项目间相关，我们将这个三项目测验实施于一组学生，算出每对项目间的平均相关。也就是说，分别算出项目一和项目二，项目二和项目三，以及项目一和项目三之间的相关。我们用带下标的 $r$ 表示两项目之间的相关，分别表示为 $r_{12}$、$r_{23}$ 和 $r_{13}$。

如果项目一和项目二的相关 $r_{12}=0.45$，项目二和项目三的相关 $r_{23}=0.50$，项目一和项目三的相关 $r_{13}=0.55$。将 $r_{12}$、$r_{23}$ 和 $r_{13}$ 相加得 1.5。除以项目对数得到项目间的平均相关，用 $r_{ii}$ 表示，可知 $r_{ii}=0.5$。平均相关是单个项目信度的估计值。

然而，导师也要求你考察一下整套测验的相关程度。这个信度（我们称之为内部一致性信度）可由斯皮尔曼-布朗公式求得。

$$R^{SB} = \frac{nr_{ii}}{1+[(n-1)r_{ii}]} \tag{4-2}$$

式中，$R^{SB}$ 为内部一致性信度（斯皮尔曼-布朗相关）。$n$ 为测验中的项目总数。$r_{ii}$ 为项目间的平均相关。设 $n=3$，$r_{ii}=0.50$，代入斯皮尔曼-布朗公式，得

$$R^{SB} = \frac{3\times 0.50}{1+[(3-1)\times 0.50]} = \frac{1.5}{1+1.0} = 0.75$$

若将项目增加到 6 个，项目间的平均相关仍然是 0.50，那么估计整份测验的内部一致性信度是

$$R^{SB} = \frac{6\times 0.50}{1+[(6-1)\times 0.50]} = 0.86$$

若继续增加测验的长度，达到 9 个项目。当 $n=9$ 时，

$$R^{SB} = \frac{9\times 0.50}{1+[(9-1)\times 0.50]} = 0.90$$

0.90 和 0.86 并没有太大的区别，但是似乎可以继续增加新的、同质的项目

可以不断提高测验的信度。

当使用斯皮尔曼-布朗公式时，应该牢记影响内部一致性信度的因素。首先，增加不相关的项目将降低测验的内部一致性信度；其次，增加极低相关项目也可能降低整个测验的信度。这两个因素与我们假设增加新项目，项目间相关保持相对不变有关，因为增加不相关项目或未定信度的项目将降低项目间的平均相关和整个测验的信度。最后，实际操作中应限制测验的长度。如果把你放在99个而不是9个项目的测验中，在做了相当数量的测验题目以后，由于感到厌倦和疲劳，你就很难集中注意了。这样，由于随机误差的增加，反应的一致性程度就会降低。

（四）评分者信度

在使用评分者的观察研究中，信度是一个基本的考虑因素。例如，在一个由发展心理学家研究的婴儿和母亲反应的依恋行为的观察过程中，评分者要对不同情景下的正活动和负活动进行编码评分。他们要对下列事件评分：母亲和婴儿在一起；陌生人在场，母亲离开婴儿；母亲返回；婴儿单独一人等。假设一位发展心理学家用三位评分者在七点量表（从"很安全"到"很担心"）上对同一情景下的5位母亲的母性行为进行评分，结果如表4-1所示。计算评分者之间的信度后，可以求出其平均值，结果如表4-1所示。平均相关为 $r_{jj}=0.676$（下标 $jj$ 表示评分者之间）。这个值是单个评分者的评分信度的估计值（同样 $r_{jj}$ 是单个项目的平均信度的估计值）。

表 4-1　三个评分者的评分结果

| 母亲 | 评分者 A | 评分者 B | 评分者 C |
|---|---|---|---|
| a | 5 | 6 | 7 |
| b | 3 | 6 | 4 |
| c | 3 | 4 | 6 |
| d | 2 | 2 | 3 |
| e | 1 | 4 | 4 |

我们可以分别计算出两两之间的相关系数：$r_{AB}=0.645$，$r_{AC}=0.800$，$r_{BC}=0.582$，$r_{jj}=0.676$。

如果要了解三个评分者作为一组的相关，即合成信度，可由斯皮尔曼-布朗公式计算。我们还可以用此公式计算需要多少评分者可以达到我们对信度的要求。

斯皮尔曼-布朗公式计算合成信度的公式：

$$R^{SB}=\frac{nr_{ii}}{1+[(n-1)r_{ii}]} \tag{4-3}$$

在此，$R^{SB}$ 为整体相关（合成信度），$n$ 为评分者人数，$r_{ii}$ 为评分者之间相关。将上面的数字代入得

$$R^{SB}=\frac{3\times0.676}{1+[(3-1)\times0.676]}=\frac{2.028}{1+1.352}\approx0.862$$

因此可得，三个评分者的评分作为整体的信度为 0.862，单个评分者的平均评分信度为 0.676。假设我们想知道：增加一个和其他评分者相关大约为 0.676 的评分者后，合成信度将增加多少？将 $n=4$，$r_{ii}=0.676$ 代入斯皮尔曼-布朗公式，得

$$R^{SB}=\frac{4\times0.676}{1+[(4-1)\times0.676]}=\frac{2.704}{1+2.028}=0.893$$

这个结果预测用 4 个而不是 3 个评分者将使合成信度由 0.862 增加到 0.893。在此，我们要假设增加一个评分者，评分者之间的信度不能降低。

### 三、可接受的信度范围

为了不使量表项目过多以免被试反感，需要在研究计划中算出并阐明达到你想要的信度的最佳项目个数。这样就存在这个问题：可接受的信度范围是多少？不幸的是，答案没那么简单。可以接受的信度范围取决于测量工具使用的场合和研究的目的。如果我们需要一份跨时间稳定性的测量工具，我们就不能接受重测信度小于 0.80 的测验。然而，有很多测验的分数会随着焦虑感、饮食变化等因素而改变，其重测信度小于 0.80。可以通过求教于导师或有关方面的专家写的评论文章来解决这个问题。

让我们先看一下一些著名测验的信度，如 MMPI 和罗夏墨迹测验的信度。我们知道，MMPI 有几百个依据被试自身情况做出判断的句子。罗夏墨迹测验包括几个墨迹图，被试说出在墨迹图中看到的。一组心理学家总结了 1970～1981 年有关 MMPI 和罗夏墨迹测验的内部一致性信度和重测信度的研究报告，还总结了另一个著名测验 WAIS（韦氏成人智力量表）的类似信息。由韦克斯勒发展的韦氏成人智力量表是目前应用广泛的测量智力的量表，由言语分量表和操作分量表组成，前者比后者更依赖于学业能力。

帕克斯（Parkers）等发现 WAIS、MMPI 和罗夏墨迹测验的平均合成信度分别是 0.87、0.84 和 0.86。他们也发现其平均重测信度分别为 0.82、0.74 和 0.85。内部一致性信度比重测信度要高，除非再测的时距短。这些结果和预期符合得很好，尽管罗夏墨迹测验不甚明显。

人们对 WAIS、MMPI 和罗夏墨迹测验的信度和效度的了解比其他大多数

目前所使用的心理测验要多。让我们先看一看对保卫战、合作战和侵略战的态度测验吧。这个量表的制作者报告，所测验的三个对象的合成信度在 0.80～0.87。接下来我们看一下社会-医学态度测验。它的合成信度达 0.96。这个只有 20 个项目的测验还有复本信度，因为这个测验是由两个可对比的由 10 个项目组成的半测验构成的。两个半测验得分相关程度越高，复本信度越好。量表研制者称此量表的复本信度为 0.81～0.84。

## 第二节 研究的有效性

### 一、什么是效度

心理与行为科学研究的效度（validity）问题是社会心理学家坎贝尔（D. T. Campbell）在 1957 年提出的。1966 年，他在《研究的实验和准实验设计》一书中，把测量领域的效度概念引进整个心理与行为科学研究，把它作为评价各种研究的重要指标。评估一个测验或量表的效度意味着衡量测量目的所要达到的程度。

效度是指一项测验实际测到的东西与研究者希望测到的东西的一致程度，即研究的有效性。它是反映测量的正确性和准确性程度的指标，也叫真实性。效度要回答的问题其实是：测量工具测量的是什么？它所测量出来的数据是否是研究者希望测量的心理和行为特征？测验得分的差异在多大程度上反映了研究者希望测量的行为特征在被试之间的真实差异？

比如，智力测验，研究者希望所编制的测验量表能够最大限度地测量出被试的智力水平、智力结构，如果测验测到的的确是被试的智力而不是其他东西（如知识），我们说该测验是有效度的。通俗地讲，效度是指测量的结果是否反映了研究者希望测得的东西。科学研究，包括心理与行为科学的研究一定要考虑研究效度，因为它是考察一项研究真实程度和准确性的重要指标。

效度这个概念在心理测量学中我们已经学过，是评价一个量表有效性的指标。我们知道，治病要对症下药才能有效，如果药与病不搭配、不恰当，再好的药也不会有效。比如，用治疗消化不良的药来治疗感冒，就不会有效。就像我们用量尺测量桌子的长度是有效度的，用它测量桌子的重量就是无效度的。效度也是指测验与某种外部标准之间的符合程度。用一个磅秤作为所谓的外部标准，拿尺子测量的桌子重量与磅秤测量的结果比较，是否符合？肯定不符合。如果拿一杆大秤称桌子的重量，结果与标准磅秤测得的结果相似，我们说，这杆秤的测量效度较高。

同样，在测量人们的心理品质时，所用量表也必须有效。例如，智力测验量表对评价人们的智力水平是有效的，但对评价人们的人格就不会有效，或者效度很低。尺子对测量物体的长度是有效的，对测量物体的重量就是无效的。当然，如果你非要反过来用，那结果肯定不真实。

效度的本质含义应该是证据对研究者在应用特定的研究工具收集的数据的基础上所得结论的支持程度。被证明有效的不是工具本身，而是研究结果。因此，有研究者认为，效度是指研究者基于其所收集到的信息所做出的具体推论的恰当性、有意义性和有用性。检验效度就是收集支持这些推论的证据的过程[①]。

这里讲的恰当性是指研究结果的推论与研究目的相关。例如，研究目的是了解学生数学课程的掌握程度，那么根据语文课程的考试成绩推论就是不恰当的。

这里讲的有意义性是指，能够说明用测验所获得的信息如测验分数所包含的意义。例如，测验所得高分意味着什么？研究者可以根据该分数对得分者的情况得出什么结论？接受测验者分数的差异有什么不同？总之，研究的目的不是收集信息，而是通过所获信息得出有关对象的可靠的结论。

这里讲的有用性是指，测验所得分数能够帮助研究者回答研究之前提出的问题。例如，研究人员对探索性教学材料对学生的学习成绩是否有影响这个问题感兴趣，他们就需要通过测验获得相关的信息，以便推断学生成绩是否受到这些材料的影响以及是如何受到影响的。

在心理测量过程中要注意效度问题，在心理与行为科学的其他研究类型中，如实验室实验、现场实验、临床研究、模拟研究等，都需要十分注意研究的效度。

衡量效度要以一定的独立的外部标准为准绳，比较测验的内容或结果在多大程度上与该外部标准一致。检验效度的标准称为效度标准（validity criterion），简称效标。测验分数与效标测验分数之间的相关系数称为效度系数（validity coefficient）。效标的形式包括理论构思、其他测验成绩和未来的行为表现。

## 二、测量效度的种类

测量效度往往以效标的性质不同来分类，常见的有内容效度、效标关联效度和构想效度。

---

[①] 杰克·R. 弗林克尔，诺曼·E. 瓦伦.2004.教育研究的设计与评估.蔡永红等译.北京：华夏出版社：162.

(一) 内容效度及其测定方法

1. 内容效度

内容效度（content validity）是衡量测验内容覆盖和代表它要测量的主题的程度的指标。换句话说，内容效度是指测量在多大程度上涵盖了想要测量的内容范围。尤其在成就测验、用于选拔和分类的职业测验中，内容效度是评价测验质量的重要标准。例如，大学的期末考试，某一门课程有20章内容，考试题目不可能覆盖20章的全部内容，这就要从可能的题目中取样来测验，然后根据测验分数推断学生对该课程的掌握程度。如果这个考题样本对该门课程知识体系的总体范围有足够的代表性，那么这套题目就出得好，就是考题的好样本，从而根据考分推断学生的该科知识水平就是有效的；如果考题出得不好，即题目有偏差，不能充分反映课程知识体系，那么根据考分对学生知识水平的推断就是无效的。

在内容效度的证据中，一个关键的因素是题目取样的充分性。大多数测验工具只给出了所需要解答或解决的问题的一个样本。内容效度检验的一个重要方面是考察测验工具所包含的内容是否是所要测量内容的一个具有充分代表性的样本。

内容效度检验的另一个方面是检验测验工具的形式。比如，纸质测验问卷印刷的清晰度、字体的大小、答题预留空间是否足够、语言是否恰当、指导语是否清晰没有歧义等。

需要指出的是，内容效度对能力测验和人格测验不适用，因为很难对能力和人格特征进行范围的界定。

要保证测验具有良好的内容效度，必须考虑两个因素：首先，清晰定义内容范围；其次，测验项目（题目）应该对定义的内容范围具有足够的代表性，即测验项目应该是一个好的代表性取样。

2. 内容效度的测定方法

内容效度的测定有三种方法。

(1) 专家的分析判断。衡量内容效度的常见办法是找一些专家检查测验的内容和形式，并让他们判断是否合适。一个领域的专家或者富有经验的老手对该领域十分熟悉，能够对测验的充分性做出科学的判断，因此，他可以凭自己的经验判断测验题目是否与原定的内容范围一致，分析题目是否代表了事先所定义的内容范围。

假如测验项目具备较好的代表性，则说明所编制的测验具有较高的内容效度。由于专家的判断具有主观性，所以不同专家之间的判断结果会有一定的差异。在编制测验时要对测验的编制过程和测验目标做一个详细的说明，同时编制一个专家调查表，便于专家的分析，有利于提高测验的内容效度。

如果几个人评判的结果不一致怎么办？这就要通过计算"内容效度比"来衡量内容效度。

$$CVR = \frac{Ne - \frac{N}{2}}{\frac{N}{2}} \tag{4-4}$$

CVR：内容效度比；

Ne：认为测验项目很好地表示了测量内容范畴的评判者人数；

N：评判者总人数。

这个公式表示，当 $Ne = \frac{N}{2}$ 时，CVR=0；

当 $Ne < \frac{N}{2}$ 时，CVR<0，即为负值；

当 $Ne > \frac{N}{2}$ 时，CVR>0，即为正值；

当 Ne=N 时，CVR=1；

当 Ne=0 时，CVR=−1。

内容效度的考察是为测量项目的设计服务的，是为了选择或者编写出更符合测验目的的项目，因此，应该与测量的构思、项目内部结构安排等问题一起考虑。

（2）统计分析。用复本信度系数的计算方法，求得被试在原本和复本上得分的相关系数。相关程度高说明测验具有较好的内容效度；相关程度低说明测验的内容效度不理想。

（3）复测法。该方法与重测信度的评定方法类似。选择一个样本，对其进行某方面知识、技能水平的测试（前测），然后对其进行新知识的传授和训练，训练课程结束以后再进行测验（后测），假设后测成绩优于前测成绩，说明测验项目所测内容是新近课程所学内容，而不是通过其他途径所学内容，从而说明测验的内容效度较高。

（二）效标关联效度及其测定方法

1. 效标关联效度

效标关联效度（criterion-related validity）也称为效标效度或实证效度，指的是一个测验对个体某方面行为进行预测的准确性。预测的能力如何是效标效度考察的指标。这里讲的效标是指已被证明对测量同一变量有效的测验工具。例如，如果某个测验工具是用来测量学业能力的，那么学生在该测验的得分可以与他们的学年平均分（这是外部效标）进行比较；如果该测验工具确实测量了学生的学业能力，那么在这个测验上得分高的学生也应该得到较高的学年平均分。

效标效度强调的是测验对某方面行为的预测能力。研究者对测验分数感兴趣是因为它能够预测某些行为。当然，测验的题目不要求与要预测的某些效标行为有明显的联系，只要能预测行为，就是好题目。

根据效标数据得到的时间，效标效度可分为预测效度（predictive validity）和同时效度（concurrent validity）。预测效度的效标数据需要等一段时间才能收集到。例如，选拔飞行员用的测验其预测效度的数据，只有到飞行员能够单独驾机飞行时才能收集到。同时效度的效标资料可以与新编制的测验分数基本上同时收集。例如，研究者对六年级一个班级施测自尊问卷，几乎同时让老师评价学生的自尊水平，把问卷得分与教师的评价得分进行比较，二者相关越高，说明自尊问卷的同时效度越高。

2. 效标关联效度的测定方法

（1）效度系数法。该方法是求测验分数与效标测验分数之间的相关系数，该系数称为效度系数。一般的测验手册中都附有该测验对其他若干种测验的效标效度。

相关系数（$r$）表示个体在两个测验工具上所得分数之间的相关程度。如果在某个测验上得了高分，而在另一个测验上也得了高分，或者在某个测验上得了低分，而在另一个测验上也得了低分，那么这两组分数之间就是正相关（表4-2）；反之，就是负相关。当相关系数用来表明同一组被试在某个测验上的一组得分与其在另一个测验上的一组得分之间的关系时，此相关系数就称为效度系数。效度系数越高，研究者预测的准确性就越高。

表 4-2　效标关联效度证据

| 被试 | 工具 A | 工具 B |
| --- | --- | --- |
| 1 | 是 | 是 |
| 2 | 否 | 否 |
| 3 | 是 | 是 |
| 4 | 是 | 是 |

例如，一组被试的数学能力倾向测验的得分（预测变量）和另外一个测验如数学成就测验的得分（效标）的相关系数为 1.00 时，就说明同一组被试中的每个个体在两种测验中的相对位置是完全一样的。当然，得到这样高的相关系数是不常见的。一般来说，得到较高的相关系数，研究者就可以用新编制的测验预测人们的某方面的行为，正如前例，就可以用数学能力倾向测验的分数来很好地预测数学成就的测验分数。

(2) 区分度分析法。该方法是用测验量表（如新编的量表）对被试进行施测，看所得分数是否可以区分出由效标测量（已被证明有效的测量工具）所定义的团体。例如，用数学能力倾向测验施测一批高中生，通过一个学期的学习后进行数学学业成绩测验，根据成绩的高低，把他们分为成绩好和成绩差两个组。用 $t$ 检验考察两组学生在当初数学能力倾向测验上的得分是否有显著的差异。虽然检验差异显著并不能保证测验的效度很高，但是，如果检验差异不显著，说明当初的数学能力倾向测验不能区分出由数学学习成绩定义的高分组，从而显示其效度很低。

(3) 命中率考察。研究者往往以被试在测量量表上的得分为标准确定一个临界线，把被试分为两组，即合格组和不合格组，合格组的含义是测量分数预测将来其成员会成功，不合格组的含义是测量分数预测其成员将来不成功。按照一定的标准来衡量，这些接受过测量的被试在将来的实际工作中会表现出两种情况：成功和失败。这里，我们把预测与实际情况一致的称为命中，不一致的称为失误，如表 4-3 所示。这样就有两种命中率（衡量测验效度的指标）——总命中率和正命中率。

总命中率（$P_{CT}$）等于正确决定的数目（命中）除以总决定数目（$N$）：

$$P_{CT} = \frac{命中}{命中+失误} = \frac{B+C}{A+B+C+D} = \frac{命中}{N} \tag{4-5}$$

正命中率（$P_{CP}$）等于所选择的人的成功的人数除以选择人数：

$$P_{CP} = \frac{B}{A+B} = \frac{成功人数}{选择人数} \tag{4-6}$$

表 4-3　测验预测与实际成绩的可能关系

| 测验预测 | 实测失败（−） | 实测成功（+） |
| --- | --- | --- |
| 合格（+） | (A) 失误 | (B) 命中 |
| 不合格（−） | (C) 命中 | (D) 失误 |

（三）构想效度及其测定方法

1. 构想效度

构想效度（construct validity）是指一个测验能够测量到理论上的构想的程度。这种构想的心理结构是用来解释和说明行为差异的。构想效度实际上是指测验能够测量到某种理论提出的概念或特质的程度。该效度反映的是研究者在用心理与行为科学的理论概念来说明和分析测验分数的意义时，理论概念与实际数据之间的吻合程度，如图 4-1 所示。换句话说，构想效度是指能否用研究者提出的心理与行为科学的理论观点对测验的结果进行解释和讨论。保证研究具有较高的构想效度,就要根据心理与行为科学理论构想来编制测验的内容或选择测验项目。这里讲的"构想"也称"构念",就是心理与行为科学理论所提出的抽象概念,它们均是假设性的,如权力动机、抑郁、幸福感、能力倾向等。

心理与行为科学中有大量的理论构念,如动机、焦虑、抑郁、智力、人格、组织能力等,都是人们假定的理论概念,以便应用它们来说明或者解释人们的心理和行为,这些概念(构念、理论)是研究者无法直接观察和测定的,只有应用合适的、客观的测量工具对外显行为进行测量,才能对其加以认识。

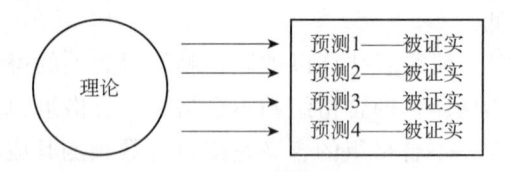

图 4-1 构想效度的证据
资料来源:杰克·R. 弗林克尔,诺曼·E. 瓦伦. 2004.
教育研究的设计与评估. 蔡永红等译. 北京:华夏出版社:162

2. 如何提高构想效度

研究的构想效度问题实际上就是理论构想与实际的研究结果所表明的心理或者行为结构之间是否一致的问题,或者说研究的结果在多大程度上能够支持研究者提出的理论构想。影响构想效度的因素较为复杂,研究者在进行研究设计和对变量进行操作时,要严谨地思考,尽量排除无关因素的干扰,提高研究的构想效度。

1) 全面深入地阐明研究中提出的理论构想

理论是一种分析的工具,它可以用来组织数据、解释数据。因此,心理与行为科学的研究就要求研究者在设计一项研究时,首先要借鉴已有的理论或者建立自己的理论,在这个理论框架之下探讨变量之间的关系。这就要求研究者对其理论构思进行明确的说明和解释,即对构思进行深入的概念分析和逻辑分析。

比如,《心理学报》1998 年第 1 期发表了一篇题为"我国大学科系职业兴趣类型图初探"的研究报告。其研究构想是:Prediger 通过大量的实证研究发现,在 Holland 的六边形模型中潜藏着两个双极维度:一个为"资料"(data)和"观念"(idea)维度;另一个为"事物"(thing)和"人物"(people)维度。这种二维平面图有利于对六边形结构的性质做出解释,同时也使排列在二维平面上的职业间关系更为明确,从而增强了工作世界图的实用功能。只要采用 Holland 的 RIASEC 理论构思的量表进行职业兴趣类型测试,保留前三个得分最高的代码，依次赋予 4，2，1 的分数，代入 Prediger 所发展的 D/I 和 P/I 公式，即可获得两个维度上的分数值，从而能在平面图上找到与职业兴趣项对应的职业科系坐标点。

Prediger 关于二维结构的构想，被许多研究所证实，从而证明了它的普遍意义。我们所研制的职业兴趣量表与 Holland 的六边形理论模型相吻合。因此，在此量表的基础上，试图构建大学科系职业兴趣类型图的可能性是存在的。[①]

又比如，《心理学报》1998 年第 1 期发表了一篇研究报告，即《不同年级学生自然阅读过程信息加工活动特点研究》。其研究构思是："我们的初步设想是，学生的自然阅读过程应该是一个不断发展成熟的过程，低级阶段阅读的信息加工活动可能主要是词句的解码活动，而随着个体字词解码活动的熟练化、自动化，较高阶段自然阅读则可能是由组织连贯之类的信息加工活动占了主导地位。如果这个设想成立，那么，较低年级学生在自然阅读的情况下主要是实现对文章词句的理解，而较高年级的学生在自然阅读的情况下则主要是实现对文章整体内容的把握。本研究设计了两个密切相关的实验来验证以上的设想。"[②]

2）避免把问题简单化

心理活动本身具有复杂性，心理与行为科学研究的构想也具有复杂性和多维性，因此不能指望利用一种测量工具对一个样本的测量就能证明理论构思的科学性和合理性。希图利用某一种操作来证明理论构想就会陷入单一操作的泥潭，不能保证构想效度。

3）综合运用多种研究方法，避免单一方法的偏向

一个理论构想或者假设要获得足够多的证据，才能证明其科学性，因此研究者要努力从不同角度、不同维度出发，运用多种研究方法，通过各种指标验证假设的正确性。

4）努力避免实验者期望和被试猜测对研究结果的影响

实验者期望是指在研究过程中，实验者有意或无意间会影响被试的操作，从而影响数据的客观性，使人们无法区分所得数据是由实验处理造成的还是由主试的期望造成的。被试在实验中会假想和猜测实验的目的及主试的期望和需要，有意无意间迎合实验的目的和主试的需要。这些主试和被试因素会影响数据的客观性，从而影响构想效度。

这里，我们以一项典型的研究为例，帮助读者进一步理解测验编制过程及构想效度是如何确定的。该研究是人格心理学家克劳恩（D. Crowne）等做的。

---

① 凌文辁，白利刚，方俐洛. 1998. 我国大学科系职业兴趣类型图初探. 心理学报，（1）：78.
② 莫雷. 1998. 不同年级学生自然阅读过程信息加工活动特点研究. 心理学报，（1）：43-49.

该研究原来的意图是在个性测量中编制一个能够测量系统误差来源的心理学量表，即社会期许性反应（socially desirable responding）量表。人格问卷的应答者怀着被选拔、被好评等目的回答问卷、填写自陈量表时存在作伪的潜在动机和可能性。也就是说，个体会有意地提高人格测试得分，以期获得对自己有利的结果。得分上的提高表现了回答者正向拔高的自我，而并非真实的自我，这种现象就是社会期许性反应。随着研究的进展，研究者认识到他们正在开发的量表可能涉及一个非常普遍的人格因素，他们称之为"社会称许需要"（need for social approval，此概念反映出人们在需要他人赞赏方面是不同的）。研究者希望根据被试在量表上的得分来确定其在社会称许性维度上的程度差异，同时研究者也希望了解人们社会称许需要的内在结构。研究者编制的用来测量社会称许需要的量表称为"社会称许需要量表"（MCSD）。

克劳恩等搜集了几百条让被试回答对或错的个性测量项目（包括MMPI里的一些项目），这些项目都涉及社会称许需要行为，但可以肯定的是，这些项目几乎都是不可能产生的行为（如行为太好而失真）。此外，这些项目的答案没有包含任何变态心理学或心理错乱（phychopathology）的暗示。研究者请一些心理学专业毕业生和心理学教师对每一个项目的社会称许性给予评价，克劳恩等用这种办法选出了一系列反映美德行为的项目，而这些项目反映的美德高尚到几乎不可能在现实生活中存在。同时，这些项目涉及的行为与人格失调也没有联系。

经过项目分析和有经验者对其项目进行等级评定，最后的MCSD由33个项目组成，并且显示出与一些心理行为变量之间有较高的相关，这是汇聚效度（聚合效度）的证据。汇聚效度是指，测量同一概念的多重指标彼此聚合或有关联的程度。与汇聚效度相对的是区分效度（discriminant validity），它是指一个概念的多种指标相聚合或呼应时，这个概念的多种指标也应与其相对立的概念的测量指标存在负相关。例如，在MCSD上得高分的被试，喜爱低冒险行为，以避免别人对其较低评价。最终版的MCSD得分与不希望与其聚合而希望与其有区分（区分效度的证据）的一些变量之间有较低的相关。例如，与早期编制的社会期望量表（scale of social desirability）相比较，被试在MCSD上的得分与精神病理学方面的测量得分之间只有低度到中等程度的相关。

这些指标表明MCSD的质量是较高的，给了研究者进一步研究的动力。但它仍然存在一些问题等待解决。要证明社会称许概念（正在开发的量表正是要测量它）确实是有意义的，就不能仅仅停留在用纸笔测验（paper-and-pencil measures）来预测被试的行为反应上。为了进一步确定MCSD的效度（构想效度是其基础），研究者运用多种方法考察MCSD得分与被试在一系列非纸笔测验情境里的行为表现之间的关系。研究者的推论是："依赖别人的赞许就难以保持自己的独立，并且，赞许—推动的人易受社会影响，这些人有顺从性。"许多相关研究的结果与这种逻辑预期是一致的。

在被试完成了一系列的测验以后，研究者又对被试进行了多种严谨的实验。实验中要求被试完成以下任务：①把几十个线轴摆放在一个小盒子里；②再把盒子里的线轴拿出来；③再次放进去；④再把盒子打开，把线轴拿出。这样循环往复，进行25分钟的操作，研究人员在现场记录时间并对被试的作业进行记录。枯燥的25分钟过后，要求被试对作业任务的"趣味性"、"有益性"（instructive）、"对科学的重要性"等做出评定，同时询问被试参加未来类似实验的愿望有多强。结果显示，在社会称许量表上得分高于平均分的被试与得分低于平均分的被试相比，认为该实验更有趣、更有益、对科学有更大的重要性，并表示更愿意继续参加实验。正如克劳恩等预测的那样，社会称许需要较高的被试更具顺从性，对实验者提供的操作任务的评价也更好听一些。

在随后的研究中，克劳恩等借用了阿什（S. Asch）的顺从程序（conformity procedure）的变体进行了相关研究。这里讲的阿什的实验是指著名的从众实验（conformity research）。"从众"被定义为被试的判断"跟着多数走"，而不是给出客观的正确的反应。1956年心理学家阿什进行了从众现象的经典性实验，即三垂线实验。他以大学生为被试，每组7人，坐成一排，其中6人为事先安排好的实验合作者，只有一人为真被试。实验者每次向大家出示两张卡片，其中一张画有标准线X，另一张画有三条直线A、B、C。X的长度明显地与A、B、C三条直线中的一条等长。实验者要求被试判断X线与A、B、C三条线中哪一条线等长。实验者在安排实验顺序时，总是把真被试安排在最后。第一、二次测试大家没有区别，第3~12次前六名被试按事先要求故意说错。这就形成一种与事实不符的群体压力，可借此观察被试的反应是否发生从众行为。阿什多次实验，所得结果几乎一样。

与阿什的实验不同的是，克劳恩等让被试听敲桌子的录音，然后报告听到的敲击声的次数。研究者设法使被试相信被试自己是真正的参与者。为了制造错觉，研究者让被试聆听事先录制好的其他三位被试对一系列敲击声的判断。早先的三位被试是研究者合谋者，他们在18次实验中有12次都是错误的判断。所以，可以计算出"真"被试在18次实验中有多少次是屈从了错误的、多数人的意见。结果支持了克劳恩等的假设：称许—推动的个体是从众的，在社会称许量表上得高分者比得低分者更倾向于从众。

从该例子中我们可以看到，要用一系列方法，通过多种途径来获得构想效度的证据。

3. 确定构想效度的方法

获得构想效度的证据，有三个步骤：

（1）对要测量的变量给出清晰的定义；

（2）根据理论框架，提出与测量变量有关的假设，预测人的行为；

（3）对假设进行逻辑分析和实证检验。

例如，研究者要编制一个测量人们"诚实性"的纸笔测验，研究者首先要对"诚实"的各变量进行清晰的定义；其次，他要根据诚实的定义，提出自己的理论假设，用来说明"诚实者"与"不诚实者"在行为上有哪些区别。比如，研究者建立的理论认为，诚实的人捡到了别人的物品就会设法寻找失主。基于这个理论，研究者会假设，在"诚实性测验"上得分高的人比得分低的人更倾向于努力寻找失主。然后，研究者对一批被试实施诚实性测验，把得分高者与得分低者的名字分开，并给每个人表现诚实的机会。研究者可能会设计一些情景，比如，在实验室的房子外面故意放置一个内装几元钱的钱包，这样，参加实验的人会很容易地发现并捡起它。捡到钱包的人很容易发现钱包里有失主的姓名和联系电话。如果测验的效度高，那么得高分者比得低分者应该有更大的倾向去主动寻找失主。

一个测验效度的高低是需要多种证据支持的。比如，一个测量数学推理能力的测验工具可能需要以下效度证据。

专家认为：测验中的所有题目都需要数学推理；测验的形式特征，如测验的形式、指导语、评分方法及阅读的水平，不会在任何方面妨碍学生进行数学推理；测验中任务的取样与数学推理任务相关并具有代表性。

在该测验中，受过特殊的数学推理能力训练的人能够获得高分。

当学生在解决测验中的问题时，如果要求他们"出声地思考"，那么研究者会发现他们的确在进行数学推理。

该测验的得分与数学老师对学生的数学推理能力的评估结果之间有较高的相关。

数学专业的学生比其他的理科学生在该测验上的得分更高。

以上这些都是数学推理能力测验的效度证据。当然，还可以列举更多的其他证据。

### 三、测验信度与测验效度的关系

信度和效度是心理与行为科学研究中的两个重要标准。信度是多次研究结果表现出来的一致性、稳定性程度，是对研究结果一致性和稳定性的评价标准。一个信度较高的研究程序，无论其过程是由谁操作，或者进行多少次同样的操作,其结果应该是基本一致的。效度是指一个研究程序的性质和功能,是对研究结果正确性的评价标准,一个效度较高的研究程序,不仅能够明确地回答研究的问题和解释研究结果,而且能够保证研究结果在一定规模的领域中推广。信度是研究的效度的一个必要的前提,没有信度,效度不可能单独存在,也就是说,一项研究不可能没有信度却具有效度。

信度是效度的必要条件,但不是充分条件,信度高不能保证一定效度高,一个可靠的研究程序并不能证明内容一定有效,而一个有效度的研究一定是一个有信度的研究。有效度必定有信度,效度高信度必定也高,因为不可能存在唯有效度而没有信度的情况。信度是为效度服务的,因而效度是信度的目的;效度不能脱离信度单独存在,所以信度是效度的基础。

如前所述,一项研究的信度是指其方法的可靠性和结果的稳定性或者可重复性。效度指的是研究观测的内容和指标是否真正反映了所想要探讨的问题。特罗钦(Trochim)用打靶的比喻,形容信度和效度之间的关系:射击的效度由着弹点与靶心的距离决定,正中靶心的射击成绩效度最高。射击的信度则反映弹点之间的距离,着弹点越集中,信度就越高。图 4-2 显示了三种信度和效度之间的关系。因为效度比信度更重要,研究者要格外注意图 4-2 中的高信度低效度的危险[①]。

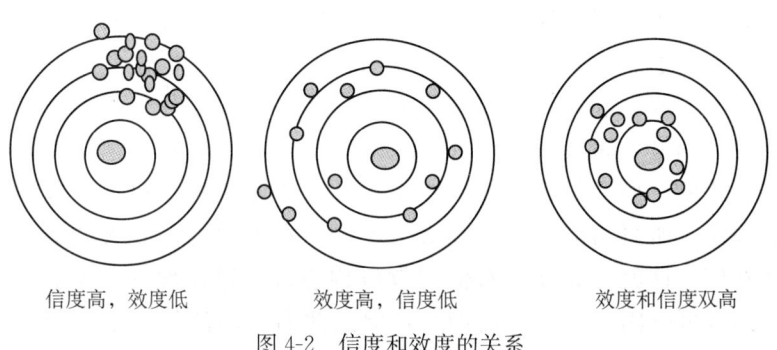

信度高,效度低　　　　效度高,信度低　　　　效度和信度双高

图 4-2　信度和效度的关系

资料来源:王晓田,2010

王晓田用自己的一项研究说明了高信度低效度的危险及可能的防范方法。这项研究利用特维斯基(Tversky)和卡尼曼(Kahneman)的框架效应(framing effect)问题对决策的机制进行了新的探讨。特维斯基和卡尼曼用著名的"亚洲疾病"题证明框架效应的存在。假设一种可以致命的亚洲疾病感染了 600 个人,而只有两种可行的救治方案可供选择。如果选择方案 A,将有 200 人被

---

① 王晓田. 2010. 有关行为研究方法学的六点思考. 心理学报, 42 (1): 37-40.

救活；如果选择方案 B 将有 1/3 的概率救活 600 人，2/3 的概率无人获救。当用存活率对预期结果进行上述描述（框架）后，大多数的被试（72%）选择规避风险的方案 A。然而，当用死亡率对同样的预期结果进行框架（选择方案 A，将有 400 人死亡；选择方案 B，将有 1/3 的概率 0 人死亡，2/3 的概率 600 人死亡），人们的风险偏好发生了反转，大多数的被试（78%）选择了冒险的方案 B。这种仅仅因为对同一问题和预期结果的不同的语言表述而发生的风险偏好反转成为人类决策的非理性的一个经典例子。从组织学的角度出发，王晓田发现在"亚洲疾病"问题中有一个尚未被注意到的变量，那就是危险群体的大小。从进化论的角度来看，人类进化的绝大部分时间是在一种小群体的环境中度过的。这也提示人们，人的认知和决策的心理机制也应该是有选择性地适应于这种典型的小群体的生态和社会环境。当人们需要为众多陌生人的生命或财产做决定时，这种进化中非典型的生态环境可能使决策者缺乏可供选择的适应性策略，转而求助于语言语气等其他相对次要的决策线索，因而产生了语言的框架效应。实验的结果支持了这一理论假说，当疾病问题涉及的人数众多（6000 人或更多）时，被试的风险选择出现了框架效应。然而，当疾病问题涉及的人数在人类进化中常见的群体大小范围内（60 人、6 人或更少）时，人们的风险偏好不再受语言框架的左右，表现出了一种同舟共济的冒险倾向。美国的样本和中国的样本所得到的结果相当一致。唯一的文化差异表现在从有框架效应到没有框架效应的转折点上。中国被试的数据显示，框架效应发生在危险群体的大小为 6000 人而非 600 人时。这一现象提示中国人的相关群体的概念涵盖的人数更多。有意思的是，如果我们没有从理论出发对同一疾病问题在不同的群体情境中进行检验，而只是简单地用中文版的"亚洲疾病"问题对框架效应进行信效度检验，所得出的结论就会大大不同。在人数为 600 人的时候，没有发现框架效应，这就可能导致对框架效应构想效度错误性的质疑。另外，这种结果的信度可以因为可重复而增高，但由此而得出的任何结论很可能是无效的。这就像在黑屋子里研究颜色视觉，得出的结果可以是可靠的，但得出的结论（被试没有颜色视觉）是不正确的。避免研究中出现高信度低效度问题的一个方法就是在理论的指导下对一种现象在多种环境或情境中进行验证，不仅要了解导致一种现象发生的前因后果，还要探寻抑制此种现象发生的条件。

### 四、实验效度的种类

根据研究效度的理论，实验效度可以分为三种类型：内部效度、外部效度、统计结论效度。

(一) 内部效度

1. 什么是内部效度

内部效度是衡量研究的自变量与因变量之间是否有关系的指标。内部效度是指因变量的变化在多大程度上是由自变量引起的。

怎么判断内部效度的高低呢？如果自变量和因变量关系清楚，不会因为其他外部变量的影响而变得模糊不清，那么该研究就有内部效度。我们就可以得出结论说，自变量确实具有某种效果。坎贝尔1957年把内部效度定义为"实验的刺激确实造成特定情况下的某种显著差异"。可见，内部效度是考察自变量是否真正起作用的指标。

2. 获得内部效度的条件

一是自变量和因变量选择正确。如果自变量和因变量不清楚或者选择得不恰当，就不可能有内部效度。在实际研究过程中，就是有人犯这样的错误，不是自变量选择不准确，就是因变量不合适，于是造成研究的内部效度低。

二是周密的实验或研究设计。我们知道，实验或研究设计的目的是科学地安排实验程序，合理地安排被试，操纵和控制一定的条件，观察和记录被试的反应，最后通过数据分析、统计处理，得出某种结论。在整个设计和实施过程中，都要详细考虑可能影响内部效度的因素，运用多种设计和统计方法控制这些影响，突出自变量与因变量之间的关系。

3. 影响内部效度的因素

1) 被试的特征

当研究者选择被试时，可能会无意中导致被试个体（或者被试组）的差异，而这种差异恰好与研究的变量有关，这种情况称为选择偏向，或者叫作被试特征的影响（subject characteristics threat）。

在进行各组的比较研究中，各组被比较的被试的特征可能会出现不对等，存在系统性差异，影响内部效度。包括被试固有的和习得的各种差异，如性别、年龄、个性、成熟度、种族、词汇量、态度等，可能的差异其实是无法穷尽的。如果实验组和对照组在这些方面差异很大，则会影响因变量的准确性，因为这时我们不好判断，因变量得分的差异是由自变量引起的还是由被试本身的差异引起的。控制选择偏差的最好方法是从总体中随机选取一个样本，使实验组和对照组的被试基本"等同"。

2) 被试的更换和淘汰与丢失

由于某些原因，被试会退出研究，从而影响研究的效度，称为被试缺失因素的影响（mortality threat）。丢失的原因可能是多样的，如搬家、生病等。这种情况在干预研究和纵向研究中容易出现。

3）被试的态度

被试对待研究的态度和被试参与研究的方式都会影响研究的内部效度，典型的例子是霍桑效应。多年前人们在美国西部电器公司的霍桑工厂的实验中发现，产量的提高并不仅仅与工人的物理工作环境（如增加喝咖啡的休息时间和改善照明条件等）的改善相联系；并且还发现，当这些条件无意中变得更坏时（减少喝咖啡的休息时间和降低照明条件等），工人的产量仍然在提高。如何解释这种现象呢？原来真正的原因在于工人们受到了特别的关注和重视，他们感到研究者在注意他们，并且也在尽力帮助他们。这种由被试受到的关注和重视程度的增加导致的积极效应就是霍桑效应。

对控制组的被试来说，可能表现出两种情况：一种情况是，控制组的被试由于不被重视、不被关注而产生挫折感和怨恨情绪，从而导致其作业成绩比实验组差；另一种情况是，如果控制组或者比较组的被试"注意到"所进行的实验处理，那么他们就可能会因为感觉到自己被忽视而增加努力，并因此减少了他们与实验组之间的实际成绩差异，而这种差异在没有这种影响时是应该能够被看出来的。教育心理学的实验中还常常出现这种情况：控制组的教师可能会在无意中给予某种"补偿"来激励他们组的学生，并因此减少了该组成绩与实验组的差别。所以，从表面上看实验组（处理组）表现得更好（或者不好）似乎是处理的结果，而实际情况并非如此。

被试的兴趣也可能影响实验的结果。接受某一实验处理可以使被试表现得更好，其原因在于实验本身的新颖性引起了被试的兴趣，而不是实验处理导致被试的作业成绩。研究者可以推测，因为被试知道了自己是研究的一部分这个事实，他会感到自己正在接受某种处理而显示出成绩的提高，无论接受的处理是什么。

有研究者按照被试参与实验的态度不同，把被试分为四种类型：

（1）合作型。在研究中表现为设法帮助主试发现和验证研究假设，这种合作往往会带来偏向。

（2）消极型。倾向于抵制研究的计划与安排，常常与研究者"对着干"。

（3）评价担忧型。对实验抱有疑虑，担心别人总是在评价自己，因而总是设法避免低评价，盲目猜测研究目的，以"理想"方式表现自己。

以上三种被试都是不合格的被试。

（4）忠实型：能按照实验的要求去做，不刻意地掩盖、表现或者抵制实验，表现得自然得体，是研究中理想的被试。

解决被试态度对实验结果的影响问题的方法是对控制组或者比较组也给予与实验组具有相同特性或者新异性的处理。

4）成熟因素

成熟因素指研究中由于被试自身的生理、心理成熟，以及发展、成长（技能、知识、经验）和变化而引起的系统变异。这是随时间推移而产生的系统效应，其降低了研究的内部效度。在干预研究中，研究者常常发现被试的心理和行为变化不是由干预措施本身引起的，而是由时间的推移引起的。这种现象被称为成熟因素的影响（maturation threat）。例如，通过一学期的学习，学生，特别是年龄小的学生，可能会在许多方面发生变化，而其中的原因只不过是成熟和经验。我们看一项具体的研究：研究者设计了一项实验，想了解特殊的"握练习"对 2 岁儿童操纵各种物体的能力的影响。经过 6 个月的实验，研究者发现这种练习与儿童操作能力的明显提高有关。但是，2 岁儿童成长十分迅速，而他们在操作能力上的提高可能仅仅是机体成长的结果，不是抓握练习的结果。成熟因素仅仅在那些对干预组进行前测后测的研究中，或者在持续多年的研究中，是一个突出的问题。类似的例子还有：文学院的学生从新生到毕业生的几年里变得越来越不认同权威，研究者把这归因于学生们在大学里所经历的许多"自由主义"经验。这可能是其中的原因之一，另一个原因可能是学生的成熟。

成熟因素具有动态的性质，控制的方法是使被试选择尽可能随机化，并设立对照组。

5）测验工具的损耗

如果工具的特性在某些方面发生了变化，从而影响测验的结果，这称为工具的耗损（instrument decay）。例如，一位教授连续 3 小时批阅了 100 份期末论文考试试卷，中间没有休息一次。每篇论文都有 10～12 页。阅完所有论文以后比较其结果。教授作为"评工具"，评分过程十分长（有的评分可能难度大，虽然时间不长，但也很耗费精力），导致评分者疲劳，造成评分者在不同的时间段评分标准不同。比如，刚开始评得很严格，越到后来评得越宽松。控制工具"损耗"的主要方法是：制订好数据收集和评分的计划，对测评人员进行规范性训练，严格测试手段；避免实验人员本身的疲劳、厌倦、注意分散和其他主观因素以及测试工具（仪器设备）本身的变化对实验结果的影响，以减少任何工具或者计分程序上的变化对效度的影响。

6）研究场所

数据收集的场所或者进行干预的特定地点，均可能引起对结果的其他解释，这就是地点因素的影响。控制地点因素的办法是保持地点的恒定，使其对所有的被试都相同。当保持地点恒定不易做到时，研究者应该尽量确保不同地点不会系统地有利于或者有害于假设。这就需要收集有关不同地点的附加信息的描述。

7) 数据收集者特征

在一些研究中，数据收集者的性别、年龄、种族、语言模式等个人特征，都会影响到其所收集的数据的性质，从而影响研究的结果。如果这些特征与研究的变量有关，那么他们就可能为所发现的结果提供一种其他的解释。这就是数据收集者特征（data collector characteristics）的影响。

控制这种影响的主要方法是：确保在整个数据收集过程中使用同一个数据收集者；或者单独分析每个数据收集者的数据；在比较组中确保每个数据收集者被同等地用于所有小组。

8) 数据收集者偏差

数据收集者和评分者有时会无意间以某种方式歪曲数据，最后得出某种对研究假设有利的结果（支持假设）。此种情况称为数据收集者偏差（data collector bias）。

比如，默许某些小组测验更长的时间；访谈者向被访谈者提示、暗示。数据收集者的这些做法显然会造成结果的偏差。

解决该偏差问题常用的措施有：标准化所有研究程序，对数据收集者进行标准化的训练；有目的、有计划地确保数据收集者对研究假设不知情。

9) 测量

测量活动本身是影响内部效度的一个因素。这里的"测量"表示任何形式的研究工具的使用，不仅仅是指"运用量表的测验"。测量对研究结果的影响主要表现在：较长时间的干预研究需要进行前测和后测，前一次测量往往会提高后一次测量的成绩。如果研究者发现后测比前测分数有明显的提高，那么研究者可能得出结论说，这种提高是干预措施造成的。而事实上，这样的结果可以用其他的因素来解释，如后测成绩的提高是由前测造成的。例如，有研究者要考察一本新教材的教学效果的好坏。研究者在使用新教材之前，对学生进行了前测，然后在6周的研究结束时对他们进行了后测。前测中的问题可能会引起学生对所要研究的问题的"警觉、敏感"，从而促使他们更加努力地学习该材料。学生努力水平的提高（而不是新教材）也可以解释测验分数的提高。同时，在前测上的练习本身也是造成后测成绩提高的原因。这就是测量因素的影响，其本质就是练习效应和敏感效应。排除这一因素的办法是，设立无事前测定组控制。

10) 统计回归

统计学上有一个很有趣的现象，就是在进行重复测量时，初测时获得突出分数（极端高或极端低）的被试，在重测时其将得到一个更接近平均数的分数，这种现象就是"统计回归"。在心理与行为科学研究中往往通过事前测量，选择得分突出的被试参加研究，由于统计回归效应的影响，我们无法分清第二次测量的结果的变化是由实验处理造成的还是由统计回归效应造成的。比如，我们可以预测，能力很低的一班学生，将在后测中得到更高的分数，而无论他们接受的干预的效果如何。解决的办法是，把极端分数者分成实验组和对照组。

11）实验处理

在研究过程中，实验处理、测试程序、因素控制和实验安排等，也是影响内部效度的因素。比如，实验组没有按照预定的方式被处理，或者所用的处理方式不是该方法的必不可少的一部分，然而这样的处理却能在某些方面有利于被试。这个就是研究操作或者实验处理的影响。例如，我们要比较研究探索式教学和讲授式教学的教学效果是否有差异，安排实验时要考虑不同教学方式的任课教师的教学能力水平要一致，否则，我们就不能肯定差异的原因来源于教学方式还是来源于教师的能力水平。控制这种可能的影响的方法之一就是尽量保证两种教学方法的任课教师的水平基本一样；另一种方法是同一个教师用不同的教学方法，但是，有一个潜在的因素不好控制，即同一个教师应用不同教学方法的能力可能会不同。此外，还有一种控制的方法是，要求几个不同的教师来应用每一种教学方法，从而减少有利于任何一种方法的机会。

还以教学方式的比较为例，如果一个教师对一种教学方式（如探索性教学）更偏爱，那么，该教师对该方式的偏爱可以解释接受这种方式的学生的优秀成绩。控制这种影响的一种较好的办法是，让所有方式被所有的操作者使用，但必须在事前知道他们对各种方式的偏爱。

实验处理和实验的程序对内部效度的影响集中在以下三个方面：

第一，与实验处理和程序有关的信息扩散到了对照组，使对照组实际上也受到了实验处理的影响；

第二，实验处理的实施包含着其他好处（如获得资助、获得高评价等），产生补偿性等同效应；

第三，由于实验处理而使实验组十分引人注目，或者被试自我炫耀，从而产生补偿性竞争。

以上因素都会影响实验处理的效应，降低内部效度。

为了降低不利因素对内部效度的影响，在实验设计方面，可以用所罗门（Solomon）四组设计，如图 4-3 所示。该种设计通过随机化程序和 4 个不同处理的实验组和对照组，提高实验的内部效度。

实验组1：随机取样→前测→实验处理→后测

控制组1：随机取样→前测→后测

实验组2：随机取样→实验处理→后测

控制组2：随机取样→后测

| | | | | |
|---|---|---|---|---|
| A组 | R | $O_{1A}$ | ×$O_{2A}$ | R：随机化选择被试 |
| B组 | R | $O_{1B}$ | $O_{2B}$ | O：观察和测定 |
| C组 | R | | ×$O_{2C}$ | ×：实验处理 |
| D组 | R | | $O_{2D}$ | |

时间→

图 4-3　所罗门四组设计

总的来说，研究者可以通过以下五项措施来尽力降低影响内部效度的因素的作用：

第一，对研究条件进行标准化。处理实施的方式（特别在干预研究中）、数据收集的方式都要标准化。通过标准化可以控制研究地点、研究工具的使用、被试的态度及操作者等因素的影响。

第二，获得足够多的被试的信息，特别是与研究的变量有关的被试信息。在分析和解释结果时运用这些信息。该方法可以有助于控制被试特征及可能的被试缺失造成的影响。

第三，获得足够的研究细节的信息。比如，研究在哪里和何时进行的？研究时发生了哪些无关的事件？了解这些信息有助于控制地点、研究工具的使用、历史、被试的态度及操作因素等的影响。

第四，选择适当的研究设计。严格、科学、合理的研究设计可以在很大程度上帮助研究者控制那些影响内部效度的因素。

第五，在研究开始之前制订详细的研究计划，可以降低影响内部效度的各种因素中任何一种因素出现的可能性。

（二）外部效度

当研究者希望把特定研究的结论应用到研究中所使用的特定人群以外的人群和环境时，就要考虑能不能推广到其他人群或情景中。科学研究的目的之一就是，研究者希望发现能够应用于不同环境的基本规律和法则，对社会科学而言是希望发现能够应用于多种不同人群的基本规律或法则。这就涉及研究的外部效度问题。

1. 外部效度的定义

外部效度（external validity）是指研究结果能够推广到其他的总体、变量条件、时间和背景中去的程度，即研究结果和实验效果的普遍性或可应用性。外部效度实际上是指一项研究得出的结论、规律或理论换到其他情景、时间和总体中时，它的效果如何，是不是也像在这项研究中一样起作用。如果扩展到其他条件下仍然有效应，说明外部效度好，反之，则认为该研究的外部效度不好。

例如，桑代克通过对小鸡、猫等动物学习技能过程的研究，得出了三个学习律：练习律、效果律、失用律。这些学习律在人类中是否起作用？如果在技能学习中起作用，那么在认知学习中是否还起作用？这些都涉及外部效度问题。最近几年在智力研究领域中十分盛行的重视生态效度的倾向，也是重视外部效度的体现。

詹金斯（Jenkins）提出，可以从四个维度评价外部效度：第一，实验换一个被试人群，也能得到同样的结果吗？第二，用别的实验材料也能得到同样的结果吗？第三，用其他不同类型的测量会得出同样的结果吗？第四，用不同的实验处理和不同的自变量操纵方式也能得到一样的结果吗？[1]

外部效度可以分为总体效度和生态效度。

总体效度是指样本的研究结果能够适用于其所处的总体的程度和能力。如果一项研究只能应用于参与研究的人群，如果这个群体很小而且被定义得很狭窄，那么这项研究结果的应用范围就会十分有限。因此，为了研究结果的可推广、可概化、可一般化，研究的样本必须具有足够的代表性，能够充分地代表其来源的总体。

生态效度是指研究结果能够概括并适用于其他研究条件和情境的程度和能力，特别是研究结果向实际生活推广的可能性。要保证生态效度，关键看特定研究的变量、实验条件、工具、时间、程度等的代表性程度。例如，在人工语法学习、序列学习及复杂系统控制这三大内隐学习研究范式中，复杂系统控制范式尝试模拟出人们在实际问题解决过程中可能出现的内隐学习，因而具有更高的生态效度。

我们看一个对生态效度重视不够的例子。有研究发现，某种针对地图阅读的特定教学方法对几个学校的 6 年级学生的效果可以迁移到普通地图的理解上，研究者因此推荐将此教学方法应用到其他领域，如应用到数学和科学教学中，但他忽略了其中所涉及的内容、材料、技巧、资料、教师经验等方面的差异。

2. 提高外部效度的措施

提高外部效度的目的是使研究结果能够推广到真实的客观世界中去，也就

---

[1] 黄希庭，张志杰．2005．心理学研究方法．北京：高等教育出版社：85．

是说研究的目的是用研究成果来解释、预测和控制人们的心理和行为。但是，心理与行为研究往往是在控制条件下进行的，或者说是在剥离了许多相互联系的研究条件和因素的情况下来做的，这就决定了实验的情景与真实世界还有差距。这就要求研究者采取措施减小这种差距。

1）提高总体效度

我们知道，研究样本的最终目的是了解一定的总体。如果一项研究的样本具有足够的代表性，那么其研究结果对于认识样本所来自的总体具有意义，我们就说该项研究具有总体效度。提高总体效度可以相应地提高外部效度。而提高总体效度的办法是，明确规定研究的总体，并从这一总体中随机抽取样本。

2）对自变量和因变量进行明确的定义并实施精确的测量

研究者要对自变量和因变量做出具体的、明确的、可操作的定义，设计精确的测量方法和手段对自变量和因变量进行测试，保证测量的效度，增强研究结果的稳定性和可重复性，从而提高外部效度。

3）避免参与者对自变量敏感化

所谓对自变量敏感化是指，在研究中参与者由于经历了事前测量，或者通过其他途径如猜测、推断、受到暗示等，从而使参与者关注了研究中的自变量，对事后测量产生敏感化，进而影响研究结果。所以在研究中要尽量避免使用容易产生敏感效应的测量。

4）避免多重实验的干扰

当参与者接受多次实验处理或者同时参加多个实验时，会影响随后研究的效率，降低研究结果的客观性。

5）避免特异性效应的干扰

特异性效应是指，在实验中研究者应用的新方法、特殊的材料和背景，会引起参与者产生新奇感，或者是参与者改变了已习惯了的活动、工作方式和环境，从而产生暂时的新异感（接触性的反应），这样就会影响研究的效度。

6）避免实验者效应

实验者效应是指实验者个人具有的人格特征、动机、态度、情绪等心理因素无意中对参与者造成了影响，从而改变了参与者的行为反应。这当然会影响实验的效度。这就要求研究者在研究过程中应用标准化指示语和实验程序。研究实践证明应用双盲控制效果很好。

7）提高研究情景与实际情境的相似性

不言而喻，研究情景与实际情境越类似，研究结果的可推广性越高；研究中变量的强度与范围与实际情况越接近，研究的外部效度就越高。

### (三) 统计结论效度

一项研究的数据,要经过统计处理来检验假设。统计结论效度是指,通过统计检验后的研究结果是否正确。一项研究的结果可能显著,也可能不显著,而结果显著或者不显著其实是对变量关系的判定。那么,研究者对变量关系的判定正确吗?这就是统计结论效度要解决的问题。

在一项研究中,统计检验后,对研究假设可以采取四种态度:正确接受、错误接受、正确拒绝、错误拒绝。

第一,统计功效低

统计功效也叫统计检验能力,在统计学上定义为不犯Ⅱ型错误的概率($1-\beta$)(有关系却接受 $H_0$)。当样本小而且 $\alpha$ 值定得较低时(如 0.01),犯Ⅱ型错误的概率就增大;如果 $\alpha$ 值定得较高(如 0.05),又容易犯Ⅰ型错误(无关系却拒绝 $H_0$)。这些都会降低统计功效,影响研究的统计结论效度。

第二,违反统计检验的假设

大多数统计检验都要求满足一定的条件或假设,然后才可能对数据分析的结果做出有意义的解释。所以,在采用不同的检验时,应该了解其特定的基本假设并解决有关的问题。例如,对于顺序量表所得到的数据应该用非参数统计方法进行分析;许多统计检验方法要求数据呈正态分布等。进行统计检验时要注意数据的特征和统计方法的要求,提高统计结论效度。

第三,测量信度低

测量信度低意味着多次测量的结果差异大,稳定性差。而低信度的测量又会夸大估计值的标准误。

计算测量的标准误的公式为

$$S_e = S\sqrt{1-r_{xx}^2} \qquad (4-7)$$

式中,$S_e$:测量的标准误;$S$:样本的标准差;$r_{xx}$:测量信度。

可见,信度越低,测量的标准误越大。由于标准误在做出统计差异推论时起着关键性作用,所以测量信度低就降低了统计结论效度。提高测量信度的办法是:用具有高相关项目的较长的测验,或者采用较大的分析单位(如用小组均值代替个人分数)。

第四,实验处理实施的可靠性

由于研究者之间的差异或同一研究者在不同时间采用了不同的方式实施实验处理,使实验处理不够标准化,增大误差变异并降低发现真实差异的可能性,进而降低统计结论效度。办法是提高实验处理实施的标准化程度。

第五,研究背景中随机的无关因素

这里讲的无关因素是指实验处理之外的背景因素对结果的影响。解决办法是：排除无关变异源，促使被试保持注意，降低背景变量的突出性和影响。

第六，被试的随机异质性

被试的异质性是指同一组被试之间对刺激的反应差异太大。例如，有的被试较容易受实验处理的影响，有些不容易受实验处理的影响，这样就会降低统计结论效度，也会影响外部效度。解决办法是：选择相对同质的被试和用被试内设计。

### 五、内部效度、外部效度、统计结论效度和构想效度之间的关系

研究的内部效度、外部效度、统计结论效度和构想效度，是相互影响、相互联系的。统计结论效度实际上是内部效度的特例，都涉及研究本身的因果关系和统计检验的可靠性。构想效度和外部效度的共同点是都涉及结论的概括化和普遍性；构想效度和外部效度的差别是，构想效度所指的目标总体较难具体确定，而后者则往往要求一般化到实际存在的特定总体、背景等条件。

四种研究效度的相对重要性，取决于研究的具体目的和要求。一般地讲，可以在保证研究的内部效度和构想效度的情况下，提高统计结论效度和外部效度。但是同时提高所有研究效度是不可能的，因为从影响效度的因素可以看出，用于提高某一研究效度的措施，可能会降低另一研究效度。研究者应根据研究目的和需要确定几种研究效度的优先顺序。

影响研究效度的因素可以概括为四类：与被试有关的因素；与测量和研究方法有关的因素；研究构思和程序设计因素；实验条件和不同因素的交互作用。

# 第五章　研究的取样

研究的取样是研究工作的一部分，即研究者根据一定的规则从总体中抽取少量的个体进行研究，以便推断总体的基本情况。一车苹果，你想知道它是否好吃，就要拿一个尝一尝（当然，你要征得卖苹果的人的同意），然后决定是否购买。选一个苹果的过程就是取样的过程，尝一尝就是研究的过程。为了断定苹果是否好吃，我们只是品尝了一个苹果，而不是把一车苹果都咬一口，最后得出结论说这车苹果是否好吃。可以看出，取样有个好处，就是不破坏总体。当然，品尝一个苹果并以品尝的结论推断总体，有点冒险，因为这样做有偶然性，即你吃的那一个恰好很好吃或者恰好很难吃。那么，你品尝几个苹果最合适呢？这就是样本大小的问题。

本章介绍取样的几个基本问题，主要包括取样的理论，取样的程序和技术，取样的误差及其影响因素。

## 第一节　取样的理论

### 一、关于取样的几个基本问题

具体讲解之前，先明确几个概念。

#### （一）总体

总体是指研究对象的整体或全体。凡是在某一相同性质上结合起来的许多个别事物的集体，当它成为统计研究对象时，就叫作总体，是一定时空条件范围内研究对象的总和。比如，研究中学生的学习动机，那么所有中学生就是研究的总体。又比如，研究多动症儿童的眼动特点，那么所有多动症儿童就是研究的总体。

总体所包含的个体可能是有限的，也可能是无穷的，可能是真实存在的，也可能是假设的。

（二）样本

样本是从总体中抽取的、对总体具有一定代表性的一部分个体，也称为样组，它是能够代表整体的一定数量的基本观测单位，样本中所包含的个体的数量称为样本容量。我们通常所说的样本是指被试样本，就是通过一定的方法选取的研究被试。除了被试样本，我们还可以选取物种（organism）样本、刺激样本、任务-行为样本等。

物种样本是指根据动物的不同种系、不同发展水平，选取动物被试（即实验动物），经过实验研究探索不同演化水平的动物在某种行为上的共同性和差异性。比如，陈霖等研究发现，人类和蜜蜂均具有分辨不同拓扑结构图形的知觉能力。这样研究者就在高等动物（人类）和低等动物（蜜蜂）之间找到了相同的能力。有人分别用鸽子、猴子和人类研究了记忆过程中的 U 形系列位置效应，发现三种被试都表现出相似的系列位置效应，即对最先呈现（首因效应）和最后呈现（近因效应）的几个项目记忆效果好，而对中间的项目记忆效果不好。U 形系列位置效应的具体表现是：学习完毕立即测验都没有表现出首因效应；学习完毕后的中等时间延迟测验均表现出 U 形曲线，即都有首因效应和近因效应；较长时间延迟后的测验都会表现为近因效应的消失。三种被试的差别表现在：在延迟 10 秒后测验，鸽子的近因效应消失，猴子是 30 秒，人类是 100 秒。

心理与行为科学的研究离不开刺激，我们给予被试一定的刺激，观察和记录被试的行为反应。对于一项实验选取什么作为刺激呢？不同类型的刺激是否会得出相似的结果呢？这就涉及刺激样本问题。我们不妨仿照人类被试样本的定义，尝试给它下一个定义：在研究者定义的刺激总体中，按照一定的标准，选择一定量的、能够代表该总体的刺激，这些被选择的刺激就是刺激样本。如果我们把英文字母、阿拉伯数字和汉语词语分别作为三个刺激总体，那么我们可以分别从这三个总体中抽取我们需要的任意个数的刺激样本。同时，也可以把英文字母、阿拉伯数字和汉语词语放在一起作为一个总体来抽样，组成刺激样本。如果不同的刺激样本得出的研究结果有显著差异，研究者就要思考和排查造成差异的原因，并对所提出的理论进行修正。假如不同的刺激样本所得研究结果很相似，则说明某个原理或者理论适用范围较广，具有一定的普遍性，较为可靠。

有些实验研究已经有标准刺激可以选用，这时就要选用标准刺激，这实际上就是在标准刺激的总体中抽样。这样做的目的是排除可能的混淆因素，避免出现不必要的源于刺激样本的选择不同而造成的可能争论。

杨博民曾经给出了一个产生随机图形的办法，即先在随机数字表上读两个数字作为一个点的坐标，在坐标纸上画一个点，再用同样的方法在随机数字表上顺序读几对数，画几个点，然后将各点用直线连接起来，形成一个封闭的多边形。这些随机产生的图形可用作学习和记忆研究的标准材料。其实，这些多边形材料就是随机产生的刺激样本。

实验条件也可以从总体中抽取样本，这就是实验条件样本。实验条件就是自变量。实验条件样本是指研究中所用的自变量及每一个自变量的取值。自变量增加，自变量的取值增加，可以增强研究结果的普遍性。

对被试的行为反应进行测量，可能存在多种方法，那么研究者选取测量方法的过程就是测量样本取样的过程。有研究者建议，测量方法的选择有几个基本的原则：

第一，运用多种测量方法，避免单一方法；

第二，测量的任务和方法要简明易懂；

第三，选取敏感的指标进行测量；

第四，利用已成熟的常用方法进行测量。

(三) 样本空间

实验（或抽样的）的所有可能的结果组成的集合称为该实验的样本空间（sample space）。样本空间中的元素（即一个样组，而不是一个个体）称为样本点（sample point）。比如，我们从 $n=10$ 的一个有限总体（finite population）中选出 $n=5$ 观察对象的样本。现在我们把总体的各个个体分别标上 a，b，c，d，e，f，g，h，i，j 号码，一次抽取 5 个个体作为一个样本，有多少个结果（可能性）呢？你可以算一算。所有这些结果的和就是样本空间。

实验的每个可能的结果都必须对应一个，而且仅对应一个样本点。除了想知道实验有多少个可能的结果之外，我们还希望能够合理地赋予每个样本点或结果一个数值 $P$，这数值 $P$ 给出了与这个样本点相联系的概率。只有当赋予每个样本点的值 $P$ 满足下列公理时，才能称 $P$ 为样本点的概率：

(1) 赋予每个样本点的 $P$ 值必须大于或等于零，且小于或等于 1，即 $0 \leqslant P \leqslant 1$；

(2) 赋予所有样本点的 $P$ 值之和必须等于 1，即必须有 $\sum P = 1$；

(3) 若 $E_1$，$E_2$，…，$E_n$ 是定义在样本空间内的几个子集，而且这 $n$ 个子集是互不相容和完全的，那么就有

$$P(E_1)+P(E_2)+P(E_3)+\cdots+P(E_n)=1$$

(四) 取样

取样是指遵循一定的规则，从一个整体中抽取有代表性的一定数量的个体的过程。其目的是，通过对样本的研究得到关于相应总体的信息及一般性结论，从样本的特征推断总体，从而对相应的研究得出结论。

取样首先是对被试取样，但是除了被试之外，还要对研究中的刺激、实验条件、测量等进行取样。这样，取样就涉及不同的取样对象。比如，上面讲的中学生和多动症儿童是研究的被试，这类取样针对的是选取被试，因此称为被试取样。另一类取样涉及情境与问题，这就是情境与问题取样。事实上，情境与问题的适当取样比被试的取样更为重要，因为一般而言，被试个体之间的差异性没有情境的差异性大，或者我们反过来表达就是，被试个体之间的类似性要大于问题和情境之间的类似性。

对每一项研究来说，都要考虑被试、刺激、实验条件和测量四个方面的取样。取样不当就会影响研究结果的普遍性，即可推广性，更确切地说就是外部效度。

## 二、取样的意义

心理与行为科学的研究课题都是针对特定的总体进行的，显而易见，我们不可能对总体的每个个体都进行研究，因此，科学合理的取样就显得十分重要。在科学研究中，运用取样理论，抽取具有充分代表性的小样本，即可获得反映总体特征（如年龄、性别、职业、文化程度等的分布特征）的可靠资料和数据。

我们知道，研究的外部效度非常重要，它决定了样本研究的结果是否能够推广到某个总体中去，代表性好的样本的被试特征反映了你想推广的总体的特征，因此，样本具有代表性非常重要。

取样的优点主要包括：

第一，可以节省人力、物力、财力和时间，提高研究的效率。

第二，可以使研究的结果更为准确、有效和可靠。如果采用"全员调查"，由于参与调查活动的人员数量巨大，需要大规模的数据处理，这样容易导致操作性的误差和数据加工方面的差误急剧增加，从而大大降低研究的准确性、可靠性。

第三，取样还可以减少损耗，保护总体。在心理与行为科学研究中，特别

需要防止测量和实验处理的污染。例如，智力测验、态度调查或新异的实验处理等，都可能使被试产生"敏感反应"（练习效应），影响进一步的测试。解决的办法之一是，选择若干个相似样本，分别接受测量或处理。

第四，取样是科学研究的重要组成部分，它直接关系到研究的效度，特别是外部效度。缺乏代表性的样本所得到的结果的应用范围很小，即缺乏普遍意义。取样有缺陷的研究也难以重复和验证。

### 三、选取样本的基本要求

（一）明确规定总体

取样的第一步是明确规定总体。研究目的和客体的性质决定了总体的范围和内涵。例如，"大学生学习现状调查与学习指导的研究"，总体就是全国所有的大学生；"某市弱智儿童智能特点的研究"，总体就是某市所有的弱智儿童；"5～7岁儿童类比推理能力研究"，5～7岁儿童就是总体。从某总体抽取的样本，经过研究获得的结果只能推广到这一总体中去。

（二）取样的随机化

取样的随机化是指总体中每一个个体都有被选中的同等概率，即有同等的机会。取样时要尽量使每一个被抽取的个体具有均等的机会，也就是说，被抽取的任何个体与个体之间是彼此独立的，在选择上没有联系，保持样本与总体有相同的结构。

与取样随机化密切联系的是取样的置换性。取样置换（sampling replacement）是指在取样过程中已取样的样本成分是否返回总体继续参加取样。

取样置换可以分为两类：置换取样和非置换取样。当所抽取的样本成分在抽取后继续返回总体参加进一步抽取时，称为置换取样；当已抽取出的样本成分不再返回总体参加下一步取样时，称为非置换取样。

假如某一研究需要对1000名儿童的总体取样。如果采用随机取样，每名儿童被抽取的机会为1/1000。但是，如果考虑到取样的置换性，取样结果就会发生很大改变。如果在选取一名儿童以后，把这名儿童又交还总体，那么抽取第2名儿童的机会仍然是1/1000。但是，如果在选取第一名儿童以后，并不交还总体，那么剩下的儿童被抽取的机会就会增大。因此，取样的置换性会在很大程度上影响到样本的特征，并使从样本估算的总体参数的准确性下降。但也有一些研究表明，非置换取样避免了在样本中出现重复选择的成分，因而比置换取样能更准确地估算样本指标。

### (三) 样本的代表性

所谓代表性，是指选取的样本能够代表总体的特征。只有样本具有代表性，由样本特征推断的总体特征才有一般性、普遍性，研究结果才有推广的价值。

取样的代表性如果不够，即取样有偏差，将导致研究结论无效。例如，1936年美国全国新闻杂志联合会就总统候选人进行选民民意测验，取样对象是在各交通处登记备案的汽车主人和各城市的电话用户两类人。正式开票结果是罗斯福当选，民意测验结果失误。分析其原因，取样时将多数没有汽车、电话的选民排除在调查对象之外了。有人研究某大学学生的课余休闲和爱好，利用自习时间到图书馆发放问卷，问卷回收率达90％以上，结论是，65％的大学生晚上都是在图书馆度过的。这一结论由于取样的偏差而带来误差。

### (四) 合理的样本容量

样本的容量是指样本包含的个体数目。确定样本的容量就是确定样本的大小。确定合理的样本容量要考虑以下几个方面的因素：

(1) 研究的不同类型；
(2) 预定分析的精确程度；
(3) 允许误差的大小；
(4) 总体的同质性；
(5) 研究者的时间、人力和物力；
(6) 取样的方法。

在研究中，如果要求的精度高，允许的误差值小，总体的异质性很大，许多控制因素会混淆研究的结果，当研究的因变量在测量上的信度较低时，就要考虑使用较大的样本。

当然，大小是相对的概念。根据理论上的要求和研究的实际经验，提出不同研究的样本容量，以供参考：

描述研究和调查研究：总体的10％。样本容量一般不少于100。

相关研究和比较研究：每组至少30。

实验研究：条件控制较严格的研究每组15，条件控制不太严格的研究每组不少于30。

必须指出，并不是样本越大越好，同时要避免取样的偏见。取样偏见来自研究者的失误：一是志愿者的使用；二是近便组（available）的使用。这些要在研究报告中写明。

## 第二节 取样的程序和技术

### 一、取样的一般程序

在实际研究中,取样过程包括四方面的工作:规定总体,对总体做出明确的定义;确定样本容量;采用适当的取样方法选取样本;统计推论,根据样本的统计数据估算出总体的有关参数。

### 二、取样的技术

取样技术分为概率取样和非概率取样[①]。

(一)概率取样技术

在概率取样中,每名被试或元素被包括在样本中的概率已知。概率取样使研究者更自信样本有效地代表了研究者感兴趣的总体。因为概率取样利用某种形式随机性地选取被试。常用的概率取样技术有以下四种。

1. 简单随机取样法

简单随机取样(simple randomsampling)法是指在取样过程中,使每一个个体被抽选的机会都均等的方法,简称随机取样。运用随机取样法所选取的样本称为"随机样本"。在简单随机取样中,不会造成具有某些特征的人比没有这些特征的人被选中的概率高的偏差。

随机取样的具体方式:

(1)抽彩法。要求研究者有一份总体中所有成员的列表,这称作取样框架,研究者可以从中随机选取。假如我们需要从5000名初中生中选取200人的随机样本,你可以制作写有5000名初中生学号的小卡片,并放入容器充分混合,然后随机抽取200张卡片,以此作为随机样本。此法的关键是保证卡片要充分混合,但要做到这一点并不容易,因此这种方法在实际研究中用得并不多。

(2)随机表取样法。运用严格制作的随机数字表或者利用随机数发生器随机选取被试,研究者可以随意地"进入"含总体数目的随机数字区,选取所需要的样本数目。随机数字表和随机数发生器在互联网上可以很方便地找到。

在研究者对所研究的总体中各类个体的比例不了解的情况下,简单随机取

---

[①] 詹妮弗·埃文斯. 2010. 心理学研究要义. 苏彦捷等译. 重庆:重庆大学出版社:62.

样法是最好的方法。但如果样本比较小，此法就易发生偏差。例如，从 1000 名大学生中抽取 20 名大学生，就有可能抽到的全是男性学生。为了避免这种偏差就要增加样本容量，或者采取其他的抽样方法，如分层随机取样法。

2. 分层随机取样法

分层随机取样法（stratified random sampling）是在把总体分成若干层次或子总体以后，随机地从每一层次抽样。这里的层次是指不同类型的个体。运用分层随机取样法选样前要先了解总体中各个层次所占的比例。

运用这种方法具有三方面的优势：一是确保样本具有更充分的代表性；二是对参数估计得更准确，因为分层随机取样的误差只出现在"层次内"，很少发生在"层次间"，分层随机取样使得每一层次内变异程度减小，取样误差也随之减少，从而使参数估计更准确；三是取样更为灵活，分层随机取样使得研究者可以对各层次采取不同的抽取方式和比例，使取样更加灵活。

分层随机取样有以下两种形式。

1）比例分层取样

按每一层次个体在总体中所占比例，决定该层次个体在样本中的数目。

例如，在 40 000 人的学生总体中选取 1000 人的样本，要先确定整体的层次及每一层次的人数；然后求出每一层次人数与总体人数的比例，以此作为抽样的系数；用样本容量值乘以各层系数，算出各层抽样的个体数。如表 5-1 所示。

表 5-1 比例分层取样实例

| 总体和样本的特征 | 大学一年级 | 大学二年级 | 大学三年级 | 大学四年级 | 总数 |
|---|---|---|---|---|---|
| 总体中每一层的人数 | 10 000 | 10 000 | 10 000 | 10 000 | 40 000 |
| 各层人数与总体人数的比例 | 0.25 | 0.25 | 0.25 | 0.25 | 1.00 |
| 每层次中应选取的人数 | 250 (10 000×0.25) | 250 (10 000×0.25) | 250 (10 000×0.25) | 250 (10 000×0.25) | 1000 |

2）非比例分层取样

根据研究者的兴趣和侧重程度不同，确定总体中不同层次抽样的数目。

3. 系统随机取样法

系统随机取样法（systematic random sampling）是从总体中取一随机起点，从该起点开始选取个体，然后每隔 $K$ 项元素（个体、分数等）取一个，直至取满样本容量为止。

$K$ 值是根据样本容量与总体量的比值来确定的。例如，在 6000 人中选取 750 人的样本，样本与总体之比为 1/8，在系统取样时，就从随机起点开始分别选取第 8 名、第 16 名……直到选择到 750 人为止。

系统随机取样法在总体中有系统地抽取样本，使样本更准确，同时也比简单随机取样更简便易行。但系统抽样时可能会存在一个危险，而这一点又常常会被忽视，即如果总体中存在周期性波动和变化，所得样本就容易出现系统性偏差。

4. 整群随机取样法

整群随机取样法是先把总体分成若干群类，然后在各群类内进行取样。整群随机取样的要点是：使群类之间尽可能同质。当收集一份感兴趣总体的完整列表超出了研究者的能力，但有可能得到一份组成总体的群体或整群的完整列表时，就是用整群随机取样法。

（二）非概率取样技术

质的研究往往采用小样本，对它们进行深入研究；定量研究常常使用大样本，更关注统计显著性。而质的研究选取样本的方法也往往是非概率取样。非概率取样技术是指取样过程不考虑随机性原则，如目的性取样就是如此。有时，受研究条件特别是伦理条件限制，研究者也会运用非概率取样法。非概率取样技术包括以下几个类型。

1. 目的取样

目的取样是指研究者根据自己的研究目的进行取样。例如，你通常有一个或多个你想要探索的预先定义明确的群体，当你需要迅速得到一个目标样本时，就用目的取样技术。这时，样本的代表性及样本在总体中的比例等问题不是你关注的主要问题。

2. 理论取样

随着研究的进行，你找出了感兴趣的特征，接着你就招募具有这些特征的被试，比如，你可以通过访谈获得可以利用的数据。在你同时进行数据收集和数据分析时，你要力求避免被很可能得不到什么新东西的大量泛泛而无焦点的数据所压倒。这种累积过程称为理论取样。

3. 方便取样

一般来说，心理学专业的本科生和低年级研究生为了练习的目的会利用招募等非随机的方式得到研究的被试，这就是方便取样。

4. 配额取样

配额取样是指研究者根据某些固定的配额非随机地选取被试，包括比例的和非比例的两种配额取样。在比例配额取样中，研究者希望通过抽取一定比例的个体，代表总体的主要特征。比如，一个整体中男女比例是4：6，如果你要抽取一个100人的样本，就要保证男性40人，女性60人，这个比例恰好与总体中男女比例一致。这里的关键是你要根据研究的问题决定配额基于的具体特征。

非比例配额取样是指，研究者规定了在每个类别中想要抽取的单元的最小数量。这里研究者不关心数量是否与总体的比例匹配，只是想要有足够的数量。该方法相当于分层随机取样的非概率版本，它通常用于确保较小的群体在你的样本中得到充分代表。

5. 雪球取样

这种取样是指，首先找到一些符合你的既定标准的个体，你要求他们推荐他们认识的其他满足标准的人。虽然这样的被试不可能具有多大的代表性，但是有时候你不得不用它。比如，当你很难接近或者很难找到某个人群时，这种方法就很管用。想一想，你要找到吸毒者（不是在强制戒毒所里的）和同性恋者或者其他具有隐秘性特征的特殊人群，并设法使他们同意参与你的研究，那是多么难的事情啊。

## 第三节　取样的误差及其影响因素

### 一、取样的误差

取样的误差是指由随机因素和非随机因素造成的多个样本的统计值之间的差别。我们知道，心理与行为科学研究往往要从样本得出的统计值来估算总体的参数，即推断总体的特征。取样误差越大，推断越不准确。这里有一个问题，即假如我们对一个已知总体进行多次抽样，是否可以保证每一次抽取的样本的统计值都相等？答案是几乎不可能相等。显然，抽样的误差是客观存在的，我们只能想办法减少误差，要彻底消除误差，无法做到。

在实际研究过程中，既然彻底避免取样误差是不可能的，那么我们就要设法尽可能减少取样误差，并使之减少到研究所允许的范围内。

（一）样本均值的分布

首先明确几个统计概念。

参数（parameter）：指总体的量化特征。例如，某个总体的均值、标准差、总体包含的个体的数目等称为参数。

统计值（statistics）：指样本的特征。例如，某个样本的均值、标准差、样本分数的数目等称为统计值。

统计学中参数和统计值用不同的符号表示：

$N$：总体或总体分数的数目　　$n$：样本分数的数目

$\mu$：总体均值　　$M$：样本均值
$\sigma$：总体标准差　　$S$ 或 SD：样本标准差
$\sigma^2$：总体方差　　$S^2$：样本方差

样本均值的分布（distribution of sample means）是指从同一总体（如10 000个考试分数，分数范围为1~100）中抽取一定数目的样本（如抽出960个样本，每个样本的容量为10个分数），得出相应数目的样本均值（如960个均值），均值的数值大小可能差别很大，换句话说，这表明样本均数的分布范围较大。

（二）样本均值的标准误

样本均值的标准误是指样本均值分布的标准差，也称为取样误差。样本均值的标准误表示样本统计值与整个总体结果的差异。我们知道，一组数据的标准差表示分数对其平均值的离散程度，而标准误是指样本均值对总体均值的离散程度。

样本均值标准误代表了样本均值分布的变异程度，标准误越大，说明样本均值的变异越大；标准误越小，说明样本均值的变异越小，也说明样本均值越接近总体均值。当然，在研究中我们希望标准误越小越好。

如果用 $\sigma_x$ 表示样本均值的标准误，$\sigma$ 表示总体标准差；$n$ 为样本分数的数目，那么我们就有

$$\sigma_x = \frac{\sigma}{\sqrt{n}} \quad (5\text{-}1)$$

在研究工作中，很多时候遇到的总体很大或者总体是无限的，其总体参数就是未知的。按照统计学的原理，在基本变量为正态分布的总体中随机抽取容量为 $n$ 的无限个样本，样本平均数的平均数将等于总体的平均数，样本平均数的标准误与总体标准差成正比，与样本容量的平方根成反比。这就是式(5-1)的来历。

实际研究中很难获得总体标准差，我们可以用样本标准差作为估计值。那么，我们就得到样本均值标准误：

$$S_X = \frac{S}{\sqrt{n}} \quad (5\text{-}2)$$

式中，$S_X$ 是样本均值的标准误，$S$ 是样本标准差，$n$ 为样本容量。

从样本均值标准误的公式可以看出，随着样本（$n$）的增大，均值的标准误将减小。

当研究中所用样本为小样本时，用 $n-1$ 代替公式中的 $n$。

如果要计算比例的标准误（standard error of the proportion），就用下面的公式计算：

$$S_P = \sqrt{\frac{P(1-P)}{n}} \qquad (5-3)$$

式中，$S_P$是比例的标准误，$n$为样本的容量，$\sqrt{P(1-P)}$为比例的标准差。

例如，从某100人的样本测得对某个观点持赞同态度者的比例为0.75，则比例的标准误为

$$S_P = \sqrt{\frac{0.75 \times (1-0.75)}{100}} = \sqrt{\frac{0.75 \times 0.25}{100}} = 0.043$$

## 二、确定样本大小

在同样条件下，样本容量越大，取样误差越小，所得结论越可靠。但是，一项研究所用的样本究竟多大为好呢？有人主张样本越大越好。方法论的研究表明，当样本大到一定规模以后，再扩大样本规模对提高研究准确性的作用就显著下降，因为样本太大，就会增加工作量，增加人、财、物的研究成本；同时，当样本太大时，容易引起统计上的某种敏感效应，增大统计决策错误（如Ⅰ型错误）的可能性。因此，许多研究者不主张用过大的样本。

均值的标准误与样本大小存在以下关系：在足够大的样本条件下，可以在一定精确度范围内估算总体的均值。这就是说，可以以$\sigma$为单位表示所要求的精确度，这样就能够推算出我们在研究中所需的样本大小[①]。

例如，为了使样本均值$M$有99%的可能落入总体均值$\mu$的$0.1\sigma$的范围内，应该用多大的样本呢？即（$|M-\mu| \leqslant 0.1\sigma$）的概率=0.99。

我们假定样本分布是近似正态的，即99%的置信区间在$M-0.1\sigma$和$M+0.1\sigma$范围内，因此，$0.1\sigma = 2.58\sigma_M$。

当样本较大（$n \geqslant 30$）时，可以用$\sigma/\sqrt{n}$代表$\sigma_M$。因此，$0.1\sigma = 2.58\sigma/\sqrt{n}$，所以，$\sqrt{n} = 25.8$，$n = 665.64$。可见，需要666个个体或观察值的样本，才能保证样本均值超出$0.1\sigma$的概率只有1%。

样本大小的确定受到多种因素的制约。

1. 研究的目的、经费、时间、精力和其他成本

研究中选取样本的大小要与研究者准备耗用的时间、人力、物力、财力等相适应。例如，访谈研究往往比问卷研究需要更多的时间、精力和费用，因此常常只能选取较小的样本。

---

[①] 王重鸣．1990．心理学研究方法．北京：人民教育出版社：85．

2. 研究总体的大小和同质性

研究的总体越大，研究需要的样本也越大；在其他条件相同的情况下，研究总体的同质性越好，同样大小的样本其代表性越好，就越有条件选用小样本；总体越是异质，越需大样本。

3. 研究的取样方法

样本的大小会受到取样方法的影响。取样方法不同，用来计算样本大小的公式也会有所不同。在选定取样方法后，要分别计算这一方法所需的样本的大小。

4. 研究允许的最大误差和推论犯错误的概率

取样误差反映的误差的平均值，是衡量误差大小的尺度。而允许误差不同于取样误差，允许误差是指用一定的概率水平以保证取样误差不超过允许范围。那么，这里讲的"一定的概率水平"就是置信度，即取样误差落在允许范围内的可能性大小。其实，统计学已将对应于各概率水平的 $Z$ 值和 $F$ 值计算了出来，编制了标准正态分布概率表，研究者可以很方便地查用。

# 第六章　数据的收集：实验法

实验法涉及自变量和因变量的选择、额外变量的控制等问题。实验法是心理学研究常用的方法。掌握实验法的基本理论和设计，理解心理学实验研究的基本精神，对心理学专业的本科生来说是非常重要的。

## 第一节　实验法概述

### 一、几个基本概念

（一）观察

在普通心理学中已经学过观察的概念，即观察是有目的的、有计划的、系统的知觉活动。观察作为科学研究的方法，可以定义为：在自然情况下（即在被试的生活、学习、交往的实际背景中），观察和记录被试的行为表现，从中发现规律的方法。观察法也叫自然观察法。

（二）实验法

在控制条件下的观察称为实验。实验可以分为真实验、准实验和非实验，也分为实验室实验和自然实验。

实验法是在研究者主动控制条件下对事物的观察，它能对观察对象做出因果性的说明。实验法有以下一些特点。

第一，实验者总是带着特定的目的去进行实验。这样他至少知道他将要观察行为的哪些方面，什么时候去观察它们。也就是说，实验者规定了他将要研究的事物。

第二，实验者设置的实验条件为它的观察创造了最好的条件，他可以在有充分准备时开始实验。这样，通过控制某事件的发生，可以使其重复产生，以便确信某种现象是否前后一致。

第三，实验者设定了明确的实验条件，别人就可以重复实验，对他的结果做独立的检验。

第四，实验者可以控制一切条件，使之恒定，只改变某一条件，看实验结果是否就是这个条件引起的。

### （三）心理与行为科学实验

心理与行为科学实验要求额外变量保持恒定，而仅仅操纵自变量去影响因变量，并且它还设定了一个虚无假设（a null hypothesis）：因变量的平均值在不同的实验条件下没有显著差异。如果所获得的实验数据拒绝虚无假设，那么实验者就得到一个可靠结论，即因变量是明显受自变量影响的。

心理与行为科学实验的框架包括两部分：一是实验设计，即怎样操纵自变量去影响因变量；二是数据分析，即对虚无假设进行显著性检验的问题。

### （四）主试和被试

主试就是实验者，即主持实验的人，他发出刺激给被试，通过实验收集被试的心理与行为资料。被试就是实验对象，接受主试发出的刺激并做出反应。人与动物都可以作为被试。在当代心理与行为科学文献中，作者多用"参与者"取代"被试"的称谓。

### （五）自变量

自变量即刺激变量，它是由主试选择、控制的变量，它决定着行为或心理的变化。当自变量的水平（数量）有了变化并导致行为的变化时，我们就说行为是处在自变量的控制之下的，或者说自变量是有效的。

### （六）因变量

因变量就是被试的反应变量，它是自变量造成的结果，是主试观察或测量的行为变量。

### （七）额外变量或自变量的混淆

额外变量即在实验中应该保持恒定的变量，也叫控制变量；如果应该控制的变量没有控制好，那么就会造成因变量的变化。此时，研究者所选定的自变量与一些未控制好的因素共同造成了因变量的变化，这叫自变量的混淆。因此，额外变量就是潜在的自变量。

## 二、实验法的种类

按照实验中对变量控制的程度不同，实验可分为两类：实验室实验和自然实验。自然实验也称为现场实验（field experiment）。

实验室实验法通常是在实验室内，借助各种仪器设备，严格控制实验条件，主动创造条件，引起一定的行为反应，以期发现其因果关系。这种方法称为实验室实验法。自然实验法是在日常生活中，在自然情境下，适当控制条件而进行研究的方法。

还有一种分法，可分为真实验、准实验和非实验。真实验设计是指实验者可以有效地操纵和控制实验变量，能随机地选择和分配被试，实验结果能够比较客观地反映实验处理的作用。准实验设计是介于非实验设计和真实验设计之间的一种实验设计。它对无关变量的控制比非实验设计要严格，但不如真实验设计对无关变量控制得充分和广泛。通常准实验设计不易对被试进行随机取样。总的说来，准实验设计在三点上不同于真实验设计：①有时对自变量（如被试特点的自变量）无法有意识地操纵；②不能严格地控制无关变量；③无法按照随机取样原则抽取被试，也没有随机地把被试分配到各种实验处理中。

## 三、实验研究中的逻辑与因果关系

科学实验的目的是要探明"什么引起了什么"，即探明事物之间的因果关系。在心理与行为科学的研究中，因果研究是最高水平的研究。

（一）判断有效因果关系的三个标准

科学家如何得出结论说一些事情影响另一些事情？一件事造成了另一件事的发生？例如，心理学家说"重复加深了信念""挫折导致攻击"，这些结论是怎么得出的？

判断因果关系是否存在有三个标准：共变、时间顺序和内部效度。

首先，我们来寻找证据证明自变量 $X$ 与因变量 $Y$ 相互之间有关系（或共变），也就是说，$X$（假设的原因）的出现和消失与 $Y$（假设的结果）的出现和消失是否确实相关。当 $X$ 和 $Y$ 表现出令人满意的相关，我们就有了共变的证据。什么是令人满意的相关呢？就是通过显著性检验证明相关系数显著的相关。

其次，我们要寻找只有 $X$ 发生之后 $Y$ 才发生的证据（时间顺序），换句话说，是否有明确的证据来支持这一假设，即假想的原因的确发生在假想的结果之前。在相关研究中，我们是在回溯中寻找这一证据，所以要找到时间顺序上无可辩驳的证据是困难的。从逻辑推理上来说，即使是追溯，$X$ 实际上一定出

现在 $Y$ 之前。假设我们已经找到了性别与身高之间令人满意的共变证据,并想强调哪一个是自变量,哪一个是因变量,常识告诉我们更可能是性别决定高度,而不是高度决定性别。因为性别是一个人出生时就具有的生物学特征。

最后,我们要从逻辑上和证据上来排除 $X$、$Y$ 关系的其他解释,换句话说,就是要排除那些似乎合理的能推翻已有因果解释的假设(如寻找内部效度)。实际上,人类并不能洞察一切,这限制了我们努力所能取得的成功,我们实际上并不能找出所有似乎可能的对立假设,因为我们不能看到未来的尽头。然而,一些方法学家列出了一些影响各种效度的因素,这些因素就是我们在分析研究结果时要考虑的、建立某种因果关系需要排除的因素。

关键的问题是,科学家即使按照这三个标准来确定因果关系,还是不能做到万无一失,换句话说,因果推断总是有某些程度的不确定性。我们所用的方法都有一定的局限性,因此我们必须使用多种方法来研究同一个问题。实际上,科学总是存在某种程度的不确定性,因为在许多情况下因果推断都是有难度的。

(二)因果推断的不确定性

为了阐明这个问题,假设我们发现了一种奇怪的疾病的暴发,并想从因果关系上对其进行解释。开始的时候,我们会访问一些或全部的患者,试图发现他们所共有的事件(寻找一个事件与这一病症共变的线索)。通过访问,发现他们都吃了一种新的处方药,但这种药的一部分效果并不确定,我们现存开始怀疑那种药可能是这一病症的原因,至少在一部分人身上是的。我们能够容易地证实我们的怀疑,通过取一些被试样本并随机给他们中的一半那种被怀疑的药,这个过程使我们对这两组被试进行对比并看出吃这种药的人是不是更可能产生这个病症。但是,这种实验研究的道德代价将非常高,因此我们不能让人们吃这种已经有足够理由证明是对身体有害的药。

那么,实际一点的做法是我们来对比两类患者:一类是医生给他们开了这种药的患者;一类是医生没有给他们开这种药的患者。如果只有这些吃了这种药的患者出现这种病症,那么就可推断这种药与这种病症有重大的关联。但是这个因果关系还是不能建立,因为被给药的这些患者在许多方面不同于没给药的这些患者,那可能不是这种药,而是一种未知的与这种药相关的东西是原因变量。

另外,从剂量的大小与结果变量的相关考虑,很可能在被给药的这些患者中间,一些患者被给的剂量大一些,而另一些患者被给的剂量小一些。如果结果表明服用剂量大的患者的症状更严重一些,这个证据是否表明了因果关系呢?像我们上面所提到的,我们仍不能确定症状更严重是由大剂量的药引起的药物,因为这些服用大剂量药物的患者一开始就有较严重的病。在这种情况下，可能是因为患者自身的严重病情，而不是因为大剂量的药物引起了较严重的症状。

证明时间顺序，我们需要表明吃药先于病症。除非我们的医疗记录的时间足够长，否则，我们不能说病症发生在吃药之后。共变要求我们表明药物与病症是相关的，即使我们能够表明吃药与神秘的病症有联系，还存在有争论的地方。吃这种药的人已处于痛苦状态，这么看，那不是药或者不仅仅是药与病症有关。如果处于痛苦状态的被试是唯一吃这种药的人，那么就可以这样解释，观察到的关系是建立在自我选择的基础之上的，也就是被试是自我选择地进入到处理组的。这样被试的痛苦决定了他们成为这样一种实验处理组的成员。

尽管在这个例子中很难得出一个清晰的因果推断。即使吃了新药的人更可能表现出病症，即使这些服药剂量大的人表现出更多的病症，即使吃这种新药时间长的人表现出更多的病症，我们还是不情愿地说，这种药不是病症的原因。即使我们不愿说这种药确定就是病症的根源，但至少基于以上证据，我们可以谨慎地表示，这种药"好像是"病症的原因。

### （三）米尔法和实验控制的逻辑原理

如果不是因为这麻烦的道德问题，通过一个简单的随机设计，把药物给予实验组的被试而不给控制组的被试，研究者就可以对被试痛苦发生的比率进行比较。这种控制体现了一定的"逻辑方法"，这种方法曾被19世纪英国哲学家米尔（John Stuart Mill）所推广，后被称作米尔法。一致性和差别性为所有基于简单随机设计的实验提供了因果推断的逻辑基础。

首先，一致性方法表述为"如果 $X$，那么 $Y$"，$X$ 代表假设的原因，$Y$ 代表假设的结果。这一表述的意思是，如果在两个以上的例子中，只有当 $X$ 出现在每一种情况下，$Y$ 才会发生，那么 $X$ 是 $Y$ 的充分条件。称 $X$ 是充分条件是指它足够能引起结果 $Y$。还可以陈述为，当充分原因出现时，结果才会出现。当有几个条件时，可以分别命名为 $X_1$、$X_2$、$X_3$。

其次，差别性方法表述为"如果没有 $X$，那就没有 $Y$"。意指当假设的原因 $X$ 不存在的话，假设的结果 $Y$ 也不会发生。那么，$X$ 是 $Y$ 的必要条件，称 $X$ 是必要条件是指它是不可缺少的，对结果的产生来说，$X$ 是完全必要的。换句话说，当必要的原因出现时，结果才可能出现。

为了进一步说明这个问题，我们来举个镇静剂的例子。$X$ 代表镇静剂，$Y$ 代表被试焦虑水平的变化。我们给一组自诉焦虑的被试一定剂量的 $X$，之后测量表明焦虑减轻。我们从这一前后观察中是否可以得出镇静剂引起了焦虑减轻的结论呢？还不能，因为即使我们重复发现只要给了 $X$ 焦虑就减轻，只能说 $X$

是 $Y$ 的充分条件，现在我们需要的是一个可以与第一组的反应相比较的控制组。我们不给控制组的被试 $X$，如果这些被试没有表现出焦虑减轻，我们说 $X$ 是 $Y$ 的必要条件，我们用表 6-1 来准确地表示米尔法。

表 6-1 实验控制的逻辑原理

| 实验组 | 控制组 |
| --- | --- |
| 如果 $X$，那么 $Y$ | 如果没有 $X$，那么就没有 $Y$ |

现在我们能得出吃药引起焦虑减轻的结论吗？是的，吃药这件事不仅仅意味着使化学成分进入血管中，它还意味着以下几件事情：①给被试一片药并让其服用；②被试注意到自己被给了药；③被试认为相关的医疗措施已采取；④药理成分进入到了被试的血液系统。

通常检验一种药物时，研究人员只关注药物积极成分的身体反应，而不关心被试是否认为他们已经得到了帮助，所以才感觉良好（暗示的力量）。但是，如果研究人员知道了暗示力量的存在，他们是如何将药物成分的作用与"已经吃药"的暗示、被试期望的作用和可能是 $Y$ 的充分条件的其他心理变量的作用区分开来的呢？我们可以通过采用一个不同的控制组（额外的控制组）来解决该问题。这次我们不使用零控制组（即不给被试任何东西）。而是设立一个安慰剂组，即给控制组被试一些成分有别于药物的东西（如糖片控制组）。一般的发现证实了安慰剂是有效的，甚至像实验组所使用的价格不菲的药物一样有效。

在这项研究中，我们使用不给药的控制组，即零控制组和接受安慰剂的控制组。假设要进行组别的选择，我们如何决定？使用什么样的设计？如果有两个组，这两组应该在除了我们感兴趣的因素之外尽可能相似。如果被比较的组除了我们感兴趣的因素之外在其他一些因素上也不同，那么这些因素的影响将会与我们感兴趣的因素相混淆。在选择一个设计时，研究者总是试图在分离感兴趣的因素的同时，控制潜在的混合效应。

（四）澄清研究者感兴趣的变量

假设我们对教给孩子们正确拼写的规则是否会提高他们的拼写能力感兴趣，我们可以设计这样一个实验：先使孩子们拼写一组同等难度的词并进行前测，然后随机将孩子们分为两组，一组给予实验处理，即教给拼写规则，称为实验组，另一组不教拼写规则，称为控制组，之后再用同等难度的词进行测验。然而，问题出现了，对实验组的前测可能使被试对实验处理产生敏感性，这被称为前测敏感性，从而产生不真实的结果，也就是说，参加过前测的被试比没有参加前测的要表现得好些或坏些，这就是前测—处理的交互影响。

在进行实验处理之前，我们想了解一下这些被试对这些单词的掌握程度如何，但是又不想对被试进行前测，即不使被试产生敏感性。这时，我们就首先随机分配一些被试组成一个组，这一组被试接受前测，但不给予其实验处理。用这一组被试的测试成绩来估计另一些没有参加前测的被试（包括实验组和控制组）的成绩。然后我们用实验组和控制组的被试来检验教给孩子们正确拼写的规则是否会提高他们的拼写能力。

（五）所罗门四组设计

有许多可能的因素设计，但所罗门（Solomon）四组设计给我们提供了一个在随机实验中澄清不同影响的基本逻辑原理。

四组设计用图 6-1 来表示，模型中"X"代表实验处理，"O"代表观察或测验，同时我们用 R（随机化）来表示样本单元被随机分配到不同的被试组中，如：

组 I    R    O    X    O
组 II   R         X    O
组 III  R    O         O
组 IV   R              O

图 6-1  所罗门四组设计示意图

表 6-2 呈现了一个 2×2 的所罗门设计，我们将用这一典型事例阐明这一原理。随机将被试分配到四个组，组 I 接受前测、实验处理和后测，组 II 接受与组 I 一样的实验处理和后测，但没有前测，组 III 接受前测、后测，但不接受实验处理，组 IV 只接受后测。

表 6-2  所罗门四组设计

| 实验处理 | 前测 | |
| --- | --- | --- |
|  | 有 | 无 |
| 有 | 组 I | 组 II |
| 无 | 组 III | 组 IV |

首先，我们将用组 I 和组 III（前测组）来估计组 II 和组 IV（非前测组）的处理前表现，换句话说，尽管没有对组 II 和组 IV 进行前测，我们仍能对这两组的前测平均分数做一个很好的估计。这个估计还是有误差的，因为我们不能完全确定非前测组的平均前测分数是多少。即使组 I 的前测值与组 III 的前测值一样，我们也只能假定这个值接近组 II、组 IV 的实际前测值，假设随机分配被试到这四个条件下，我们会非常注意一些组而不注意另一些组。即使组 I 与组 III 的前测值非常不同（由于被试分配误差），组 II 和组 IV 的未知前测成绩仍有可能

与组Ⅰ和组Ⅲ的前测表现相同（因为极大的注意力被用于随机分配被试到这些条件中）。

其次，基于对组Ⅱ和组Ⅳ的前测表现水平的估计，我们能够更有效地比较这两组的后测分数，我们能在实验组和控制组被试不被前测污染的情况下评估实验处理前后的测验结果。

最后，这个设计告诉我们是否存在前测—处理交互作用（任何前测与 X 的混合效应），可以用减法-差程序来找出这些效应，也就是为了确定交互作用的剩余效应（residual effects），我们系统地比较后测平均数。

从表 6-3 可以看出，纵列呈现了可能影响每一组测量结果的因素，我们看组Ⅰ的结果，它可能受到四个因素的影响，即前测、实验处理、前测敏感性、无关因素；组Ⅱ的结果可能受到两个因素的影响，即实验处理和无关因素；组Ⅲ的结果可能受到两个因素的影响，即前测、无关因素；组Ⅳ的结果只受到无关因素的影响。

表 6-3　用减法-差程序澄清前测—处理交互作用

| 影响因素 | 组别 |  |  |  |
|---|---|---|---|---|
|  | 组Ⅰ | 组Ⅱ | 组Ⅲ | 组Ⅳ |
| 前测 | 有 | 无 | 有 | 无 |
| 实验处理 | 有 | 有 | 无 | 无 |
| 前测敏感性 | 有 | 无 | 无 | 无 |
| 无关因素 | 有 | 有 | 有 | 有 |

为了辨明前测与实验处理的交互作用的大小与方向，我们在表 6-3 中简单地分离出剩余效应，为达到这一目的，我们按照"（组Ⅰ-组Ⅲ）-（组Ⅱ-组Ⅳ）"公式将四组的后测平均数相减。我们先在括号中相减，而后用左面括号中的剩余值减去右面括号中的剩余值，也就是说，我们首先用组Ⅰ的后测平均数减去组Ⅲ的后测平均数，这样我们能剔除掉前测效应与无关效应，而剩下的就是实验处理的效应与剩余效应。而后，我们用组Ⅱ的后测平均数减去组Ⅳ的后测平均数，这样就去掉无关效应而剩下实验处理的效应，当我们再用公式右面的值减去左面的值，剩下的就是前测所带来的剩余效应。所罗门所做的实验正好与此相似，他在实验中发现进行前测能使儿童对拼写练习更具有抵触性。

（六）前实验设计

坎贝尔（Donald T. Campbell）、史丹利（Julian C. Stanley）和库克（Thomas D. Cook）等曾列出了一个清单，以帮助有经验的研究者在选择基本的研究设计时，检查可能影响效度的无关因素。坎贝尔和他的合作者用符号表示设计模式，并且考虑到了在每项研究中可能影响统计推论效度、内部效度、构想效度和外部效度的威胁因素，检查这些因素是否已经被控制。在所罗门四组设计的例子中，很好地控制了前测的敏感性影响，而在坎贝尔的模式中，对影响外部效度的因素之一的实验前测与实验处理之间的交互作用进行了控制。

坎贝尔等还阐述了两种设计模型，它们因为对无关因素影响的控制很不充分，被称为"前实验设计"（preexperimental designs）。其中一种被称为"单组设计"，用公式表示为"X—O"，这里 X 代表被试组接受实验处理，O 代表进行了观察或测验。例如，为了提高学生学习时的注意力，一种新的教学设计（X）被实施于被试中，而后对他们进行成绩测验（O），我们能够注意到，这种设计中没有引入一个没有接受教学设计的对照组，同时我们也不能知道被试在进行实验处理前，他们的成绩已达到了何种水平。

另一种是"单组前测后测设计"，用公式表示为"O—X—O"，相对于单组设计而言是有了一定的提高，因为这种设计在实验处理前后分别引入了前测与后测，但是这种设计由于缺少对比的情况，依然被称为前实验设计。坎贝尔等认为，这种设计仍然存在许多特殊的影响因素，它们会危害研究的内部效度。

## 第二节　真实验设计

真实验设计对实验条件的控制程度要求较高，在使用这类实验设计时，实验者可以有效地操纵实验变量，能有效地控制内在无效来源和外在无关因素的影响，能在随机化原则基础上选择和分配被试，从而使实验结果更能客观地反映实验处理的作用。

这里要解释一个概念，即实验设计。

我们可以从广义和狭义两个角度理解实验设计。广义的实验设计指科学研究的一般程序的知识，它包括从问题的提出、假说的形成、变量的选择等，一直到结果的分析、论文的写作等一系列内容。它给研究者展示如何进行科学研究的概貌，试图涵盖研究的全过程。狭义的实验设计指实施实验处理的一个计划方案，以及与计划方案有关的统计分析。狭义的实验设计着重解决如何建立统计假说及得出统计结论。

### 一、实验设计中的一些常用术语

#### （一）因素与因素实验设计

因素指研究者感兴趣的、在研究中操纵的一个变量，也称为自变量。实验中所操纵的变量的每个特定的值叫作因素的水平。

因素实验设计通常指自变量为两个或两个以上的实验设计，即在同一时间操纵两个或两个以上自变量的实验，如一个含有三个因素，每个因素有两个水平的实验设计称为2×2×2三因素设计。《心理学报》（2006年第1期）的一篇文章中"工作记忆广度与汉语句子语境效应的关系"的研究就采用了这种2×2×2三因素混合设计。这项研究中，因素一是启动词与目标词的语义联系强度，包含两个水平：启动词与目标词弱联系（W）和启动词与目标词强联系（S）。因素二是被试的工作记忆广度，包含两个水平：高广度（H）和低广度（L）。因素三是外部记忆负荷，包含两个水平：无负荷（E）和有负荷（D）。

（二）处理与处理水平的结合

处理（treatment）与处理水平的结合（treatment combinations）都是指实验中一个特定的、独特的实验条件。在一个单因素完全随机实验设计中，自变量的每个水平相当于一个处理，每个被试被随机分配接受自变量的一个水平，也就是接受一个独特的实验条件。

在多因素实验设计中，每一个因素的不同水平与另一个或多个因素的每一个水平的结合，叫作处理水平的结合。例如，在一个探讨人在快速呈现条件下命名汉字的2×2完全随机实验设计中，有呈现速度（A）和汉字频率（B）两个因素，其中呈现速度有50毫秒（A1）和100毫秒（A2）两个水平，汉字有高频率字（B1）和低频字（B2）两个水平。这时，实验中有4种处理的结合：A1B1，A1B2，A2B1，A2B2。每个被试被随机分配接受4种处理水平的结合之一，即接受一个独特的实验条件。

（三）主效应与交互作用

实验中由一个因素的不同水平引起的变异叫因素的主效应（main effect）。在一个单因素实验中，由自变量的不同水平的数据计算的方差即这个自变量的处理效应，或者叫这个变量的主效应。

在一个多因素实验中，计算一个因素的主效应时应该忽略实验中其他因素的不同水平的差异。例如，在一个2×3两因素实验设计中，A因素有2个水平，B因素有3个水平，当忽略B因素各水平的差异，只取A因素的A1和A2水平的数据计算方差时，可以得出A因素的主效应。同样，当忽略A因素各水平的差异，只取B因素的B1、B2和B3水平的数据计算方差时，可以得出B因素的主效应。

当一个自变量的效应随着另一个自变量水平的变化而变化时，我们称两个因素之间存在交互作用（interaction）。换句话说，即一个因素的水平在另一个因素的不同水平上变化趋势不一致。

如图 6-2 所示，a 中的 B1、B2 两条线是交叉的，即在 B1 水平，被试在 A1、A2 两种条件下的分数没有什么差别，而在 B2 水平，被试在 A1 水平的分数远远高于在 A2 水平的分数。这表明，被试在 A 条件下的分数是受 B 条件影响的，即两个因素有交互作用，写作 A×B。当一个因素的水平在另一个因素的不同水平上变化趋势一致时，表明两个因素是相互独立的。例如，在 b 中，B1、B2 两条线是平行的，表明改变 B 因素的水平对被试在 A 的不同水平上的分数不产生影响，即两个因素是相互独立的。

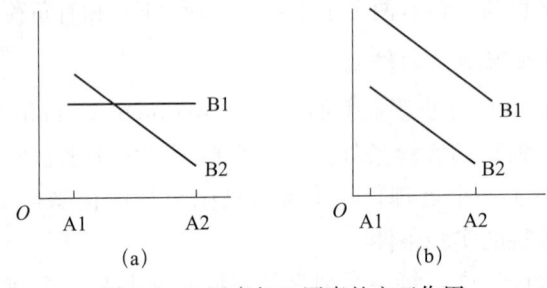

图 6-2  A 因素与 B 因素的交互作用

### （四）简单效应

在因素设计中，一个因素的水平在另一个因素的某个水平上的变异叫简单效应（simple effect）。例如，在一个 2×2 两因素实验中，A 因素的两个水平在 B1 水平的方差叫 A 在 B1 水平的简单效应，A 因素的两个水平在 B2 水平的方差叫 A 在 B2 水平的简单效应。当方差分析中发现一个两次交互作用时，往往需要进一步作简单效应检验，以说明两个因素交互作用的性质，如图 6-3 所示。

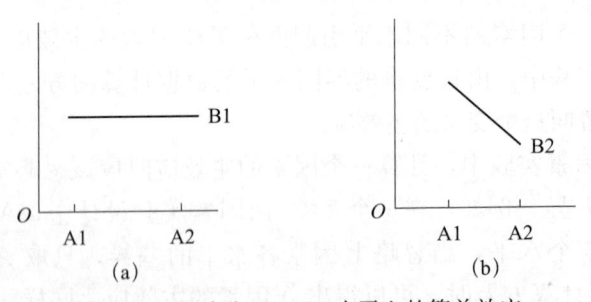

图 6-3  A 因素在 B1、B2 水平上的简单效应

### （五）处理效应和误差变异

处理效应（treatment effect）指实验的总变异中由自变量引起的变异，主效应、简单效应、交互作用都是处理效应。

误差变异（error variance）指总变异中不能由自变量或明显的无关变量解释的那部分变异。误差变异有以下两种。

1. 单元内误差

单元内误差（within-cell error）指当几个被试接受同样的实验条件时，他（它）们之间所出现的差异。例如，在完全随机和拉丁方设计中，经常有多个被试接受同一种实验条件的情况，由于实验中的被试是随机分配的，接受同样实验条件的被试在反应上的差异应是由随机误差造成的。单元内误差使研究者可以估价实验中的实验误差，当只有一个被试接受一种实验处理时，单元内误差不存在。

2. 残差

实验的误差变异中，除了单元内误差，当只有一个被试接受一种实验处理时，实验中只有残差（residual error）。当实验设计恰当时，残差也是一种随机误差。它也可用来估价实验中的实验误差。

（六）比较

对各处理水平平均数之间差异的估价叫比较（comparison）。例如，在一个 2×3 两因素实验中，A 因素和 B 因素的主效应都是显著的。对 A 因素来说，主效应显著明显是由于 A1 水平和 A2 水平之间的差异显著，而 B 因素的主效应显著则有多种可能，可能是由于 B1 和 B2 之间差异显著，也可能是 B2 与 B3、B1 与 B3 之间差异显著。因此，当一个处理的主效应显著，且处理的水平数多于 2 时，需要进一步揭示主效应显著的意义，即到底哪些水平之间的差异是显著的，这就是比较的主要任务。

（七）嵌套

在因素设计中，当一个因素的每个水平仅与另一个因素的某个水平相结合，或者说当一个因素的每个水平仅出现在另一个因素的某个水平上时，叫作嵌套（nested）。例如，在一个 2×4 两因素设计中，当 B 因素的 B1、B2 两个水平仅出现在 A1 水平上，而 B3、B4 两个水平仅出现在 A2 水平上，叫作 B 因素嵌套于 A 因素中，写作 B（A）。这时，实验中只有四种处理水平的结合：A1B1，A1B2，A2B3，A2B4。

## 二、实验设计的思想基础

（一）统计检验是实验设计的思想基础

实验研究是从提出问题和建立假说开始的，当研究假说涉及有限的或直接可观察的现象时，如当一些物理现象可直接通过观察确定时，假说就可以直接被证实或证伪，不需要统计推理。但当研究涉及不可能直接观察或观察总体的所有成员（事例）时，即研究假说不能直接被证实或证伪时，就需要统计检验，间接地对它进行估价。统计检验就是通过样本统计量来推断总体之间是否有显著差别。

统计检验假说的目的是确定以事实支持的概率。假说是关于变量间关系的一种预测，需要加以检验的事例非常多，要从所有的事例中一一取得支持是不可能的。例如，一个假说提出，抽象思维的学生比形象思维的学生学习效率更高。在接受这个假说之前，需要对所有的学生，在所有的学科和环境下，用各种标准加以检验。然而，这是不可能的，我们只能在有限的事实基础上得出结论。

由于为假说取得肯定的支持难度大，研究者往往不直接对研究假说加以证实，而是检验它的虚无形式，即检验虚无假说。虚无假说是研究假说的否定式。
例如，关于两个变量之间关系的预测可有三种形式：
备择假说1：抽象思维的学生比形象思维的学生学习效率高；
备择假说2：抽象思维的学生比形象思维的学生学习效率低；
备择假说3：抽象思维的学生与形象思维的学生学习效率无差别。
它们的统计假说的形式是

$$H_0: \mu_1 = \mu_2$$
$$H_1: \mu_1 \neq \mu_2 \ (\mu_1 > \mu_2 \text{ 或 } \mu_1 < \mu_2)$$

检验虚无假说的基本思想是：$\mu_1$与$\mu_2$的较小的差别可能是由机遇产生的，因而不是真正的差别。如果$\mu_1$与$\mu_2$的差别较大，并且这种差别的出现大于一定的概率时，我们可以通过推翻虚无假说而间接地接受备择假说。

在研究中，把研究假说转化为统计假说，统计检验的是虚无假说。各种类型的实验设计可检验的假说是不同的。

（二）实验中各种变异的控制

虽然不同的实验设计有不同的目标，但几乎所有的实验设计的共同目的是控制变异。一个实验能否很好地回答研究所提出的问题，最重要的是看它控制变异的策略。实验中的变异包括三种，即系统变异、无关变异和误差变异。实验设计的目标是使系统变异最大，控制无关变异，使误差变异最小。

1. 使系统变异的效应最大

系统变异是指因变量的变异中，可以由研究者操纵的实验变量（自变量）解释的那一部分变异。系统变异是研究者理论上期望获得的。研究者的重要任务之一就是使这部分变异最大。

增大系统变异的方法有两种。第一，选取适当的自变量水平，使自变量水平的改变所引起的变异能在因变量中反映出来。例如，我们要研究课文长度对儿童阅读理解的影响，选取的课文长度的三个水平是 500 字、550 字、600 字，由于三个水平差异不大，其只能解释儿童阅读理解差异中的很小一部分。因此，必须加大自变量水平的差异，如 500 字、1000 字、1500 字。

第二种方法是，选择对自变量的变化敏感的因变量。例如，要研究两种教学方法对学生成绩的影响，如果所有学生在一个测验上的得分都在 90～95 分，很难反映两种教法的差异，如果测验分数的全距为 50～100 分，那么，测验就有一定的区分度，它为辨别两种教法提供了可能。

2. 控制无关变异

无关变异是指实验中研究者不感兴趣，但对因变量有影响的变量所引起的变异。无关变异可能来自被试内部的因素，如年龄、性别、学习、疲劳等，也可能来自环境，如实验环境、实验程序、任务要求等。所有可能做自变量的因素都可能成为无关变异的来源。

控制无关变异有以下五种方法。

1）随机化

随机化（randomization）包括两个方面：一是实验单元或被试是从研究者感兴趣的总体中随机抽取的，这可以保证结果具有概括力；二是实验单元或被试是被随机分配给各个处理条件的。这对内部效度很重要。如果被试是随机化分配的，从理论上讲，实验中各个处理组可以被认为各个方面在统计上没有差异。这时，可以认为测量到的因变量的变异主要是由自变量的变化引起的。

2）消除

选择在某个维度上同质的被试，消除无关变量。

3）匹配

对被试在某个与因变量有关的变量上进行匹配。

4）附加自变量

对某些无关变量不加以消除，而是将它包括进实验设计，增加一个自变量。这是实验设计的一个发展趋势，即把一些对实验有潜在影响的无关变量也作为实验中的一个自变量，研究多个自变量的影响及其交互作用。

5）统计控制

无关变异还可以通过实验设计和统计分析来帮助控制。

3. 使误差变异最小

实验误差或误差变异是实验中所有未控制的变异，包括被试内误差和测量误差。被试内误差是存在于接受相同处理的被试之间的差异；测量误差是由实验的环境条件、操作过程中的不一致而产生的误差。

在实验设计中，研究者面临的一个重要问题是估计实验误差。没有对实误差的估计，研究的结果就不易解释清楚，并可能产生错误的解释。所以，了解实验误差的定义及其主要来源是很有必要的。

实验设计的一个重要目的是增大系统变异、控制无关变异、减小误差变异，原因在于方差分析中的 $F$ 检验实质上是计算系统变异或由自变量引起的变异与误差变异的比率。因此，尽可能减小误差变异，就使在相同条件下，增加了 $F$ 值达到显著性的机会，增加了实验的敏感性。

### 三、实验设计的分类

实验设计的几种分类方法如下。

（一）完全随机实验设计、随机区组实验设计和拉丁方实验设计

完全随机、随机区组和拉丁方是三种最基本的实验设计形式，它们可以组合成各种复杂的实验设计。三者的主要区别在于控制无关变量的方法不同。完全随机设计使用随机化方法，通过随机分配被试给各个实验处理，基本保证各个处理的被试之间在统计上无差异。完全随机设计的方差分析中，所有不能由处理效应解释的变异全部被归为误差变异，因此，处理效应的 $F$ 检验不够敏感。

随机区组设计是通过区组技术控制无关变异的。例如，如果考虑到被试的智力可能影响处理的效果，可事先以智力的不同把被试分为若干个同质的区组，然后把每个区组内的被试随机分配给各处理组。随机区组实验的方差分析可将智力引起的无关变异从总变异中分离出去，这样就减小了误差变异，提高了处理效应的 $F$ 检验精确度。

拉丁方设计利用同样的思想，不同的是它能区分出两个无关变异，可以进一步提高实验的精确度。

（二）单因素和多因素实验设计

实验设计最简单的形式是实验中只有一个自变量，被试接受这个自变量的不同水平的实验处理，这就是单因素实验设计。

多因素实验设计指实验中含多个自变量，被试接受几个自变量水平相结合的实验处理。因此，多因素设计有一个显著特点，即它可以计算自变量水平之间的交互作用。

（三）被试间、被试内和混合实验设计

被试间实验设计（between-subject design）指实验中每个被试只接受一种自变量水平或自变量水平的结合，完全随机、随机区组、拉丁方设计都属于被试间设计。被试间设计的共同弱点是对实验中由被试带来的无关变异控制得不太

理想。被试间实验设计又叫非重复测量实验设计，实验中的自变量叫被试间变量（between-subject variable）。

近年来，实验设计发展的一个趋势是使用重复测量实验设计。被试内实验设计（within-subject design）是重复测量实验设计的一种形式，把随机区组设计进一步发展，即由一个被试（而不是一组同质被试）接受所有的自变量水平或自变量水平的结合，就是被试内设计。实验中的自变量叫被试内变量（within-subject variable）。这种设计把实验中由被试带来的无关变异减到最小的限度。但是，使用被试内实验设计的一个前提是，先实施给被试的自变量水平或自变量水平的结合对后实施的自变量或自变量水平的结合没有长期影响。当这种影响存在时，如有学习、记忆效应时，就不能使用被试内设计。

被试间实验设计和被试内实验设计的基本模式如表 6-4 所示。

表 6-4　组间设计和组内设计的例子

| A. 组间设计 | | B. 组内设计 | |
| --- | --- | --- | --- |
| A. 处理 | B. 处理 | A. 处理 | B. 处理 |
| 被试 1 | 被试 2 | 被试 1 | 被试 1 |
| 被试 3 | 被试 4 | 被试 2 | 被试 2 |
| 被试 5 | 被试 6 | 被试 3 | 被试 3 |
| 被试 7 | 被试 8 | 被试 4 | 被试 4 |
| 被试 9 | 被试 10 | 被试 5 | 被试 5 |
| | | 被试 6 | 被试 6 |
| | | 被试 7 | 被试 7 |
| | | 被试 8 | 被试 8 |
| | | 被试 9 | 被试 9 |
| | | 被试 10 | 被试 10 |

混合实验设计（mixed design）是指在一个实验设计中既有被试内自变量，又有被试间自变量，它也是重复测量实验设计的一种形式。

在混合实验设计中，对于被试内变量，每个被试接受所有的自变量水平或自变量水平的结合；对于实验中的被试间变量，每个被试仅接受一个自变量水平或自变量水平结合的处理。

例如，在一个 2×3 两因素混合设计中，A 因素是被试间因素，有 $A_1$、$A_2$ 两个水平，B 因素是被试内因素，有 $B_1$、$B_2$、$B_3$ 三个水平。实验中应将被试随机分为两组：一组被试接受 A1 水平与 B 因素的所有水平的结合，即该组的每个被试都接受 A1B1、A1B2 和 A1B3 的处理；另一组被试接受 A2 水平与 B 因素的所有水平的结合，即组中每个被试接受 A2B1、A2B2 和 A2B3 的处理。

混合实验设计是重复测量实验设计的复杂形式，是一种最有实用价值的实验设计。例如，杨治良等一项关于"短时间延迟条件下错误记忆的遗忘"的研究就用了混合实验设计，就采用2×3×2混合实验设计[①]。自变量1（被试内变量）为关联性，分为两个水平：中关联和高关联（即关键诱饵）。自变量2（被试内变量）为时间，分为三个水平：立即、延迟半小时和延迟一小时。自变量3（被试间变量）为测验情境，分为两个水平：关键项目之前有一个学习项目和五个学习项目。

### 四、几种基本的实验设计

#### （一）完全随机化实验设计

完全随机化实验设计也称为简单随机化实验设计，是用随机化方法将被试随机分为几组，然后根据实验的目的对各组被试实施不同的处理。

1. 随机实验组、控制组前测后测设计

1）设计的模式

该设计是指研究者在实验前采用随机分配的方法将被试分为两组，并随机选择一组为实验组，另一组为控制组。实验组接受实验处理而控制组不接受实验处理。其基本模式如图6-4所示。

$$R \quad O_1 \quad X \quad O_2$$
$$R \quad O_3 \quad\quad O_4$$

图6-4 随机实验组、控制组前测后测设计

R：随机分配被试和实验处理；

X：实验处理；

$O_1$、$O_3$：实验前分别对两组进行前测验，得到被试初始状态的成绩；$O_2$、$O_4$：两组的后测成绩。

2）设计的评价

随机实验组、控制组前测后测设计控制了大部分影响研究内部效度的因素。因为该设计采用随机化的方法分配被试，从而控制了选择、被试的中途退出，以及选择与成熟的交互作用等因素对结果的干扰。由于安排了实验组和控制组，在实验中，发生在前测和后测这段时间内的事件对实验组和控制组的影响基本相同，因而可以控制历史、成熟、测验、仪器使用等因素对内部效度的影响。

该设计使用了前测验，它为检验随机分组是否存在偏差提供了充分的依据，

---

① 杨治良，周楚，万璐璐，等. 2006. 短时间延迟条件下错误记忆的遗忘. 心理学报，38（1）：1-6.

但它也带来了不利的一面,即由于被试接受前测验而获得的经验,可能对后测验产生敏感性,出现测验的反作用效果,导致对实验设计的外部效度的影响。

3) 设计的显著性检验

对该设计所得到的实验数据的统计,有两种方法。

一是对增值分数进行统计分析。具体方法是,对于每一名被试,用其后测成绩减去前测成绩($O_2-O_1$,$O_4-O_3$),分别求出两组增值分数的平均数。对两组增值分数进行显著性检验的方法有:$t$ 检验(参数检验);曼-惠特尼 U 检验和中位数检验(非参数检验)。

二是用协方差分析方法,即将前测分数作为协变量,对实施实验处理前的组间差异进行控制和调整,这样,我们在比较两组后测成绩时不受前测成绩的影响。

两种不正确的统计方法:一是分别对实验组、控制组前后测成绩进行差数显著性检验,如果实验组前后测成绩有显著性差异,而控制组前后测成绩无显著性差异,就归因于实验处理的作用;二是分别对实验组、控制组前测成绩以及实验组、控制组后测成绩进行差数显著性检验,如果两组前测成绩无显著性差异,而两组后测成绩有显著性差异,就认为实验处理作用显著。这两个问题需要研究者在统计分析时加以注意。

4) 设计的实例分析

心理学家沃坦阿贝等做过一项实验,采用的就是这种方法。

该项研究的实验目的是:通过一系列的教学程序和方法的训练,来培养学生根据报纸标题预测所报道内容的能力。

研究者首先对八年级学生进行调查,发现他们平时感兴趣的报纸栏目有有趣的连环画、电影、体育比赛及其他文娱性报道。这样造成包括优秀学生在内的中学生对其他栏目不能根据报纸标题预测报道的内容。而教师希望学生能更多地阅读新闻报道、了解国内外政治动向。由此,研究者认为,如果确定一种训练课程,培养八年级学生如何更好地理解报纸标题的能力,将很有意义。

研究者随机抽取 46 名八年级学生,随机分为两组:一组为实验组,接受训练;另一组为控制组,仍接受常规教学。在接受实验处理前,进行了前测验,要求两组学生阅读 20 个标题,并要求所有被试预测其所报道的内容。然后用 3 周时间,对实验组学生进行标题阅读教学,而控制组接受常规阅读教学。3 周教学结束后,同时对两组学生进行后测,要求学生阅读与前测类似的 20 个标题,并预测其所报道的内容。

记分方法:对前测、后测实施 5 点量表记分,得分作为因变量指标。0 分表示对标题所含内容未正确预测任何内容,4 分表示预测完全正确,满分为 80 分。统计分析方法采用协方差分析,前测分数作为协变量。结果表明,经过标题阅读训练的实验组成绩显著高于控制组。

2. 随机实验组、控制组后测设计

1）设计的模式

在随机实验组、控制组前测后测设计中，由于采用了前测验，从而可能影响实验的外部效度，为了克服这一缺点，可以去掉前测验，实验设计的模式就变为随机实验组、控制组后测设计。其基本模式如图 6-5 所示。

$$R \quad X \quad O_1$$
$$R \qquad\quad O_2$$

图 6-5　随机实验组、控制组后测设计模式

各字母的意义同前，$O_1$、$O_2$ 表示后测验。

2）设计的评价

首先，实验组和控制组的两组设计，控制了历史、成熟、被试的中途退出、被试的选择等因素；

其次，没有进行前测，控制了前测与实验处理之间的交互作用；

最后，实验处理前运用了随机化原则，控制了所有选择变量可能出现的偏向。

3）设计的显著性检验

运用 $t$ 检验对两组后测成绩进行比较；非参数检验常用曼-惠特尼 U 检验或中位数检验。

4）设计的实例分析

一项研究的课题是"初中一年级数学自学辅导教学协作实验研究"。研究目的是比较自学辅导教学与传统教学的优劣。研究者随机从几个中学选取两个初中一年级教学班，一个班为实验组，一个班为控制组。实验班用数学自学辅导教学方式，学习材料为自学辅导教材；控制组用传统教学方式，学习材料为统编教材，内容与实验班相同。一个学期后对两班学生进行后测，对各个单元的成绩进行平均数差数检验（$t$ 检验）。

3. 随机多组后测设计

1）设计的模式

该种设计是在随机化基础上把被试分为多组，对每组被试实施一种实验处理，然后对几组被试进行后测验，获得后测验数据。其基本模式如图 6-6 所示。

$$R \quad X_1 \quad O_1$$
$$R \quad X_2 \quad O_2$$
$$R \quad X_3 \quad O_3$$

图 6-6　随机多组后测设计模式

该种设计与随机实验组、控制组后测设计的不同之处是被试组和处理的增多，其他相同。

2）实验结果的检验

用单因素方差分析检验。

（二）随机区组设计

我们知道，设计的目的是合理安排和分配被试，控制各种无关变量，避免无关因素的干扰，突出自变量的影响，以探查实验处理的效应。实验中被试之间如果差异太大，就要考虑运用随机化区组设计。"区组"的意思是把所有被试分为若干区组，每一区组中的被试基本一样，但区组之间存在差别。

随机化区组设计的目的是使各区组内部的被试差异尽量缩小。每种处理出现在每个区组中，这时区组之间的差异并不影响在各处理平均数间的差异，这种区组之间的差异可以从误差中剔除。

随机区组设计的原则是同一区组内的被试尽量"同质"。每一区组内被试的人数分配有以下三种情况。

第一，一名被试作为一个区组。这时，每名被试（区组）均接受全部处理，在接受处理的顺序上采用随机化方法。

第二，每个区组内被试的人数是实验处理数目的整数倍。例如，一项研究有A、B、C、D四种处理，每个区组内被试的人数可根据具体情况选择4、8、12…即是4的倍数。如果我们选取12人，把12人分为3个小组（区组，如按智力水平分为90以下，90~120，120以上），每组内有4个人，每人接受一种实验处理。如果选24名被试，也分为3个小组（区组），则每区组内有8名被试，每两人接受同样的实验处理。

第三，区组内的基本单元不是一名被试或几名被试，而是以一个团体为单元。例如，以某学校同一年级的几个班作为不同的区组，每个班都接受所有的实验处理；或者以不同的学校为实验对象（表示不同的区组），同一学校的几个班（班级个数等于实验处理数）成为一个区组，每个班都随机接受一种处理。

总之，每一区组应该接受全部实验处理，每一种实验处理在不同的区组中重复的次数也都应完全相同。

随机化区组设计与完全随机设计相比，其主要优点是考虑到个别差异对实验结果的影响（即区组效应），而把实验单元（被试）划分为几个区组，并在统计计算上将这种影响从组内误差中分离出来，从而进一步反映出实验处理的作用。但它的缺点是在划分区组时有一定的困难，运用时应该注意。

### 1. 单因素随机区组设计

单因素随机区组设计与随机多组后测设计基本相似。不同的是前者要求将被试划分为不同的区组，并且每一区组随机接受所有的实验处理。然后观察实验处理后每个区组对不同处理的反应，并作为后测成绩。其设计的基本模式如表6-5所示。

表 6-5　单因素随机区组设计模式

| 区组 | 实验处理 $X_1$ | $X_2$ | $X_3$ | ⋯ | $X_k$ | 区组平均 |
|---|---|---|---|---|---|---|
| 1 | $O_{11}$ | $O_{12}$ | $O_{13}$ | ⋯ | $O_{1k}$ | $O_1$ |
| 2 | $O_{21}$ | $O_{22}$ | $O_{23}$ | ⋯ | $O_{2k}$ | $O_2$ |
| 3 | $O_{31}$ | $O_{32}$ | $O_{33}$ | ⋯ | $O_{3k}$ | $O_3$ |
| ⋯ | | | | | | ⋯ |
| n | $O_{n1}$ | $O_{n2}$ | $O_{n3}$ | | $O_{nk}$ | $O_n$ |
| 实验处理平均 | $O_{.1}$ | $O_{.2}$ | $O_{.3}$ | | $O_{.k}$ | $O_{..}$ |

在这个模式中，$X_1$，$X_2$，$X_3$⋯$X_k$表示$k$个处理；区组的个数为$n$；每个区组可以是一名被试，也可以是一个被试组集合，O表示实验处理后的后测成绩。

单因素随机区组实验适合检验的假说有两个：

（1）处理水平的总体平均数相等，即
$$H_0: \mu_1 = \mu_2 = \cdots = \mu_p$$

（2）区组的总体平均数相等，即
$$H_0: \mu_1 = \mu_2 = \cdots = \mu_n$$

### 2. 多因素随机区组设计

我们以$2 \times 2$两因素随机区组设计为例，说明多因素随机区组设计。假如有两个自变量A、B。自变量A有两个水平$A_1$、$A_2$，自变量B有两个水平$B_1$、$B_2$，设计模式如表6-6所示。

表 6-6　多因素随机区组设计模式

| 区组 | 实验处理 $A_1 B_1$ | $A_1 B_2$ | $A_2 B_1$ | $A_2 B_2$ | 区组平均 |
|---|---|---|---|---|---|
| 1 | $O_{11}$ | $O_{12}$ | $O_{13}$ | $O_{14}$ | $O_1$ |
| 2 | $O_{21}$ | $O_{22}$ | $O_{23}$ | $O_{24}$ | $O_2$ |
| 3 | $O_{31}$ | $O_{32}$ | $O_{33}$ | $O_{34}$ | $O_3$ |
| ⋯ | | ⋯ | | | ⋯ |
| n | $O_{n1}$ | $O_{n2}$ | $O_{n3}$ | $O_{n4}$ | $O_n$ |
| 实验处理平均 | $O_{.1}$ | $O_{.2}$ | $O_{.3}$ | $O_{.4}$ | $O_{..}$ |

可以看出，在$2 \times 2$两因素随机区组设计中，每个区组需要4（$2 \times 2$）个同

质被试，那么可以推而知道：如果研究中有两个自变量，分别有 $p$、$q$ 个水平，那么每个区组就需要 $p×q$ 个同质被试。

两因素随机区组设计可检验的假说是：

(1) $H_0$：$\mu_1=\mu_2=\cdots=\mu_p$ 或

$H_0$：$a_j=0$ 即 A 因素的水平 $j$ 的处理效应为 0。

(2) $H_0$：$\mu_1=\mu_2=\cdots=\mu_q$ 或

$H_0$：$b_k=0$ 即 B 因素的水平 $k$ 的处理效应为 0。

(3) $H_0$：$(ab)_{jk}=0$ 即 $a_j$ 和 $b_k$ 的交互作用为 0。

(4) $H_0$：区组效应等于 0。

(三) 拉丁方设计

1. 拉丁方设计的特点

拉丁方设计是一个含 $P$ 行、$P$ 列，把 $P$ 个字母分配给方格的设计方案，其中每个字母在每行中出现一次，在每列中出现一次。该设计扩展了随机区组设计的原则，可以分离出两个无关变量的效应。一个无关变量的水平在横行分配，另一个无关变量的水平在纵列分配，自变量的水平分配给方格的每个单元。

拉丁方设计被广泛应用于农业和工业研究，以及心理和教育研究中。这种实验设计适合满足下列条件的实验[①]：

(1) 研究中有一个带有 $P \geqslant 2$ 个水平的自变量，还有两个带有 $P \geqslant 2$ 个水平的无关变量，一个无关变量的水平被分配给 $P$ 行，另一个无关变量的水平被分配给 $P$ 列。

(2) 研究者事先假定处理水平与无关变量水平之间没有交互作用。如果这个假设不能满足，对实验中的一个或多个效应的检验可能有偏差。

(3) 随机分配处理水平给 $P^2$ 个方格单元，每个处理水平仅在每行、每列中出现一次。每个方格单元中分配一个或多个（$n$ 个）被试接受处理，因此，实验中总共需要的被试数量为 $N=np^2$（$n \geqslant 1$）。

2. 拉丁方格的标准块及随机化

当拉丁方格中的第一行和第一列是按字母排序的时候，叫作标准化方格，下面是一些标准化方格的例子（图 6-7）：

要随机化拉丁方格，首先任意选择一个拉丁方格标准块，然后随机化拉丁方格标准块的行，然后再独立地随机化标准块的列。举例如图 6-8 所示。

---

① 舒华. 2006. 心理与教育研究中的多因素实验设计. 北京：北京师范大学出版社：49-50.

```
    A B         A B C
    B A         B C A
                C A B
    2×2          3×3

  A B C D      A B C D E
  B A D C      B C D E A
  C D B A      C D E A B
  D C A B      D E A B C
               E A B C D
    4×4          5×5
```

图 6-7　拉丁方格的标准化方块

```
     标准块              随机化行              随机化列
   1 2 3 4             1 2 3 4             4 3 1 2
1  A B C D          3  C D A B          3  B A C D
2  B C D A          1  A B C D          1  D C A B
3  C D A B          2  B C D A          2  A D B C
4  D A B C          4  D A B C          4  C B D A
```

图 6-8　拉丁方格的标准化方块的随机化

这里我们介绍一例应用拉丁方设计的实验[①]。这个实验是说：在某项研究中，将某药液的 4 种不同剂量，分别注射于 4 个受试对象，每个受试对象以不同的剂量静脉给药各一次（即每个受试对象给药共 4 次），试做拉丁方设计，并对实验结果进行不同剂量、不同的受试对象、不同的给药次数对血糖升高值是否有影响的分析。

第一步，选择合适的拉丁方。因本例每个因素为 4 个水平，故选择一个 4 阶拉丁方：

$$
\begin{array}{l}
A\ B\ C\ D \\
B\ C\ D\ A \\
C\ D\ A\ B \\
D\ A\ B\ C
\end{array}
$$

第二步，为实现随机分配，将所选拉丁方随机化，即将任意整行、整列之间对调，使之随机化。

---

[①] 杨俊英，张桂琴．2001．实验设计方案及其统计分析方法的选择．中华物理医学与康复杂志，23（6）：378-381．

```
A B C D              A D C B              C B A D
B C D A              B A D C              B A D C
C D A B  2、4列对调→  C B A D  →  1、3行对调→  A D C B
D A B C              D C B A              D C B A
```

第三步，规定方阵中的字母表示 4 个不同剂量，给药次数，列为受试对象号，如表 6-7 所示。

表 6-7 给药次数、给药剂量和受试对象的分配

| 给药次数 | 受试对象号 | | | |
|---|---|---|---|---|
| | I | II | III | IV |
| 1 | C (42) | B (96) | A (53) | D (110) |
| 2 | B (50) | A (31) | D (78) | C (55) |
| 3 | A (50) | D (64) | C (55) | B (70) |
| 4 | D (98) | C (41) | B (79) | A (49) |

一般三个因素中有一个最重要的称之为处理因素，用字母表示，另外两个是需要加以控制的因素，分别用行和列表示。

第四步，按上面的拉丁方设计去安排实验（实验结果见表 6-7 括号内的数）。比如，第 3 次实验（看表 6-7 所示拉丁方中第一行第三列）是编号为III的受试对象，进行第 1 次给药，取剂量为 A 的药液。

第五步，统计分析。应先对各行、列、字母（处理）间做齐性检验。若方差齐再做方差分析。

（四）被试间实验设计

被试间实验设计指实验中每个被试只接受一种自变量水平或自变量水平的结合，完全随机、随机区组、拉丁方设计都属于被试间实验设计。这种实验设计是把不同的被试分配到不同的实验条件或水平的设计。

被试间实验设计是一种比较安全、保守的设计，在这种设计中，两种或多种实验条件之间是不可能通过被试相互"污染"的。但这种设计有一个缺点，就是个体间的差异会降低结果的有效性，所以采用这种设计时必须处理个体间的差异性，也就是使两组被试的条件尽可能相似，可以通过随机分组或匹配程序来达到这一目的，如表 6-8 所示。

表 6-8 被试间设计和被试内设计

| 被试间设计 | | 被试内设计 | |
|---|---|---|---|
| 处理 $X_1$ | 处理 $X_2$ | 处理 $X_1$ | 处理 $X_2$ |
| $S_1$ | $S_5$ | $S_1$ $S_5$ | $S_1$ $S_5$ |
| $S_2$ | $S_6$ | $S_2$ $S_6$ | $S_2$ $S_6$ |
| $S_3$ | $S_7$ | $S_3$ $S_7$ | $S_3$ $S_7$ |
| $S_4$ | $S_8$ | $S_4$ $S_8$ | $S_4$ $S_8$ |

## （五）被试内实验设计

被试内实验设计是重复测量实验设计的一种形式，是随机区组设计的进一步发展，这种设计是把相同的被试分配到不同的条件或水平。其模式如表 6-8 "被试内设计"所示：8 位被试同时被分配到不同的条件或水平。

这种实验设计实际上是每一位被试在不同的实验条件下与自己相比较，不需要分组，实验效率比较高。但这种设计有可能产生实验处理的污染，两种或多种条件可能相互影响，降低研究效度。可以通过随机化或平衡法克服与抵消潜在的干扰效应。

总之，实验设计有很多种，每一种都有其适用的条件和优缺点。但实验设计的基本要求是相同的，即要使外在的或非控制的变异减少到最低程度，从而提高实验的内部效度，应按照实验的具体要求和条件，选择适当的实验设计。

## （六）多因素实验设计

### 1. 两因素完全随机实验设计

（1）模式：以 2×2 因素设计为例（表 6-9）。

表 6-9　2×2 因素设计模式（完全随机化设计）

| 项目 | | A 因素 | |
|---|---|---|---|
| | | A1 | A2 |
| B 因素 | B1 | 被试 1　被试 5 | 被试 2　被试 6 |
| | B2 | 被试 3　被试 7 | 被试 4　被试 8 |

（2）实施过程：如果一个自变量有 $p$ 个水平，另一个自变量有 $q$ 个水平，那么实验中含有 $p×q$ 个处理水平结合。

两个自变量都为被试间变量，被试被随机分配给各处理水平结合，每个被试只接受一个处理水平结合的处理。

（3）统计方法：用单因素方差分析方法。交互作用显著时，接着要做简单效应检验，即当两个因素的交互作用显著时，考察一个因素在另一个因素的每个水平上的处理效应，即确定它的处理效应在另一个因素的哪些水平上是显著的。基本思路是，分别计算某个因素的不同水平上，另外一个因素的不同水平间的差异情况。

（4）优点：克服了因重复产生的练习效应、序列效应。

### 2. 两因素被试内实验设计

（1）模式，如表 6-10 所示。

表 6-10　2×2 因素设计模式（被试内设计）

| 项目 | | A 因素 | |
|---|---|---|---|
| | | A1 | A2 |
| B 因素 | B1 | 被试 1　被试 2 | 被试 1　被试 2 |
| | B2 | 被试 1　被试 2 | 被试 1　被试 2 |
| | B3 | 被试 1　被试 2 | 被试 1　被试 2 |

（2）实施过程：如果一个自变量有 $p$ 个水平，另一个自变量有 $q$ 个水平，则实验中含有 $p×q$ 个处理水平结合。两个自变量都是被试内变量，每个被试接受所有处理水平结合的处理。

（3）统计方法：SPSS 中的重复测量方差分析。

（4）优点和缺点：优点是能够创设相等的组；缺点是因重复可能产生练习效应和序列效应。

3. 两因素混合实验设计

（1）模式，如表 6-11 所示。

表 6-11　2×3 因素设计模式（混合实验设计）

| 项目 | | A 因素 | |
|---|---|---|---|
| | | A1 | A2 |
| B 因素 | B1 | 被试 1　被试 4 | 被试 1　被试 4 |
| | B2 | 被试 2　被试 5 | 被试 2　被试 5 |
| | B3 | 被试 3　被试 6 | 被试 3　被试 6 |

（2）实施过程：如果一个自变量有 $p$ 个水平，另一个自变量有 $q$ 个水平，则实验中含有 $p×q$ 个处理水平结合。两个变量中一个是被试内变量，另一个是被试间变量。

（3）统计方法：SPSS 中的重复测量方差分析。

（4）优点和缺点：优点是可以有效地控制额外变量，更有利于揭示变量间的因果关系；缺点是操作繁杂，费时费力。

# 第七章 数据的收集：准实验法

在前面的章节里，我们已经介绍了心理学家是如何运用随机处理使他们需要的被试的条件尽可能相等，从而做出因果解释的。这一基本思路是在将样本元素（研究对象）分配给处理条件时运用随机程序。这样的话，组间的区别仅在于对实验处理的重视。然而，由于时间或伦理的原因，随机实验不总是可能实现的。因此，准实验设计在科学中也起着非常积极的作用。

## 第一节 准实验设计概述

### 一、准实验设计

术语"准"的意思是"相似"，也就是说，准实验设计与真实验设计有些相似。在有些实验研究中，被试不可能被随机地分配到实验条件中，这种被试以非随机方式分配到实验处理上的设计，称为准实验设计（quasi-experimentation）。也就是说，准实验在处理条件、结果测量和抽样单位方面与真实验设计是类似的，但它们在为处理条件分配抽样单位时不是随机安排的。举例来说，假设我们要研究抽烟是否会导致心脏病和肺癌，要设计一个随机实验，我们就要运用随机程序把不抽烟的人分配到实验组，并要求他们抽许多年的烟，另一些人分配到不抽烟的控制组。然而，这一程序在伦理意义上是不合理的。因此，我们可以尝试做一个与之有联系的研究，在这个研究中我们可以观察心脏病和肺癌与吸烟之间的联系。这里讲的"联系"有协变的意思，但和因果关系是不同的，因为一些暗藏的混淆因素可能会诱使人们抽烟——也可能会使他们患上心脏病或肺癌（"第三变量"可能是竞争性假说的基础）。在这种情况下，我们最好要确认的是我们研究的不抽烟者要在尽量多的有关变量上与抽烟者尽可能相似，然后我们就可以比较准实验的结果与动物实验的结果，以及其他准实验和调查研究的结果，来看一下这些结果是否趋于相同。

讨论准实验通常涉及实验的内部效度和外部效度的概念。一个"好"的实验就是在自变量与因变量之间证明有因果关系的联系，而且对实验结果的其他可能解释均已排除，在这样的情况下，这个实验被称为具有内部效度[①]。如果一个实验的结果可以推广，可以推广到其他的被试和其他的场合，那么，我们说它具有外部效度。因此，评估外部效度主要是根据随机样本成功选取的程度来进行的，这些样本包括被试、实验者、刺激和反应；评估内部效度主要是根据对实验结果的其他可能解释被排除的程度来衡量。准实验设计能够控制一部分内在无效源。但是它不能像真实验设计那样随机地选择被试和确保随机等组；不能完全主动地操纵自变量、控制实施处理和随机分配被试接受特定处理。也就是说，准实验设计达不到像真实验设计那样充分而广泛地控制偏差的来源。

## 二、准实验设计的用途

我们说过，准实验设计达不到像真实验设计那样充分而广泛地控制偏差的来源。但是，在心理与行为科学的研究中，当研究的课题涉及文化问题时，在比较复杂的文化背景下，要求进行与真实验设计同样严格控制的实验，是很困难的；而且由于心理活动的特点，也不是在一切条件下都能坚持进行真实验研究的。正如上文所举的例子，假设我们要研究抽烟是否会导致心脏病和肺癌，要设计一个随机实验，我们就要运用随机程序把不抽烟的人分配到实验组，并要求他们抽许多年的烟，将另一些人分配到不抽烟的控制组。然而，这一程序显然不合伦理要求。在这种情况下，我们只能尽量地把实验控制实施到基本合理的极限之内。这就要应用准实验设计。

这里我们顺便介绍一下准实验设计中的因果归因（causal reasoning）。这就像一个医生在治疗一个被狗咬伤的患者一样。假设你的手被狗咬伤了，你去看医生，医生开的处方是一针注射用的破伤风针和口服抗生素。你要求医生在你受伤的胳膊上打破伤风针，这样，你还可以用你另一只健康的胳膊做事情。但是医生指出，人体对破伤风针会有药物反应，如果他按照你的要求做的话，就

---

[①] 朱滢.2006.心理实验研究基础.北京：北京大学出版社：124.

无法区分这是否是狗咬伤后的连续反应，最严重的是这两种情况都可能会导致手及手臂的肿大。因此，她在你健康的手臂上注射，这样任何对破伤风针过敏引起的肿大就不会再与狗咬伤后可能的肿大相混淆。医生将会对注射前后的反应进行观察对比，从而进行合理的因果推理。

## 第二节　准实验设计的类型

目前，应用较普遍的准实验设计的类型有三种：不等同组间设计（nonequivalent-groups design）；间歇时间序列设计（time-series design）；相关设计（correlational design）。有些设计模式和真实验随机组设计很相似，读者要注意区分。

### 一、不等同组间设计

（一）不等同组间设计的模式

这种准实验设计的模式如图 7-1 所示。

$$O_1 \quad X \quad O_2$$
$$O_3 \quad \quad O_4$$

图 7-1　不等同组间设计的模式

我们可以看到，在这个模式中，研究者用非随机的方法把被试分为实验组和控制组，在实验处理之前和之后，分别对两组被试进行前测验和后测验，然后进行对照比较。不等同组间设计是被试间设计，在这种设计中，不是随机地把被试分配到实验组和对照组，而是在实验处理前后分别进行测量。例如，假设我们要研究一些治疗儿童多动症的新疗法并考察其效果。如果这是一个随机实验，我们就会运用匹配程序来把多动症儿童分为实验组和对照组。但是假如要求我们必须运用两个整体组，即 A 学校的儿童为一组，B 学校的儿童为一组。我们可以通过掷币法来决定哪个学校的儿童会被分到实验组，但是我们无法在每个学校内部随机将儿童分成两组。

根据图 7-2，研究者对两个学校的儿童在研究前后分别进行测量：

学校A　　NR　　O　　X　　O
学校B　　NR　　O　　　　　O

图 7-2　治疗多动症实验设计模式

其中，X 代表实验处理，O 代表观察或测量，NR 表示对被试的非随机分配。这项研究在很多方面类似于一个随机实验，但是，因为组与组之间是不等同的，所以该设计不能很好地控制可能威胁内部效度（如各组的历史因素可能是不同的）的因素。

现在的问题是怎样才能提高两组之间的相似程度，使两者更加接近。前面提到过一个常用的程序，即在有关人口统计学（或其他）变量的指标上尽可能使两者一致，如年龄、性别和社会经济地位等。然而，如果两组中有些被试在一些变量上有区别，那么在进行数据分析时将会去掉这些被试的数据。统计显著性的检验（如 $t$ 检验、$F$ 检验和卡方检验）在很大程度上受对比样本大小的影响，如果这个样本太小，我们的统计检验将无法发现真正的不同。

在某些情况下，问题不是我们必须要利用整体小组，而是从伦理要求出发，不能把一些被试分配到零控制组，因为把他们分配给零控制组意味着得不到对其有益的实验处理；也不能把他们分到一个无效的或对治疗疾病不利的处理组中。事实上，一些医药研究者明确表示关心患者的利益，因此实验中避免运用真正的随机比较，而是运用了他们所谓的历史控制组。"历史控制组"这一术语的意思是分配到控制条件组的被试是最近检查确诊的病号，他们与那些分配给实验条件组的被试一样患有某种疾病。历史控制的不恰当运用可能会导致不充分的控制对比，因为实验组和历史组除了在是否接受医疗处理上有所不同之外，可能在其他许多重要的方面都不相同。

这一问题得到了一个医疗小组的认同。该小组对几个临床领域（如冠状动脉手术、肝硬化治疗、心脏病抗凝血剂的运用及某些类型癌症的治疗）的研究进行了元分析。在每个领域，这些研究者发现，不管是历史控制还是随机控制，这些接受治疗的患者（实验组的患者）对同一疗法的反应都是相似的，历史控制组一般比随机控制组差。这说明运用历史控制的非随机设计可能夸大了医疗程序的效用，而低估了它们潜在的负面影响。塞克（Sacks）等声称，避免这个问题最好的措施是运用一些随机程序（做一个真正的随机实验）来将被试分为实验组和控制组。

为了避免把一些被试分到控制组以至于造成他们不能从实验处理中得到应有的好处，我们没有必要非得搞一个不等组设计。我们这里推荐一个随机设计，即运用"候补清单"控制组（wait-list control group）。把被试随机划分为实验组（组 1）和控制组（组 2），然后对两组被试进行前测，接着给实验组实验处理并进行后测，控制组虽然没有给予实验处理但也进行后测，接着控制组接受实验处理，再进行一次测量，与此同时实验组也再接受一次测量。显然，这样安排实验，研究者可以得到有关第一组长时间的处理效果的有效信息，这个过程可以用图 7-3（此图中，R 表示被试在处理条件下的随机分配，O 和 X 的意义同上）来表示。

　　　　　　　第1组　R O X O　　O
　　　　　　　第2组　R O　　O X O
　　　　　　　图 7-3　候补清单控制模式

　　由此可以看出，这种准实验设计与随机等组的实验组、控制组前测验和后测验设计（属于真实验设计）相比，在控制内在无效源和对机体变量的控制方面是不够充分的，有明显的局限性。但是，对于这种设计的局限性，研究者可以尽量控制[①]。有研究者介绍了现场实验中"不等同对照组"问题对实验处理效应分析和推论准确性的影响，提出以"不等同对照组准实验设计"模式和协方差分析模型解决教育、心理实验中的"不等同对照组"问题。协方差分析模型使用一个或多个前测作为实验处理变量的"协变量"，可以校正由"选择—成熟"因素带来的实验前各组之间固有的差异，提高实验结果推论的效度。所以当面对的是预先组成的对象，如学校中的原班或工厂中的整个车间时，不能随机选择和分配两个等组被试，不能进行真实验设计，这时这种不对等实验组、控制组前测后测准实验设计，对于心理与行为科学的研究还是有很大的应用价值的。

### （二）对原因的推理

　　事实上，在任何研究中都存在推理的风险。在准实验研究中我们可以看到，主要的风险来自最初的被试的非随机分配。然而，在准实验设计中，研究者总是企图努力寻求与真实验设计类似的因果推理。在第四章中我们已经论述了"历史"和"选择"因素对内部效度的影响。

　　例如，我们要解决一个流行病学问题，但是掌握了不充分的证据。我们仍然可以运用米尔的方法模仿真实验方法进行因果推理，从而得出一个产生 Y 的必要和充分条件的合理结论。下面举个例子。情况是这样的，12 个人在同一家快餐店吃饭，我们要追溯出其中五人（Mimi、Nancy、Micheal、John、Sheila）食物中毒（Y）的原因（X）。尽管五个人中的其中一人米契尔（Micheal）吃过牛奶冰激凌，但我们不能据此认为牛奶冰激凌就是导致食物中毒的原因。而且，盖尔（Gail）和格里格（Greg）也吃过牛奶冰激凌，但他们并没有生病。在中毒的五人中，有三人（Nancy、Micheal 和 John）曾吃过沙拉，但是，出现一部分沙拉酱变质而另一部分没有变质这种情况的可能性是很小的。在中毒的五人中有四人曾吃过一些特别油腻的薯条，这可能会让人

---

[①] 陈卫旗. 2006. 社会科学现场实验的不等同对照组问题的解决方法. 西北师范大学学报, 43 (4): 66-70.

胃不舒服，但另外两人（Gonnie 和 Richard）也吃了薯条却安然无恙。最引人注意的发现是，在这个案例中所有中毒的五个人都曾吃了半熟的汉堡（而其他人都没有吃），这很容易让人联想到可能是汉堡中有细菌，而在烹饪过程中没有被杀死而致使中毒。

我们应该如何下结论呢？为了保险起见，我们假定所有的 12 个人在吃东西前都是健康的。我们就可以构想一种不等同组设计（即中毒组和非中毒组）。表面上，一个共同因素是半熟汉堡。但老板告诉我们，接待这些人的当天有一位厨师生病了。这位厨师工作了一会儿，然后说头晕、反胃，后来就请假回家了。有没有可能这位师傅就是"罪魁祸首"呢？假如他只接触了其中的一部分食物，那么有可能就这样传播了他的细菌。他可能做了米米（Mimi）和希拉（Sheila）的汉堡，南希（Nancy）的沙拉酱，米夏埃尔（Micheal）和约翰（John）的薯条，那么他就成为整个事件的另一个共同因素，换句话说，汉堡是导致中毒（Y）的充分条件，而厨师的操作是 Y 的必要条件。

我们认为我们能够肯定地排除厨师的原因，因为他一定接触过除了上述提到的食物之外更多的食物。如果他是原因（X），那么其他那些在餐厅中吃饭的人都应该生病（Y）。然而，实际情况是七个人没有食物中毒，甚至他们曾吃了一些中毒者吃过的同类食物（X）——除了半数汉堡（真实 X?），在没有食物中毒的案例中只有汉堡是没有出现的。在这个可推测证据的基础上，我们现在相信汉堡是充分必要条件（X），是它导致了食物中毒（Y）。这种在可推测证据基础上的因果归因（其中，我们检查了那些看似肯定或否定特殊因果假设的因素），是在许多准实验研究中运用的一个典型的归因方式。

## 二、间歇时间序列设计

（一）间歇时间序列设计模式

应用较多的另一个准实验设计就是间歇时间序列设计（interrupted time-series design）。在这种设计中，在实施实验处理前后的一段时间里对某种效应多次重复观察或测验，并通过对整个时间序列测定结果的比较，确定实验处理的效果。这种数据结构被称作"时间序列"，是因为在每个测定时间点都测出一个单一的数值；被称作"间歇"时间序列是因为在处理开始时有一个清晰的分界线（一个类似于开始实验处理的分界线）。这种准实验设计的基本模式如图 7-4 所示。

一个较早的例子是社会心理学家伯科威茨（Leonard Berkowitz）和麦考利（Jacqueline Macaulay）在 1971 年的研究。他们对高度公开的暴力犯罪是否有

$O_1\ O_2\ O_3\ O_4\ O_5\ X\ O_6\ O_7\ O_8\ O_9\ O_{10}$
$O_1\ O_2\ O_3\ O_4\ O_5\quad\ \ O_6\ O_7\ O_8\ O_9\ O_{10}$

图 7-4　间歇时间序列设计模式

"传染性"（即能够在人与人中产生一种"暴力传染"）很感兴趣。在 19 世纪，一个法国社会学家塔尔德（Gabriel de Tarde）声称许多新闻报道中比较轰动的暴力犯罪已经造成了类似的犯罪。例如，塔尔德说，1888 年开膛手杰克在伦敦的谋杀案新闻（杰克是 1888 年 8 月 7 日到 11 月 9 日间，于伦敦东区的白教堂一带以残忍手法连续杀害至少 5 名妓女凶手的代称。作案期间，凶手多次写信至相关单位挑衅，却始终未落入法网。其大胆的作案手法，又经媒体一再渲染而引起当时英国社会的恐慌。至今他依然是欧美文化中臭名昭著的杀手之一）就产生了这种效应，因为在不到一年的时间内又发生了 8 起同类犯罪。为了检验塔尔德的观点是否正确，伯科威茨在 1960～1967 年对 40 个城市中的特殊暴力犯罪进行了一系列的时间序列分析。

在一项分析中，伯科威茨想证明塔尔德的假设是否能解释 20 世纪 70 年代美国两起轰动的犯罪案例：一例是 1963 年 11 月 22 日在达拉斯（Dallas）发生的肯尼迪总统被暗杀的犯罪案例，另一例是 1966 年 7 月在芝加哥发生的司柏科（Richard Speck）谋杀 8 名护士的犯罪案例。有 2 个旁证支持"传染假说"，就是随后发生的两场谋杀案：在司柏科谋杀案之后的一个月，一个工程学学生惠特曼（Charles J. Whitman，以前是海军军人），把他的妻子和母亲杀死在家中，然后从得克萨斯州立大学的一个塔顶上向下扫射，致死 14 人，致伤 30 人，最后被警察用枪打死。接着 3 个月后，斯密斯（Robert Smith），一个 18 岁的高中二年级学生，窜到一个女子学校杀死 4 名妇女和 1 名儿童。随后，斯密斯告诉警察，他是看了司柏科和惠特曼犯罪的新闻后产生杀人念头的。

用这种方法，伯科威茨及其同事必须满足任何时间序列分析的四条基本要求。

第一，他们必须定义足够长的观察周期，从而使结果变量能够分别在实验处理（即暴力犯罪的高度公开）前、处理中、处理后都可以被检验。第二，在分析过程中必须使用同样的单位，目的是确保观察和时间间隔一致。例如，伯科威茨及其同事不能一年内按月观察而另一年按季节观察，因为这些观察值将没有准确的可比性。第三，时间间隔点应该对兴趣点（如暴力犯罪的增加）的特殊效果反应敏感。第四，测量方法不能变化无常，因为"工具"变化会导致结果变化。

按照上面的要求，伯科威茨及其同事的做法如下：①联邦调查局（FBI）应提供一份有关数据资料总数的准确数字（即 84 个月）；②整个过程要运用相同的单位（即每月观察）；③犯罪资料应该对他们兴趣点的特殊效果反应敏感；④FBI的犯罪资料也应该具有可信性。

伯科威茨及其同事努力寻找具有代表性的城市样本。他们在每 10 个基本邮政编码区中抽取 4 个城市，城市规模为 26 万～140 万人。然后他们从这 40 个城市中通过各种数据分析得出不同的犯罪分类目录（如恶性攻击、抢劫、杀人等）。他们制作了许多图表来报告自己的研究结果。其中，有一张图显示，在肯尼迪总统遇刺新闻报道及司柏科谋杀案被揭露以后，暴力犯罪的数目有显著上升。

应用时间序列方法进行研究的另一个例子是加利福尼亚大学的一位社会学家菲利普斯（David P. Phillips）的研究。菲利普斯和其他研究者调查了观看过含有自杀情节的影片后自杀率升高的现象。这些研究得出的结果迥异，并很难做出解释。例如，古尔德（Gould）和谢弗（Shaffer）1966 年在纽约的研究发现，观看三部包含自杀情节的电影后青少年自杀人数增加。但菲利普斯等 1987 年在加利福尼亚和宾夕法尼亚做研究发现，观看同样的三部电影后并没有证据显示青少年自杀率上升。

在奥地利的维也纳，1984 年地铁自杀率显著升高。在菲利普斯和其他工作人员提供的证据的说服下，奥地利自杀预防协会、危机干预和冲突解决委员会发表声明说，这可能与报纸上对地铁自杀事件的过分渲染有关系。上述两组织起草了传媒指导方针，并说服两个发行量最大的维也纳报纸不要大肆报道地铁自杀事件。研究者观察到，该政策在 1987 年 6 月实行以后地铁自杀事件或者企图自杀事件戏剧性地减少了许多。运用前面用过的符号，我们可以用图 7-5 说明这种间歇时间序列评估。

O O O O O O O O X O O O O O O

图 7-5　间歇时间序列设计实例
O 代表历年每月对地铁自杀或自杀倾向数量（出现的次数）的观察；
X 代表实验处理，即重要报纸接受不扩大自杀公开性的行为

（二）间歇时间序列设计分类

常见的间歇时间序列设计有：单一个案实验设计（single-case experimental design）；小样本实验设计；N-of-1 实验设计。这些实验设计主要应用于行为校正的研究，具有"间歇性时间序列个案研究"的特征。

一般来讲，N-of-1 实验设计有以下特点：

（1）研究中只有一个取样单元，或者只有一些单元；

(2) 对样本单元的反复测量（即被试内设计）；

(3) 很少运用随机分配程序。

当然，不可能在不同的处理程序中用随机法分配一个单一的被试；相反，可能会随机地分配不同的处理程序到不同的间隔时间点（如间隔的天数、星期数和月数），这样结果就可以进行比较。

尽管 N-of-1 设计中的取样单元一般情况下是单一被试（人或动物），不过也可能是一个小组，如一个队列、一个班级的学生、一个工厂的班组，或者是一组饥饿的鸽子。在一个案例中，取样单元是作为攻方后卫的 9～10 岁的足球队员，研究目的是测量出反馈时间表，从而提高球技；在另一个案例中，样本单元是一个社区，目标是鼓励司机运用儿童安全座位，方法是奖赏礼券，他们可以用这张礼券兑换一个座位及一次如何使用该座位的培训。

单一个案实验设计被广泛应用于教育、临床和法律界来评估操作性条件下干预的效果。在操作性条件下，一种是用正强化（奖励）加强行为的方法；另一种是用消退法削弱行为的方法（不再强化反应）。这些设计可以用来建立被试的行为基线，该基线是在实验处理或干预前观察和记录到的被试的行为。也就是说，在实验处理或干预前的行为评估就像一种"事先测量"，可以利用它给出的行为水平信息与处理后的行为进行比较。这相当于一个简单的被试内设计，被试自己既是实验组又是控制组。

下面介绍两个单一个案研究的例子。

在斯金纳 1948 年做的一项研究中，用的就是单一个案研究，被试是 8 只饥饿的鸽子，这些鸽子被放在笼子里，笼子里有一个装食物的漏斗（装的是谷物），这个漏斗以规则的时间间隔有节奏地在笼子边摇进摇出。一个定时器自动地把漏斗移进笼子，因此所有的鸽子都必须跑到漏斗前吃东西。但是有 6 只鸽子做出了"迷信"的活动。它们第一次得到食物时自己所做的动作被铭记在心，并一直不变。一只鸽子在吃到食物前就开始做反时针的运动；另外一只则不停地摇头；其他的坚持使头和身体同时做钟摇型运动，或者朝着地板像刷子一样刷来刷去。一些行为经济学家下结论认为这种行为类似于金融市场中出现的行为。在金融市场上人们总是在两个偶然事件之间建立因果联系，而事实上两个事件之间并不存在这种因果关联。

霍尔（R. Vance Hall）等运用单一个案设计来追踪在教室中使用干预的效果，这个干预是为了矫正一个叫罗比的儿童的行为。在本研究的初级阶段（班级拼写时间），心理学家们记录下了罗比的学习行为，其学习行为占整个拼写时间的比例为 15%～40%，平均为 25%。接下来的时间，他们观察到，罗比的行为非常混乱：他折断橡皮，玩口袋中的玩具，慢慢地喝牛奶，玩牛奶卡通画，还和周围的人一起大笑。他的老师几乎55%的注意力都被他的捣乱行为吸引。心理学家认为教师的注意事实上支持了罗比的捣乱行为。为了矫正他的行为，他们决定用一种双倍干预法：第一，对他的非学习行为和捣乱行为视而不见；第二，把关注点放在他的学习行为上（正强化）。当罗比能够持续1分钟在专注学习，观察者就悄悄地暗示老师，老师就会走过去夸赞他，如说一些这样的话："罗比，做得非常好。"当老师一直都表扬他的学习行为并在几周后进行检验，结果显示罗比能够持续学习了。罗比的拼写成绩也有所提高，原来10个单词拼正确的不到5个，现在已经达到10个中9个都是正确的（尽管这个提高也可能是由某种没有被控制的其他因素造成的）。

（三）反转型单一个案设计

在反转型单一个案设计（alternative single-case design）中，取代了符号O和X，一种不同的符号体系用来代表N-of-1实验中的不同设计，这种基本模型叫作"A-B-A设计"。这种设计是从最简单的原始模型"A-B设计"中发展出来的（A-B设计是所有单一案例设计中最简单的模型）。在A阶段，没有实验处理（干预）；在B阶段，实验处理（干预）是操作性的。因此，在A-B-A模型和A-B模型中的第一个A是基线期。一旦研究者经过持续观察建立了被试的行为基线，就会引入B阶段（实验处理阶段）。换句话说，研究者在设计的全程阶段重复观察并记录行为，包括A阶段和B阶段。在A-B设计中，在基线阶段和干预阶段因变量被重复测量。在A-B-A设计中，实验处理在B阶段结束时就撤销，也就是说，重复测量会发生在处理前、处理中，然后和处理一起撤销。

在临床干预评估中一些其他的单一个案设计也会被用到。例如，在A-B-BC-B设计中，B和C是两种不同的有疗效的干预。该模型告诉我们个体的行为在以下阶段被测量或观察：

（1）在每个干预之前；
（2）在干预措施B期间；
（3）在干预措施B、C的结合期间；
（4）在单独的B阶段。

这个设计的目的在于评估B在和C结合时的效果，以及单独运用时的效果。

这里还有另外一个变形，即A-B-A-B设计。这个设计中的策略仍然是在处理B阶段后结束，但这个模型提供了两种情景（B到A，然后A到B）。罗比的行为在这些阶段被观察测量：①在强化干预前；②在干预期间；③免去干预后；④干预恢复中；⑤被期望的行为形成之后的阶段。这种设计的优点在于它能使我们将罗比在不同阶段的行为进行对比，虽然它无法控制可能影响内部效度的因素（如测量工具问题）。尽管对单一案例设计的结果的解释通常依赖于真实的检测，但仍然存在评价效果的标准统计系统。

我们提到研究者通常使用行为矫正设计的其他变形，这很难与真实验设计区分开来。在一项研究中，被试为一个学生管理的酒吧中的工作人员。这个酒吧是许多学生和教职工经常光顾的地方，但是酒吧的卫生状况却让人望而生畏（例如，到处堆积着油脂和垃圾残渣）。研究者同意矫正在酒吧工作的学生的行为。他们运用 A-B-C 设计的变形，其中 B 阶段包括给学生展示一个任务明了的实验处理，C 阶段是反馈阶段。

这个设计与真实验相似的地方在于，研究者把工作人员随机分配到 3 个小组，目的是控制稍后的反馈。A 阶段是基线阶段，在这个阶段是工作人员的即往行为；B 阶段让所有的员工学习如何保持整洁（比如，把冷冻食品放入冰箱，把垃圾放入男洗手间，清洗器皿，把灰尘、油脂打扫干净）。1 周后，第一组的员工进行反馈，2 个星期后继续。第二组在第一组反馈一个星期后进行反馈，第三组反馈在第二组后一个星期进行。这样一来研究者就能够把干预后的立刻测量的效果与组与组之间的延迟反馈的效果进行对比，也可在每组之内进行对比（A-B-C）。行为矫正努力的结果是酒吧的卫生条件得到了显著的改善，但实际上并没有达到学生和研究人员的满意标准。

### 三、相关设计

相关设计（correlation designs）有其他两种准实验设计的特点，但又不完全相同。事实上，单词"correlation"并不是一个很确切的描述，因为我们认为"correlation"是人们在真实验设计中所寻求的结果之一（即 X 和 Y 的共变关系）。在这种类型中我们将描述一些混合的设计和研究，认知心理学家维斯伯格（Robert W. Weisberg）曾使用这种方法，他对传统理论——认为疯狂能孕育人的创造性感兴趣。

假如我们来进行这项研究，我们可以使用准实验设计的相关模型测量这种理论，其中一种方式是收集一些音乐作品，分别由名人和普通人所作，然后找一些专业评论家对这些作品的质量给予评估。我们将发现作曲家的名望和他的作品质量之间的关系。下一步将对传统自传的记录进行研究（如书或信件），以便发现更多影响他们创造性的疯狂事件的数据（我们称之为调节变量）。尤其重要的是，我们假设著名的作曲家在非常疯狂的状态下创造性会更高，我们也能假设当他们处在不太疯狂的状态下，他们作品的数量和质量将与普通的作曲者没有差别。

维斯伯格并没有这样研究，取而代之的是，他对一个著名的作曲家进行了相关设计。1994 年，他选择德国 19 世纪作曲家舒曼（Robert Schumann）作为被试，舒曼患有躁郁症（manic-depression）并最终导致自杀。维斯伯格收集了舒曼的许多富有激情的音乐作品，这些作品被专家评为天才的杰作，并且专门收集了抑郁或轻度躁狂症期间的作品。维斯伯格在对舒曼的研究中并没有发现"疯狂孕育着创造力"的结论；也就是说，舒曼患病后，他工作的质量并没有受到影响。然而，如表 7-1 所示，倒是在特殊时间里的舒曼的心理健康状况好像与他的作品有关联。也就是说，当他处于轻度躁狂的状态时，比处于抑郁状态下更容易出成果。维斯伯格的研究明显是相关设计，但是它还有间歇时间序列设计的特点，因为舒曼的工作期被抑郁和轻度躁狂症的发作打断，在这个设计中我们可以看出，交叉滞后组相关设计可以看作是相关设计的特殊分支[1]。

表 7-1　舒曼压抑和轻度躁狂发作与他的作品的创造性

| 压抑期 | | 轻度躁狂期 | |
| --- | --- | --- | --- |
| 年份 | 作品数量 | 年份 | 作品数量 |
| 1830 | 1 | 1829 | 1 |
| 1831 | 1 | 1832 | 4 |
| 1839 | 4 | 1840 | 25 |
| 1842 | 3 | 1843 | 2 |
| 1844 | 0 | 1849 | 28 |
| 1847 | 5 | 1851 | 16 |
| 1848 | 5 | | |

交叉滞后组相关设计（cross-lagged panel correlational design）的基本原理是，通过对两个变量 A 与 B 的两次测量，然后对几个相关系数进行分析比较，确定变量之间的关系。交叉滞后组相关设计之所以叫作"交叉滞后"，是因为它是相关设计的一种变式，一些数据点被视为滞后的结果变量。交叉滞后组相关设计其实也是一种纵向研究，其设计模式如图 7-6 所示。

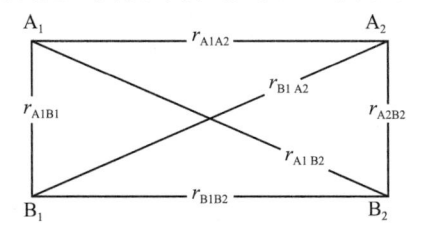

图 7-6　交叉滞后组相关设计

---

[1] 维斯伯格. 1994. 天才和疯狂：关于狂郁症能提高创造力的假设的准实验研究. 心理科学, 5: 361-367.

如图 7-6 中所描述的，A 和 B 代表两个变量，每一个都先后进行两次单独测量。其中包括三对相关关系：稳定性相关、同步相关和交叉滞后相关。

两个稳定相关系数是 $r_{A1A2}$ 和 $r_{B1B2}$，分别表示 A 和 B 在时间上的稳定性，分别涉及 $A_1$ 和 $A_2$，$B_1$ 和 $B_2$ 之间的相关。

两个同步相关系数是 $r_{A1B1}$ 和 $r_{A2B2}$，通过比较大小，可以得知 A 因素和 B 因素在时间维度上的相关稳定性，分别涉及 $A_1$ 和 $B_1$，$A_2$ 和 $B_2$ 之间的相关。

两个交叉滞后相关系数是 $r_{A1B2}$ 和 $r_{B1A2}$，表示两个数据点之间的关系，分别涉及 $A_1$ 和 $B_2$，$B_1$ 和 $A_2$ 之间的关联。

这种设计中，研究者感兴趣的不是稳定性相关和同步相关，而是交叉滞后相关，即 $r_{A1B2}$ 和 $r_{B1A2}$，当交叉滞后相关有显著差异时，具有因果关系的意义。当同步相关稳定的情况下，如果 $r_{A1B2} > r_{B1A2}$，则 A 引起 B。反之，B 引起 A。

交叉滞后组相关设计中需要考虑对 A、B 测量的信度，还应考虑 A、B 关系随时间发生的时间损耗。另外，变量本身的变化率也是重要的因素之一，两者变化律不同，容易得出错误推论。

交叉滞后组相关设计需要满足三个基本假设：

（1）交叉滞后组相关所表示的因果关系，不随时间的推移而变化；

（2）同步相关和稳定性相关尽可能一致，如果出现不一致，应有合理的解释；

（3）交叉滞后组相关中包含了主要的变量，并已做出相应的测量。

在实际研究中，上述假设不容易得到基本的满足，因此，对其结果的解释要十分谨慎。

交叉滞后组相关虽然比简单相关更充分地说明了因果关系，却仍然不能完全证明因果关系，还需要其他研究来补充验证。

# 第八章 数据的收集：单一被试设计

关于心理与行为科学的研究方法，我们认为，不管是注重基础研究的心理学家，还是注重应用研究的心理学家，在其研究过程中，除用传统的零假设检验法之外，还有更多的数据收集和分析方法。在这些技术中，单一被试实验设计既有较长历史，也有大量没被重视的潜在优势。单一被试设计在近代心理与行为科学史上曾得到广泛应用，艾宾浩斯、桑代克、巴甫洛夫和斯金纳等心理学家是运用该方法的主要代表。在大量的行为研究领域，单一被试设计已经得出可靠的和可重复验证的发现。近年来，学界不少人呼吁心理与行为科学研究方法要具有多样性。我们认为，单一被试设计方法就是这种多样性中的重要一分子。在一百多年的现代心理与行为科学史上，它虽然处于边缘化的地位，但从来没有绝迹，而且近年来还备受心理与行为科学界关注。在这种情况下，有必要重新认识和评估该种研究方法。

## 第一节 单一被试设计的简要历史

### 一、单一被试设计的含义

单一被试设计（single-participant research design）对心理与

行为科学来说并不陌生[①]。单一被试设计是指以一个或几个被试为研究对象，通过对被试在基线期与处理期的行为变化来分析、推断实验处理是否有效。

我们在讨论单一被试设计时，对其内涵的理解是较宽泛的，它可能包括多于一个的研究被试（可指个体、某个社会机构或社会团体）。因此，术语"小样本设计"与我们所讲的"单一被试设计"在一定程度上是相同的。其共同之处在于，每个被试的数据都是单独存在的，不会被其他被试所平均。单一被试设计不同于其他研究方法的重点在于，认为被研究的过程就在那个被试内部，其产生条件可以被适当地控制，因此没必要对研究对象进行抽样。然而，这并不意味着不要控制变量、不要对变量进行操作化定义。相反，这两点在建立自变量和因变量的关系时仍然十分必要，同时还要考虑内部效度和外部效度。

## 二、单一被试设计的历史

单一被试设计在19世纪末的当代心理学的开始时期就被运用。艾宾浩斯以自己为被试，以无意义音节为材料，对人类记忆现象进行了第一次全面系统的分析，发现了至今无法被人超越的记忆的基本规律[②]；桑代克用猫做实验，探讨其解决问题的能力；费希纳和韦伯的心理物理学实验也都是单一被试设计；巴甫洛夫用狗进行了经典性的条件反射实验。

继艾宾浩斯之后，单一被试研究最典型的代表当属美国新行为主义者斯金纳的操作性条件反射实验，斯金纳称其研究方法为"行为的实验分析"，他所用的动物往往是一只鸽子、老鼠或其他动物，它们既是实验组被试也是控制组被试。这些实验的突出特点是数据来自作为个体的单一被试，每个被试所得的数据不需要统计学上的平均。斯金纳的操作性条件反射实验突出了单一被试设计的优点。直到1920年，在费舍尔（Fisher）的统计学著作出版以后，心理与行为科学才转而用大样本进行研究。然而，在费舍尔的著作中并没有排斥单一被试设计，甚至还论述了单一被试设计。从1972年开始，林顿（Marigold Linton）用6年的时间每天记住2件事，每个月她都检验自己的记忆能力。这些都是单一被试研究的范例。

事实上，可以看到，最近若干年不少研究者开始进一步思考单一被试研究

---

① Backman C L, Harris S R, Chisholm J M, et al. 1997. Single-subject research in rehabilitation: a review of studies using AB, withdrawal, multiple baseline, and alternating treatments designs. Archives of Physical Medicine and Rehabilitation, 78: 1145-1153.

② Ebbinghaus H. 1913. Memory (H. A. Rueger & C. E. Bussenius, Trans). New York: Teachers College. Original work published 1885.

设计问题。现在看来，重要的不是区分单一被试和小组被试两种研究模式哪个更好，而是看二者分别能够回答或者解决什么问题。例如，桑德森（Sanerson）和巴罗（Barlow）认为，单一被试研究及其他方法在解决临床心理学问题时有重要价值。因此，美国的《心理咨询和治疗》杂志专门开辟专栏，登载心理治疗方面的单一被试研究成果。1958年法斯特（Ferster）发动了一群初出茅庐的科学家创办了《实验行为分析杂志》，主要刊登单一被试研究的实验报告。发表个案研究成果是这个刊物的重要特点。

作为推崇单一被试设计的心理学家，斯金纳讨论了它和以数据推断为主要手段的大样本设计之间的不同[1]。他说，在动物实验中，群体方法不仅模糊了行为形成的发展过程，而且在许多各自独立的实验中操纵变量的要求证实是无用的，并阻碍了继续对有趣的作用过程的探索。斯金纳从其他学科中获得了启示。从物理化学中，他总结出了稳定状态的概念，这对行为分析是无价之宝。斯金纳选择反应频率作为基本的因变量。在长时间的实验中，当行为重复出现时，就可以确认为稳定状态，即基线水平。它可以区别实验中动物行为反应最小的变化以及向上或向下的反应倾向，为以后处理阶段的行为变化提供参照。当然，这种策略要求几乎不间断地和被试接触并多次测量因变量。斯金纳和希德曼一直强调充分利用被试的自然属性的研究策略的重要性，而群体方法无法适用于认识行为过程的持续性特征。

## 第二节 单一被试设计的两种形式

### 一、描述性单一被试设计

描述性单一被试设计是研究个体行为时最广泛采用的方法。主要是在所获描述性资料的基础上，做出包括与个案有关的情况概述、分析、诊断以及提出矫正措施和建议等在内的描述性研究报告。该方法的逻辑程序是，在一定的理论框架内，对一系列的事件、关系进行描述、分析、解释和评估。其研究报告包括情况描述、分析、诊断，并提出矫正措施和建议。该种设计搜集资料的方法主要有直接观察法、个别谈话法、访问老师（家长）法、测验法、问卷法、活动成果分析法等。可以获得被试的日常生活情况、人际关系、志趣、性格特

---

[1] Skinner B F. 1966. What is the experimental analysis of behavior? Journal of the Experimental Analysis of Behavior, 9: 213-218.

征、智力水平、学业成绩、情绪状况、心理健康水平等方面的数据。这种设计主要用于一项研究的早期阶段，其结果往往是定性的而非定量的。

历史上，许多著名的心理学家都运用该方法进行研究。例如，弗洛伊德对安娜案例的个案研究；普林斯对人格分裂的描述；鲁利亚对脑外伤患者的研究；马斯洛对"已经自我实现"的卓越人物的研究；皮亚杰和其他发展心理学家对自己孩子成长过程的长期观察记录。

### 二、实验性单一被试设计

实验性单一被试设计是针对所要研究的问题的性质、特点提出假设，通过操纵实验变量、控制无关变量、观测因变量，获得变量间关系的数据，以确定行为变化与实验变量之间的关系。该种设计的特点在于探讨一个变量对另一个变量的影响。华生和雷纳对艾伯特的研究就是这种实验的经典例证。在实验中，主试向一个叫作艾伯特的儿童呈现一只老鼠。当艾伯特伸手抓老鼠时，头碰到了坚硬的挡板上，同时听到来自背后的由实验者制造的巨大噪声，孩子吓了一大跳。经过几次实验以后，艾伯特一看见老鼠就哭。对老鼠的这种情绪反应最后扩散到所有带毛皮的动物和毛皮制品上。

单一被试设计与传统的实验研究具有不同的方法学基础，因此，控制无关变量就要使用不同的方法。单一被试设计控制无关变量的方法之一是运用时间序列方法。在用于实验处理的自变量被引入以后，用系列测量结果与另外的系列测量结果作比较，从而观察自变量的效应。在这里确立基线非常重要，基线测量结果越稳定，自变量对因变量产生影响的关系越容易被确定。什么是基线呢？在自变量被引入以前，观察记录到的某种行为出现的次数或者频率，就称作基线。基线是比较自变量被引入以后行为变化的参照点，同时，基线也是观察自变量被去掉以后，因变量稳定性的一个指标。在自变量被引入以后，因变量的任何变化都被看作是由自变量引起的。自变量引入的前后可能有多次的观测值。这里存在一个问题，即可能发生自变量和无关变量混淆的现象。因为行为的变化也许是由其他变量引起的。为了解决这个问题，可以多次观察引入和去掉自变量以后行为变化的情况，从而排除无关变量的干扰。实验性单一被试设计的基本实验模式如图8-1所示。

单一被试设计技术可以用来检查治疗效果并提供可以用于其他情景的一般性的结论。如果每一个动物都显示出同样的功效，那么，一个目标动物也会显示出同样的功效。在单一被试设计中，同一个体既是处理组，又是对照组。处理前后动物的行为表现可以相互对照，从而发现处理效应。

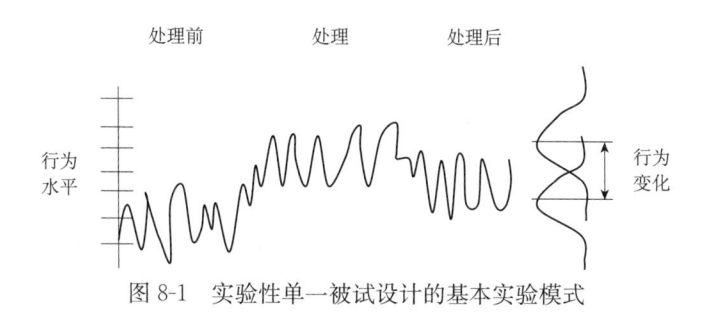

图 8-1　实验性单一被试设计的基本实验模式

## 第三节　单一被试实验设计的类型

### 一、A-B 设计

在几种设计类型中，A-B 设计是最简单的设计类型，指的是在实施与不实施实验处理的情况下对个体行为进行系统观察的方法，常用在心理治疗、教育和其他应用研究方面。A-B 设计包括两个阶段：A 阶段和 B 阶段。A 阶段确定因变量发生的次数或出现频率，作为对行为的原始观察，或者称作基线。B 阶段引入自变量（处理变量）并记录因变量（行为）的变化。在 A 阶段和 B 阶段，可能需要对因变量进行多次测量，因此即便只有一个被试，也可能有多个测量值。

下面举一个临床治疗实例加以说明 A-B 设计的思路。假设对一名酗酒者采用电击疗法来使其减少酗酒量。A 阶段中，基线是患者在处理之前喝进的酒精量。B 阶段时，提供给患者在含酒精和不含酒精饮料之间进行选择的机会。如果该患者选择含酒精的，就给予轻度电击。给予轻度电击以后，可能出现的结果是患者会减少饮用含酒精的饮料[①]，如图 8-2 所示。

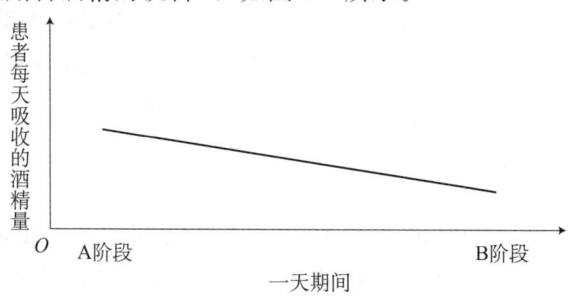

图 8-2　用电击疗法处理酒精中毒的 A-B 设计可能的结果

---

① 　周谦．2000．心理科学方法学．北京：中国科学技术出版社：343.

对 A-B 设计中的数据采用 $t$ 检验和方差分析的方法进行统计分析。但是如果在 A-B 设计中进行统计时不符合 $t$ 检验和方差分析的相应假设，则需要考虑其他检验方法。

## 二、A-B-A 设计

A-B-A 设计是对 A-B 设计的一种扩展。它可以较好地区分自变量的效果以及位置和差异延续等其他额外变量的效果。在该设计的第一个 A 阶段，建立一个基线；然后在 B 阶段引入一种自变量（实验处理），当实验处理完后记录下第二个基线，作为第二个 A 阶段。在操纵实验处理时，如果行为在 B 阶段增强或减弱，且在第二个 A 阶段又回到第一个 A 阶段的基线，则可推测自变量（实验处理）和因变量（行为）是相关的。

我们仍以前面所举的临床治疗的实例加以说明。在对酒精中毒患者进行电击处理的研究中，当对挑选含酒精饮料的患者不再电击时，也可构成一项增加了第二个 A 的 A-B-A 设计，如图 8-3 所示。

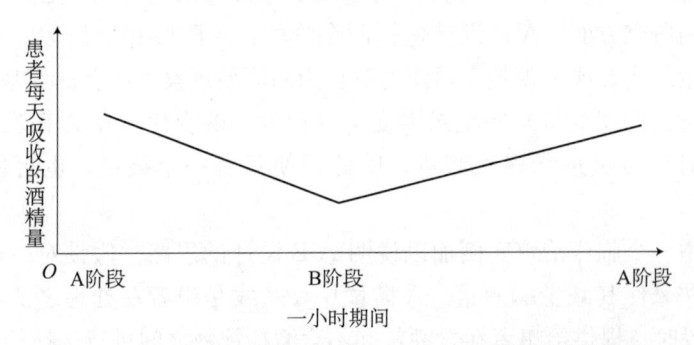

图 8-3 用电击疗法处理酒精中毒的 A-B-A 设计可能的结果

A-B-A 设计进一步澄清了由于无关变量的变化而产生对 B 阶段行为的影响。如果出现图 8-3 所示的结果，则可推论无关变量与实验处理在同一时间可能有两种变化，即 A-B 阶段和 B-A 阶段的规律性变化可能由实验处理所引起，从而解决了 A-B 设计中常会发生的额外变量干扰的问题。

## 三、A-B-A-B 设计

它是 A-B-A 设计的扩展，对 A-B-A 设计又改进了一步，有两个基线时段和两个处理时段，具体表现在两方面：① A-B-A-B 设计结束在 B 阶段，此时实验处理仍在起作用，被试因此在实验的最后阶段仍可继续接受实验处理；② 此设计为很好地观测实验处理效果提供了三次阶段变化，即 A-B、B-A、A-B 三阶段。

在上述处理酒精中毒患者的研究中，若采用 A-B-A-B 设计，则只需在 A-B-A 设计的基础上再增加一个 B 阶段，在此阶段中，研究者需要对挑选含酒精饮料的患者再次进行电击强化。如图 8-4 所示，在 A-B-A-B 设计中，研究者要对这种行为进行三次观测或评价。

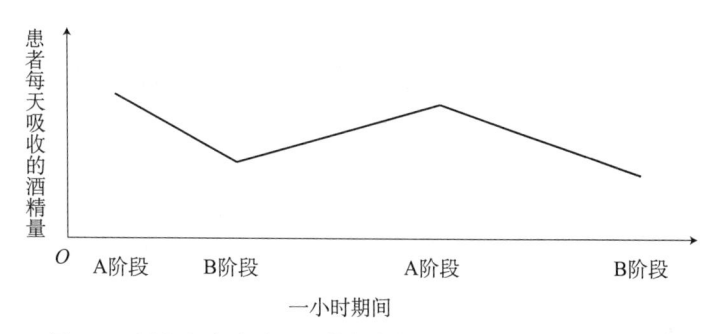

图 8-4 用电击疗法处理酒精中毒的 A-B-A-B 设计可能的结果

研究者通常使用 $t$ 检验和方差分析来对 A-B-A-B 设计中的数据进行统计分析。采用这种设计可以解决一些需要重复处理和重复观察的问题。

### 四、A-B-C-B 设计

它可用于研究两种不同变量的效果。在此设计中，在 A 阶段建立一个基线；B 阶段根据被试行为进行有条件的强化；C 阶段中也给予强化，指的是在 B 阶段中所进行干预的一种变化。在 C 阶段中，对干预进行改变，以此对被试在 B 阶段中受到的注意进行控制。如果被试只是因为被注意而引起行为发生变化，那么在前一个 B 阶段和 C 阶段都应看到有反应效果；而如果被试只是由于受到特殊行为的强化而改变自己的行为方式，则在该设计的最后阶段出现 B 阶段。

在 A-B-C-B 设计中采用方差分析来进行统计分析，而将 A、B、C 看作三种不同的实验处理。

### 五、多重基线设计

在某些情况下，前几种单一被试实验设计的类型并不太适用，且有时也不符合科学道德准则。如果要使被试再回到基线状态，就要使用多重基线设计。例如，如果我们利用以操作性条件反射原理为基础的行为矫正程序帮助儿童消除了遇到挫折时往墙上撞头的问题行为，再撤除实验处理来观察问题行为是否恢复原状，这样做明显违背科学道德，而多重基线设计正可以解决以上这些问题①。

多重基线设计有三种变式：跨行为多基线（同一个体的两种或多种行为）设计；跨情景多基线（同一个体在两种或多种情景下的同一行为）设计；跨被试多基线（两人或多人的同一种行为）设计。这三种变式虽不一样，但其设计思路是一样的，都是基于多重基线的设计。

多重基线设计的程序如下：首先要找到与所要研究的行为或被试接近的一个或几个行为或被试，然后对其进行同一自变量处理，但引入自变量的时间是不同的，这样一来不同的行为或被试在引入自变量之前有长短不等的基线期，从而可以将自变量的效应和时间的因素逐阶段地演示出来。研究者借助这种手段就能确定被试行为变化的真正原因和得到自变量处理的真实效果②。

方差分析、W 检验也适用于多重基线设计，可将每个阶段的 A、B、BC、和 C 都看作一种处理条件，并进行相应的分析。

## 第四节　单一被试研究中影响效度的因素及控制

### 一、内部效度

实验的内部效度是指因变量的变化由自变量变化得以解释的程度。影响单一被试实验内部效度的因素很多，主要包括基线和干预状态的长度、从一种状态向另一种状态转化时发生变化的变量个数、变化的速度和程度等。下面我们将简单介绍一下这些影响单一被试实验的因素。

（一）基线和干预状态的长度

指的是基线和干预状态（即当自变量被引入或消除时）作用时间的长短。在一种状态下，研究人员必须收集到足够的数据点（至少 3 个）才能获得一个明确的模式或趋势；否则，就很难确定干预的效果。

（二）从一种状态向另一种状态转化时发生变化的变量个数

这是影响实验的最重要的因素。在分析单一被试设计时，要确保一次只有一个变量发生了变化，如果有两个以上变量的变化，那么就会混淆处理效果，则任何从研究中得出的结论都可能会是错误的。

---

① 张力为. 2005. 体育科学研究方法. 北京：高等教育出版社：278.
② 郭秀艳，杨治良. 2005. 基础实验心理学. 北京：高等教育出版社：75-76.

## （三）变化的速度和程度

研究者还应考虑在干预状态中数据变化的速度和程度。例如，基线状态表明数据具有一定的稳定性，但当引入干预后，被试的行为在前三次测量中并没有改变，说明实验的效果不是很强；如果一旦引入干预就有一个快而明显的变化，我们就可得出结论认为自变量是有效的[①]。

除上述影响单一被试实验内部效度的因素外，内部效度还受到被试不稳定性、实验环境、测验工具及练习效应等额外因素的影响。

对影响内部效度因素的控制主要体现在以下几个方面：

（1）单一被试设计在控制被试特征、被试流失、测验效果上是最有效的；但在对地点、研究者（数据收集人员）特征和回归方面的控制效果略差。

（2）通过改变实验程序或采用其他变式来提高内部效度。例如，A-B 设计有可能因为行为改变或其他无法控制的因素导致其内部效度不高，我们就可采用 A-B-A 设计，如果研究发现在第二个 A 阶段撤销实验处理后，行为仍维持 B 阶段的变化水平，且排除实验延迟效应的可能，则可认为可能有其他因素导致了目标行为的改变，而原实验处理可能是无效的。

## 二、外部效度

单一被试设计主要受到外部效度的质疑。单一被试设计的外部效度指的是可推广性，即是否能把实验结果推广到其他被试或其他方面。对于这样一种只有一个被试，且发现某种实验处理有效改变行为的设计，要想控制其影响外部效度的因素，从而提高外部效度，则必须进行重复研究（实验复制），这样才能使其研究结果推广到外部。

在单一被试实验中，我们要进行的实验复制主要包括三种类型。

1. 直接复制

直接复制又分被试内复制和跨被试复制。被试内复制是指实验的被试、实验处理、实验程序与条件等均与原实验保持相同；跨被试复制是：除被试外，实验程序和条件与原实验相同，其功能在于检验实验处理对不同被试是否具有同样的作用。一般而言，直接复制多用于以动物为被试和以实验室为研究环境的基础研究。例如，斯金纳的操作性条件反射就是以一只鸽子或老鼠为被试进行研究的。

---

[①] 杰克·R. 弗林克尔，诺曼·E. 瓦伦. 2004. 教育研究的设计与评估. 蔡永红等译. 北京：华夏出版社：309-315.

## 2. 系统复制

概括地说，系统复制指的是根据研究者的研究目的，改变原实验程序中的部分条件来进行实验。这可从以下三方面加以改变：①不改变原实验程序，但可采用不同的被试；②采用原被试，但改变实验条件，如实验处理的方式等；③研究中完全采用他人的实验程序，验证他人的研究结果。其目的在于：确定原实验结论可推广的范围。它适合自然情境下的单一或小样本被试研究。

## 3. 临床复制

临床复制是指由研究者实施包含多种不同处理程序的处理方案。它包括两个阶段：①实验者面对具有相似行为问题的多个被试，确定哪些处理对这些被试有效；②组合有关处理的有效成分，形成包含几种最有效处理的方案。其功能在于：为实际研究者处理相似问题提供多种或系列有效的处理方案，同时也为他人提供一种可供系统复制的产品[①]。

## 第五节　单一被试设计的应用领域及评价

### 一、单一被试设计的应用领域

在基础研究方面，它可以运用到很多研究领域。纽维尔（Newel）和西蒙（Simon）关于"人类解决问题"的研究，就用了这种策略。他们的方法是，要求被试以对话或自我陈述的方式描述解决问题过程中所采取的步骤和方法，并没有像传统心理与行为科学那样提出假设和检验假设。历史上有很多心理与行为科学的经典贡献都是用这种研究方法体系得出的，而这种方法体系与古典的零假设检验很不相同。心理与行为科学史上杰出的人物如巴甫洛夫、皮亚杰、艾宾浩斯、斯金纳等都是在没有关注样本容量与显著性水平的条件下实施了他们的研究。

在应用研究方面，单一被试设计主要用于临床心理诊断治疗和工业组织的诊断和变革。例如，霍尔姆（M.B. Holm）、圣安杰洛（M.A. Santangelo）、布朗（S.O. Brown）等用单一被试方法调查了言语障碍、精神错乱和社会行为退缩三种疾病[②]。这一研究有两个被试，一个是患了躁郁症的17岁女孩，一个是

---

① 杜晓新. 2002. 单一被试实验研究中的效度问题. 中国特殊教育，(3)：23-24.

② Holm M B, Santangelo M A, Brown S O, et al. 2000. Effectiveness of everyday occupations for changing client behaviors in a community living arrangement. American Journal of Occupational Therapy, 54：361-371.

患有严重抑郁症、双重人格失调和中度的心理迟钝的 19 岁女孩。研究者调查了被试的行为反应、生活背景及发病的大致原因，提出了相应的治疗方案。而单一被试设计由于是以一个或极少数被试为研究对象，符合特殊教育研究的客观情况，所以它适用于研究特殊教育问题。该种方法还可以广泛运用到农村、城市、工厂、机关、学校、医院、家庭、街道、企业管理、心理咨询等领域。

## 二、对单一被试设计的评价

单一被试设计具有独特的优势。第一，可以用于研究有特殊问题的个体，提出有针对性的解决方案。无论是一个个体还是一个企业、学校，心理学家可以深入对其调查，摸清问题的特殊性，了解问题的本质，提出相应的解决办法。因此，该种方法最适于解决个人的心理问题。第二，可以运用到课题研究的初期。课题研究的初期往往对研究对象的情况不清楚，通过这种方法获得一般信息，为进一步的研究奠定基础。第三，小样本的深入研究往往能够发现独特的现象，为构建理论做好准备。第四，小样本的研究可以节约人力、物力和时间。

单一被试设计从方法上决定了它的实验特点，即当自变量能被操作化并且能对额外变量有效控制时，显示了这种方法的适用性。虽然这种设计在实验条件下更容易实现，但是这种方法也能有效适用于自然环境。事实上，这种设计灵活的特点和它快速适应于被试行为或环境特征改变的能力使得单一被试设计特别适合于实际环境。在特定的环境条件下系统收集行为数据能提供关于被试行为和正在控制的变量的有价值的信息。

当然，即使在干扰变量被控制时，单一被试设计也有一个致命缺点，即它的外部效度较低，这样就妨碍了研究结果的可推广性。需要说明的是，如果研究对象的同质性较好，其外部效度不见得就低。例如，斯金纳用小白鼠所做的操作性条件反射研究的结论就可以推广到其他动物身上，但要包括人类在内就牵强了。有机体越低级，其同质性越好。对人类来说，个体差异较大，通过单一被试研究得出的结论要推广到其他人身上就要十分谨慎。

在心理与行为科学的方法论著作中，为什么单一被试方法受到冷落？毫无疑问，原因有很多。或许在这些原因中最突出的是传统的数据推断和单一被试研究所获得数据之间的不一致。因为数据是从单个个体获得的，所以其有很大的系列依赖性或自动的相关性。对于如何分析这些数据有不同的观点。这种系列依赖性，在解释单一被试数据时会提高 I 型错误和 II 型错误的概率。在当代心理与行为科学中，研究者知道在分析这类数据时存在的问题。他们尝试通过丰富的文献来搜集传统和非传统数据推断方法在单一被试研究中的作用，包括当代经常讨论的有效数据估计、元分析等。据《行为实验分析杂志》的一位编辑报告，利用数据推断的文稿的比例在增长，至少这可以被理解为研究者已经逐渐重视把数据推断法用于单一被试研究中。而元分析技术为单一被试实验结果的定量综合提供了有效的工具。

总之，只要我们对这种方法合理运用，就会发挥它的独特作用。

# 第九章　数据的收集：心理测验法

心理测验是常用的一种研究方法。它是运用标准化的心理测验量表对人的智力、能力、人格、态度、兴趣，以及情绪和动机等心理和行为特征进行测量，从而获得相应的数据。本章介绍心理测验的基本原理和主要应用领域。

## 第一节　心理测验及测验编制概述

### 一、什么是心理测验

(一) 心理测验法

心理测验法是利用标准化的测验量表对人们的心理品质和行为特征进行量化考察的一种手段。或者说，测验是借助数量等级或固定类别来观察和描述行为的一个系统化程序。

"测验"和"测量"这两个词，含义不完全相同。一般的场合是通用的。如果要区分，可以从三个方面区分。一是测量所指的范围广，许多心理与行为科学研究都运用心理测量；而心理测验运用范围较小，如用于评估个体的某些心理特征，像能力测验、性格测验、态度测验等。同时，"心理测验"这个词有时是名词性的，指某种测验工具（卡特尔 16PF、MMPI 等），有时指测验活动、活动过程等，是个动词。二是测验和测量所得的分数的性质或含义不同，如用心理物理法测定听觉的阈限，测量分数是以物理量来表示相应的心理量；心理测验则用测验得分直接表示心理量。三是测量是要记分的，测验不一定记分，如有的个性测验用语言来描述个性的特征。

心理测验量表是进行心理测验的工具。量表是由心理学专业人员根据一定的理论，按照心理测量学的要求编制的一套标准化的题目。心理测验量表是用来搜集数据的工具之一。与问卷法相同的地方在于，都是用事先设计好的题目来让被试作答，从而搜集被试的心理与行为资料；不同的地方主要在于，心理测验法是一种更加标准化的测量方法，其题目形式也更加多样化，例如，它可以用文字形式的测验题目，也可以用非文字形式的测验题目。

（二）什么时候需要编制一个新的心理测验

心理测验法在心理与行为研究领域已经得到广泛应用，许多成熟的高质量的测验量表被研究者熟知。因此，只要有现成的、效度比较高的测验，我们就可以拿来应用（对外域文化背景下编制的测验需要修订，以使其适应中国被试），没有必要编制新的测验。几项研究证明，如果一项测验工具具有足够高的信度和效度水平，那么编制一项新的测验就是浪费时间和精力。只有在提出了新理论、新构念、新构思的时候，或者对一个已经存在的理论、构念、构思没有高质量的测验工具时，才需要编制新的测验。判断一个测验是否已经存在，研究者可以查阅有关的文献，如《心理学百科全书》《心理学年鉴》《心理学辞典》等著作。

（三）心理测验的本质

1. 心理测验法具有科学性

心理测验所应用的工具——心理测验量表是心理学研究者从一定的理论出发，按照心理测量学的标准和程序，经过大量的工作编制完成的。因此，心理测验方法具有较强的科学性。例如，要测验人的智力，就要根据一定的智力结构理论来编制测验量表，以被试在量表上的得分为基础来衡量被试的智力。

2. 心理测验事实上是刺激反应

心理测验其实是一种刺激—反应结构。测验量表的主要组成部分是测验题目，这些题目均是心理学的专家通过大量的、多次的测试挑选出来的。研究者要根据测验的目的和依据的理论，编制大量的测验题目，然后对这些题目（项目）进行测试，考察其是否可以区分人们在某一方面的行为水平或者行为品质，保留那些甄别能力高的项目，摒弃甄别能力低的项目。测验项目的本质是刺激，被试对这些项目的反应，其实就是行为。

3. 测验项目是对人们行为的科学抽样，具有代表性

能够反映被试某一方面心理品质和水平的题目或者项目从理论上说是无限

多的，而心理学研究者必须选择出具有代表性的测验题目。

我们知道，要衡量心理和行为的品质、水平，必须有个参照点，还要有测验的单位。心理与行为测验的参照点都是人为指定的。比如，在某方面得了零分，并不说明这方面的能力或者品质表现为零。因此，零分并不是绝对的零点。单位是用来表示数量多少的，因此测验必须有单位。心理测验的单位之间并不是等值的。

（四）心理测验的特征

心理测验法与其他方法相比具有以下特征。

1. 间接性

人的心理活动可以通过其外部行为表现出来，所以心理测验是通过被试对测验项目的行为反应来测量其内在的心理特征的。

2. 相对性

任何测验都应具备两个要素，即参照点和单位。参照点系计算的起点，参照点不统一，所代表的意义就不同，测验的结果就无法比较。理想的参照点是绝对零点。单位是测量的基本要求，理想的单位应有确定的意义和相等的价值。但测量人的行为时并不具备这样理想的两个条件，我们所观察到的只是行为反应的一个连续序列。心理测验就是要看每个人处在这个连续序列的哪一个位置上，然后把它与所在群体大多数的行为的平均水平作比较，这种比较一般是以分数或等级来表示的。

3. 客观性

客观性是一切测量的基本要求，心理测验的客观性要求往往是指在测验的编制、实施、评分、解释过程中降低主试和被试的随意程度。

## 二、心理测验的水平和种类

（一）心理测验的水平

心理测验的水平是指不同的心理量表测量被试心理与行为的水平。按心理测验的水平来划分，心理测验的量表可以分为四种，即称名量表、顺序量表、等距量表和等比量表。

1. 称名量表

又称类别量表，以测量对象的类别为根据来记分。例如，性别，有两类，你可以规定男，记1分，女，记0分；换句话说，用1代表男性，0代表女性。测量时，通常让被试自己填写在量表的相应空格内。又如，在测量不同级别的干部的领导能力时，量表中有一个称名分量表，包括科级、处级、厅级三个级别，相应地用1、2、3表示。这里的数字用来区分不同类别，不代表得分高低。

2. 顺序量表

顺序量表既没有相等单位，也没有绝对零，测量时要求被试在若干个备选项目中按照一定标准对其排序。例如，请你对下列活动按喜爱程度排序（最喜爱的放在首位）：看电影，看书，参加体育活动，旅游。

3. 等距量表

等距量表有相等的单位，但没有绝对零。它以间距相等的分数点对心理特征做出测量。常用5点量表和7点量表（里克特量表）。例如，有一个测验项目：我是一个做事严谨的人。

```
     1        2        3        4        5
  完全不同意 有点不同意 说不清 基本同意 完全同意
```

这就是一个5点量表的实例。

4. 等比量表

等比量表既有相等单位，又有绝对零。这是最高水平的测量。例如，对驾驶员反应速度的测量，可以用多少秒来表示。秒与秒是相等单位，又有绝对零。

以上四种量表中，用第一、二种量表得到的数据，只能用非参数统计方法进行数据统计分析和处理。

（二）心理测验的种类

1. 按测验的功能划分

1）一般智力测验和特殊智力测验

这类测验的功能是测量人的一般智力水平和特殊智力水平。例如，常见的智力测验有：比奈-西蒙（Binet-Simon）智力量表、斯坦福-比奈（Stanford-Binet）智力量表、韦氏（Wechsler）成人智力量表及瑞文（Raven）测验等，这些都是世界闻名的智力测量工具，用于测量人的一般智力水平。特殊能力测验是用来检查人某一特殊的能力倾向的，如测量人的组织能力、沟通能力、音乐能力、技巧运动能力等（在这里，我们把智力与能力作为同义词来理解）。

2）成就测验

成就测验的功能是测量人对知识、技能等的学习效果，以及教育、培训目标实现的程度，如有关知识、理解、应用、分析、综合和评价等方面的测验量表等，都是属于这一类的。成就测验也叫学绩测验。

3）人格测验

人格测验的功能是评估人们的人格特点、性格、气质、兴趣爱好等。艾森克人格测验、卡特尔的16PF测验等，均属这类测验。

2. 按测验目的分类

1）描述性测验

这类测验的目的在于对人的能力、性格、兴趣、知识水平等进行描述、分析，进行某种评价。

2）诊断性测验

这类测验的目的在于对人的某种心理功能或行为特征及障碍进行评估和判断，以确定其性质或程度。

3）预测性测验

预测性测验的目的在于根据测验的结果预测被测验者未来可能出现的心理倾向或能力水平。

3. 按测验材料分类

1）文字测验

这类测验通常由文字项目组成，用文字说明做法和做出回答。明尼苏达多相人格调查表、艾森克人格问卷及韦氏成人智力量表中的言语量表部分等均属于文字测验。

2）非文字测验

这类测验的项目多由实物、图片、模型之类的直观材料制作而成，测验也多以操作方式进行。例如，罗夏墨迹图、瑞文测验及韦氏成人智力量表中的操作量表部分均属于非文字测验。

4. 按测验的严谨程度分类

1）客观测验

这类测验只要求被试对规定问题直接作答，不需要想象和猜测。

2）投射测验

主试提供的刺激没有明确意义，问题模糊，对被试的反应也没有明确规定。著名的投射测验有罗夏测验、主题统觉测验、自由联想测验和句子完成测验。

5. 按测验人数分类

1）个别测验

个别测验每次只测试一个被试。这种测试方式多用于儿童、有特殊测验需要的人或者不便于参加团体测验的人。个别测验中，主试与被试有密切的接触，可以直接观察被试的各种反应。但是，这种方法费时费力，效率不高。

2）团体测验

在一定的时间和空间内，主试同时对多个被试进行测验。测试的被试可以是十几个，也可以是几十个，甚至上百个。此法效率高，但是，因为参与的人多，主试不容易照顾到每一位被试，容易产生误差。

此外，测验还可以分为最大成绩测验和典型反应测验。最大成绩测验用来测量人们的"最大"作业成绩，从而对他们所具备的能力做出评定，如智力测验、技能测验和成就测验等。典型反应测验是测量人们在特定情境中典型的行为或者感受的，包括个性、态度、习惯、兴趣、焦虑、情绪等测验。

### 三、影响心理测验的因素

（一）测验的形式和练习因素

测验本身的形式和特点，不同的测验情景都可能影响测验的成绩。例如，有的人善于利用测验中的有关特征和线索，有的人则不善于利用。又如，有的人接触过这些测验，熟悉测验的特征，做起来轻车熟路，有的人则没有这方面的经验；有的人多次参加相同或相似的测验，就会存在练习效应，从而混淆测验结果。

（二）焦虑和动机

焦虑情绪、强烈动机、过高的期望，会影响测验结果，使结果失去准确性。

（三）主观倾向和反应定势

测验中的主观倾向是指一些消极效应，如被试的自尊、社会认知，以及评定人在评分时产生的趋中效应、天花板效应、地板效应和晕轮效应等。天花板效应和地板效应我们在上文讲过。趋中效应是指在评分时倾向于做出"中等"分数的评级。假如一个项目满分10分，评分人只给4~6分，这就是趋中。晕轮效应是指由于对受测者的一般印象而形成某种稳定的评级倾向。这些主观倾向影响测验的准确性。

反应定势是指受测者以某种习惯的方式对测验项目做出反应，研究者就无法测得被试的真正水平，包括：

（1）速度和准确性定势：有人做题快而粗糙，有人慢而仔细。

（2）认可定势：对正误或是否把握不准时，倾向于选择"是"或"正确"。

（3）位置参数定势：有的人对等距量表的某些位置比较偏爱，另一些人则每一道题变换一种量表位置。

（4）投机定势，即猜测定势：被试倾向于探索题中线索，猜测答案。

（四）测验实施中的因素

测验实施中的各种因素也会影响成绩，如实施方式、测验主持人的特征、答案格式、记分形式、指导语的标准化程度、场地的布置、环境等。

## 四、测验的编制

首先需要说明的是，这里讲的测验是指存在标准答案的测验，通常是指能力测验或者成就测验。而测量、问卷或者调查并没有标准答案，只是对被试心理行为的描述，如人格测量、职业兴趣问卷、态度问卷、价值观问卷等。

编制测验之前要做的一项重要工作是制订测验的编制计划。内容主要包括明确测验的目的和具体编题计划。测验的目的是指编制的测验拟用于哪些人群（测验对象），以及测验针对的是测验对象的哪些心理特征或行为。不同的测验适用于不同的人群，例如，斯坦福-比奈智力量表适用于儿童和青少年，韦氏成人智力量表适用于成年人。编制测验时还要清楚地认识到该测验是用来预测的还是用来诊断的，是测验人们的人格的还是测验智力的，这些都与测验目的有关。此外，研究者同时还要明确这些测验目标所包含的心理过程或者心理特征，以及这些过程和特征所包含的因素。

对学业测验来说，编题计划往往通过一张双向细目表来呈现。它规定了测验所包含的内容和要测定的各种技能及其权重系数。

对测验来说，编制过程包括以下步骤：

第一，严格定义要测量的属性或者概念；

第二，编写测验项目（这些项目在逻辑上与所要测量的特质有联系）；

第三，在较大的样本上对项目进行测试和分析；

第四，对修改后的测验进行新样本的施测；

第五，以新样本施测后获得的数据为基础进行信度和效度检验。

### （一）严格定义概念

研究者提出的概念（构念、理论）是主观的，是不能直接观察和测量的，因此，研究者必须对概念进行严格的定义。定义中应该包括概念的内涵，即说明概念的确切意思，不至于使别人产生歧义。

对成就测验来说，比如，一门课程的期末考试测验，在编制测验之前要定义课本的哪些章节是考试的范围，并且对不同章节内容规定不同的权重。但是，对于人格测验和态度测验，要定义其内容、范围并非易事。

无条件自重是一种类型的自尊。我们可以这样来定义：无条件自重是指个人把自己看作是一个有价值的人的程度，而且采用自身内部的评估标准，即一个人对自身的评价和接受是无条件的。换言之，虽然个体会努力提高自身在一个或多个行为领域（如田径、学业、社会）的表现，但他喜欢自己、接纳自己的程度并不取决于自己的表现。

研究者可以编制一些测验项目，如"我喜欢我自己""即使我犯了错误，我仍然觉得我这人很好""不管别人如何评价我，我始终感觉我自己好"。

（二）编写测验项目

在有关概念定义好以后，就要着手编制测验项目。开发测验项目时要仔细检查概念的定义，然后推论出能反映概念定义成分的特定行为或者反应。

心理与行为科学量表和测验的编制需要包含许多项目。这是因为：首先，单个项目测量到的行为和心理特质具有偶然性，不能充分反映或者代表某方面的行为特征。例如，用一个题目来测量一个人对某一门课程的学习程度就不合适，用一个题目测量人的智力水平也显然是不合适的。其次，一个题目只能对人群进行很有限的区分。比如，"真的/假的"或者"正确/错误"只能区分2个水平；即使使用里克特5点量表，也只能区分5个水平。假如我们使用10个里克特量表，那么我们就能得到分数等级范围为1~50的测验结果，即可以区分50个水平。最后，假如测验只有一个项目，那么我们就无法计算测验的内部一致性信度。分数范围较小也会降低其与其他变量的相关，从而降低测验的效度系数[1]。

为了编写测验项目，研究者需要搜集资料为编写题目及确定题目形式做准备。选用什么样的项目形式是基于测验目的和材料性质的。此外，还要考虑测验的时间、题目数量、计分方法等因素。对学业成就测验来说，测验项目的内容范围要与双向细目表保持一致。

1. 项目来源

测验项目的编写主要参考以下几个方面。

1）借用

根据研究目的，在现有的标准测验中借用适用的项目。研究者在动手编写项目之前，一般要把相关研究领域已经有的测验搜集起来，这样做一方面可以了解本领域的测验的发展过程及最新成果。另一方面可以从中直接选择适用的项目。成熟的、标准化的测验都是经过信度和效度检验的，其项目也是符合心理测量学的要求的，因此可以直接使用。但是，不能在一个测验中大量借用别人的项目。

2）访谈

通过焦点小组的访谈搜集有关领域的资料。访谈可以是结构化的，也可以是半结构化的。通过访谈，研究者可以获得大量资料，研究者在对访谈资料进

---

[1] T. L. Frederick, L. James, T. Austin, et al. 2006. 心理学研究手册. 周晓林，訾非，黄立，等译. 北京：中国轻工业出版社.

行深入细致的归纳分类的基础上可以编制测验项目。

3) 问卷

可以对样本进行开放性问卷调查，根据调查结果编制项目。

4) 字典和词典

字典和词典往往是人格测验项目的来源。在人格测验的历史上，美国心理学家阿尔波特就是借助于英文词典，选取了 17 953 个描述人格特点的词汇，然后进行整理分类，作为人格测验项目的来源。

5) 临床观察和专家经验

要编制临床应用的量表，研究者主要依据临床观察获得资料，然后编制测验项目。专家在某些领域有丰富的经验，可依据专家的经验制定测验项目。

6) 教材和教辅

教材和教辅材料往往是学业成就测验项目的来源。要评估被试在某一科目或者某一知识领域的知识和技能水平，我们主要依据被试所学的教材、教辅材料、老师的讲义、复习资料、参考资料等，来编制测验项目。

2. 项目类型

1) 论述题

论述题是要求被试根据所给主题进行分析和讨论，一般要求回答论述题要有论点、论据和适当的论证，最后得出结论。一般的成就测验多用论述题的形式。

论述题可以评估被试的多种能力。论述题能够考察被试的组织能力、分析能力和语言表达能力，也能够测量被试的评价能力和创新能力。死记硬背是不能回答论述题的，因此，论述题可以考察被试的真实水平。论述题的题目措辞要求严谨、明确、没有歧义，并且题目中不能暗示或者变相包含答案或者答案线索。

但是论述题在一套测验中的题目数量不能太多，因为回答论述题占用时间较长。这也决定了论述题的代表性较差，对于被试碰巧熟悉的内容，他回答得可能很圆满，对于其碰巧不熟悉的、掌握不熟练的内容可能回答得很差，甚至一句话也答不上来。

论述题属于主观性测验项目，因此不易保证评分的客观性。虽然有些测验规定有较详细的答案要点，但是每一位评分者对这些答案要点的理解可能也存在偏差。研究表明，对于同一份答卷，不同的评分者评分的相关系数为 0.62～0.72；同一评分者对等值的两份试卷的评分，其相关系数仅为 0.42～0.43。另外，评分者可能受到卷面的整洁性、笔迹的美观性及评分者已有的偏见等因素的影响，给予被试不公正的分数。论述题在统计分数时往往是人工计算，也容易出偏差。

2) 选择题

选择题由题干和选项两部分组成。题干可以是直接的问句，也可以是不完全的陈述句。选项一般有 4 个或者 5 个可能的答案，当然其中有一个正确的答案，其余的都是错误的。文字、数字和图形材料都可以用于选择题。

选择题可以考察被试的记忆能力，分析问题、辨别问题的能力，它可以广泛应用于知识测验和能力测验。

编制选择题时要注意几个问题：首先，问题必须明确；其次，选项应该简练，几个选项的长度应该相当；最后，题干和选项的用词要避免给被试提供正确答案的线索。

3) 是非题

是非题只有两种答案可供选择，或者说被试只有两种可能的反应，即肯定的反应（是、同意、正确）和否定的反应（否、不同意、错误），因此它是选择题的一种特殊形式。

是非题在书写和阅读时比较省力，可以快速作答，因此可以在一定时间内测量更广泛的内容。是非题只有两种答案，猜对的概率是一半；同时，被试在作答时还容易出现反应偏向，或者叫做反应定势，即要么都选"是"，要么都选"否"。

编写是非题时要注意几个问题：首先，在命题时要考虑重点测验被试对事实、概念和原理的掌握情况，不应测验细枝末节的知识；其次，题干中不能出现一半对、一半不对的情况；最后，在语句类型的运用上，不要用否定句、双重否定句和疑问句。

除了以上几种题型，测验编制者还可以根据测验的目的、内容，以及被试的年龄、环境条件等情况，编制简答题、口试题、情景模拟题等类型的题目。

（三）对项目进行试测和分析

在测验量表初步完成后，在正式应用之前，要进行试测，然后根据所得数据进行项目分析，为项目的增删提供依据。

项目分析的目的是考察项目的难度和鉴别能力。当我们根据一定的理论或者概念、构念编制出一套测验项目时，首先要对项目的内容进行认真检查，就是说要考察内容效度；然后对测验项目的编排次序、措辞、题量、语义等进行分析和斟酌；最后是进行试测，并根据试测结果（主要考察难度和区分度）对项目进行修订。

项目难度是指参加测验的被试中正确回答该项目的百分比；项目区分度是指项目把不同能力、不同知识和技术水平的人区分开的能力。难度和区分度之间有关系，当难度太大或太小时，区分度就小了。

参与试测的对象群体的规模应该在 500～1000 人，并且要尽量使测试的情景、测试的过程等方面的情况与以后正式测验时的情况类似。比如，我们编制了一套测验拟用于初中学生，那么我们就要从初中的三个年级选择具有代表性的被试进行测试，即保证选择的被试能够代表想要施测的被试总体。

项目分析的基本步骤一般包括：

第一，把所有参与试测的被试的测验卷子按得分高低排序，计算有效测验的总份数（$N$）。

第二，以 $N$ 乘以 0.27，所得的积（$n$）取整数。例如，$N=30$，$n=30 \times 0.27=8.1$。舍弃小数，得 8。

第三，按顺序从最高分向低分取最好的 $n$ 份卷子；如 $n=8$，则取 8 份作为高分组。以同样的方法找到低分组。

第四，对每一个项目都分别求出高分、低分组中答对项目的比例。

$$P_H = \frac{正确回答的数目}{n}（高分组） \tag{9-1}$$

式中，$P_H$ 是高分组中答对项目的比例，$n$ 是高分组卷子的数目。

$$P_L = \frac{正确回答的数目}{n}（低分组） \tag{9-2}$$

式中，$P_L$ 是低分组中答对项目的比例，$n$ 是低分组卷子的数目。

第五，求出项目难度 $P$。

$$P = \frac{P_H + P_L}{2} \tag{9-3}$$

从式（9-3）可以得知，$P$ 值越高，难度越低；$P$ 值越低，难度越高。$P=0.50$ 为中等难度。但是，如果这是一个两种选择的项目（是否题或正误题），那么，$P=0.50$ 实际上就很难说明被试在这一项目上的情况，因为如果随机答题的话，也可以得到 $P=0.50$ 的正确率。因此，对于 $P$ 值应按照不同的项目特点进行"机遇校正"，公式是

$$P' = \frac{KP - 1}{K - 1} \tag{9-4}$$

式中，$P'$ 为校正后的正确答案的比例；$P$ 为原比例，$K$ 为每一个题的备择答案数目。例如，一个项目有 5 种备择答案，其原难度比例为 0.80，它的实际难度为

$$P' = \frac{5 \times 0.80 - 1}{5 - 1} = 0.75$$

第六，求出项目辨别力 $D$。

$$D = P_H - P_L \tag{9-5}$$

假设 $P_H=0.70$，$P_L=0.30$，那么，$D=0.70-0.30=0.40$。

辨别力指数越大，表明个别项目的反应与测验总分的一致性越高。对项目的辨别力一般要求不能低于 0.35。

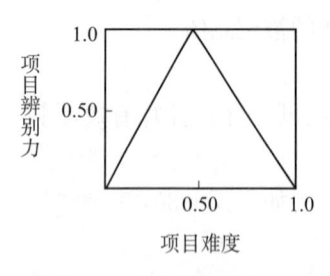

难度和辨别力之间的关系可以用图 9-1 表示。

当难度为 0.50 时，即有一半的被试能够答对该项目，项目的辨别力最高；但题目太容易或者太难时，该项目就无法评估出个体差异，即没有辨别力。经过项目分析，保留中等难度的项目，修改或者删除太难和太容易的项目。一般是保留难度水平在 0.25～0.75 范围的项目。

图 9-1 难度和辨别力之间的关系

经过项目分析后对项目进行修改，然后对修改后的测验进行新样本的施测，并以新样本施测后获得的数据为基础进行信度和效度检验。

## 第二节 心理测验理论

心理测验理论涉及的范围很广，如心理测验编制的理论，效度理论，信度理论，预测策略，效用理论，量表理论，测验设计，潜特征模型，反应定势与风格，心理物理测量，测验的项目分析，等等。从发展的角度看，测验理论经过了两个阶段：经典测验理论和项目反应理论。

### 一、经典测验理论

（一）经典测验理论及其假设

英国心理学家、统计学家斯皮尔曼提出了经典测验理论（classical test theory）和方法。后人沿着他的道路对其理论进行了补充和完善，一并称为经典测验理论。这些理论中最著名的是斯皮尔曼提出的分数模型。

斯皮尔曼的分数模型认为心理测验的分数（$X$）由两部分组成，即反映被试心理特征的分数，即"真分数"（$T$）和反映随机因素的影响分数，即误差分数（$e$）。其公式是

$$X = T + e$$

经典测验理论模型的基本假设有：

（1）观测分数等于真分数与误差分数之和，即 $X=T+e$；

(2) 观测分数的期望值等于真分数；

(3) 真分数与误差分数的相关为零；

(4) 不同测验的误差分数的相关为零；

(5) 不同测验的误差分数与真分数的相关为零。

（二）经典测验理论的缺点

经典测验理论在理论假设和实际应用方面存在如下缺点[①]：

(1) 真分数与观测分数间存在线性关系的假定不符合事实。

(2) 经典测验理论假定真分数 $T$、观测分数 $X$ 和测验误差分数 $e$ 之间的关系可以用一个简单的线性函数 $X=T+e$ 表示。但大量的研究表明，真分数与观测分数间的非线性关系更符合事实。

(3) 项目统计量（难度和区分度）严重依赖于被试样本。经典测验理论的项目难度以通过率表示，因此被试样本能力高时项目通过率就高，反之则低；区分度通常以项目与总分的相关或高低能力组的通过率之差表示，两组能力差别大时，区分度就高，反之则低。

(4) 对被试能力的估计依赖于测验题目的难度。在经典测验理论中，被试能力与测题难度是相关的，参加不同难度的测验会得到不同的能力估计值，不同测验结果间难以进行比较。

(5) 测验信度建立在平行测验假设的基础之上。平行测验指内容相似，平均分、标准差及误差均相同的测验。但严格平行的测验是不存在的。即使同一测验在不同时间施测，测验分数也会产生较大变异。

(6) 测验信度的取值也依赖于被试样本。当样本能力水平的差异大时，测验分数的分布范围就大，计算出的信度值就高，反之，信度值就低。

(7) 误差与真分数独立的假设难以满足。经典测验理论假定误差与真分数独立，即 $r_{Te}=0$，这是不符合事实的。低能力的被试答题时一般会比高能力被试有更多的猜测，所以其测验误差分的大小及方差必然要大于高能力的被试。

(8) 信度是针对被试全体的，只代表平均测量精度。信度不能给出不同能力水平的准确测量精度，因而对于如何提高不同能力水平的测量精度问题，经典测验理论显得无能为力。

(9) 对测验等值、适应性测验、标准参照性测验的编制等问题不能给予满意的解决。

(10) 没有考虑被试对项目的反应模式。经典测验理论在整个测验的水平上

---

[①] 郭庆科，房洁.2000.经典测验理论与项目反应理论的对比研究.山东师范大学学报,(3)：264-266.

分析测验结果，忽视了不同的项目反应模式，混淆了相同测验分数所包含的不同性质的特征。例如，同样的测验分数，有的人是由于某种反应定势而答对题目，有的人只是答对了低辨别力的项目，有的人则能反映出真实的心理特征或水平。

可见，经典测验理论是存在一些难以克服的缺点的。针对这些，现代测验理论应运而生。项目反应理论是现代测验理论的主要代表。在经典测验理论指导下，测试学家关心的是被试的测试得分，即每个正确测试项的分值总和；而项目反应理论的关注重点则是被试是否答对每个测试项，而不是被试的测试总分。项目反应理论和经典测验理论在数学模式、基本假设和测验可靠程度的估计指标等方面都存在着明显的差别。与经典测验理论相比，项目反应理论在较强的前提假设下，有更多的优越性。

## 二、项目反应理论

### （一）什么是项目反应理论

项目反应理论（item response theory，IRT）也叫项目特征曲线理论（item characteristic cur theory）。项目反应理论能够辨别出个体对测验项目的反应特点，揭示个体某种反应类型的概率与个体某些特征之间的关系。项目反应理论是一种现代测验理论，是一系列心理统计学模型的总称，是针对经典测验理论的局限性提出来的。项目反应理论是用来分析考试成绩或者问卷调查数据的数学模型，这些模型的目标是确定潜在的心理特质是否可以通过测试题被反映出来，以及测试题和被试之间的互动关系。项目反应理论假设被试对项目的反应能体现其潜在特质。根据被试回答测试项的情况，通过对项目特征函数的运算，来推测被试的能力[1]。

项目反应理论是建立在潜在特质理论的基础上的。特质是个体内在的、稳定的、具有差异性的特征，它决定了个体对某测验做出反应并使其反应表现出某种一致性。而这些特质（即心理特征）是不能直接观察和测定的，同时，这种特质没有明确它的物理与生物属性，所以称为潜在特质。我们多用 $\theta$ 表示特质或能力水平，它是测验所要测量的目标。

在潜在特质理论中，为了测量潜在特质，将其进一步数学模型化，给出了潜在特质空间（latent trait space）的定义，即对某一特殊行为的发展起作用的所有潜在特质的集合。在潜在特质空间中，互相独立的潜在特质的个数，称为这个特质空间的维度。潜在特质空间可能是多维的，也可能是单维的，一个 $k$

---

[1] 孙彬. 2010. 测量与计量学的发展——项目反应理论. 科技信息，36：127 - 130.

维的潜在特质空间可以用向量的形式表示为

$$H = (\theta_1, \theta_2, \theta_3, \cdots, \theta_k)$$

包含了决定某一行为发展的所有潜在特质的特质空间称作全特质空间。在潜在特质理论中，认为个人在测验中起决定作用的内部特质可假定有一组共 $k$ 个，这 $k$ 个特质就定义为 $k$ 维潜在特质空间。被试在这 $k$ 维空间中的位置，由他在这 $k$ 个特质上的实际水平来决定。

项目反应理论有一个基本假设，这就是知道—正确假设。这一假设的含义是：如果被试知道试题的正确答案，他将做出正确的反应或回答；如果被试答错了或者做出错误的反应，我们则认为他不知道这个试题的正确答案。这个假设虽然很简单且显而易见，但在项目反应理论中起重要的作用，离开这个假设，则很多心理测量中的问题都会难以控制。但是，这个假设的逆命题在项目反应理论中是不成立的。

此外，项目反应理论中还有另一个重要的基本概念，即项目特征曲线（item characteristic curve，ICC）。ICC 是项目分数对于能力（$\theta$）的回归线，它说明了从具有特定潜在特质的总体中随机抽取的受测者做出特定反应的条件概率。ICC 用图形总结了测验项目的关键特征：项目难度，鉴别力，通过猜测正确回答的概率。ICC 表明项目反应理论是以一系列的假设开始的，这些假设是关于个体的能力与其答对问题的概率之间的数学关系的。这意味着：第一，测验测量的能力和个体对项目的反应是有关系的；第二，所测验的特质和个体对项目的反应之间的关系可以用图像表示出来，也就是说，在个体的能力水平和他正确回答项目的可能性之间，应该有一种简明的数学关系。这些假设构成了 ICC 的基础。换句话说，在承认这些假设可信的基础上，项目反应理论可基于可观察的行为（如项目反应）做出关于潜在特质的推测。

（二）项目反应理论的模型及假设

1. 项目反应理论的模型

项目反应理论的基本思想是，确定被试的潜在特质和它们与项目的反应之间的关系，被试的表现和这组潜在特质之间的关系，可通过一条连续递增的函数来加以诠释，此函数称为项目特征函数。而把不同能力的被试在某测试项目上的得分期望连接成线，此曲线称为项目特征曲线。这种关系的数学表现形式就是"项目反应模型"。但这种模型是概率性模型。确切地讲，项目反应模型表示的是被试的潜在能力和被试能正确答对测试项的概率之间关系的数学形式。从这个角度来讲，项目反应理论的核心就是数学模型的建立和对模型中各个参数的估计。为了定量地描述被试对测试项的反应，测量学家们提出了各种各样的模型。

对能力进行估计的项目反应理论的模型常用的有两种：正态曲线模型（normalogive model）和逻辑斯谛模型（logistic model）。下面以逻辑斯谛模型为例，简单介绍以逻辑斯谛模型为基础的三种不同模型。项目反应理论有三个项目参数，即难度（difficulty）、区分度（discrimination）和猜测系数（guessing）。根据不同的参数，项目特征函数可分为三种参数模型：

第一，单参数模型（one-parameter model），也称罗氏模型（Rasch model），在这个模型下只包括难度，且区分度恒定为1。

第二，双参数模型（two-parameter model），包括难度和区分度。

第三，三参数模型（three-parameter model），包括难度、区分度和猜测系数。

通过观察ICC，我们可以看到：

（1）项目辨别参数（ai），即曲线的斜率，斜率越大，项目的辨别力越高；

（2）项目难度参数（bi），即项目正确反应概率 $P(\theta)=0.5$ 位置所对应的能力量表值；

（3）猜测参数（ci），如果在能力量表值为零时仍有正确的反应，就认为存在猜测因素，项目将能力量表值为零处的"正确反应"概率值作为项目猜测参数。猜测参数其实就是特征曲线的截距，它的值越大，说明无论被试能力高低，都容易猜对这个测试项[1]。

图9-2是某测验三个项目的特征曲线，说明了上述三个参数在特征曲线中的关系[2]。

图9-2中的纵坐标表示对测验项目做出正确反应的概率，横坐标表示能力量表，这里的能力已作为潜特征，以各项目在正确反应概率为0.5处的能力水平，作为项目难度参数。可以看到，项目1和项目2的辨别力都较高，因为能力水平稍有差异，特征曲线所对应的概率值就会有明显的变化，从而可以从正确反应的概率灵敏地反映受测者的能力水平。图9-2中项目3的斜率小得多，因而辨别力比较低。项目特征曲线在 $P=0.5$ 处对应的能力水平表明，项目2和项目3的难度相同，而项目1的难度较低。项目3在能力（$\theta$）为0值时仍有一定的"正确反应率"，表明在这个项目上有猜测。理想的测验需要使项目辨别力尽可能高，所包含的项目应既有高难度的，也有中、低难度的，但尽可能没有猜测因素。当猜测因素不可避免时，可以设法进行校正，确定猜测的允许范围。项

---

[1] 黄建丹. 2011. 项目反应理论简介. 学理论，17：271-272.
[2] 王重鸣. 1990. 心理学研究方法. 北京：人民教育出版社：131-135.

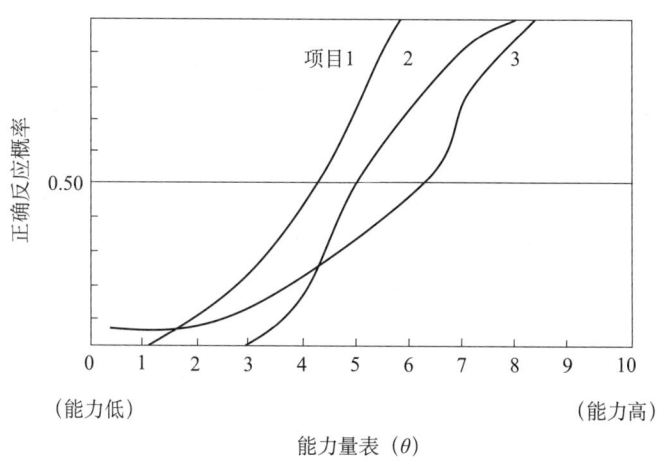

图 9-2 三个项目的项目特征曲线

目参数的估算可以采用迭代逼近法或递次逼近法。

2. 项目反应理论的假设

项目反应理论模型的基本假设包括一维性假设、项目特征曲线假设和局部独立性假设等。

第一，一维性假设。一维性是指组成某个测验的所有项目都是测量同一潜在特质的。也就是说，测验只测量被试的某一种能力（如计算能力），而忽略其他能力对测验结果的影响（如阅读能力）。多数项目反应模型是基于这一假设的。也正是由于这一假设，项目反应理论受到了反对者的攻击，因为在测验实践中完全满足一维性假设是较困难的。

第二，局部独立性假设。局部独立性假设是指项目参数的估计值独立于被试，即多个被试的不同能力水平不影响项目参数；同时，被试的潜在能力与测试项的难易度无关，即不同难度的测试项都能测量出同一个被试的同一潜在能力。这里讲的"局部"，其含义应该是"给定的"。这样，局部独立性假设就可以表述为："在给定被试能力时，不同的项目反应间相互独立"。事实上，这是与一维性假设相等同的，它是指被试对测验中不同题目的反应在统计上是互相独立的。也就是说，被试在测验中在某题目上的正确反应概率不依赖于他在其他题目上的正确反应概率。但这种假设有一个重要特点，就是测验成绩只取决于某种主导因素，其他因素均可忽略不计。

第三，项目特征曲线假设。项目特征曲线假设是指被试对项目的正确反应概率与其潜在能力之间存在函数关系，其基本模型为逻辑斯谛模型。

## （三）对项目反应理论的评价

项目反应理论与经典测验理论相比具有一些优势。

首先，所提出的项目信息、测验信息等概念可以作为评定个别项目或整份测验的测量精度的指标，似可取代传统的"信度"，作为内部一致性的指标；提出了项目信息量最大原则为测验编制新原则。其次，项目难度和被试特质水平的取值定义在同一度量系统之上，为更好地筛选项目铺平了道路。再次，项目反应理论由于项目难度与被试特质水平相匹配，为标准参照测验的编制指出了明确的途径，并定义了经典论中没有类似物的项目和测验信息函数。最后，经典测验理论对复本的标准化测验的建立都很有限，而项目反应理论具有参数不变性，对大型题库的建设及自适应测验编制具有突出的优势。

另外，项目反应理论不是在测验的水平上建立测量模型，而是在项目水平上做出分析，并运用定量化的项目与能力参数，对项目反应做出定性的解释。

项目反应理论提出了与以往测验理论不同的项目难度和项目鉴别力的定义。传统意义上认为，如果大多数人都不能正确回答该项目就难，如果大多数人能正确回答该项目就容易。项目反应理论则是在给定的概率水平下，根据正确回答项目所需要的能力水平来界定难度，这意味着难的项目需要高水平的能力才能回答正确，而容易的项目则是低能力水平的人能回答的。这相较于传统的意义，更明确而清晰。关于项目鉴别力，在项目反应理论中，是根据项目反应和测验所测量的构念之间的关系来确定的。而在传统的测量理论中，项目鉴别力是将项目反应与整个测验总分联系在一起的，如果这个测验不能很好地测量构念，那么实质上所谓的项目鉴别力毫无作用，人们也无法凭此判断这个项目是否可用。

对于每一个测验项目，都可以计算"项目信息函数"，信息函数大的项目提供的信息量较大。这样，测验或量表设计者就能够选择信息量最高的项目。研究表明，项目特征曲线的斜率越大，信息函数也越大。项目信息函数以所有项目参数作为基础，表示出测验项目对于不同能力水平的测量效力。项目反应理论通过项目信息函数来推测测量的信度和测量的标准误，为各种测量指标提供了稳定的测量参数。例如，杜文久的《项目反应理论框架下多级评分项目的信息函数》的报告中给出了多级评分项目的信息函数计算公式，同时通过几个实例讨论了多级评分项目信息函数在实践中的应用[1]。

---

[1] 杜文久.2006.项目反应理论框架下多级评分项目的信息函数.心理学报，38（1）：135-144.

项目反应理论的不足：

（1）由于其理论假设建立在较深奥的数学基础之上，所以普及起来有一定的难度；

（2）由于项目反应理论从测量模型的理论框架来讲，多使用1、0记分资料的单维模型，故造成其应用上的严重局限；

（3）由于受到苛刻的假设限制，必须有大样本进行配合，否则精确性不高；

（4）在应用过程中多以先进的电脑科技作为辅助。

（四）项目反应理论在测验方面的应用

1. 用于对测验项目的评估

对测验项目的评估主要是指对测验项目的难度、项目辨别力进行评价。有这样一个例子：一个测验共有10个项目，测验项目的反应分为正确和错误。表9-1为10个项目中两个项目测定的正确反应比率[①]。

表 9-1　某测验项目分析的数据

| 总分 | | 1 | 2 | 3 | 4 | 5 | 6 | 7 | 8 | 9 | 10 |
|---|---|---|---|---|---|---|---|---|---|---|---|
| 正确比率 | 项目A | 0.50 | 0.10 | 0.20 | 0.25 | 0.40 | 0.60 | 0.75 | 0.88 | 0.95 | 1.00 |
| | 项目B | 0.00 | 0.00 | 0.00 | 0.00 | 0.00 | 0.05 | 0.20 | 0.40 | 0.82 | 0.95 |

表9-1的含义是，测验总分分别是1～10分的被试答对项目A和项目B的概率。例如，测验总分为8分的人当中，有88%的人答对了项目A，而只有40%的人答对了项目B。

根据以上数据，用"项目-测验回归"方法，做出两个项目的项目特征曲线，如图9-3所示。

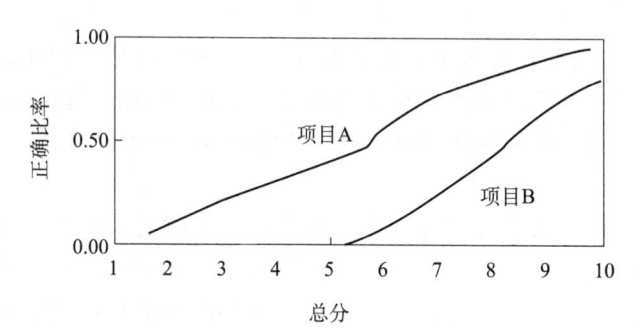

图 9-3　项目A和项目B的项目-测验回归结果

可以看出，项目B的斜率大于项目A，B具有较高的辨别力；A在概率为

---

[①] 王重鸣.1990.心理学研究方法.北京：人民教育出版社：131-135.

0.50 处对应的能力水平低于项目 B，说明其难度小，并且可能包含猜测。通过图示可以看出不同项目的辨别力和难度不同，而且可以了解项目成绩与总分数之间的关系。

肖玮用项目反应理论创建了一个图形推理测验题库[1]。应用项目反应理论，从自编的 235 个图形推理测验题目中剔除数据与模型拟合不好的题目以及信息函数最大值小于 0.3 的题目，最终建立一个包含 181 道题目的题库。该题库可以用于淘汰智力较低的应征青年。

2. 用于成绩评估量表的设计

运用潜特征理论的拉什模型可以进行作业成绩评估研究和评估量表的设计。拉什模型只使用了一个参数，即难度参数，简化了项目分析程序。拉什模型假定所有项目都具有较高的辨别力，认为项目辨别力的差异和猜测因素可以忽略不计。

设计成绩评估量表的第一步是设计出较多的备选测验项目（一般设计出 150 个项目，项目即测验题目），并以 5 点量表记分，对评估的对象进行施测。

例如，有这样一个项目："我是一个性格稳重的人。"

$$1 \quad 2 \quad 3 \quad 4 \quad 5$$

被试可以根据自己的情况，进行自我评定。这个陈述完全符合自己情况的，在 5 上打记号，完全不符合的在 1 上打记号，其他类推。

第二步，对测试数据进行聚类分析找出 4 个维度，并确定难度参数。在分析时，把 5 点量表分解成若干个 0 或 1 的两分小项目。例如，在某项目上答 1 或 2~5，答 1~2 或 3~5 等。这样每个项目可以分解为 4 个两分小项目，并做出小项目的特征曲线。如果曲线 1~3 在正确反应概率 $P=0.05$ 水平上基本距离相等，而曲线 3、4 之间距离太大，则表明曲线 3、4 的评估增量比较大，需要进行修正，使之距离相等。这类分析在各种量表的设计中都可以进行，能够使量表设计和项目库的配备标准化和科学化，具有较高的应用价值。

3. 态度问卷的设计

潜特征测验模型对态度问卷的设计有很重要的意义，有人以计算机模拟产生数据来编制态度量表[2]。这方面的应用研究证明，潜特征分析具有传统测验方法所没有的优点。例如，它可以对每一个态度特征的测量提供精确的指标，它还可以编制出一组项目，使得被测者可以在回答问卷时省略不了解的项目或无关项目而不影响整个问卷测量结果的质量。

---

[1] 肖玮. 2006. 应用项目反应理论创建图形推理测验题库. 心理学报，38（6）：934-940.
[2] 王重鸣. 1990. 心理学研究方法. 北京：人民教育出版社：131-135.

## 第三节 常用的心理测验

### 一、智力测验

智力测验常用的有比奈-西蒙智力量表、韦氏成人智力量表、瑞文测验等。

（一）比奈智力测验

1. 比奈-西蒙智力量表

在近代测验历史上，智力测验量表的最早版本应该是法国的比奈和西蒙在1905年编制的比奈-西蒙智力量表。1905年的量表有30个项目，这些项目由易到难排列。该量表可以测量儿童的各种能力，尤其注重测量儿童的判断、理解和推理能力，这些能力是比奈所说的智力的基本成分。1908年，比奈发表修订后的比奈-西蒙智力量表，删掉了1905年量表中不合适的测验项目，增加了一些新的测验项目，项目总数为59个。在这个修订本中他将测验成绩用"智力年龄"表示，并建立了常模，这是心理测验史上的一个创新。比奈-西蒙智力量表的第三次修订本于比奈去世的1911年发表。这次修订没有重大变化，只是改变了几种年龄水平分组，并把测验扩展到成人组。比奈-西蒙智力量表自发表以后，就引起了全世界心理学家的关注，各种文字的翻译本和修订本相继出现。1908年首先由戈达德把它翻译成英语并加以应用，之后有明尼苏达大学的库尔曼的修订本，其中以斯坦福大学推孟教授于1916年修订的斯坦福-比奈智力量表影响最大，史称1916年量表。此量表对比奈-西蒙智力量表做了许多修改，增加了近1/3的新题，修改了部分原有题目和部分项目的年龄水平，并在1916年的量表中，首次引入了比率智商的概念，以IQ作为比较个体聪明程度的相对指标。

1937年，推孟和助手梅里尔第一次对斯坦福-比奈智力量表进行修订，修订后由L型和M型两个等值量表构成。1937年量表比1916年量表所测年龄范围扩大，1916年量表范围为3～13岁，1937年量表为2～18岁。并且，此次修订重新选择样本的代表性使量表信度和效度符合心理测量学的要求。

1960年，推孟和梅里尔再度合作，将1937年量表L型和M型中的最佳项目合并成单一的量表，称L-M型。此次修订除对样本的代表性较1937年时更广泛外，重大的改革是采用了韦氏量表的离差智商替换了比率智商，其平均数为100，标准差为16。1972年，推孟和梅里尔对斯坦福-比奈智力量表又做了一次修订，这次修订制定了新的常模，而没有修订项目，其修订本于1973年出版。

1985年桑代克、哈根和沙特勒等对斯坦福-比奈智力量表进行了重大修改，称斯坦福-比奈智力量表第四版（S-B4）。这次修订的版本与以往各次修订的版本相比有很大的不同，从智力模型、实施测验到记分与结果解释，都做了很大改变。

2. 中国的比奈量表

1924年，陆志韦先生在南京发表了他所修订的"中国比奈-西蒙智力测验"，它实际上来源于美国1916年修订的斯坦福-比奈智力量表，本测验适合于江浙儿童使用。1936年，陆志韦和吴天敏又发表了第二次修订本，使用范围扩大到北方。第二次修订本对6~14岁儿童被试较为可靠，6岁以下及14岁以上儿童虽能测验，但准确性稍差。1982年，吴天敏对陆志韦第二次修订的比奈测验又进行了第三次修订，称作"中国比奈测验"。

与第二次修订本相比，第三次修订的"中国比奈测验"做了较大修改，增删了部分项目，该测验共有51个项目，从易到难排列，每项代表4个月智龄，每岁3个项目，可测验2~18岁被试。在评定成绩的方式上，放弃了比率智商，而采用离差智商的计算方法来求IQ。"中国比奈测验"必须个别施测，并且要求主试必须受过专门训练，对量表相当熟悉且有一定经验，能够严格按照测验手册中的指导语进行施测。

在测验进行之前，准备下列必备的测验材料：

（1）两个1.5寸×2.5寸的长方形（最好用卡片纸），把其中一个剪成2个三角形；

（2）黑（或灰色）纽扣13个；

（3）3张卡片分别写上桌子、饼、老鼠、汽车、工人、河、妈妈、老师、我；

（4）3寸见方白纸若干张（每人用一张）；

（5）五张卡片分别写上爱、残暴、光荣、狡猾、隆重；

（6）剪刀一把；

（7）铅笔两支；

（8）橡皮一块；

（9）小草稿纸若干张；

（10）跑表一只；

（11）记录纸若干份（每人一份）。

为了节省时间，编制者在"中国比奈测验"的基础上还制订了一份"中国比奈测验简编"，由8个项目组成，可用于对儿童智商的粗略估计。

测验步骤：

（1）测验开始之前，主试让被试或替被试填写记录纸上的简历，同时主试也要签上自己的姓名。请主试签名是为了日后遇有情况不清之处，好请主试协助解决。

（2）施测时，先根据被试的年龄从测验指导书的附表中查到开始的试题，如 2～5 岁儿童从第一题开始作答，6～7 岁儿童从第 7 题开始作答，等等，然后按指导书的实施方法进行测验。

（3）对照记录纸，逐题熟读指导语，要求能在指导被试做每个试题时，自然而准确地说出，不出现张口结舌或自行编造等情况。

（4）被试连续有 5 个题不通过时，停止测验，并对他说："好了，就到这儿吧，谢谢你。"

计分方法：

通过 1 题记 1 分。各试题附带的答案，有的是唯一正确答案，是不能牵强附会的；有的则只是代表性答案，凡符合该答案含义的答案，即使语句与其不同，也是可以通过的。

将被试答对若干试题的分数，加上承认他能通过的试题的分数，即"补加分数"，便得到测验的总分。

根据被试的实足年龄和总分，从指导书的智商表中即可查到相应的智商。在这里，实足年龄的计算是用测验的年、月、日减去出生的年、月、日，结果计年和月份，凡超过 15 天或整 15 天的日数按一月计，不足 15 天的一律不计。

结果的解释：

"中国比奈测验"现在也是采用离差智商的计算法，但因其智商的平均数为 100，标准差为 16，故智商的分级标准也不同于韦氏智商。

（二）韦氏成人智力量表

1. 韦克斯勒及韦氏成人智力量表

美国心理学家韦克斯勒对智力测验做出了巨大贡献。首先，他认为智力不是单一的能力，而是包括情感、动机、智力等各种成分的综合能力。他把智力定义为"是个人行动有目的、思维合理、应付环境有效聚集的或全面的才能"。因此，在其测验里除言语量表外，还增加了操作量表，分别测量言语智商和操作智商。其次，他认为成人的智力不能用适于确定青少年智力的项目来评估，制定智力量表要考虑被试的年龄，开创性地编制了成人智力量表。最后，他首次用离差智商代替比率智商表示测验结果。离差智商不仅代表个人智力的高低，而且可以显示个人在团体中的位置。

韦克斯勒成人智力量表，简称韦氏智力量表，编制于 1955 年，于 1981 年和

1997 年两次修订。国内的韦氏成人智力量表是由龚耀先主持翻译修订的，于 1982 年完成，修订后的简称 WAIS-RC。修订时考虑了中美文化差异和国内的城乡差别，删除了不适合中国文化背景的项目，建立了中国城市和乡村两套常模。

WAIS-RC 的主要内容：

（1）知识。韦克斯勒认为，智商越高的人，兴趣越广泛，好奇心越强，所以获得的知识就越多。故此测验主要测量人的知识广度、一般的学习及接受能力、对材料的记忆及对日常事物的认识能力。

（2）理解。此测验主要测量判断能力、运用实际知识解决新问题的能力。该测验对智力的 G 因素负荷较大，与知识测验相比，受文化教育影响小，但记分难以掌握。

（3）算术。此测验主要测量数学计算的推理能力及主动注意的能力。该能力随年龄而发展，故能考察智力的发展，同时对预测一个人未来的心智能力很有价值。

（4）类同。此测验设计用来测量逻辑思维能力、抽象思维能力与概括能力，是 G 因素的很好的测量指标。

（5）数字广度。此测验主要测量人的注意力和短时记忆能力。临床研究表明，数字广度测验对于智力较低者测的是短时记忆能力，但对于智力较高者实际测量的是注意力，且得分未必会高。

（6）词汇。本测验主要测量人的言语理解能力，与抽象概括能力有关，同时能在一定程度上了解其知识范围和文化背景。研究表明，它是测量智力 G 因素的最佳指标，可靠性很高。但其记分较麻烦，评分标准难掌握，实施时间也较长。

（7）数字符号。该测验主要测量一般的学习能力、知觉辨别能力及灵活性，以及动机强度等。该测验与工种、性别、性格和个人缺陷有关，不能很好地测量智力的 G 因素，但具有记分快、不受文化影响的特点。

（8）图画填充。此测验主要测量人的视觉辨认能力，以及视觉记忆与视觉理解能力。填图测验有趣味性，能测量智力的 G 因素，但它易受个人经验、性别、生长环境的影响。

（9）积木图案。该测验主要测量辨认空间关系的能力、视觉结构的分析和综合能力，以及视觉-运动协调能力等。在临床上，该测验对于诊断知觉障碍、注意障碍、老年衰退具有很高的效度。

（10）图片排列。此测验主要测量被试的分析综合能力、理解因果关系的能力、社会计划性、预期力和幽默感等。它也可以测量智力的 G 因素，可作为跨文化的测验。但此测验易受视觉敏锐性的影响。

(11) 图形拼凑。此测验主要测量处理局部与整体关系的能力、概括思维能力、知觉组织能力及辨别能力。在临床上，此测验可了解被试的知觉类型，被试对尝试错误方法所依赖的程度及对错误反应的应对方法。此测验与其他分测验相关较低，而且对被试的鉴别力也不高。

测评时要注意以下几点：第一，采用此量表的人员，一定要阅读手册，严格按照它的标准程序进行测验。只有在某些特殊情况下才允许进行适当变动。第二，主试必须受过测验训练，掌握提问技术、鼓励回答的技巧、书写回答格式、记分方法、记分标准、原始分（粗分）换算标准分（量表分）的方法，计算智商的方法、对结果作解释等。第三，事先准备好测验材料，避免测验进行时手忙脚乱，影响被试的操作。第四，应该使被试在精力充沛、身体舒适、没有急事的时候来接受测验。第五，主试应努力取得被试的合作，尽量使他们保持对测验的兴趣，用一些鼓励性语言往往是有效的。

测验的记分方法是答对给1分，答错为0分。被试在这个测验上的总得分就是他通过的题数，即测验的原始分数。

韦氏智力量表分数的计算方法是，先将被试的原始分数换算为相应的百分等级，再将百分等级转化为IQ分数。例如，一个16岁的城市儿童测得的原始总分为55分，先查百分等级常模表得55分相应的百分等级为70，再查智商常模表得70百分等级的IQ为108。

2. 韦氏儿童智力量表

韦克斯勒于1939年在纽约贝尔维尤（Bellevue）医院出版W-B（Wechsler-Bellevue）量表，它可用于儿童与成人。随后编制了平行本，称W-BⅡ，因此称前者为W-BⅠ。1949年将W-BⅡ发展和修改成儿童智力量表（WISC），1974年又做了一次修订，称WISC-R。

1980～1986年由林传鼎与张厚粲主持和全国各单位合作修订了WISC-R，称WISC-CR；同年龚耀先和戴晓阳主持、全国63个单位协作修订的WPPSI，称"中国韦氏幼儿智力量表"（C-WYCSI）。同时，上海李丹和朱月妹等分别制定了WISC-R及WPPSI修订本的上海地区常模。这些修订本，在形式和年龄范围上均与原本相同，但一些分测验中的某些项目都按我国文化背景修改，各修订本的修改幅度不同。量表适用于中国6～16岁的中国城乡少年儿童。

中国修订版的韦氏儿童智力量表的内容包括：常识、类同、算数、词汇、理解、背数、图画补缺、图片排列、积木图案、物体配图、译码A、译码B、迷津。

韦氏儿童智力量表适合于个别测验，主试要按手册规定将各分测验的项目逐一进行。有些分测验按年龄的不同来定起点，不必都从最初项目开始。它还规定：连续若干项目都失败时（各分测验有不同的规定）便终止该分测验。在言语测验中，有的项目通过时记1分，未通过时记0分；另一些项目按回答质量记0、1或2分。在进行操作测验时每种操作结果都按质记分。有时间限制的项目，超过规定时间即使通过也记0分；提前完成的按提前时间的长短记奖励分。一个分测验中的各项目的得分相加，称为该分测验的粗分（或称原始分）。粗分按手册上相应用表换算成量表分。言语和操作测验的各分测验量表分相加，称为言语和操作量表分。所有分测验量表分相加，称全量表分。根据相应用表，最后换算成 IQ 分。

（三）瑞文测验

国内翻译修订的瑞文测验有两个版本，即"瑞文标准推理测验"（Raven's standard progressive matrices，SPM）和"联合型瑞文测验"（combined Raven's test，CRT）。

1. 瑞文标准推理测验

瑞文标准推理测验由英国心理学家瑞文（J. C. Raven）于1938年编制。它是一套非文字型的测验，通过被试对量表中的图形关系的推理来评估其智力水平。

1986年张厚粲教授主持修订了中国版的瑞文标准推理测验，称为"瑞文标准推理测验（中国城市版）"。中文版由60题组成。按逐步增加难度的顺序分成A、B、C、D、E五组，每组都有一定的主题，题目的类型略有不同。从直观上看，瑞文测验 A 组主要测知觉辨别力、图形比较、图形想象力等；瑞文测验 B 组主要测类同比较、图形组合等；瑞文测验 C 组主要测比较推理和图形组合；瑞文测验 D 组主要测系列关系、图形套合、比拟等；瑞文测验 E 组主要测互换、交错等抽象推理能力。可见，瑞文智力测验各组要求的思维操作水平也是不同的。瑞文标准推理测验通过评价被测者的这些思维活动来研究其智力活动能力。瑞文测验每一组中包含有12道题目，也按逐渐增加难度的方式排列。瑞文标准推理测验的每个题目由一幅缺少一小部分的大图案和作为选项的6~8张小图片组成。瑞文测验中要求被测者根据大图案内图形的特征，看小图片中的哪一张填入大图案中缺失的部分最合适。成人和儿童都可以用该量表测量。

2. 联合型瑞文测验

1947年瑞文又编制了另外两套测验，即彩色型和高级型。彩色型（CPM）适用于5.5~11.5岁的儿童及智力落后的成人，分为3个系列，由36个测验项目组成。

高级型（APM）包括渐进矩阵Ⅰ型（12题）及Ⅱ型（36题），类似于瑞文标准渐进测验，但难度更大，可对在标准型测验上得分高于55分的被试进行更精细的区分评价。

李丹教授于1988年主持修订了瑞文测验，将标准型和彩色型联合使用，称作"联合型瑞文测验"。该版本由彩色型（3个系列）和标准型的后3个系列组成，共72个题目。该测验适用于5～75岁的被试，有城市常模和农村常模。

## 二、人格测验

（一）卡特尔16种人格因素测验

卡特尔16种人格因素测验（Cattell's 16 personality factor test，16PF），是世界著名的人格测验。16PF适用于16岁以上的青年和成人。1981年，辽宁省教育科学研究所对英文版进行修订，制订了中文版本，其常模是辽宁省常模。祝蓓里和戴忠恒等在1988年发表了全国常模，包括成年人（男、女）、大学生（男、女）和中学生（男、女）6个常模。

1. 16PF所测的16种人格因素

（1）乐群性（A，代表乐群性。下面的各因素类推）：描述是否愿意与人交往，待人是否热情；

（2）聪慧性（B）：描述抽象思维能力，聪明程度；

（3）稳定性（C）：描述对挫折的忍受能力，能否做到情绪稳定；

（4）支配性（E）：描述是否愿意支配和影响他人，是否愿意领导他人；

（5）兴奋性（F）：描述情绪的兴奋和活跃程度；

（6）责任性（G）：描述对社会道德规范和准则的接纳和自觉履行程度；

（7）敢为性（H）：描述在社会交往情境中的大胆程度；

（8）敏感性（Ⅰ）：描述敏感程度，即判断和决定是否容易受到感情的影响；

（9）怀疑性（L）：描述是否倾向于探究他人言行举止之后的动机；

（10）幻想性（M）：描述对客观环境和内在想象过程的重视程度；

（11）世故性（N）：描述是否能老练、灵活地处理事物；

（12）忧虑性（O）：描述体验到的烦恼和忧郁程度；

（13）开放性（$Q_1$）：描述对新鲜事物的接受和适应程度；

（14）独立性（$Q_2$）：描述独立程度，亦即对群体的依赖程度；

（15）自律性（$Q_3$）：描述自我克制、自我激励的程度；

（16）紧张性（$Q_4$）：描述生活和内心的不稳定程度，以及相关的紧张感。

## 2. 二元人格特征

除直接测量这16种人格特征外,卡特尔教授等还发展出了一系列公式,利用前面16个量表的分数及一些公式,还可以计算出一些二元人格特征,主要如下。

(1) 适应与焦虑型:描述对现在环境的适应程度,是否感到焦虑不满。

适应与焦虑型 = $(38+2L+3O+4Q_4+2C-2H-2Q_3) \div 10$(公式中的字母分别代表相应因素的标准分数)

(2) 内向与外向型:描述性格特征的内向或外向程度。

内向与外向型 = $(2A+3E+4F+5H-2Q_2-11) \div 10$

(3) 感情用事与安详机警型:描述个体的情绪困扰程度,以及进取精神。

感情用事与安详机警型 = $(77+2C+2E+2F+2N-4A-6I-2M) \div 10$

(4) 怯懦与果敢型:描述做事情时的犹豫或果断程度。

怯懦与果敢型 = $(4F+3M+4Q_1+4Q_2-3A-2G) \div 10$

另外,16PF还可以推算出心理健康者、专业有成就者、创造力强者、在新环境中有成长能力者的人格特征。

16PF可广泛应用于心理咨询、人员选拔和职业指导等许多领域,为人事决策和人事诊断提供个人心理素质的参考依据。该量表可以个体施测,也可以团体施测。

### (二) 艾森克人格问卷

艾森克人格问卷 (eysenck personality questionnaire, EPQ) 是英国伦敦大学心理系和精神病研究所的艾森克教授1952年编制的,后经1959年和1964年两次修订。艾森克教授搜集了大量的人们非认知方面的特征,通过因素分析归纳出3个互相成正交的人格维度,即内外向性 (E)、神经质 (N) 和精神质 (P)。

EPQ有成年人和青少年两个版本,前者有90个题目,后者有80个题目,均为自陈量表。答题需要45分钟,回答的形式是"是、否"。

EPQ有4个分量表:内外向量表测量内外向性。分数高表示人格外向,这种人往往好交际、健谈、渴望寻求刺激和冒险,回答问题不假思索、乐观、好动;分数低则表示人格内向,这种人表现安静,不喜过多交往,富于内省,不喜欢刺激、冒险,偏保守,情绪比较稳定。

神经质量表测量情绪稳定性。分数高,表现为情绪不稳定,常表现出高焦虑、忧心忡忡,易激动,对各种刺激反应强烈,易感情用事;与此相反,分数低的人,情绪反应缓慢且轻微,容易平静,善于自控,稳重,性情温和,不易焦虑。

精神质量表测量心理变态倾向,这里的变态倾向不是指精神病,而是指一般人身上均具有但程度不同的心理行为异常的倾向，得分越高越易发展成行为异常。具有突出精神质的人性情孤僻，对他人不关心，缺乏同情心，常表现出攻击性。如果是儿童，则表现为古怪、孤僻，对同伴和动物缺乏同情心，不关心人等。

效度量表（L）测量被试作答时的掩饰、做假或自身隐蔽的程度。L与其他量表的功能有联系，但它本身也代表一种稳定的人格功能。

中国心理学家龚耀先和陈仲庚先后修订了艾森克人格问卷的中文版。陈仲庚修订的成人问卷和儿童问卷，最后修订本为85个项目。

（三）明尼苏达多相人格测验

1. 明尼苏达多相人格测验简介

明尼苏达多相人格测验（Minnesota multiphasic personality inventory, MMPI）是由明尼苏达大学教授哈瑟韦（S. R. Hathaway）和麦金力（J. C. Mckinley）于20世纪40年代制定的人格测验量表。该量表的形式包括卡片式、手册式、录音带形式及各种简略式（题目少于399个）、计算机施测方式。既可个别施测，也可团体施测。题量：566道（其中有16道重复，实际题量为550道）。

MMPI的编制方法是经验法。研究者用大量的题目测验校标组（已经确定有心理异常表现且需住院治疗的人）和对照组（正常人），然后挑选出两组人反应不同的题目编制成量表。

MMPI于20世纪80年代被引进中国，中国科学院心理研究所的宋维真主持了标准化修订工作。在修订过程中发现中国正常人的D、Sc量表T分明显高于西方国家，但除D、Sc量表外，西方人其他量表的T分又都明显高于东方国家。所以，根据东方国家的特殊状况，放弃MMPI得分70分以上为异常的美国标准，而采用MMPI得分60分以上为异常的中国标准。

该测验适用于年满16岁、具有小学以上文化水平、没有影响测试结果的生理缺陷的人群。也有一些研究者认为，如果被试合作并能读懂测验表上的每个问题，13~16岁的少年也可以完成此测验。

MMPI不但可提供医疗上的诊断，还可用于正常人的个性评定。它第一次将效度量表纳入人格量表，并使其成为解释过程中的一个组成部分，提高了测验的诊断价值。

MMPI十分庞大，能提供十分丰富的信息，但实施起来也较费时，尤其是对患者更为困难，往往要分段实施。后来，有许多人研究MMPI的新应用，总结、演化出了多达200种以上的量表。也有人尝试缩小这一测验的规模，减少测验题目，缩短测验所需的时间。

2. 10个临床量表和4个效度量表

MMPI有10个临床量表，它们分别是：

Hs：疑病（hypochondriasis）——对身体功能的不正常关心。

D：抑郁（depression）——与忧郁、淡漠、悲观、思想与行动缓慢有关。

Hy：癔症（hysteria）——依赖、天真、外露、幼稚及自我陶醉，并缺乏自知力。

Pd：精神病态（psychopathic deviate）——病态人格（反社会、攻击型人格）。

Mf：男性化-女性化（masculinity-femininity）——高分的男人表现敏感、爱美、被动、女性化；高分妇女被看作是男性化、粗鲁、好攻击、自信、缺乏情感、不敏感。极端高分考虑同性恋倾向和同性恋行为。

Pa：妄想狂（paranoia）——偏执、不可动摇的妄想、猜疑。

Pt：精神衰弱（psychasthenia）——紧张、焦虑、强迫思维。

Sc：精神分裂（schizophrenia）——思维混乱、情感淡漠、行为怪异。

Ma：轻躁狂（hypomania）——联想过多过快、观念飘忽、夸大而情绪激昂、情感多变。

Si：社会内向（social introversion）——高分者内向、胆小、退缩、不善交际、屈服、紧张、固执及自罪；低分者外向、爱交际、富于表现、好攻击、冲动、任性、做作、在社会关系中不真诚。

MMPI有4个效度量表，它们分别是：

Q：疑问（question）量表

没有回答的题数和对"是"和"否"都做反应的题数。如果在399道题中原始分超过22分，566道题中原始分超过30分，则说明被试对问卷的回答不可信。高得分者表示逃避现实。

L：说谎（lie）量表

追求尽善尽美的回答。L量表原始分超过10分，结果不可信。

F：诈病（frequency）量表

高分表示受测者不认真、理解错误，表现一组无关的症状，或者在伪装疾病。F量表是精神病程度的良好指标，其得分越高暗示精神病程度越重。

K：校正（correction）量表

一是判断被试对测验的态度是否隐瞒或防卫；二是修正临床量表的得分。

3. 注意事项

第一，争取被试的合作。让被试知道这个测验的重要性及对他的好处，并详细记录测验时被试的表现；第二，向被试说明个性各不相同，无所谓好坏；第三，要求被试根据自己的实际情况回答问题；第四，如果被试焦虑或情绪不稳定，可分几次完成，也可用录音或请人读题；第五，临床量表最好用英文缩写字母，或者数字符号，而不要直接使用中文全译名称。

（四）大五人格量表

1. 大五人格量表简介

继卡特尔的 16PF 发表之后，许多研究者应用因素分析的方法继续研究人格的构成因素。不同的研究群体从许多不同的人格研究资料中不断地发现关于 5 个人格维度的证据，5 个维度还具有跨文化的一致性，提出了大五人格理论。在大五人格理论（big five personality theory）的基础上，美国心理学家科斯塔（P. T. Costa Jr.）和麦克雷（R. R. McCrae）在 1987 年编制了大五人格量表，即 NEO 人格量表。此量表后来经过两次修订。该量表的中文版由中国科学院的张建新修订。与所有特质人格理论一样，大五人格理论及其测验量表不探索人类的行为机制，因此它更多地描述人格和预测行为，而不能解释人们为什么会表现出这样的行为。

这里讲的大五因素是：外向性（extraversion）、宜人性（agreeableness）、尽责性（conscientiousness）、情绪稳定性（neuroticism）、开放性（openness to experience）。

外向性（E）：它一端是极端外向，另一端是极端内向。外向者爱交际，表现得精力充沛、乐观、友好和自信；内向者的这些表现则不突出，但这并不等于说他们就是自我中心的和缺乏精力的，他们偏向于含蓄、自主与稳健。

宜人性（A）：亲和性，得高分的人乐于助人、可靠、富有同情心；而得分低的人多抱敌意，为人多疑。前者注重合作而不是竞争；后者喜欢为了自己的利益和信念而争斗。

尽责性（C）：指我们如何自律、控制自己。处于维度高端的人做事有计划、有条理，并能持之以恒；居于低端的人马虎大意，容易见异思迁，不可靠。

情绪稳定性（N）：得高分者比得低分者更容易因为日常生活的压力而感到心烦意乱。得低分者多表现自我调适良好，不易出现极端反应。

开放性（O）：指对经验持开放、探求态度，而不仅仅是一种人际意义上的开放。得分高者不墨守成规，独立思考；得分低者多数比较传统，喜欢熟悉的事物多过喜欢新事物。

2. 大五因素的亚结构

1) 外向性

外向性表示人际互动的数量和密度、对刺激的需要，以及获得愉悦的能力。这个维度将社会性的、主动的个体和沉默的、严肃的、腼腆的、安静的个体作对比。这个方面可由两个品质加以衡量：人际的卷入水平和活力水平。前者评估个体喜欢他人陪伴的程度，而后者反映个体个人的活力水平。

外向的人喜欢与人接触，充满活力，经常感受到积极的情绪。他们热情，喜欢运动，喜欢刺激、冒险。在群体当中，他们非常健谈、自信，喜欢引起别人的注意。

内向的人比较安静、谨慎，不喜欢与外界过多接触。他们不喜欢与人接触不能被解释为害羞或者抑郁，这仅仅是因为比起外向的人，他们不需要那么多的刺激，而是喜欢一个人独处。内向人的这种特点有时会被人误认为是傲慢或者不友好，其实一旦和他们接触就经常会发现他们是非常和善的人。

外向性可以分为以下六个子维度。

(1) 子维度一：热情。

它和人际亲密问题最相关。热情的人富有感情，友好。他们真心地喜欢他人并很容易和别人形成亲密的关系。低分者并不是怀有敌意或一定缺少同情心，而是更正式、沉默，在行为举止上比高分者冷淡。

高分者特点：喜欢周围的人，经常会向他们表达积极友好的情绪。他们善于交朋友，容易和别人形成亲密的关系。他们是好交际的、健谈的、富有情感的。

低分者特点：这一子维度上得分低虽然并不意味着冷淡、不友好，但通常会被别人认为是对人疏远的。

(2) 子维度二：乐群性。

指偏爱有他人的陪伴。合群的人喜欢他人的陪同，人越多越开心。低分者往往是孤独者，不寻求甚至主动避免社会刺激。

高分者特点：喜欢与人相处，喜欢人多热闹的场合。他们是开朗的、有许多朋友的、寻求社会联系的。

低分者特点：避免人群，以躲避吵闹。希望有更多的时间独处，有自己的个人空间。

(3) 子维度三：独断性。

高分者有支配性、说服力，在社会上有支配力，他们说话毫不犹豫，通常成为群体的领导。低分者宁愿躲在幕后，让他人谈论。

高分者特点：喜欢在人群中处于支配地位，指挥别人，影响别人的行为。他们是支配的、有说服力的、自信的、果断的。

低分者特点：在人群中话很少，让别人处于主导、支配地位。他们是谦逊的、腼腆的、沉默寡言的。

(4) 子维度四：活力。

在这项上得高分者喜欢快节奏和激烈的运动，他们有活力，具有保持忙碌的需要。低分者更悠闲和放松，但不一定懒惰或行动迟缓。

高分者特点：在生活、工作中节奏快、忙碌，显得充满精力，喜欢参与很多事情。他们是精力充沛的、快节奏的、充满活力的。

低分者特点：在生活、工作中节奏慢，悠闲。他们是不着急的、缓慢的、从容不迫的。

(5) 子维度五：寻求刺激。

高分者渴望得到兴奋和刺激，喜欢鲜亮的、喧闹的环境。低分者几乎对兴奋没有什么需要，喜欢那种被高分者看来是枯燥的生活。

高分者特点：在缺乏刺激的情况下容易感到厌烦，喜欢喧嚣吵闹，喜欢冒险，寻求刺激。他们是浮华的、寻求强烈刺激的、喜欢冒险的。

低分者特点：避免喧嚣和吵闹，讨厌冒险。他们是谨慎的、沉静的、对刺激不感兴趣的。

(6) 子维度六：积极情绪。

表示体验积极情绪（如喜悦、快乐、爱和兴奋）的倾向。

高分者特点：容易感受到各种积极的情绪，如快乐、乐观、兴奋等。他们是快乐的、情绪高涨的、愉悦的、乐观的。

低分者特点：不容易感受到各种积极的情绪，但并不意味着一定会感受到各种负面情绪。低分者只是不那么容易兴奋起来。他们是不热情的、平静的、严肃的。

2) 宜人性

宜人性考察个体对其他人所持的态度。这些态度一方面包括亲近人的、有同情心的、信任他人的、宽大的、心软的，另一方面包括敌对的、愤世嫉俗的、爱摆布人的、复仇心重的、无情的。这里所说的是广义的人际定向范围。宜人性突出体现的是人的亲和力，体现人们对合作和人际和谐是否看重。宜人性高的人是善解人意的、友好的、慷慨大方的、乐于助人的，愿意为了别人放弃自己的利益。宜人性高的人对人性持乐观的态度，相信人性本善。宜人性低的人在本质上是不关心别人利益的，因此也不乐意去帮助别人。有时候，他们对别人是非常多疑的。

对某些职位来说，太高的宜人性是没有必要的，尤其是需要强硬和客观判断的场合，如科学家、评论家和士兵。

宜人性可以分为以下六个子维度。

(1) 子维度一：信任。

高分者认为他人是诚实的、心怀善意的。低分者往往愤世嫉俗、有疑心，认为他人不诚实、是危险的。

高分者特点：相信别人是诚实、可信和有良好动机的。他们是宽容的、信任他人的、平和的。

低分者特点：认为别人自私、危险、想占自己便宜。他们是谨慎的、悲观的、猜忌的、铁石心肠的。

(2) 子维度二：坦诚。

高分者为人坦率、真挚、老实。低分者更愿意通过奉承、诡辩、欺骗来操纵别人，他们认为这是必要的社会技能，认为直率的人很天真。

高分者特点：高分者认为在与人交往时没有必要去掩饰，他们显得坦率、真诚。他们是直接的、坦率的、坦白的、老实的。

低分者特点：在与人交往时往往会掩饰自己，防卫心理较重，不愿意向别人露出自己的底牌。他们是精明的、机敏的、献媚的。

(3) 子维度三：利他。

高分者主动关心别人的幸福，对他人慷慨，在别人需要帮助时乐意提供帮助。低分者多少有点自我中心，不愿意卷入别人的麻烦中去。

高分者特点：愿意帮助别人，感觉帮助别人是一种乐趣。他们是热心的、心软的、温和的、慷慨的、好心的。

低分者特点：不愿意帮助别人，感觉帮助别人是一种负担。他们是自私的、愤世嫉俗的、冷酷的、势力的。

(4) 子维度四：顺从。

该维度表示与人际冲突有关的人格特点。高分者往往尊重、服从他人，克制攻击性，宽恕，不记仇。顺从的人很温顺、温和。低分者有攻击性，更喜欢竞争而不是合作，在必要时毫不客气地表示愤怒。

高分者特点：不喜欢与人发生冲突，为了与人相处，愿意放弃自己的立场或者否定自己的需要。他们是恭顺的、有求必应的、好心的。

低分者特点：不介意与人发生冲突，会为了达到自己的目的去威胁别人。他们是倔强的、有过分要求的、刚愎自用的、铁石心肠的。

(5) 子维度五：谦逊。

高分者很谦逊，不爱出风头。低分者认为自己高人一等，其他人可能认为他们自负、傲慢。

高分者特点：谦逊的、不摆架子的。

低分者特点：被他人视为攻击的、傲慢的、爱炫耀的、粗暴的。

（6）子维度六：同理心。

这是测量对他人的同情心和关心的态度。高分者为他人的需要所动，有人道主义精神。低分者更铁石心肠，很少为恳求所打动而产生怜悯之感。他们将自己视为现实主义者，在冷静的逻辑推理的基础上做出理性的决策。

高分者特点：富有同情心，容易感受到别人的悲伤，表示同情。他们是友好的、热心的、温和的、心软的。

低分者特点：对别人的痛苦没有强烈的感受，为自己的客观而感到自豪，更关心真实、公平而不是仁慈。他们是心胸狭窄的、冷酷的、固执己见的、势力的。

3）尽责性

尽责性指人们控制、管理和调节自身冲动的方式，评估个体在目标导向行为上的组织、坚持和动机。它把可信赖的、讲究的个体和懒散的、马虎的个体作比较。

尽责性可分为以下六个子维度。

（1）子维度一：能力。

表示某人是有能力的、明智的、深谋远虑的、高效的。高分者感到对应付生活有很充分的准备。低分者对自己的能力评估较低。

高分者特点：对自己的能力有自信。他们是高效的、一丝不苟的、自信的、聪明的。

低分者特点：对自己的能力不自信，不相信自己可以控制自己的工作和生活。他们是困惑的、健忘的、愚蠢的。

（2）子维度二：条理性。

高分者喜欢整齐、整洁，生活中很有条理。低分者不能很好地组织，认为自己很没有条理。

高分者特点：具有良好的条理性，喜欢制订计划并按规则办事。他们是精确的、高效的、有条不紊的。

低分者特点：没有计划性和条理性，显得杂乱无章。他们是无序的、易冲动的、粗心的。

（3）子维度三：责任感。

从某方面来说，责任心意味着受良心的支配，而这是由尽责这一子维度来评估的。高分者严格遵守他们的道德原则，一丝不苟地完成他们的道德义务。低分者在这些事情上是漫不经心的，不太可信赖或不可靠。

高分者特点：有责任感，按规矩办事。他们是可信赖的、有礼貌的、有组织的、一丝不苟的。

低分者特点：感觉规矩、条例是一种约束。经常被别人看作是不可靠、不负责任的。他们是懒散的、漫不经心的、不专心的。

（4）子维度四：追求成就。

高分者有较高的抱负水平，并努力工作以实现他们的目标。他们勤奋、有目标、有生活方向感。低分者懒散，甚至可能懒惰，他们没有追求成功的动力，缺乏抱负，可能看起来毫无目标，但他们常常对自己低水平的成就感到非常满意。

高分者特点：追求成功和卓越，通常有目标感，甚至会被别人当作工作狂。他们是有抱负的、勤奋的、富有进取心的、坚忍不拔的。

低分者特点：满足于完成基本的工作，被别人看作是懒惰的。他们是悠闲的、爱空想的、无组织的。

（5）子维度五：自律。

指即使枯燥乏味或有其他干扰，也能执行任务并将其完成。高分者有激励自己把工作完成的能力。低分者拖延例行工作开始的时间，容易丧失信心并放弃。

高分者特点：尽力完成工作和任务，克服困难，专注于自己的任务。他们是有组织的、一丝不苟的、精力充沛的、能干的、高效的。

低分者特点：做事拖延，经常半途而废，遇到困难容易退缩。他们是没有抱负的、健忘的、心不在焉的。

（6）子维度六：审慎。

这个子维度评估行动前是否仔细考虑的倾向。高分者谨慎、深思熟虑。低分者草率、说话做事不计后果。

高分者特点：三思而后行，不冲动。他们是谨慎的、有逻辑性的、成熟的。

低分者特点：不考虑后果，冲动，想到什么做什么。他们是不成熟的、草率的、冲动的、粗心的。

4）情绪稳定性

情绪稳定性反映个体情感调节过程，反映个体体验消极情绪的倾向和情绪不稳定性。得高分者倾向于有心理压力，有不现实的想法、过多的要求和冲动，更容易体验到诸如愤怒、焦虑、抑郁等消极的情绪。他们对外界刺激的反应比一般人强烈，对情绪的调节、应对能力比较差，经常处于一种不良的情绪状态下。并且，这些人思维、决策及有效应对外部压力的能力较差。相反，该维度得分低的人较少烦恼，较少情绪化，比较平静。情绪稳定性有以下六个子维度，对于每个子维度都有一些说明性的形容词。

（1）子维度一：焦虑。

焦虑的个体忧虑、恐惧、容易担忧、紧张、神经过敏。得高分的人更可能有自由浮动的焦虑和恐惧。低分的人则是平静的、放松的，他们不会总是担心事情可能会出问题。

高分者特点：焦虑，容易感觉到危险和威胁，容易紧张、恐惧、担忧、不安。

低分者特点：心态平静，放松，不容易感到害怕，不会总是担心事情可能会出问题，情绪平静、放松、稳定。

（2）子维度二：愤怒和敌意。

反映的是体验愤怒及有关状态（如挫折、痛苦）的倾向，测量个体体验愤怒的容易程度。

高分者特点：容易发火，在感到自己受到不公正的待遇后会充满怨恨，他们是暴躁的、愤怒的和受挫的。

低分者特点：不容易生气、发火，他们是友好的、脾气随和的、不易动怒的。

（3）子维度三：抑郁。

测量正常个体在体验抑郁情感时的不同倾向。高分者容易感到内疚、悲伤、失望和孤独。他们容易受打击，经常情绪低落。低分者很少有这种情绪体验。

高分者特点：绝望的、内疚的、郁闷的、沮丧的。容易感到悲伤、被遗弃、灰心丧气。容易感到内疚、悲伤、失望和孤独。他们容易受打击，经常情绪低落。

低分者特点：不容易感到悲伤，很少有被遗弃感。

（4）子维度四：自我意识。

核心部分是害羞和尴尬的情绪体验。这样的个体在人群中会感到不舒服，对嘲弄敏感，容易产生自卑感。自我意识类似于害羞和社交焦虑。低分者不一定有优雅良好的社会技能，他们只是较少被一些难堪的社会情景所扰乱。

高分者特点：太关心别人如何看待自己，害怕别人嘲笑自己，在社交场合容易感到害羞、焦虑、自卑，易尴尬。

低分者特点：在社交场合镇定、自信，不容易感到紧张、害羞。

（5）子维度五：冲动性。

指个体对冲动和渴望的控制。个体对欲望的觉察太强烈（如对食物、香烟和财产）以致不能抗拒，虽然事后他们也会为他们的行为后悔。低分者更易抵挡这些诱惑，对挫折有更高的容忍力。

高分者特点：在感受到强烈的诱惑时，不容易抑制，容易追求短时的满足而不考虑长期的后果。他们是不能抵抗渴望的、草率的、爱挖苦人的、自我中心的。

低分者特点：自我控制的、能抵挡诱惑的。

（6）子维度六：脆弱性。

指在遭受压力时的脆弱性。高分者应付压力能力差，遇到紧急情况时变得依赖、失去希望、惊慌失措。低分者认为他们自己能正确处理困难情况。

高分者特点：在压力下，容易感到惊慌、混乱、无助，不能应付压力。

低分者特点：在压力下，感到平静、自信。他们是适应力强的、头脑清醒的、勇敢的。

5）开放性

开放性描述一个人的认知风格。对经验的开放性被定义为：为了自身的缘故主动学习和汲取新的经验，对陌生情境抱容忍态度，具有探索精神。这个维度将那些好奇的、新颖的、非传统的及有创造性的个体与那些传统的、无艺术兴趣的、无分析能力的个体作比较。开放性的人偏爱抽象思维，兴趣广泛。封闭性的人讲求实际，偏爱常规，比较传统和保守。

开放性有以下六个子维度。

（1）子维度一：想象力。

想象具有开放性的人有生动的想象和幻想。他们的白日梦不仅仅只是一种逃避，而更是一种创造有趣的内心世界的方式。他们详尽描述和展开他们的幻想，并相信想象对丰富多彩的、有创造性的生活有促进作用。低分者更单调乏味，喜欢把注意力放在手头的任务上。

高分者特点：对他们来说，现实世界太平淡了。他们喜欢充满幻想，创造一个更有趣、丰富的世界。他们是想象力丰富的、爱做白日梦的。

低分者特点：他们是理性的、现实的。他们是实干的，喜欢对现实进行思考。

（2）子维度二：审美。

高分者对艺术和美有很深刻的理解。他们被诗歌感动，陶醉于音乐之中，为艺术所触动。他们不一定有艺术的天赋，甚至不必像许多人认为的那样有高品位，但他们中的大多数人对艺术感兴趣，这使得他们比常人有更广泛的知识和欣赏能力。低分者相对来说，对艺术和美不那么敏感和感兴趣。

高分者特点：欣赏自然和艺术中的美。他们是重视审美经历的、能为艺术和美所感动的。

低分者特点：对美缺乏敏感性，对艺术不感兴趣。他们是对艺术不敏感的、不理解的。

（3）子维度三：感受丰富的。

该维度表示对自己的内心感受的接纳能力，把情绪评价为生活中的重要组成部分。高分者能体验到更深的情绪状态，并把不同的情绪状态区分开来，他们比其他人更强烈地体验到开心和不开心。低分者感情较迟钝，不认为感受状态有多么重要。

高分者特点：容易感知自己的情绪和内心世界。他们是敏感的、移情的、重视自己感受的。

低分者特点：较少感知到自己的情感和内心世界，也不愿意坦率地表达出来。他们的情绪范围窄，对环境不敏感。

（4）子维度四：尝新。

开放性在行为上被视为愿意尝试不同的活动、去新的地方、吃不寻常的食物。高分者更喜欢新奇和多样性的事物。在一段时间内，他们可能有一系列不同的爱好。低分者发现改变有困难，宁可坚持已尝试过的、可靠的活动。

高分者特点：喜欢接触新的事物、去外面旅行、体验不同的经验。愿意去尝试新的事物，寻求新异和多样性，尝试新的活动。

低分者特点：对不熟悉的事物感到有些不舒服，喜欢熟悉的环境和人。生活方式固定，喜欢熟悉的事物。

（5）子维度五：思辨。

求知欲是开放性的一个方面，不仅体现在为了他们自身的缘故而积极追求理智上的兴趣，还表现为思路开阔，愿意思考新的、非常规的观点。高分者喜欢哲学的辩论和"头脑风暴"。低分者的求知欲有限，如果他们是聪明的，也只是将他们的资源狭窄地集中于有限的几个主题上。智力兴趣和艺术兴趣是开放性比较高的人的两种主要的兴趣点：高智力兴趣的人喜欢抽象的概念，喜欢讨论理论性问题，喜欢解决复杂的智力问题。而低智力兴趣的人则更喜欢和具体的人与事打交道，而不是抽象的概念和理论，感觉抽象的思考是在浪费时间。

高分者特点：有求知欲的、善于分析的、理论定向的。

低分者特点：事务的、事实定向的、不欣赏思想挑战的。

（6）子维度六：价值观。

价值观念开放意味着不断检验社会的、政治的和宗教的价值观念。封闭的个体倾向于接受权威、尊重传统，结果导致不管他属于什么政治党派，都是保守的。

高分者特点：喜欢挑战权威、常规和传统观念。在极端状态下，他们会表现出对现存规则的敌意，同情那些打破现存法律的人，喜欢混乱、冲突和无序的状态。

低分者特点：喜欢遵循权威和常规带来的稳定和安全感，不会去挑战现有秩序和权威。

（五）投射测验

随着人格概念的提出，从弗洛伊德时代到现在，研究者开发了评估个体多种人格特性的方法。除了上述几种人格测验之外，投射测验也是历史上著名的人格测验。

一般来讲，投射测验指的是提供给被试某种无确定意义的刺激情境，让被试在无意识的情境下，自由表现他的反应，主试分析反应的结果来推断被试的人格特征。

罗夏墨迹测验是这类工具中最有名和应用最广的一种。罗夏测验由一组带有墨迹的卡片组成，卡片按标准的顺序一一呈现给被试，被试想看多久都可以，因为研究者让被试描述他在墨迹上看到的任何东西，所以它是开放式的，研究者对被试所讲逐字做记录，并记下其面部表情与身体运动的特性。一旦被试对所有卡片反应完毕，记分工作就开始了。罗夏开发了这一工具，并提供了对反应的记分程序。

另一著名的投射测验是主题统觉测验（TAT），由默瑞（Marray）研制。TAT由一系列生活在不同情境中的人的图片组成，它要求被试编一个故事来解释图片。因为描绘的情境适合于多种解释，所以很多故事都是适合的。被试所编故事就可能揭示了他兴趣与个性的关键所在，尤其与心理深层内容有着密切的关系。

在一个人格研究的经典例子中，麦克利兰（McClelland）和他的同事描绘出了"成就动机"的人格特征。研究者要求大学生根据TAT图片建构故事。每一个图片呈现时，学生就会被问：①发生了什么？那个人是谁？②什么原因导致了现在的情形？也就是说，过去发生了什么？③他正在想什么？他想要什么？向谁要？④他会做什么？一旦被试编好关于图片的故事，就记下他们成就动机的分数，研究者也运用其他人格测量工具评估被试的成就动机水平。最后，麦克利兰与他的同事不仅能描述每个被试成就动机的结构与强度，而且开发了一个解释成就动机升高或降低的情境因素模型。

除以上两种著名的投射测验以外，语句完成测验、绘画测验等也都是应用较广的投射测验。

## 第四节 态度的测评

### 一、语义分析法

（一）语义分析法的含义

语义分析法是用来研究概念内涵意义的等级测量方法。它是1957年美国心理学家奥斯古德（C. Osgood）等发展的一种研究方法。语义分析法的实施程序是让被试根据一组尺度评价若干概念或事物。尺度的形式是两端为一对意义相反的形容词，中间分为若干等级，一般为7级、9级或11级。以7级为例，每一等级的分数从左至右分别为：7、6、5、4、3、2、1，也可以计为+3、+2、+1、0、-1、-2、-3。被测量的概念或事物放在每组尺度的上方，被试根据自己的感觉在每一尺度中的适当等级上画记号，如画"×"。研究者通过对这些记号所代表的分数的统计和计算，来研究人们对某一概念、事物的看法或态度，或者进行个人、团体间的比较分析。例如，要了解人们对女性角色的理解或看法，可用语义分析法对若干反映女性角色的概念，如母亲、妻子、姐妹、女儿、女朋友等进行测量。

语义分析法之所以有效，是基于一定的心理机制的。联觉和联想是语义分析法的基本原理或者心理机制。例如，大提琴的音色可给人一种低沉、压抑、浑厚、弥漫、悲伤等感觉和体验；冰块可以引发人们凉爽、刺骨、洁白无瑕、晶莹剔透、明亮等感觉和体验；紫色给人高贵、稳定、尊严等感觉和体验。研究者可以给被试提供一些概念、事物，要求其根据自己的理解和体验在7点（也可以是5点、9点或者其他的分类）量表上对事物和概念进行不同维度的评级。这样研究者可以了解人们对同一事物是否有相同的看法或态度。

（二）语义分析法的设计与实施

语义分析法的设计与实施步骤包括以下五个阶段。

1. 根据研究目的选定要评价的事物、概念

例如，我们对比较两个音乐团体感兴趣，比方说乐团1和乐团2，我们要选择不同年龄组的样本，以便了解他们对两个乐团的不同评价和感受。假如我们要了解人们是如何看待精神病患者的，也可以选择不同年龄组的样本，让其从若干维度出发评价精神病患者。概念和事物的确定要根据研究课题的需要和研究目的的需要。

## 2. 选择和确定评价维度

要评价一定的事物和概念可以从很多维度出发。例如，上文说的比较两个乐团，为了获得评估维度，我们可以从以下两极维度中进行选择：坏—好、不愉快—愉快、消极—积极、丑陋—漂亮、残忍—和善、不公—公平、无用—珍贵。为了测量力量维度，我们可从弱—强、轻—重、小—大、软—硬及瘦—胖中选择。对于活动维度，下列哪个都可以使用：慢—快、被动—活跃、迟钝—敏锐。

世界上的事物千千万万，可用来评价这些事物的维度也是不胜枚举的，但是研究者对大量数据进行因素分析的结果表明，任何事物的评价都包含3个基本的维度，即性质（好坏、善恶等）、力量（强弱、大小、软硬）和活动（主动、被动、快、慢、活跃的、安静的）。这些是语义空间中最一般、最常见、最重要的因素或维度，它们可以解释绝大部分变异量，而其余的因素或维度可以忽略不计。因此，我们在做语义分析时基本上从这3个维度出发进行评价。

## 3. 确定具体评价的项目和数量

3个一般的评价维度在研究某一个概念时不一定都要用上，也可以用1个或2个维度。那么，在研究的时候选哪些维度进行评价呢？这要根据研究的目的来确定。在选定了评价维度以后，就要确定每一个维度上用几个子项目来评价。

## 4. 编制语义区分量表

语义区分量表一般用7点等级量表。研究者选择恰当的、意义相反的两个形容词（如大小、软硬、黑白等）置于量表的两端。量表的中间部分实际上是7条短横线，被试可以根据自己对所评事物或者概念的感受，在某个短线上做标记。

比如，对于乐团的语义分析量表，可能使用下面的项目来评价。研究者可以要求被试在适当的位置以打钩的方式对每个音乐团体进行等级评定。

差劲_____美妙
软_____硬
迟钝_____敏锐

对每个维度使用不止一个量表的原因是为了增加可靠性。为了给反应打分，我们也可以给等级分配数字，如下：

差劲_____美妙
　　　－3　　－2　　－1　　0　　＋1　　＋2　　＋3

然后，我们就可以计算中数或平均数等指标。

5. 施测

语义区分量表的施测可以是个体，也可以是团体。施测过程中要注意确保被试能够理解量表的意义和选择方法。必要时要给被试提供恰当的例子。

在上述例子中，数字代表的意思相当于："极美妙的音乐"（+3），"相当美妙的音乐"（+2），"有点美妙的音乐"（+1），"中等"（0），"有点差劲的音乐"（-1），"相当差劲的音乐"（-2），"极差劲的音乐"（-3）。如果根据我们的研究目的，这些标注有意义，则等级评定量表就有意义。下一段文字显示了基于语义分析发明者提供的一组典型的指导语，我们可以用来对音乐团体进行比较。这些指导语结合项目样例，以保证被试明白每一个可选项。在实际研究中，指导语应出现在语义分析量表问卷的最前面。

语义分析指导语：

本问卷的目的是，考察不同的人对不同乐团的感受。请您根据自己对所列乐团的实际感受来评判它们。在本问卷的每一页，您会看到要您评判的不同团体，在其下方是一套量表。请您按照次序在每个量表上给这个团体评定等级。

如果您觉得量表一端的词非常准确地描述了上述乐团，请打"√"，如下：

差劲＿＿＿＿＿＿＿＿＿＿＿＿＿＿＿＿＿＿＿＿＿＿√＿＿美妙
差劲＿√＿＿＿＿＿＿＿＿＿＿＿＿＿＿＿＿＿＿＿＿＿＿美妙

如果您觉得量表一端的词相当（但不是极端）准确地描述了这个团体，请打"√"，如下：

差劲＿＿＿＿＿＿＿＿＿＿＿＿＿＿＿＿√＿＿＿＿＿＿＿美妙
差劲＿＿＿＿√＿＿＿＿＿＿＿＿＿＿＿＿＿＿＿＿＿＿＿美妙

如果量表一端只是比另一端稍具描述力（但不是真的居中），请打"√"如下：

差劲＿＿＿＿＿＿＿＿＿＿＿＿＿√＿＿＿＿＿＿＿＿＿＿美妙
差劲＿＿＿＿＿＿＿√＿＿＿＿＿＿＿＿＿＿＿＿＿＿＿＿美妙

当然，对号的位置取决于量表哪一端对该乐团更具描述力。如果您认为在量表上居中（量表两端对该音乐团体具有同等描述力），或者该量表完全无关（与该团体没有关系），请把对号打在中部，如下：

差劲＿＿＿＿＿＿＿＿＿＿√＿＿＿＿＿＿＿＿＿＿＿＿＿美妙

（三）结果的处理与分析

结果的处理与分析，可以分别从以下几个方面着手。

1. 分析不同被试或被试团体对某事、某人或某个概念的态度

可以分析比较个体或者群体在同一子项目或者评价维度上的得分差异，

了解他们对某个事物的态度。例如，在对单位领导的看法方面，一个被试在"强硬—和蔼"维度上打了 5 分，另一个被试打了 3 分，第一个被试认为领导更和蔼。对两个团体的态度进行比较时，要把该团体所有成员在某个项目上的得分进行平均，然后才进行比较。

2. 分析同一被试或被试团体在不同时间对某事、某人或某个概念的态度

例如，在学期开始时测量一个班级对高雅音乐的态度，经过一个学期的高雅音乐的学习和熏陶，学期结束时再进行一次测量，分析被试对高雅音乐的态度是否发生了变化。

3. 分析同一被试或者被试团体在某一维度或者某一子项目上对两个概念、事物的评价是否有差异

其实，这种分析是为了探讨两个概念之间含义的接近程度，换句话说就是语义距离。计算语义距离可以应用下面的公式：

$$D_{ij} = \sqrt{\sum d_{ij}^2} = \sqrt{\sum (X_i - X_j)^2} \tag{9-6}$$

式中，$D_{ij}$ 是两个概念的语义距离，$d_{ij}$ 是两个概念得分之差。$X_i$ 是概念 $i$ 的得分，$X_j$ 是概念 $j$ 的得分。

## 二、里克特量表

（一）里克特量表的含义

另外一种著名的传统量表设计方法是里克特量表，该量表是评分加总式量表的一种。它通过计算被试在同一概念多个项目上的得分之和来测量人们的态度，单个项目是无意义的。该量表由美国社会心理学家里克特于 1932 年在原有的加总量表的基础上改进而成。该量表由一组陈述组成，每一个陈述有"非常同意""同意""不一定""不同意""非常不同意" 5 种回答，分别记为 5、4、3、2、1（有的项目反向计分，即 1、2、3、4、5），每个被调查者的态度总分就是他对各道题的回答所得分数之和。

（二）里克特量表的编制和计分

简单地说，使用里克特量表的第一步，就是要在相关主题上编写大量陈述。然后将其交给从目标总体中抽取的一个样本，要求样本被试对每个陈述进行评价，这些评价通常以"强烈赞同"到"强烈反对"的 5 点量表为标尺。

研究者根据所得数据，计算各个项目得分与量表总分之间的相关，剔除掉相关系数太低的项目，保留相关系数较高的项目，以组成最终问卷。加总

量表法的基本原理是，与总分相关低的陈述无法将持肯定态度的被试与持否定态度的被试区分开来。

有的时候为了避免趋中反应，中间选项"不一定"被剔除，被试也许会回避勾选极端的选项（趋中倾向的偏差），因此只使用4点量表。里克特量表还可能受到其他几种因素干扰而使数据失真。例如，对陈述的习惯性认同（惯性偏差），或者试着揣摩并迎合研究者希望的结果（社会赞许偏差）。

例如，对于习惯性认同偏差，我们可以用反向计分项目来避免。下面是一个关于医疗体制的调查表，其中用了反向计分项目。项目2、4、6、9、10、11、14和15是"支持强制性社会化健康计划"的陈述；项目1、3、5、7、8、12、13、16、17、18、19和20是"反对强制性社会化健康计划"的陈述。对支持强制性社会化健康计划陈述的反应，计分方法是："强烈赞同"记5分，"赞同"记4分，"不一定"记3分，"反对"记2分，"强烈反对"记1分。对于反对强制性社会化健康计划的陈述，我们采用反向计分法计分，即"强烈赞同"记1分，"赞同"记2分，"不一定"记3分，"反对"记4分，"强烈反对"记5分。一个人的分数就是反应的总和，分数越高越表示被试对社会化医疗计划的接受态度，分数越低越表示被试对社会化医疗计划的不接受态度。不难看出，该问卷的最高分和最低分分别是100（最强烈赞同社会化健康计划）和20（最强烈反对社会化健康计划）。

社会化医疗态度量表被试指导语：

请对以下陈述指出您的反应（从下列可选项中圈出您的选择）：非常赞同＝SA；赞同＝A；说不清＝U；反对＝D；强烈反对＝SD

1. 私人行医体制下的医疗质量优于强制性健康保险。　　SA　A　U　D　SD
2. 强制性健康计划将使大众更健康、更有活力。　　SA　A　U　D　SD
3. 强制性健康计划将使想当医生的年轻人缺乏激励。　　SA　A　U　D　SD
4. 强制性健康计划很有必要，因为它给绝大多数人
    带来了最大的好处。　　SA　A　U　D　SD
5. 强制性健康计划下的治疗将会是僵化的和应付的。　　SA　A　U　D　SD
6. 强制性健康计划将使民主的真正目标之一成为现实。　　SA　A　U　D　SD
7. 强制性医疗保健将干扰家庭医生和病人的传统关系。　　SA　A　U　D　SD
8. 我觉得与政府支付工资的医生相比，从自己付
    钱的医生那里得到的护理会更好。　　SA　A　U　D　SD
9. 我觉得强制性健康保险是人民的真正需要。　　SA　A　U　D　SD
10. 如果医生配合的话，强制性健康计划可以管理得
    更有效。　　SA　A　U　D　SD

11. 没有理由说传统的医患关系在强制性健康
    计划下不能继续。                                    SA   A   U   D   SD
12. 如果强制性健康计划颁布实施，政治家将会控制医生。SA   A   U   D   SD
13. 现有的私人医疗制度是最适合于民主自由哲学的制度。SA   A   U   D   SD
14. 没有理由说医生在强制性健康计划下不能像现在
    一样做好工作。                                      SA   A   U   D   SD
15. 在强制性健康计划下，人们可获得更多更好的护理。  SA   A   U   D   SD
16. 强制性健康计划会破坏年轻医生的创造性和进取心。  SA   A   U   D   SD
17. 政治家想在没有给出任何真实证据的情况下就把
    强制性健康计划强加于人民。                          SA   A   U   D   SD
18. 强制性健康计划下的管理费用将非常高昂。          SA   A   U   D   SD
19. 红头文件和官僚问题将使强制性健康计划非常低效。  SA   A   U   D   SD
20. 任何强制性健康计划都会侵犯个人的私有权。        SA   A   U   D   SD

# 第十章 数据的收集：访谈法

心理测验法和问卷法都是用书面方式获得被试的心理和行为资料，而访谈法是以口头的方式调查被试的心理和行为资料。访谈法是心理与行为科学研究常用的方法之一。

## 第一节 访谈法的特点和类型

### 一、访谈法的含义

访谈法（interviewing）是研究者按照研究目的和任务，通过与研究对象（挑选出来的个体）交谈来收集对方心理特征与行为数据资料的研究方法。访谈的本质是通过研究者与被访谈者的言语交流，仔细询问一些问题。访谈的目的是要了解被访者脑海里到底在想些什么。换句话说，访谈的目的就是，了解那些不能从直接观察中得到的东西。这里讲的关键点不在于观察数据是否比自我报告数据更理想、更可信、更有效或者更有意义，而在于研究者不可能观察所有的事物，如人们内心的真实想法、意图等。同时，研究者也无法观察被试已经发生过的行为；有些行为即使正在发生，但是观察者若不在现场，那他也无法进行观察。另外，人们对世界的认识是一个主观建构的过程，研究者无法观察到人们是如何建构这个世界的，无法观察人们是如何赋予事物意义的。对于这些过程，研究者只有通过询问才能得知。在心理与行为科学研究中，研究者常常运用访谈法了解人们的态度、看法、感受和意见，从而对他们的心理特征进行研究。

在谈到访谈法时，常常涉及不同性质的访谈。例如，心理治疗领域的"精神病学访谈"、人事决策领域的"人事访谈"及作为心理与行为科学研究方法的"研究访谈"。

"研究访谈"是心理与行为科学研究的一种方法，其目的在于收集与研究课题有关的信息，从而系统地解释、描述和预测一定的心理特征和心理活动。这里讲的"研究访谈"就是访谈法。访谈法是质的研究方法的一种。

## 二、访谈法的类型

（一）结构化访谈、半结构化访谈和无结构访谈

此种类型的划分依据是交谈中提问和反应的结构方式不同，如图 10-1 所示。"结构方式"是指事前对问题及其回答方式规定的程度。也就是说，实施访谈之前，要考虑提出哪些问题，考虑被访者可能有哪些回答。

|  | 谈话项目的特点 | |
| --- | --- | --- |
|  | 无结构 | 有结构 |
| 反应的可能 无结构 | 无结构访谈 | 半结构访谈Ⅰ |
| 反应的可能 有结构 | 半结构访谈Ⅱ | 结构化访谈 |

图 10-1　访谈法的分类

结构化访谈（structured interview）是一种有指导的、正式的、事先决定了问题项目和反应可能性的访谈形式，这种访谈的程序是标准化的程序，所以又称为标准化访谈（standardized interview）。其实，结构化访谈是一种口头调查问卷。比如，我们要了解城市初中老师和农村初中老师的特征有什么差异，那么我们首先要设计一些问题，然后分别在城市和农村初中教师中挑选一个样本并进行访谈，获得有关信息，最后对二者进行对比。

半结构化访谈（semi-structured interview）分两种情况，分别称为半结构访谈Ⅰ和半结构访谈Ⅱ。对于半结构访谈Ⅰ，要回答的问题是事先拟定好的、准备好的（即有结构的），而被试的反应（即回答）是自由的，回答的方式不作硬性规定，也可以自由讨论。对于半结构访谈Ⅱ，这种方法是按有结构的方式回答无结构的问题，即问题无结构而回答有结构。

无结构访谈（non-structured interviewer）方式是一种非指导性的、非正式的、自由提问和自由作答的访谈形式，也可以称为非标准化访谈、非正式访谈（informal interview）。无结构访谈实际上是研究者和被访者就感兴趣的话题进行随意交流。这种访谈没有任何特定的提问顺序和提问形式。无结构访谈的目的是了解人们的想法并对不同人的观点进行比较。

无结构访谈在所有访谈中是最难操作的一种。在这类访谈中最易涉及道德问题。提问问题的深度、广度不易拿捏。比如，在什么情况下所问问题过于涉及个人隐私，而不应该再追问下去呢？研究者挖掘被访者对事物的看法挖到什么程度合适呢？什么时候停止进一步追问合适呢？研究者应该如何建立轻松愉快的交谈氛围，同时又能了解到访谈对象生活中的一些细节问题呢？

（二）回溯式访谈

回溯式访谈（retrospective interview）是研究者要求被访谈者回忆过去的某件事情或者某一段经历，目的是了解被访谈者过去的情况。这种访谈所得资料的可靠程度较差，因为人们的记忆会出现错误或者遗漏。

（三）关键事件访谈和关键人物访谈

1. 关键事件访谈

行为事件访谈（behavioral event Interview，BEI）也称为关键事件访谈，它是一种开放式的行为回顾式探察技术[①]。比如，要利用行为事件访谈技术研究管理工作中的某个问题，就需要被访谈者列出他们在管理工作中遇到的关键情境，包括正面结果和负面结果各3项。然后，让他们非常详尽地描述在那些情境中发生了什么。具体包括：这个情境是怎样引起的？牵涉哪些人？被访谈者当时是怎么想的，感觉如何？在当时的情境中想怎么做，实际上又做了些什么？结果如何？

关键事件访谈的目的是得到关于一个人如何开展工作的详细描述。访谈者根据访谈提纲引导被访谈者提供关键事件的小故事。访谈者的任务是引导和推进整个故事的进程。访谈的内容集中在被访谈者描述他在某一真实环境中的行为、想法和做法上。

下面结合胜任特征研究过程中的访谈，简单介绍关键事件访谈的基本过程。

1）关键事件访谈的准备

第一，了解被访谈者：事先了解被访谈者的姓名、职务、工作内容和性质。值得注意的是，访谈者事先不知道被访谈者是属于优秀组还是普通组。

第二，找一个私密的环境，并确保1.5～2小时不被打扰的时间。最好是远离办公室，远离电话和来访者打扰的地方。

第三，准备好录音笔。

2）访谈步骤和注意事项

第一步：介绍和解释。介绍自己和解释访谈的目的，也可问问被访谈者的

---

① 时勘，侯彤妹. 2002. 关键事件访谈方法. 中外管理导报，(3)：52-55.

教育背景和工作经历，但这一点不是必需的。这一步的主要目的是与被访谈者建立相互的信任，给他一个轻松、开放的氛围，让他乐于与你交流。具体步骤如下：让被访谈者放松；鼓励被访谈者积极参与；将访谈提纲交予被访谈者令其充分准备；强调私密性，保证被访谈者说的任何话都不会让公司的任何人知道，确保被访谈者提供的信息中没有自己和相关人的名字，以及所在公司和相关公司的名称；征得被访谈者同意后使用录音笔。

注意事项：要营造开放的、非正式和友好的气氛，以亲切和蔼的态度赢得被访谈者的信任和合作；尽量减小访谈双方的地位差异，研究者不要以研究专家的口吻与对方谈话，而是以咨询者的口吻同对方交流，充分尊重被访谈者的知识背景和价值观。

可能遇到的问题及应对方法：若被访谈者提出为什么要找他访谈，访谈者可强调访谈的目的不是进行个人评估，而是进行课题研究，并再次重申保密性原则。

第二步：工作职责。让被访谈者描述他的工作任务和职责。目的是通过一些问题以明确被访谈者的工作性质和内容。访谈者可采用如下问题来提问：你当前的岗位名称是什么？你的上司和下属岗位名称是什么？你的主要工作内容和职责是什么？你每天做什么？

操作要求：

这一阶段用10~20分钟。

让被访谈者将谈话集中在具体的工作行为上。例如，被访谈者说：我的任务是监督下属工作。那么，访谈者就可以追问：请你解释一下监督的含义，在监督的过程中实际做了什么？一定要追问明白，这将有助于下一步访谈的进行。

可能遇到的问题及应对方法：当被访谈者罗列了太多的任务和职责时，访谈者要及时打断他，让他选择重要的任务和职责进行叙述并对其排序。

第三步：关键事件访谈。让被访谈者详细地谈工作中最成功的3件事和最失败的3件事。也就是让被访谈者详细描述至少4~6个完整的关键事件的小故事，这一部分占用的时间相对较多。每一个关键事件构建的小故事，只有围绕下面五个问题展开，才能讲述一个完整的故事：

A. 当时的情境是怎样的？什么事情导致了这个情境？

B. 涉及了谁？

C. 在那种情境下，你的想法、感受和最想做的是什么？

D. 你是如何说或做的？

E. 结果怎样，接着又发生了什么？

操作要点：

第一，先从成功的事件开头，作为第一个关键。因为大多数人很容易找到成功的事件，而且谈到成功的事件会使他自信和乐意说。第二，按照事件的顺序来叙述这个故事。因为有的被访谈者先回忆起事情的结尾。如果被访谈者讲的故事很复杂，让他讲最重要或印象最深的部分。第三，确保被访谈者讲述的是真正发生过的事件，而不是空泛的、抽象的理论或假想的事件。引导或探究具体的细节和实例（人、事件、原因、结果、情境、感受、时间、地点等）。第四，探究被访谈者行为背后的想法。在知识型的雇员中75％的工作是在思考中进行的。例如，一个汽车机械修理工正在旋紧车轮上的一个螺丝，有经验的修理师会告诉他：用扳手拧3/4转，少于3/4时螺丝是松的，而多于3/4时螺丝就会脱扣。这时访谈者就应及时追问下去：您怎么知道该这样做？您是怎样得出这样的结论的？第五，对被访谈者有效的反应给予强化。有些人需要不断的鼓励和刺激才能进入状态，访谈者可以与被访谈者一起笑，同时也讲讲自己的故事和经历与对方分享，始终让谈话的气氛是非正式的和欢快的。访谈者通过不断地点头和微笑，来鼓励被访谈者完整、详细地叙述完这个故事。第六，理解这种访谈会给被访谈者带来强烈的情绪体验，尤其谈到失败的经历时，他会说：我再也不想回顾这段经历了！如果被访谈者情绪很激动，访谈者要先停止访谈，给他以同情，并听他倾诉，直到其情绪渐渐稳定和平静了为止。

注意事项：

第一，避免提出抽象的访谈问题。因为被访谈者回答这个问题时，也会用抽象的假设理论，这样就偏离了访谈的目的。

第二，不要提出有引导性的问题，或为被访谈者的谈话进行总结归纳。例如，听被访谈者叙述完一个故事后，访谈者就急于下一个结论，被访谈者往往容易迎合访谈者的口味。因此，作为访谈者，不要假设你知道发生了什么，除非被访谈者有过明确的描述。

第三，不要试图解释被访谈者所说的话。这种解释也会对被访谈者造成引导，使故事失真，最好的反应就是点头、微笑，或者问：你是如何做的？

第四，不要限制被访谈者谈话的主题。作为访谈者应避免这样的引导：请谈谈你处理人际关系问题的关键事件。一般来说，优秀组和普通组的被访谈者对关键事件的选择不同，听上去，好像他们在做不同的工作。普通组的销售人员会谈到人际关系冲突，而优秀组会更多地谈到工作计划。普通组的工程师会谈到解决工程上的问题，而优秀组的工程师会谈到组织的策略。

第五，尽可能得到更多关键事件。一旦被访谈者描述完他的第一个关键事件，访谈者需要鼓励他继续说下去：这正是我们所需要的事件！当被访谈者找不到失败的事件时，访谈者可以这样引导他：请谈谈你感到最棘手的、最有挫折感的那件事。

可能遇到的问题及应对方法：

第一，当被访谈者找不到关键事件时，他无法给你提供有效的信息，从而可能陷入僵局，产生烦躁情绪。这时，访谈者要帮他平静情绪，然后通过他的工作职责来寻找线索。

第二，注意不要跑题。被访谈者很可能刚说着一个事件，又跳到另一个事件去了。访谈者要注意控制节奏，直到一个事件彻底谈完。有些高层的销售人员和高层管理人员非常健谈，他们会谈到商业局势、公司的管理理念及自己的看法。这时，访谈者就要打断被访谈者，让他谈谈现实发生的具体的事件。

第三，被访谈者会问你的建议。在被访谈者描述自己的关键事件时，有时想知道听众（访谈者）的反馈和建议。例如，他会问，你遇到过那样的情况吗？我应该怎样做？你认为我做得怎么样？等等。这时，访谈者应尽快将话题转到下一个关键事件上来转换话题。

第四步：工作性格。让被访谈者谈谈做好这份工作所需的性格。这一部分的目标有两个：第一，得到在关键事件访谈时忽略的信息；第二，对被访谈者发表的意见给予肯定，使被访谈者感到他是有能力的和被欣赏的，从而情绪振奋。

访谈者可以这样问被访谈者：如果你要雇佣或培训某人来做你的工作，你希望他具有什么样的性格、知识和能力？访谈者可充分利用这个阶段让他再举一些事例来补充前一步的内容（尤其是前面的关键事件不太充分的时候）。例如，被访谈者说：在这份工作中，需要在压力下保持清醒的头脑。访谈者可追问：谈谈你在压力下保持清醒的头脑的事例，或者你也有缺乏清醒头脑的时候，二者结果有差异吗？以此方式来结束访谈，可以给被访者一个积极的心理状态。他会感到被欣赏，自己很有能力，不会受到前面负面情绪的影响。

可能遇到的问题及应对方法：

第一，被访谈者想不出自己的任何知识和技能。若以前的关键事件已做得很充分了，就可以中止了。若不够充分，你可以问：你认为个人具备什么样的知识和技能才能胜任这份工作？

第二，如果回答得很笼统和含糊，请他讲具体的事例来说明。

第五步：总结。感谢被访谈者牺牲了这么长时间给予的配合并总结关键事件和访谈中的发现。如果还有时间，访谈之后最好立即整理访谈记录。因为这时记忆最清晰，访谈者可将不太清楚的地方向被访谈者确认。这样，一个圆满的访谈就完成了。

2. 关键人物访谈

不论在哪个群体中，都有一些人比其他人更熟悉群体的文化和历史，而且比其他人更有表达能力，能够清晰地表达他们所知道的情况。这些人称为关键人物（key actor）。关键人物通常都有丰富的知识和经验，头脑也特别聪明，因此他们常常是非常好的信息来源。他们是特别有用的信息来源。他们通常能够提供有关群体过去和现在所发生的事情的详细情况。

有一个关于天才教育研究中的关键人物访谈典型案例，简单介绍如下：

在一项有关天才教育研究中，给我帮助最大的且最有洞察力的关键人物是学区的一名主管。他告诉了我一些学区政策并教给我一些在研究中避免争论的方法。他驾车带我在社区里转，教我如何辨别主要的邻居，并且指出了他们在社会经济地位上的差别，事实证明这些信息对研究帮助很大。他说，该天才教育项目的主管是由社区成员和前一届校董事会成员轮流担任。他还透露说他的儿子（适合参加本研究）已经决定不参加该项目。这些信息为我了解该社区中的同行压力打开了一个新窗口[①]。

由此可见，关键人物是非常有价值的信息来源。这也启示我们要花时间去寻找这样的人，想法、设法与这些人建立互信关系。他们所提供的信息可以用来交叉检验研究者从其他访谈、观察和内容分析中获得的数据。但是对于关键人物提供的信息也要十分谨慎，研究者必须注意确保关键人物不仅提供了研究者希望听到的信息，还提供了研究者不希望听到的信息。这也是研究者在任何研究中都需要寻找多个信息源的原因。

### 三、访谈法的评价

访谈法是研究者与被研究者面对面直接交流的一种方法，因此，该方法具有深入性、灵活性、可靠性和广泛性等优点。当然，访谈法也存在结果无法量化等缺点。

（一）访谈法的优点

1. 访谈法具有深入性

面对面地谈话，有问有答，就像老朋友聊天一样，气氛和谐，双方自由自在，无拘无束，畅所欲言，这样的情境可以激发被访谈者放松身心，减少自我防御意识，畅谈自己对某种现象、某件事或者某个人、某种行为的观点、认识和态度，就像讲述故事一样，可以深入地表达自己的观点和意见。

2. 访谈法具有灵活性

只要是围绕研究主题进行的谈话，就不必拘泥于特定的形式，因此访谈法可以根据访谈情境随时改变方式，灵活地采取各种方法，有针对性地、有效地

---

① 杰克·R. 弗林克尔，诺曼·E. 瓦伦. 2004. 教育研究的设计与评估. 蔡永红等译. 北京：华夏出版社：468.

收集研究资料。当被访谈者对所问问题不理解或者理解错误时，访谈者可以重复提问，可以随时改变提问的措辞，帮助被访谈者正确理解问题；当被访谈者说出了事先未预料到的、有价值的信息时，及时记录，及时追问。研究者可以在访谈过程中始终把握谈话的大方向，主动地、创造性地与被访谈者互动。

3. 访谈法具有可靠性

访谈过程中，访谈研究者始终处于主动地位，他可以事先安排合适的时间和地点，营造适合于访谈的轻松愉快的情境，控制可能的干扰因素。这样可以保证所获得资料的可靠性。

4. 访谈法具有广泛性

访谈法可用于广泛的研究对象，只要有一定的语言表达能力，均可应用访谈法进行研究；访谈法可用于了解不同问题，可有效地搜集访谈对象的态度、认识、意见、动机、情感和个性等方面的信息。

（二）访谈法的缺点

访谈法也有一些自身难以克服的缺陷，因此研究者要根据情况，用其他方法对访谈研究的结果进行补充和修正。

（1）对结果的分析处理较复杂，不易量化，必须由专门人员进行处理。由于访谈对象的背景不同，文化程度和理解能力不同，而访谈人员对问题的解释也会有差异，这样会造成对同一问题的理解的偏差，这种根源于问题表述的标准化缺乏的误差很难控制；对于访谈结果的整理，除了用某个答案出现的频次、百分比作为指标外，没有其他更科学的计算指标可用。如果不同的被访谈者给出的答案很不相同，就更难定量计算。不易量化使得研究结论不易推广。

（2）访谈法的有效性在很大程度上依赖于访谈人员的素质。如果访谈人员的素质差，能力低，或者缺乏责任心，敷衍了事，那么就会造成对访谈对象的误解，或者出现记录的错误；如果访谈研究者缺乏访谈的技巧，对被访谈者态度生硬，公事公办，缺乏亲和力，那么就有可能造成被访谈者拒访或者敷衍，不说实话；另外，访谈者的态度、信念、价值观和偏向也会影响被访谈者的反应。因此，访谈法的胜败对于访谈者素质的这种高度依赖，对进行访谈研究者提出了更高的要求。

（3）访谈法在研究问题的范围方面也有局限。有些问题带有敏感性、隐秘性，就不能进行面对面的交流。即使强行访谈，所得结果也很难可靠。对于难于用语言准确表达的心理活动、情感体验等访谈法就不太合适，应该用其他的方法获取。

（4）费时费力，代价较高。访谈法需要事先对访谈人员进行培训，需要购买录音笔,印制访谈提纲,给付被试费,以及给付主试劳务费、差旅费等。所以访谈法的代价是较高的。

要克服以上缺点,事先要对主持人进行严格和规范的训练,并精心对访谈进行设计,考虑到可能出现的各种可能性,做到心中有数。

## 第二节 访谈法的设计

### 一、影响访谈效果的因素

访谈不同于实验室研究,由于很多因素不易控制,这些因素对访谈的过程和访谈的质量,对访谈所得结果的可靠性可能造成影响。同时,访谈过程也是一个人际交流过程,具有互动性,谈话双方在有意或无意间会相互影响、相互作用。而相互作用的过程很难事先规定和严格控制,因此为保证谈话的成功,必须采取措施尽量减少干扰因素的影响。

(一)成功访谈的条件

1. 资料的可及性

访谈者需要收集的资料是被访谈者完全可以得到和能够提供的。访谈者必须充分认识到,被访谈者的记忆、情绪及其具有的信息等都可能影响资料的可及性。所以,应尽可能多地搜集与被访谈者有关的材料,对其经历、个性、地位、职业、兴趣等有所了解。还要挑选合适的访谈对象,要求被访谈者必须符合研究对象的要求,被访谈者有回答问题的能力并且乐于回答问题。

2. 被访谈者的认知

被访谈者对于自己在访谈中的角色、访谈要求、问题意义的理解和认知,直接决定了访谈的效果。

3. 被访谈者的动机

这个因素包括被访谈者的动机、价值观、访谈目的与自己的需要之间的一致程度等。心理与行为科学研究发现,被访谈者的动机有以下几种:内在动机、工具性动机、利他动机,或者感情和理智的满足等。这些动机具体表现在,被访谈者往往表现出竞争、不愿表现出无知、对访谈后果的担心、研究单位的声望、对访谈者的喜爱、社会规范、情绪上的需要等。

(二)访谈者的影响

访谈者的特征、动机和行为对访谈结果有很大影响。访谈者在访谈过程中不仅要监控访谈进程，观察和记录被访谈者的反应，还必须取得被访谈者的合作。访谈者必须知道，自己在提问、记录、激发、探究中都可能产生影响结果的误差。

1. 提问方式

提问必须用词恰当，清楚明了，不能有歧义。如果提出的问题对双方来说含义不同，就会造成"提问差误"。因此，要仔细斟酌提问的方式，减少提问差误。研究中，同样的问题用不同的发问方法，结果可能就会不同。例如，问被访谈者对某个著名主持人 A 的看法，有两种提问方法：

（1）"请问你喜欢主持人 A 吗？"这种问法带有感情色彩，而且限制了回答内容。

（2）"请你告诉我一些有关主持人 A 的情况。"这是一种中性提法，可以自由回答，从答话中分析对方对主持人 A 的态度。

有的问题比较敏感，容易使被访谈者产生焦虑和敌意，如："你最近一次和别人争吵发生在什么时候？"这类问题称为"紧张访谈"或"防御反应访谈"，访谈者要竭力避免。这就要求访谈者具有较高水平的谈话技巧。

2. 探究方式

访谈者不恰当的探究，会造成差误，影响访谈效果。在被访谈者没有充分时间做出回答，或者没有充分说明自己的看法时，也会出现这种误差。这种误差与访谈者的经验有关。

3. 激发动机

访谈者能不能激发起被访谈者的兴趣和积极性，也会影响访谈结果。

4. 访谈记录

对结果的记录方式也会影响结果。一种方式是在访谈结束后根据记忆作记录和报告，这样会造成较大的误差。第二种方法是访谈当时作简短记录，结束后详细整理。第三种方法是录音记录。但录音可能引起被访谈者紧张和注意力分散。录音方法适合于无结构访谈。

此外，访谈者的注意、兴趣、倾向、记录能力等也都影响访谈的效果，在访谈过程中应加以注意和控制。

## 二、访谈的信度、效度和客观性

作为一种研究方法，访谈法在信度、效度方面要求都较高。

访谈信度一般用重测信度表示，也可以用客观性来考察。"客观性"是指两个或多个访谈者（或评分人）在划分反应类别上的一致程度。不同的访谈者或评分人把同样的反应划分为不同类别，则访谈结果就缺乏可靠性、客观性。访谈信度的计算方法这里不进行评述。

关于访谈法的效度。访谈法的效度较难确定。可以计算预测效度、同时效度和构想效度。具体方法这里也不再进行评述。

总的来说，提高信度和效度的基本措施是对访谈者进行严格训练，并设法控制访谈者的个人特征对访谈结果（反应）的影响，如访谈者的年龄、性别、专业、文化程度和经验等。

### 三、访谈问题的设计

(一) 明确访谈目的和变量

明确访谈的目的，这是成功进行访谈的基础。明确目的就是在研究设计阶段搞清楚为什么进行访谈，知道通过访谈获得什么信息，了解哪些情况；同时还要把研究的目的转化为清晰的变量。研究目的确定了就可以选择访谈的范围和对象。但是，一般来说，访谈目的都是较为笼统的，因为我们对复杂问题的认识有一个过程。比如，要研究"教师心理健康素质"这个问题，问题大且概括，如何入手研究呢？我们可以分析一下：教师本身有不同的类型，供职于不同类型的学校，教授不同的课程，那么你就不可能一下子把所有类型学校的教师都作为被访谈的对象群体，总要选择较小范围的教师群体进行访谈。我们还可能关心这个问题的不同的方面，如教师对心理健康素质是如何认识的？心理健康素质有哪些表现？心理健康素质与其他素质之间有什么关系？教师的心理健康素质有什么意义和作用？心理健康素质是如何养成的？等等。这些问题要分清主次，逐个解决，不要指望一次访谈全都解决。

进行访谈设计时，要把笼统的、大的研究目的和研究问题变为比较小的、具体的研究目的和研究问题，研究者在此基础上提出自己的具体研究假设。继而，研究者要根据这一具体研究问题，详细列出问题所涉及的变量的类别及其名称，这样就进一步明确了要回答问题、验证假设必须收集的信息。这时列出研究的变量简表就显得十分有用，因为它可以帮助我们全面思考，不至于漏掉重要的问题。

(二) 访谈问题形式的设计

问题和研究目的确定以后，要设计具体的问题形式。一般来说，访谈问题形式包括开放式问题和闭合式问题、直接问题和间接问题。

1. 开放式问题和闭合式问题

开放式问题（又称非限定性问题）是让被访谈者自由回答的一类问题；闭合式问题（又称限定性问题）是限制答话内容和方式的问题形式，它包括一些强迫性选择题。例如：

开放式问题："当某个项目没有达到客户满意程度时，你们部门里会发生一些什么情况？""你对校长新颁布的有关迟到、缺课的新制度有什么看法？"

闭合式问题："当某个项目没有达到客户满意程度时，你们部门里的人是不是互相责备和埋怨？""你觉得校长新颁布的有关迟到、缺课的新制度能够提高大家的工作积极性吗？"

使用开放式或闭合式问题，要考虑四个因素。

第一，访谈的目的。如果访谈目的不仅要了解被访谈者的态度或特征，还要了解他所持意见的基础、回答问题的参考框架和感觉的强度，则应采用开放式问题，或者用多个闭合式问题，了解多方面的情况。

第二，被访谈者的信息水平。信息水平是指被访谈者了解情况的程度。开放式问题有助于了解被访谈者的信息水平。了解情况多的被访谈者适于回答开放式问题，了解不多的被访谈者适合闭合式问题。

第三，被访谈者意见的结构。如果被访谈者对问题有明确的态度，并且能够确切地组织和表达自己的意见，适合采用闭合式问题；如果态度不明确，意见不是很清楚，则适合用开放式问题。

第四，对被访谈者情况的了解程度。对被访谈者情况不了解，可以用开放式问题；情况清楚时，可以用闭合式问题。

2. 直接问题和间接问题

直接问题要求被访谈者直接发表自己的意见，表达自己的思想，表明自己的态度。间接问题则是呈现一些问题，这些问题从表面看不容易知道访谈者的目的，通过被访谈者的回答，访谈者根据一定的心理与行为科学理论来推断被访谈者的真实态度和特征。

一般来说，当谈话双方沟通困难，没有多少共同语言，对概念的理解不同，所提问题可能产生较大的情绪障碍，被访谈者的意见会受到社会规范和社会舆论的影响，以及有关被访谈者的名誉、自尊等切身利益时，以间接问题为宜。间接问题的形式很多，如意义含糊不清的图片、故事或句子等。

（三）问题的组织和编排

编排和组织问题时应注意以下几点：

（1）先问一般问题和大问题，再问具体问题和小问题，从大到小编排。

（2）访谈开始阶段要先介绍访谈的背景，激发被访谈者的兴趣，取得其合作和信任；重要的问题应放在中间，在被访谈者积极性已激发起来，但还没有疲劳时，进行关键内容的交谈，容易引起不愉快的问题尽量放在后面谈。

（3）问题要清楚，用词不要有歧义，考虑访谈对象的年龄、职业、知识背景和理解能力。

（4）不要问访谈对象不能回答的问题。

（5）每一个具体提问要集中在一个单一变量上，不要在一个问题中涉及不同的问题或者问题的不同方面。

（6）不要提问有引导性的问题，也不要在提问的用词或者语气、表情、动作等方面透露你或暗示你对某个问题的态度、价值甚至偏见。

（7）避免提问让被访谈者无法选择答案的问题，如："你认为你是好人吗？"

（8）有些问题不易理解，或者可能会产生歧义，研究者事前就要进行统一的解释和说明，让被访谈者清楚地知晓问题的内容、范围。

（四）被访谈者对问题反应形式的选择

问题编制妥当以后，还要考虑被访谈者以什么方式对问题做出反应。被访者反应的方式一般有填空式、核对式、等级排列式和量表式，各种反应方式的优缺点如表10-1所示。

表10-1　四种反应方式及其特点

| 反应方式 | 数据类型 | 优点 | 缺点 |
| --- | --- | --- | --- |
| 填空式 | 命名数据 | 误差小 | 难以记分；反应灵活性大 |
| 量表式 | 间隔数据 | 易于记分 | 费时；可能产生误差 |
| 等级排列式 | 顺序数据 | 易于记分 | 难以完成；强迫区分 |
| 核对式（分类式） | 命名数据 | 易于记分 | 提供数据少（计算总数时可能是间隔数据） |

在访谈设计中，选择什么样的反应方式，要考虑多种因素。

1. 数据类型

访谈者希望获得的数据的类型不同，反应方式的选择就不同。假设研究者希望获得的数据的性质属于命名型的（如性别），那么反应方式一定要选择填空式或者分类式的反应方式。

2. 数据统计的需要

研究设计阶段就要考虑对所获得的数据应用什么样的统计手段来整理。如果统计分析时需要间隔性质的数据，那么就选择量表式的反应方式；如果要对数据进行卡方检验，那么就要选择填空式或者核对式的反应方式。当然，如果事先并不知道将来采取什么样的统计分析方式，那么就采用量表式反应方式。因为量表式获得的间隔数据可以转化为顺序数据或者命名数据。

3. 访谈时长的限制

等级排列式和量表式较费时间，而核对式比较省时间，如果访谈时间不能很长，那么就考虑用省时省力的反应方式。

4. 误差

各种反应方式的误差大小是不同的，量表式和核对式的反应误差较大，因为采用这两种方式回答问题往往受社会赞许等效应的影响。填空式和等级排列式的反应误差较小。

5. 记分的难度

填空式反应要先编码，记分难度大，其他方式难度小。

### （五）修订访谈设计

1. 试访谈注意事项

访谈问卷初步拟定好以后，就要在试谈中检验其是否科学、可靠。如访谈问题的措辞是否合适、问题的顺序安排是否恰当、访谈问卷的整体框架是否符合研究目的的要求等。在试访谈过程中，必须注意以下两个方面的问题：

（1）对象相同。试谈的对象必须与正式访谈时的对象同质，能够基本代表正式的访谈对象。

（2）做好记录。访谈人员在试访谈过程中发现的访谈问卷存在的问题、被访谈者对访谈的态度、访谈过程中出现的未曾预料到的问题等，都要详细地记录下来，以备修订访谈问卷和访谈设计时应用。

2. 访谈设计的修订

试访谈以后，要根据发现的问题，对访谈设计进行修订。但是，修订之前要谨慎地检查试访谈的对象是否具有足够的代表性，如果发现代表性较差，也不要急于盲目修订访谈设计。修订时要注意以下几个问题：

（1）全面检查，避免遗漏；抓住重点，及时完善。试访谈以后，要全面地检查访谈问卷和检视访谈过程，对每一个问题及其回答进行逐个检查，如果有遗漏和疏忽之处，就要及时修正。检查的重点在于问题顺序、措辞的清晰程度等。

（2）增加提示语，帮助被访谈者更有效地回答问题。如果在试访谈中发现某些问题提问得不科学、不清楚，或者问题的措辞造成了被访谈者的回答内容抓不住重点或偏离了主题，那么修订时就要增加提示语或者追加问题。

（3）再次试访谈。通过试访谈，发现的问题较多并对访谈问卷进行了相应的修订以后，还要进行一次试访谈。如果发现的问题不多，就不必进行再次试访谈。

（4）制定代码系统。这是针对开放性问题时要做的工作。研究者要对试访谈时出现的各种反应进行分析，制定分类原则和代码系统，对试访谈对象的反应进行分类和编码。

（六）选择和培训访谈人员

对于简单的、工作量比较小的访谈研究，研究的主持者自己就可充当访谈人员。如果一项研究涉及面比较大、访谈的对象比较多、工作量较大，那么就要选择和培训合适的访谈人员完成访谈工作。

1. 选择访谈人员的条件

第一，工作认真，一丝不苟。要确保挑选出来的访谈人员有认真的工作态度，有责任心，有科学的、实事求是的精神，能够保质保量地按时完成访谈任务。

第二，热爱访谈工作，愿意投入时间和精力。对访谈工作有兴趣，愿意做好访谈，这是选择访谈人员的重要条件。试想，如果一个人被逼无奈做一项工作，那么他十有八九是对工作持应付态度，敷衍了事，这样很难保证获得的数据客观可靠。

第三，具有相应的知识背景和做好访谈工作的能力。具有专业知识背景可以较好地理解和全面地把握访谈的目的要求，对做好访谈工作十分重要。没有一定的专业知识背景可能会错误理解目的要求，造成获得的数据不真实、不可靠。一定的文字理解能力和口语表达能力对于做好访谈也是必需的。另外，最好具有一定的人际关系协调能力，具有一定的情商，这样可以确保在访谈过程中与被访谈者处好关系。

2. 访谈人员的培训

当研究涉及的人员较多，需要动员很多人参与访谈，这时要对选好的访谈人员进行培训，使他们掌握统一的操作要求，保证访谈过程的一致性，也确保数据的可靠性。

（1）培训内容。对访谈人员进行培训，主要是向他们说明访谈的目的意义和时间安排；让他们掌握有关的理论知识和具体的访谈技巧；初步具有处理突发事件和意外事件的能力。

（2）培训的方法步骤。第一，向访谈人员说明访谈的目的、意义、要求、内容、方法、地点、时间等一般的背景情况。第二，讲解访谈问卷。让参与培训的人员阅读访谈问卷，了解研究的设计方案，对表格、提纲和有关的说明材料有正确的理解，培训者要对一些重点和难点内容进行讲解。一般的程序是，课题研究的负责人先大声朗读每一个问题并解释其含义，使每一位访谈人员都准确地理解每一个问题；接着鼓励访谈人员对不清楚的问题进行提问；对于在访谈过程中需要向访谈对象说明的问题、用什么措辞、解释到什么程度等，都要做出统一的规定，使所有访谈人员掌握统一的标准和尺度。第三，示范和模拟。研究者在讲解了访谈问卷和有关事项以后，应该给访谈人员示范一下如何访谈，当面做一两个访谈，使听者有直观印象，然后要求访谈人员两人一组模拟一次，接着互换角色再试一次。第四，现场实习。在这个阶段，要求访谈人员到访谈的现场，找一个实际的访谈对象进行一次实战访谈，在实际操作中掌握访谈的技巧和方法。结束以后，研究的负责人要严格检查访谈结果，对成功之处和不足之处进行中肯的点评和总结。

（3）培训的注意事项。第一，采用集体培训的方式比单独的培训效率高，节省人力、物力和时间，还有利于访谈人员之间的相互学习和交流。第二，要反复强调和灌输保密性原则，使保密性原则在访谈人员心中铭记不忘。第三，鼓励访谈人员互助互学。第四，要求参加学习的访谈人员重点掌握技术和技巧并做好记录。第五，教会访谈人员写访谈工作日记，把访谈过程中发现的问题、自己的心得体会、遇到的挫折和比较特殊的事件记录下来。第六，研究的负责人要着重培养访谈人员的独立工作能力，善于及时处理遇到的特殊问题。因为访谈过程中可能会出现各种各样的特殊情况，在培训阶段，研究者思考得无论多么周到细致，也不可能把所有可能出现的情况都预料到。第七，培训结束后，要严格筛选，对于不合格的人员不予录用，避免其不合格的工作影响整个研究的可靠性。

## 第三节　访谈的过程与技巧

### 一、做好准备工作

访谈前的准备工作主要包括以下四个方面。

#### （一）熟悉访谈问卷

访谈人员要熟悉访谈问卷的内容，做到心中有数，这样在访谈过程中就可以把主要精力用在观察、倾听、追问和记录被访谈者的反应上，同时也给被访谈者一种印象，即访谈人员是熟练的专业人员，这样会得到被访谈者更多的合作。

#### （二）备齐访谈所需材料和工具

访谈问卷、访谈研究的文字介绍、笔、记录纸、录音录像照相设备等，这些在访谈过程中可能都要用到,必须备齐。

（三）事先了解访谈对象

如果有条件的话,事先了解访谈对象还是很有必要的,因为事先了解了情况,可以在正式访谈时有心理准备,不至于造成紧张和慌乱。访谈人员事先主要了解被访谈者的年龄、职业、性别、文化程度、兴趣爱好、主要人格特点等。

（四）访谈时间和地点的选择

时间和地点的选择,主要考虑有利于访谈对象准确地回答问题,有利于访谈双方建立和谐融洽的关系。时间的选择主要是考虑访谈对象空闲、不疲惫并且乐意接受访谈等几个因素。

## 二、与被访谈者建立和谐的关系

万事开头难。访谈的双方见面以后,如何快速地建立相互信任、彼此愉悦、和谐融洽的关系,是个重要的问题。那么,如何开好头呢？开头都是从打招呼开始的。这里就涉及如何称谓的问题。称谓最好是平易的、恰当的,既显得热情大方,又显得亲切自然。同时,还要考虑入乡随俗,考虑对方的性别、年龄、地位、文化水平等因素。

在进行自我介绍时要做到自然大方、不卑不亢、简明扼要,目的是让被访谈者认识访谈者,消除紧张、防御等心理,建立融洽的访谈关系。自我介绍以后紧接着要介绍此次访谈的目的、意义、内容,访谈大概需要多长时间,并说明为什么选择他为访谈对象,以消除被访谈者的疑虑,调动其参与访谈的积极性。

## 三、遇到拒绝怎么办

在访谈过程中,访谈人员还会遇到有的被访谈者不配合、不合作甚至抵触访谈的情况。比如,有的人会说,这个访谈没有什么用处、自己对这个话题不感兴趣、没有时间参加访谈等。被访谈者抱有这些不合作的,甚至是对立的态度肯定阻碍访谈的进行。这时访谈人员要努力找到对方不合作的原因,以亲切和蔼的态度说服、引导被访谈者,消除其顾虑,放松其心情。对访谈的保密性有怀疑的被访谈者,访谈者要做出令人可信的保证。

## 四、谈话的技巧

访谈的谈话过程是科学也是艺术。说它是科学,意思是谈话过程必须按照事先准备好的访谈提纲进行,按照访谈研究的规范要求进行;说它是艺术,是因为谈话的过程不是固定的、机械的,访谈人员要具体情况具体分析,见机行事，灵活处理。比如，谈话的开始阶段，要设法创造和谐的气氛，这时访谈人员可以找些与研究的主题无关的话题，消除可能的紧张情绪。当访谈人员发现被访谈者有疲劳、松懈、精力不集中等现象时，可以随时休息或者设法进行精神和身体的调整、放松。

提问问题要注意遵循几个原则。第一，顺序性。就是要求访谈人员严格按照访谈问卷上已经编排好的题目顺序提问。第二，原话提问。就是要求访谈人员按照问卷上的原话进行提问。第三，保持客观。就是要求访谈人员以客观的态度聆听和记录访谈对象的发言，不能暗示、引导。第四，维持和谐气氛。访谈人员要始终注意维持访谈过程的良好气氛，让被访谈者感到轻松愉快，畅所欲言。第五，及时互动，适时鼓励。对于被访谈者的回答，要给予及时的反应，这种反应可以是语言的，也可以是身体语言的，总之，要使被访谈者感觉到你在认真听，同时也要适时地给被访谈者以鼓励和赞赏，这样可以调动其积极性。第六，把握主动。访谈人员在整个访谈过程中要处于主动地位，对于被访谈者可能出现的离题回答，要及时地、礼貌地要求他回到主题；对于被访谈者不得要领的长时间回答，要及时地、委婉地给予提醒。第七，发现回答不理想时，及时追问。访谈过程中发现对于有的内容被访谈者忘了说明，或者有的问题没有回答，访谈者就要及时追问。被访谈者的回答有时表意不清、答非所问、离题很远等，这时，访谈人员要及时追问，以期得到更完整、更清楚的回答。

**五、做好访谈记录**

访谈记录可以在访谈过程中进行，也可以在交谈以后再记录。但最好是能够当场记录以免遗漏。如果访谈对象对记录有顾虑，访谈人员就要耐心地说服他，并保证记录的保密性。

记录的方式有两种，即笔记和录音。笔记又分为简记、详记和速记。对访谈过程进行录音具有很多优势，它可以把访谈过程全方位地记录下来，包括语音语调、语速、用词等，这样可以保证资料的完整性和真实性。访谈结束后对访谈录音要进行转化，即把声音资料转化为文字资料。当然，很多人会忌讳录音，这就要求访谈人员事先充分地说明录音的用途，诚恳地给予保密承诺，确保录音资料的匿名性和录音资料的科学研究用途。如果有的被访谈者坚决拒绝录音，也不要勉强，因为他有权利拒绝。

结构化访谈的记录比较省力，因为它事先已经规定了答案的范围和方向。非结构访谈记录较费力，因此常用速记和简记。最好是两个访谈人员一起访谈，这样可以有一人专门做好记录。

# 第十一章 数据的收集：问卷法

问卷法，也叫作调查问卷法，是心理与行为科学研究中常用的方法之一。心理学研究者常常遇到要了解人们的价值观，人们对某种现象、某种行为的态度，人们的兴趣爱好、生活习惯、成长历程等问题。要收集人们这些方面的心理和行为数据，就用到问卷法。消费心理学、社会心理学、教育心理学、工业与组织心理学、心理咨询与心理健康教育等领域的课题研究常用此法。

问卷法不同于心理测验法，这一点往往对初学者来说不易分清楚。我们在教学中也常常遇到有一部分同学把二者混淆起来的情况。心理测验（心理测量）法是标准化的研究方法，有严格的信度和效度指标要求，对测验项目、测验的实施、数据的统计都有严格的标准化要求；而问卷法是研究者为了某种研究目的，根据访谈和其他途径搜集项目，集合成问卷，经过被试的填写和回答，来了解被试的有关行为、心理信息。我们认为问卷法有个突出的优点，就是具有灵活性、针对性。问卷可长可短，可简单可复杂，只要能够达到研究的目的就可以用，因此比较灵活。问卷法也常常是研究者遇到了某个问题，又没有现成的其他方法来解决，这时就可以针对具有特殊性的问题编制问卷，收集数据。因此，掌握问卷法的基本知识十分必要。

## 第一节 问卷法及其种类

问卷法是心理与行为科学和教育科学领域常见的研究方法。

它是以严格设计的问题或表格向研究对象收集研究资料和数据的方法。问卷的编制有严格的要求，需要较高的编制技术。

## 一、问卷法及其特点

问卷法是研究者把研究问题设计成若干具体问题，按一定的规则排列，编制成书面的问题表格，交给被调查者进行填写作答，然后收回整理、分析，从而得出结论的一种研究方法[①]。

问卷法使用的基本工具是书面的问题表格，调查过程是由调查者向被调查者发放问卷，或者通过邮寄方式征集被调查者的意见、态度和看法来完成的。当然，问卷法往往与访谈法相结合使用，一般来说，研究者在访谈的基础上，形成许多问卷项目，对问卷项目进行严格的筛选后，形成完整的问卷。问卷法与其他方法相比有明显的特点。

### （一）调查过程的标准化

问卷法所依据的主要是事先编制好的问卷，一般来说，同一份问卷对不同地区、性别、文化水平的被调查者提出的问题的形式都是一样的；调查者和被调查者无需通过正面的言语交流，被调查者就可以按照统一的要求作答，一般情况下，被调查者不会受调查者主观意识的左右；问卷所得结果也可用事先考虑好的统计分析方法做标准化的处理。

### （二）调查形式的匿名性

在问卷法中一般不要求被调查者署名，因此能够消除被调查者回答具有敏感性问题时的疑虑，明显减轻被调查者的心理压力，从而使其客观真实地回答问题，表明自己的真实想法，提高调查的信度和效度。

### （三）调查的范围广、效率高

由于问卷法除了可以采用发放的方式外还可以采用邮寄的方式进行，这样可以在短时间内获得大量的数据，而且也节省了人力、物力。

## 二、问卷法的种类

根据研究的目的、内容、对象和条件的不同可以把问卷法分为不同的种类。有研究者把问卷法分为：结构问卷和无结构问卷；发送问卷、访谈问卷和邮寄问卷[②]。

---

① 裴娣娜.1999.教育科学研究方法.沈阳：辽宁大学出版社：127.
② 董奇.2004.教育与心理研究方法.北京：北京师范大学出版社：211-212.

这里，我们重点介绍结构问卷和无结构问卷。结构问卷是研究者在设计问卷时给每一个问题都事先列了几个可能的答案，在被试填写问卷时可以根据自己的情况，选填符合自己情况的一个答案。这种问卷中各题目的答案范围是规定好的，被试只能在给定的答案中选择一个。结构问卷简单明了，回收率高，信度也较高，便于回答，统计处理也方便。这种问卷的缺陷是答案范围固定，不可能囊括被试心理与行为的所有可能情况，这样就会造成被试不能真实、完整和深入地进行回答，特别是当被试的情况特殊时，找不到符合自己情况的答案时，就可能胡乱答题，造成结果的失真。

无结构问卷是指一套问卷的所有卷面题目都没有可供选择的答案，被试可以自由回答。因此，无结构问卷可以使研究者获得更多的资料。但是，无结构问卷获得的结果统计起来较为麻烦，不太容易进行对比分析。

一般来说，结构问卷用于大范围的抽样调查，可以比较不同研究对象在某些行为方面的差异；无结构问卷适用于小样本的调查，特别是在研究某问题之初，可以深入了解人们对某些问题的看法和态度。当然，研究者也可以在结构问卷的基础上，增加几个无结构问卷的问题，把两种形式结合起来。

## 第二节 问卷的设计

### 一、问卷的组成部分

一份调查表通常包括三部分内容，即指导语、问题与答案和结束语。其中，指导语和问题是问卷的主要组成部分。

（一）指导语

指导语位于问卷的开始部分，它起着沟通调查者和被调查者的作用，使被调查者能按照调查者的要求填写问卷，保证结果的真实、准确、可靠。

指导语的编写一般包括三部分：

（1）简单介绍调查研究者的身份和研究的目的、意义，以利于被调查者合作；

（2）写明回答问题的要求和方法。如问卷填写的规则、回答问题的方式及回答问题的时间限制等，一定要交代清楚，避免被调查者不会回答问题而造成误差；

（3）应写清楚研究的用途，以消除被调查者的疑虑。例如，可以写明问卷仅为科研所用、答卷不必署名、调查者对调查结果保密等。

指导语在文字表述上应尽可能简洁明了，使人看过知道做什么、如何做。

下面是一份基本符合要求的指导语。

"收集毕业学生对学校各方面工作的看法和建议"的指导语：

"亲爱的同学，当您即将离开母校，奔赴工作岗位的时候，一定有许多心里话要对母校说。下面这张问卷表，为您表达多方面的想法提供了途径。此表采用无记名方式，仅供分析改进工作之用，并不涉及个人。因此，为了保证调查结果的真实性，谨请您根据自己的实际情况，实事求是地完成题目。对您的协助表示诚挚的谢意！"

此外，针对不同的调查对象，指导语内容强调的重点应有所不同。在向某个问题或某个领域的专家征求意见时，应突出表明专家意见对问题的重要性，以满足他们对尊重的心理需求。例如，向专家就"微电脑在中小学应用前景的预测"这一专题进行问卷调查时，可采用如下指导语：

"您好，我们谨邀请您参加'微电脑在中小学应用前景的预测'这一研究。我们非常愿意根据您在这方面的研究成果和知识与您一起讨论这些问题。您及其他专家的意见将帮助我们勾画出'微电脑在中小学中的应用的发展前景'。毫无疑问，我们大家对这些研究都是非常关心的。如果您愿意了解这些研究的成果，我们很乐意为您提供方便，非常感谢您的支持和合作。"

总之，设计指导语时，文字要简洁、清晰、亲切，但也不要太随便，要仔细推敲，不要遗漏所要传达的信息，更不能因表达失误，使答题人产生歧义或困惑。

（二）问题与答案

问题与答案是问卷的主要部分，问题与答案的设计是否合理、科学决定着一份问卷的质量高低。

（三）结束语

结束语在问卷的最后，一般内容上是对被调查者表示感谢，或者让被调查者对问卷做出一些简短的评价。

## 二、问卷的编制步骤

（一）根据研究目的和假设，收集所需资料，熟悉调查的问题，构建问卷项目

例如，可以通过查阅文献、实地考察、个案研究等途径搜集资料。此外，还可通过以下两条途径获得项目构建的信息[①]。

---

[①] 刘电芝.1995.问卷调查表的编制方法与技术.江西教育科研，(2)：47-50.

1. 正式调查以前，设计开放性问卷，做小规模预测性调查

例如，进行"社会生活价值观"的研究，通过开放性问卷，可归纳出人们对待生活的态度有享乐型、事业型、沉溺型等13类。

2. 以充分的理论为依据，构建问卷项目

以"人生价值观"研究为例。根据心理学家罗克奇（Milton Rokeach）的观点，人们的各种价值观是按一定的逻辑意义联结在一起的，它们按一定的结构层次而存在。价值观可以分为工具性价值观（instrumental values）和终极性价值观（terminal values）。前者是道德或能力，是达到理想化终极状态所采用的行为方式或手段。后者是指个人价值和社会价值，用以表示存在的理想化终极状态和结果；它是一个人希望通过一生而实现的目标。据此可以把人生价值观研究的内容分为两大系列，再围绕着两大系列设计具体的项目来编制该问卷。例如，通过"人活着是为了什么"等问题来考察实现人生价值的目的，通过"人不为己，天诛地灭"等问题来考察人生价值实现的手段。根据其理论设想，1973年，罗克奇编制了"价值观调查表"，成为目前国际上广泛使用的价值观问卷。

（二）确定问卷形式

即考虑采用开放式、封闭式还是半封闭式？封闭式问卷又分为肯定否定式、多重选择式、排序式等。具体编制方式的选择应该根据研究的目的、对象、时间、研究范围、分析方法和解释方法等多方面进行综合考虑。

（三）广泛征求意见，修订项目

项目初步制定以后，要广泛征求专家意见，以便补充完善。

（四）预测

预测样本一般为30~50人。预测是问卷设计的重要步骤。预测主要有两个目的：一是考察问卷的信度和效度；二是进一步发现具体的缺陷，如问题的难度、分量、顺序是否合适，问题的内容是否合理，问题的表述是否确切等问题，以便在正式测验前改进。

（五）进行项目分析，进一步修订完善

问卷项目应该选择直接影响测量的项目（代表测量的特征）和内部一致性高的项目。通过项目分析，保留高相关的项目。

（六）正式测试

利用编制好的测验，选择合适的被试进行正式测试。

### 三、问题的设计

**（一）问题的分类**

这里讲的问题是指问卷调查表中的题项。问题是问卷调查表的主干内容，调查者的调查内容是通过问题来逐一揭示的。不同的问题有不同的功能，根据功能不同，问题可分三类。

1. 接触性问题，也称首批问题

接触性问题一般包括几个彼此联系又同所有研究的课题具有某种程度上接近的问题，常常都是较有趣的问题。它主要是为建立接触、相互了解做准备的。在总结调查结果和进行分析时可能不会全部用到，甚至全部不用。接触性问题一般要简单明了，回答也不复杂。一般采用开放性问题。例如，要调查某学校教师在安排生活、解决后顾之忧所花的时间和精力时，可以设计这样的接触性问题：

您家有几口人？

您家由谁买菜和做饭？

2. 实质性问题

这是调查信息的主要来源，是为获得研究所需的事实材料而设计的。一般采用封闭性问题让调查对象选择。

3. 辅助性问题

辅助性问题主要有三种。第一种是过滤性问题，即测谎题。它通常安排在实质性问题之前，与实质性问题配对安排，用来鉴别调查对象对所要回答的问题是否具备资格或回答是否真实。例如，你喜欢课外体育活动吗？如果他从几个备选答案中选择了"根本不喜欢"，而此人对后面的实质性问题（你在课外主要从事哪种体育活动？）就难以回答，即使答了，答案前后必然矛盾，其结果就不予统计。第二种是校正性问题。用于检验对实质性问题的回答。例如，你经常看教育专业的报纸和杂志吗？A. 是的；B. 不是。请你写出经常看的教育专业报纸或杂志（包括名称、出版单位）。在这里，前一半是实质性问题，后一半是校正性问题，用于检验对实质性问题回答的真实性，如果有矛盾，统计结果时应酌情删去。第三种是调节性问题。用于消除疲劳、枯燥、紧张及不适应。调节性问题对心理和情绪可起到调节作用，同时也能起到连接作用，但一组问题向另一组问题过渡时，可安排一个过渡问题。

**（二）问题的编制**

1. 问题设计的基本要求

（1）语义清楚，不要用意义不清的句子。设计的问题应使被调查者能够正确理解，不会产生歧义，对题意的理解应是唯一的。

在编制问题时要注意几种情况：

一是不能把两个或两个以上的问题合并在一起来问。例如："你是否喜欢语文和数学？""你经常教你的小孩识字和算数吗？"这样的问题就不好做肯定或否定的回答，应该分成两个题来问，避免出现一半同意一半不同意的现象。

又如，你认为男性和女性中哪一种人会更满意于小学或中学里的教学？这个问题可以改为：你认为男性和女性中哪一种人更满意于小学里的教学？

A. 男性会更满意

B. 女性会更满意

C. 男性和女性的满意程度相同

D. 不知道

二是问题含义不要太抽象、太笼统，不要用专门术语、行语、俗语。例如，"社会整合""心理品质"等术语不是人人都知道的，或者在不同的人群中有不同的含义。因此，要避免用非大众化、非普及性的语言。

三是避免使用意义不清的词语，如"某些""经常""相当""通常"等模糊词。必须用时也要给予适当解释。

例如：你去图书馆，还是不去？

A. 很经常（每天）

B. 隔三五天去一次

C. 不经常（一个月去一两次）

D. 很少去（几个月去一次）

E. 不去

不好的问题：你花在学习上的时间很多吗？

这个问题这样修改一下会好一些：你每天花在学习上的时间有多少？

A. 大于 2 小时

B. 1~2 小时

C. 半小时~1 小时

D. 少于半小时

E. 其他

（2）语句简洁。问题的语句形式要简单，通俗易懂。问题的表述形式一般有两种：不完整的简单陈述句，或者是简单疑问句。其中所使用的不完整简单陈述句加上所给出的答案部分，应能构成一个完整的陈述句。在简单疑问句中，避免用否定词，特别注意不要用双重否定句。

不好的问题：在你的观念中，你觉得学校英语课程设置中哪个部分对学生的总体发展来说是最重要的？

较好的问题：学校英语课程中哪个部分是最重要的？

（3）适合对象。问题的措词和语句要适合被调查者的文化水平和职业特点，考虑被试的理解能力，避免使用生僻词汇、新名词、新概念。

（4）价值中立，就是说不要使用有导向性的词语。问题中不应出现带有某种倾向的暗示性，如不要引证权威论断，也不要把个人认识、观点和价值判断包含在问题之中。

不好的问题：你喜欢享誉中外的小说《红楼梦》吗？

较好的问题：你喜欢小说《红楼梦》吗？

上面讲的不好的问题就容易增加肯定回答的可能性。又如："您认为这起严重事故的原因是什么？"其中的"严重"一词就包含了问题设计者的价值判断，这种价值判断就可能影响被调查者对问题的认识。

（5）避免社会认可效应。社会认可效应是指被调查者按照社会规范、社会期望进行反应，而不是反映自己真实的观点、看法和态度。这种现象一般出现在回答有关思想、政治和道德等方面的问题时，人们往往按照社会公认的标准来回答问题。

（6）避免伤害被调查者的感情。如："你家有人是酒鬼吗？""酒鬼"这个词含有贬义，常引起回答者反感，拒绝回答。

2. 问题的形式

根据不同的调查需要，问题可以设计成三种形式：开放式、封闭式和半封闭式。

（1）开放式。问卷设计者只提出问题，事先不对问题作具体、明确的规定，不是先列出答案，而是由被调查者根据问题任意作答。当医生问"你感觉怎样"时，就是一个开放式问题的例子，你的回答不仅为医生提供了观察与测量的线索，而且可以使医生知道你的体验。在电话调查中，研究者也是在找个体的反应，虽然这种情形是在特定的人群中找出相似个体的共同特点。再如，"在学校里，你最喜欢上哪一门课？""在你们班你最喜欢的同学是谁？"等问题。

开放式问题常常用在下列情况：

一是较深层次的问题设计，这使被调查者可以不受题目答案选择范围的限制，按各自对问题的理解回答，它能如实反映出被调查者对复杂问题的态度、观点和看法；

二是在研究初期，对所研究的问题还不十分清楚的情况下采用。

开放式设计的优点在于：

第一,开放式问题回答可以个性化,被试可以相对自由地回答问题,研究者可获得更为真实的资料;

第二,被试可表达自己的观点,提高答题时的主动性与创造性。

开放式设计的缺点在于:

第一,研究者与参与者都要花费很多时间,当资料较多时,分析起来将十分困难;

第二,有时搜集到的数据与研究者感兴趣的主题不相关;

第三,不好评分,不好解释,获得的结果不易进行统计分析,很难评估它们的效度;

第四,由于回答问题费时费力,作答者往往有抵触情绪,问卷的回收率较低。

(2) 封闭式。问题设计者事先确定了可供选择的答案,由被调查者从问题的答案中选出一项作为回答的问题答案。封闭式问题可以很方便地在电脑上进行评分、记录和分析。所有的被试都要在相同的选项中进行选择,因此研究者可以得到标准化的数据。但是,它们比开放性问题更难编写。有时还存在这样的情况,某个人的真实观点没有被包含在所给出的选项中,因此问卷编制者往往要在每个问题中添加"其他"这个选项,以方便作答者写出研究者没有想到的回答。

【例 11-1】 你最喜欢的课程是:

A. 数学　B. 语文　C. 英语　D. 物理　E. 历史　F. 其他

【例 11-2】 评价你的学士学位计划的各个方面,并圈出最能描述你的感受的选项:

|  | 最不满意 | 不满意 | 满意 | 很满意 |
| --- | --- | --- | --- | --- |
| 课程 | 1 | 2 | 3 | 4 |
| 教授 | 1 | 2 | 3 | 4 |
| 作业 | 1 | 2 | 3 | 4 |
| 学费 | 1 | 2 | 3 | 4 |
| 其他(具体) | 1 | 2 | 3 | 4 |

设计封闭式问卷时应注意两个要求:一是所提供的问题答案各选项应互不包含和交叉;二是问题答案的意义应明确。

闭合式设计的优点是:

第一,被试不需花费过多时间完成问卷;

第二,回答格式统一,数据便于统计分析;

第三,对许多研究者来说,一个闭合式设计的主要优势在于,当运用恰当时，它使被试的回答落在研究者的兴趣范围内，而不是搜集大量无关的或不能记录的资料，而且不同被试的回答易于对比分析。

闭合式设计的缺点是：

第一，由于事先限定问题的答案，被试难以选出符合自己情况的答案；

第二，被试无法表达自己的独特观点[①]。

（3）半封闭式。在设计问题时，主试对问题的所有可能答案考虑不全，或者答案全部列出太多，也没有必要全部列出，往往在答案中列出"其他"一栏，让被调查者作具体说明。

3. 问题答案的格式

开放式问题由被调查者自由回答，一般是在问题的后面留一些空白的区域，没有专门的格式。

封闭式问题的答案格式常见的有：

（1）是否式，是以"是""否"或"正""误"，"同意""不同意"，"喜欢""不喜欢"等对问题做出回答。例如：我自己决定的事，别人很难让我改变主意。是□；否□。

（2）选择式，从多种答案中选择一个符合自己想法的答案。常用的选择式问卷又分为称名型和等距型两种。例如：

称名型：你觉得你单位的领导在工作中采取了哪一种领导作风？

专制□　　民主□　　放任□

等距型：你对自己的信心常常感到满意吗？

从来没有 □　很少 □　有时 □　经常 □　总是如此 □

等距型选择问卷实际上是把等距量表转换成选择方式。

（3）排序型，以重要性或时间性等为标准，对备择答案排序。例如：

你对下列科目的兴趣如何？请排出等级顺序：

语文（　　）数学（　　）英语（　　）政治（　　）历史（　　）
地理（　　）

（4）填空式，在列出的问题括号里填入自己的情况或看法。例如：

姓名（　　）性别（　　）年龄（　　）单位（　　）收入（　　）

我觉得这次学术会议上最令人感兴趣的论文是（　　），最没有实际价值的论文是（　　）

（5）量表式，以心理量表方式让被试对问题做出反应，量表的主要类型有5点量表，7点量表和百分量表，例如：

---

[①] 张力为．2005．体育科学研究方法．北京：高等教育出版社：250．

5点量表的问卷项目：
你有机会参加班集体组织的集体活动吗？

  从来没有 难得参加 有时参加 常常参加 一直参加
     1       2       3       4       5

百分量表项目：
你在多大程度上对目前的生活感到满意？

  0%  10%  20%  30%  40%  50%  60%  70%  80%  90%  100%

4. 敏感性问题的设计技巧

当问卷涉及敏感性问题，或者出于某种调查目的，调查者不愿让被调查者知道调查的真正目的时，问题的设计就需要更高的技术与技巧。

（1）迂回提问。用间接的提问，迂回获得要调查的内容，让被试不知道调查的目的，增加结果的可靠性。

（2）投射式提问。不直接问被试的看法，而是让被试对"周围其他人"的看法做出评价。被试常常会把自己的看法投射到其他人身上，做出真实的反应。

（3）假定性提问。假定回答者可能会否认某种问题，就要让他无法否定。比如："你第一次吸烟是在什么时候？"（假定他吸过烟，而不问"你吸烟吗？"）

（4）委婉性提问。委婉性提问指用婉转的、令人愉快的方式或言词提问，以使回答者产生接纳心理。

调查问卷的设计要有吸引力，而且不宜太长，过长则引起被试的疲劳、厌烦和抵触情绪。问卷中的问题及询问的方式都很重要。有人提出，所有问卷都应该符合四个实践标准[①]：

第一，是否能够完全按照某个问题所写的方式来询问该问题呢？
第二，对所有的人来说，这个问题的意思都是相同的吗？
第三，这个问题人们能回答吗？
第四，在一定的数据搜集程序下，人们会乐意回答这个问题吗？

对问卷中的所有问题来说，对上述问题的回答都应该是肯定的，任何一个违反上述标准的问题都应该被改写。

---

① 杰克·R. 弗林克尔，诺爱·E. 瓦伦. 2004. 教育研究的设计与评估. 蔡永红等译. 北京：华夏出版社：400.

## 第三节　问卷法的实施

问卷的施测是问卷法的重要步骤，在实施过程中，可能存在多种影响研究质量的问题，如问卷的回收率、有效率等问题，这些问题必须很好地解决以保证通过问卷法得到的数据真实可靠。

### 一、问卷施测的程序

问卷的施测有几个环节，分别是：选择被试、分发问卷、回收问卷、分析问卷和统计结果。其他的环节都无须赘述，需要说明的是选择被试和问卷的分析与统计方面要注意的问题。

#### （一）关于选择被试

在研究所确定的总体中选取问卷施测的对象，即选取样本，是每个用问卷进行调查的研究者都要首先完成的工作。关于取样方法，我们已经详细介绍过，这里不再赘述。关键的问题是怎样确定问卷调查所需要的被试的量，即样本的大小。

考虑到问卷回收率和有效率不是百分之百，总有一部分是无效问卷或者无法回收的问卷，研究者在确定了样本大小以后，就要把无效的和无法回收的问卷的量考虑进去，这样就有了计算被试选取量的计算公式[①]：

$$选取的被试量 = \frac{研究对象的量}{回收率 \times 有效率}$$

假定研究对象为 2000 人，回收率为 70%，有效率为 90%，那么，需要的被试量为

$$选取的被试量 = \frac{2000}{70\% \times 90\%} = 3175（人）$$

公式很好理解，但是，研究对象的量、回收率和有效率怎么确定？从理论上说，样本的容量超过 30 就可以说是大样本了，但是 300、3000、30 000 都是大样本，究竟确定多少？有的研究者建议根据经验确定研究对象的量，这种建议太模糊，可操作性较差，但是目前又没有更好的办法。而回收率和有效率在事先又是无法知晓的，怎么办？有一个办法可以尝试，就是先进行小范围的调查，大致了解一下回收率和有效率，通过计算确定选取的被试量，然后做正式

---

① 董奇.2004.心理与教育研究方法.北京：北京师范大学出版社：222.

施测。

(二) 关于问卷的分析与统计

回收的问卷要逐份检查，进行分类，检出不合要求的问卷（无效问卷，包括不完整的问卷、不可靠的问卷），进行编码、登记。最后对所有合格的问卷按照事先确定的分析维度进行分析处理。

需要特别注意的问题有两个：第一个问题是在设计问卷时就要考虑便于在电脑上利用统计软件对结果进行统计处理；第二个是对开放性问卷的结果进行分析处理的时候，要按照质的研究程序和原则进行分析。

## 二、提高问卷回收率

回收率如果太低就会影响研究结果的可靠性。那么，如何提高回收率呢？

(一) 科学地设计问卷，避免被试抵触

注意以下四个问题：

一是在问卷设计方面，在保证科学性的基础上，增加问卷的趣味性，达到吸引被试作答的目的；

二是指导语要语气谦虚亲切，简明、易于理解；

三是问题设计要清晰，没有歧义，不涉及被试的隐私，句子简短，句子结构简单；

四是问卷印刷要清晰、内容长短适宜，特别是问卷不宜过长，因为作答耗时太长就会造成被试疲劳、厌倦等不良情绪的产生，会直接影响回收率。

(二) 争取被试的合作

被试参与问卷调查的积极性很重要，因此研究者要争取让被试对研究积极合作，这样可以显著提高问卷回收率。研究经验告诉我们，初次参加问卷调查者、对问卷内容熟悉者愿意参加调查，问卷的回收率较高。有组织的被试，如学校的学生、大会的参会者，回收率高。

(三) 对施测过程严格监控，为被调查者递交问卷提供方便

当集体施测的被试在填写问卷时，要始终有研究者或者由研究者委派之人在现场监督，并负责回收问卷，可提高问卷回收率。另外，访问问卷的回收率很高，基本上都是100%。邮寄问卷的回收率相对较低，但是如果研究者在邮寄问卷时把寄回问卷所需的邮票和信封都一同寄给被试，并友好地提醒被试在规定时间内寄回，回收率也能提高。

# 第十二章　数据的收集：观察法

心理学家和其他社会科学家常常运用观察法观察并记录人们的言行。通过观察，研究者想得到的是内容翔实、能够揭示同样主题的素材。研究者借助录音机或现场记录搜集数据，然后对数据进行分析和处理。观察法在儿童发展心理学、教育心理学、社会心理学、比较心理学等心理学领域有广泛的应用。

## 第一节　观察法及其分类

### 一、观察法的含义

观察法（observational method）是指事先有目的、有计划地对某种行为或现象，进行有选择地系统观察，收集资料，验证假设的研究方法，也称为系统观察法。这里讲的观察法仅仅指科学家在已有问题或假设的指导和影响（与较为随意和偶然的日常观察相比而言）下的观察和记录；它不仅是自然科学常用，也是社会科学研究常用的一种研究方法。在所有的系统观察方法中，研究者通常由具体问题或假设指引，因此观察不是偶然发生的，而是理论上的选择。

例如，本宁格尔（Baenninger）等研究人员利用自然观察法研究了比较心理学问题。在一项研究中，他们系统观察和记录了一群狒狒遭遇一只在东非河边饮水的猎豹时的行为。动物行为学家已宣布成年雄性狒狒会主动地积极防御天敌的侵害而使它们的群体得到保护，但到本宁格尔及他的助手进行这项研究时为止，尚无或几乎没有此种行为的可接受性记录。这次本宁格尔等的研究排除了人们对狒狒防御行为真实性的怀疑。研究者边观察边记录了两只雄性狒狒一直把猎豹赶离它们群体的行为。最近的观察研究表明，当肉食性动物老鹰即将来临时，北美洲山鸡会发出尖利的报警声，且尖利程度比老鹰只是摆出攻击的架势时更大[①]。

## 二、观察法的类型

### （一）有结构观察和无结构观察

这是按照事先是否确定了具体观察项目来划分的。

有结构观察是指研究者在观察之前准备好了观察和记录的计划，制定了明确的目的；观察什么、怎么观察及把哪些行为作为观察指标等都事先做好了准备。

无结构观察没有详细的观察计划，只有一个大致的范围。

### （二）参与观察和非参与观察

这是按观察者是否直接参加被观察者的活动来划分的。

研究者参与被观察者活动的观察称为参与观察。参与观察的条件是研究者必须能够从事某项工作或活动；参与观察的效果较好，因为研究者参与其中，能够亲身体验实际情况，还能与被观察者建立融洽的关系，对观察的活动也能有深刻的了解。根据观察者的参与程度，又可分为完全参与观察和部分参与观察。

社会心理学家凯德（Kidder）1972年做的一项研究，是参与观察法的一个很好的例子。她调查了一组临床心理学家参加为期3天的催眠研讨会的情况。在参加研讨会的3天里，这些临床心理学家学会了进入催眠状态。为了永久保存观察记录，她使用了磁带录音机和书面记录。凯德逐字说明了有经验的催眠师和心理学家之间的相互影响。她所做的记录主要是这个研究问题：怀疑者是怎样相信自己被催眠的？原来不相信催眠的被试，现在相信了，这种对催眠态度的转变是否反映了被试对催眠定义的理解发生了转变？大多数被试第一次苏醒后的反应都是："我怎么知道我是否被催眠了"或"我仍不认为催眠与其他的经历有什么不同"。当凯德发现这种模棱两可的结果时，她对这些问题的兴趣更浓了。

---

[①] 坎特威茨.2003.实验心理学——掌握心理学的研究.郭秀艳，等译.上海：华东师范大学出版社：29.

例如，有一次凯德记录了一个"假被试"（他曾参加过研讨班且被催眠过）和其他几个被试的反应。这些被试都有一次与"假被试"面谈的机会。

问：感觉如何？

答：很好，非常非常放松。

问：以前有这种感觉吗？

答：有的。有点像在抽大麻，刚开始几分钟就睡着了。

问：还有其他感觉吗？

答：非常疲倦。就像坐飞机一样，听到你周围的人在交谈——意识有点模糊。

凯德说专家给被试进行大量的暗示，像是在操纵被试形成对情境的学习。她解释说在最后一阶段大部分被试都知道了如何做一个好的催眠被试，并最终接受了专家对催眠的定义，从而形成了他们自己对催眠的新理解。凯德推断，被试进入催眠状态类似于社会相互作用，那些大多数易被催眠的人比不易被催眠者学习得更快。对此，凯德的解释是易被催眠者学会注意一种新的感觉，即感觉到自己经历着催眠，而另一些人从来没有超越"我不认为我处在催眠状态"这种感觉。然而，因为没有更严格的控制条件，凯德就用她的谈话记录证明她关于人们怎样得知已被催眠的解释。

关注文化的人种学研究可以看成是参与观察研究更加标准的变体。从传统意义上来说，人种学研究的目的在于记录特定文化背景中人们的风俗习惯及行为。人种学家进行面谈，对现场行为及谈话进行记录，努力挖掘人们在该文化背景下怎样赋予事物以意义，即"意义创造"，人种学家尤其关注人们是怎样赋予事物意义的。主要用于社会学家和人种学家研究文化的人种学研究方法也运用于其他领域。例如，一个组织研究者就用该方法进行了一项人种学研究，该研究调查人们在公众场合对严重交通事故的责任归属的看法。

人种学家分析谈话记录、广泛的现场记录、基于回忆的记录，进行逐字逐句或比较粗略的分析。人种学家记录了许多页的细节观察，在特别有意义的部分通常会加上他们自己的理解。表 12-1 是人种学家约翰（John）关于流言研究的记录。他在墨西哥的一个小村庄生活了 10 年并做了十分详尽的记录。表 12-1 摘录了他用磁带录音机录音并翻译的部分谈话，以及他对每一部分的解释。哈维兰德（Haviland）对这个社区中普通流言的社会控制和意义赋予功能很感兴趣。他总结道，一般来说，流言在小村庄中鼓励了邻里间相互探听情况，同时又使邻里间相互疏远。

表 12-1　流言摘录及分析

| 例子 | 注释（解释） |
|---|---|
| "我听说老乔斯（old Jose）搞了一些恶作剧。"<br>"也许，但那从来不会公开，这是私下的事。"<br>"地方官员私下里处理了整个事情。"<br>"是的，当争论在市政厅解决时，报纸上的报道会传遍镇上的每个角落。哈……"<br>"是的，他们都会在收音机里听到，哈……"<br>"但当事情不便张扬时，那么在收音机里就听不到了，也无报纸报道，那么我们就不会听说这件事了。" | 表明一些村民是如何平息流言的 |
| "听说老玛娜（old Mana）和曼纽尔（Manuel）离婚了。"<br>"是的，她抱怨她每天早上都是穿着潮湿的衬衣，老曼纽尔过去每晚都像孩子一样尿床。"<br>"你说他喝醉的时候？"<br>"不，清醒时也是如此，真臭！"<br>"哈，他在市政厅上说出来的。" | 表明了一些流言的交流不仅是分离的，也可以是相关的 |
| 这就是我告诉他的：是的，我深知，如果我接任这个职位，我将深陷债务，但是我又不想让你以后抱怨此事，如果我听到你嘲笑我说：小子，别看他衣冠楚楚，像个绅士，其实是他窃取了我的职位，他代替了我。如果你这样说，请原谅，我会拖你到地狱，我会亲自找到你。我不想让你在背后说三道四，说我抢了你的职位。我不想传播你的流言，我不想嘲笑你，我不想说：啊，我取代了他，他却没皮没脸，像没事人一样。我不会这么说，只要我们同意对这件事心照不宣，都不说破的话 | 表明流言中关于阴暗交易的普遍主题，以及村民尽力使此事保持平静 |

资料来源：J. B. Hawiland. 1977. Gossipas competition in Zinacantan. Journal of Communication, 27: 186-191

在人种学的早期发展中，社会学家和人种学家就已发现了怎样才能获得更为精确且客观的结果，或者如何做最为可信的记录。但是很多年之后，各种技术得到检验、测试、改良，因此一些程序在许多研究中经常被使用。例如，对文化差异感兴趣的人种学者在可能的情况下会进行团队研究。因为团体研究可以控制研究者在对事件进行分类和评估时的偏差。当目标文化中的语言不是研究者的母语时，研究者会寻找助手以帮助其以当地语言设计访谈问题；这就要求做好翻译和回译工作。基本程序是一个双语人把问题从研究者的语言翻译为目标语言，然后另一个双语人再从目标语言翻译回原语言。通过两次翻译，研究者通过比较两种语言来确定是否有重要的东西在译中丢失。同时，研究者确切把握现场笔记中所使用的术语的含义是很重要的，如"调查者的母语""X 组的语言"或"社会科学的科技语言"。

另一位杰出的人种学家哈维兰德的现场记录由具体问题指导。下面这组更具概括性的问题是由他提出来的，每一个问题都是从广义上阐述的，但如果你想进行一项人种学研究（或一项参与观察研究），你可能已开始思考这些问题了。在每一问题之后，我们也介绍了哈维兰德是如何在他的小村庄在对流言的研究中提出问题的。

A. 活动的目的是什么？（例如：目的和正当理由是什么？）在他的研究中，哈维兰德对他在小村庄收集的流言的目的进行分类，并得出了这样的结论，尽管邻里间有实实在在的栅栏存在，他们仍经常盯着另一家的事情。

B. 活动执行的程序是什么？（例如：进行的操作是什么？所用的媒介和原材料是什么？技巧和工具手段又如何？如果有的话。）在哈维兰德的研究中，流言的媒介是口述，他谨慎地把这个社区传播流言的人用所谓的语言学和心理与行为科学技巧进行了分类。

C. 进行活动的时间和空间有何要求？（例如：每项操作需要多长时间？需在何地进行？需要什么工具？活动中是否有障碍？）哈维兰德注意了何时何地流言会产生，以及信息传播的天然障碍。

D. 活动对人员的要求是什么（如人数、人员的特征）？

E. 社会组织的性质是什么（如人员属于何种团体，他们的权利、责任、特权、权力，以及他们可以使用的惩罚措施）？哈维兰德分类并评价了村民是如何利用流言来管理他们的社会面孔的，即他们想以何种面孔出现在他人面前，同时保护他们的隐私。

F. 进行活动时的情形是怎样的（如当活动受限、得到允许或被禁止时，发起者与其他人员的关系如何）？哈维兰德注意到了最有助于和最无助于流言传播的场合，进行分类并分析了在这些场合下流言相互影响的特别作用。

非参与观察是研究者不参加被观察者的活动，是在被观察者不知道的情况下进行的观察。

（三）事件取样观察和时间取样观察

这是按照对行为的取样方式不同划分的。事件取样观察只对某种与研究目的有关的行为进行观察和记录。

时间取样观察是在一定的时间间隔进行观察，对这一时间中发生的各种行为表现作较全面的记录。时间取样可以随机进行，也可以在可能发生典型行为表现的时间进行，一般应在活动的开始、中间和结束阶段抽选一段时间进行观察。

（四）反应性观察和非反应性观察

系统观察根据不同的观察情况可进一步划分为反应性观察和非反应性观察，一种是观察的行为者在观察中有反应，另一种是没有反应。反应性观察的观点可以看成是霍桑效应的另一种变体。例如，在一次减肥治疗的实验中，量体重本身成了被试体重减轻的刺激,即使没有治疗干预。一些隐蔽测量方法的运用则说明了非反应性观察。例如,用一个窃听器来偷听谈话。此外,非反应性观察还涉及部分隐蔽。研究者不隐藏他或她在观察的事实,但是隐藏其观察的目的。例如,在对母子交流的研究中,观察者会说他在研究孩子,而实际上母子都得到了研究。这种隐蔽观察在下面将会介绍到。

在此处主要介绍非反应性观察。社会心理学用非反应性观察进行现场研究的一个典型例子是由哈特曼(George W. Hartmann)在1936年做的研究。他测试在实际投票和选举活动中感情和理智在进行劝导方面的作用并对事实感到吃惊,即我们使用广告或政治演讲等手段引起选民的感情共鸣而不是理智思考。如果我们采用它们的话,这种目的好像是唤起了某种需要,提供了一种解决方法,假设我们会使这种需要得到满足。当哈特曼1930年在哥伦比亚大学做博士后工作时,决定测试感情和理智哪一个在政治广告中更具劝说性。在1935年宾夕法尼亚的全国大选中,哈特曼的名字作为社会党的候选人张贴在艾伦(Allen)镇的公告栏。为了研究情感和理智的作用,他制作了两种政治宣传单,一种设计成吸引艾伦镇选民的理性关注,另一种设计成吸引选民们的感情关注。宣传页按照不同的选民社区大小、人口密度、财产价值、以前的选举习惯、社会经济地位进行匹配性分配。在这项研究中,非反应性观察客观地记录了选举情况。哈特曼的数据分析结果说明,收到情感型宣传单的社区比收到理智型宣传单的社区增加了他们对社会党人的支持。

衡量非反应性行为的另一个典型例子是使用"遗失信件"的方法。它使用有污迹并贴了邮票、被扔在公众地方未投递的信,偶遇到这封信的人必须决定是邮寄、漠视还是损毁它。在最初使用这种方法的现场补充实验,把两种贴了邮票也写好详细地址的信遗失掉,一种包含有琐碎的信息,另一种内有一个50美分大小的铅块。通过记录回收率,实验者试图测量全国范围内大城市不同被试的诚实情况,没有被试怀疑到他们在参与这项实验。结果显示,内含铅块的信多于没有铅块的信被邮寄。斯特恩(Stern)和法波(Faber)在1977年使用丢失的明信片来研究谣言的扩散等。还有一些社会心理学家通过在人行道路边设立一个募捐站或让实验助手装扮成乞丐行乞,以观察路人(不被觉察的被试)行走的路线及记录其捐助行为来作为考察路人助人态度的手段[1]。

非反应性观察的主要形式是隐蔽观察。哈特曼使用投票者和"遗失的信"的技术,也是隐蔽观察的例子。之所以这样说,是因为那些被观察者没有意识到他们被人观察。隐蔽观察可能具有道德风险,需要谨慎考虑。例如,在未得

---

[1] 章志光.2003.社会心理学.北京:人民教育出版社:245.

到允许或保密工作未做好的情况下,侵犯别人的隐私违背了研究的伦理原则。隐蔽观察法通常假定被观察的个人是匿名的,这样他们的隐私是被保护的,即行为或社会科学家(不像调查记者)的目的不是为了获取个人的身份信息。心理与行为科学研究者应掌握的道德准则提醒我们,个体研究者应负责任地保护被试的尊严。使用隐蔽观察法,研究者的道德义务是要确保公布的信息不会伤害到个人,不会使他或她遭到冷落或嘲笑。

由韦伯牵头组成的一组跨学科学者在 1981 年编写了一部关于隐蔽观察法的重要著作《社会科学中的非反应测量》。这本书的精华所在是包含几百个由韦伯和他的小组成员搜集到的隐蔽测量案例。从总体上说,他们把隐蔽观察分为四大类。

1. 档案记录

一般来说,档案是相对长久保存的数据和资料,像图书馆里的书和期刊。在美国,如果学生对行为科学档案感兴趣,那么原始数据材料在耶鲁大学人际关系领域的档案中可以查到,在其他地方诸如芝加哥大学国家观点研究中心(NORC)、密歇根大学的调查研究中心也都能查到。例如,康涅狄格大学的洛浦(Roper)中心通过 NORC 可追溯到 20 世纪 50 年代初的调查数据。数据来源于全国范围内的个人访谈,这些 NORC 的访谈者使用标准问卷,同样的问题可以在每次调查中都出现,也可以在不同的调查中轮换使用不同的问题。所有公共领域的数据几乎都可以被研究者复制、分析、出版等。更大范围的变量包括人口统计、社会心理、政治和社会经济的变量。如果研究者有兴趣使用这些数据,可以直接咨询图书馆馆员哪些数据可以利用或者借用。

2. 具体线索

研究者可以通过一些具体线索来寻找某种有用的信息,这就像一个侦探可以通过一些蛛丝马迹来破获一个案子一样。例如,在一个侦破案件中,汽车上收音机的一个按钮是司机地理定位的一个线索。通过研究旋钮指向商业电台的频率,侦探可以鉴别汽车停泊的大体区域,这种方法的一个应用是一个汽车商使用收音机的调台定位装置研究收听率,汽车商用他的设备记录所有配置有收音机汽车上的调台的位置,然后他用这个信息选择可以把他的广告带给老客户和潜在新客户的广播电台。

另一个使用具体线索的例子是衡量图书馆图书磨损或撕裂(特别是页角)情况,作为实际上哪些书被阅读的隐蔽观察(检查哪些书可能从未被翻过,或从未被读过,或从未读完过)。在另一个例子中,用相对普遍的为孩子们而设的博物展览来隐蔽测量。这些展品前面都有一块玻璃,每天晚上,那上面都布满了孩子们的鼻印。研究者推测,琉璃上有更多的鼻印,则说明这些展品被更频繁或更近距离地观看，并且鼻印离地面的距离，提供了孩子们年龄的粗略线索。

3. 单一观察

单一观察是当一个人隐蔽地观察事件，不以任何方式试图影响它时产生的。例如，有研究者企图寻找"现实型"和"空想型"心理学家与他们头发长短的关系。研究者隐藏在一旁观察专业会议上心理学家头发的种类和他们的研究分类，他们发现"现实型"的心理学家比"空想型"的心理学家头发短。

4. 策划观察

策划观察是观察者在实际情况中引入一些有意义的变量，然后隐藏起来观察这些变量对行业产生的影响。正如哈特曼在他的现场实验中早期描述的那样。例如，也许你可以通过观察坐在椅子上的儿童颤抖的程度来评价鬼故事引起的恐惧。一些调查者在引入一些有意义的变量后（如介绍一个陌生人或一位穿奇装异服的客人），来"窃听"鸡尾酒会并记录谈话。在录音技术出现之前，英国实验主义的先驱高尔顿（Frantis Galton）拿着一张十字形的纸和一个针，用针在纸上扎洞。他用这种装置在观察的同时记录观察结果，洞被扎在上边意味着"多于"，在十字架的臂上意味着"等于"，在下边意味着"少于"。

一般来说，只有研究者自己才是首要观察者。在有的研究场合，比如，在现场和实验室研究中，科学家是独立的评定者（编码者、评估者、译码者等），他们自己就可以描述和记录实验中发生的各种情况。而在另外一些场合，研究者需要用其他人作为观察评定者。评定者用清单和记录单给他们的观察强加上一种模式。正如名称所暗示的，用简单系统的方法记录（核对或记载）特别行为或事情发生的频率。对于有的课题，研究者需要请别人作为评定者。一般来说，研究者选择评定者有三种方法。

1) 根据需要

根据需要，研究者可以选择不同的人（研究生、社区成员、大学生、临床学家、语言学家、母亲等）作为评定者。例如，如果你想挑选具有较高文化水平的评定者，你可以选择大学生。如果你想评定非语言表达能力，你可以选择有经验的专家，像临床心理学家、精神病学家或精神病社会工作者。如果你想评定婴儿令人费解的非语言表达，你可以选择儿科医生、发展心理学家或母亲们。如果你想评判劝说的非语言作用，你可以邀请律师、牧师或销售员。你还应确保你的评定者不依赖于不精确的陈规老套（如销售员向围观者灌输劝说信息也许依赖于千篇一律的模式，它可以告诉你哪些非言语线索最具说服力）。

2) 查询相关文献

通过查询相关文献也可以找到合适的评定者。例如，为了保证对非言语线索的评定达到最大可能的精确程度，你对评定者的选择可基于早期对非言语线索具有更高敏感性的人的研究。罗森塔尔（Rosenthal）等指出，对非言语线索具有更高敏感性者一般都是具有如下特征的人：第一，女性；第二，心理年龄达到大学阶段（由心理测验测量）；第三，具有复杂认知；第四，精神未受损害。最近的研究又附加了一条特征：场独立性，即一个人较多依赖自己内部的参照，不易受外部因素影响和干扰，能够独立对事物做出判断。场独立性的人可以用一个实验设计（隐蔽图形测验）鉴别出来。这种人比场依存性的人更倾向于精确的评判。

3) 小规模试验法

小规模试验法是指，在研究者所招募的潜在评定者中用某种相关标准比较他们判断准确性的方法。如果你对某项研究挑选评定者感兴趣——这项研究要求他们对被试在"面对面"小组所表达的情绪进行分类，你可以向潜在评定者展示包括不同表情的照片，如愤怒、厌恶、恐惧、幸福、悲哀和吃惊，你要让他们辨别每一张图片的情绪表达，然后给分，那么在你的研究中，就用了最精确的评定。

## 第二节　观察法的特点及观察的测定

### 一、观察法的特点

**（一）观察法是研究者有目的、有计划地对研究对象进行的观察**

观察法需要首先确定观察的具体对象，即确定观察哪些行为特征。例如，研究儿童在游戏中社交和认知类型之间的关系，就要观察两个变量。这里有一个问题，就是：什么是社交行为？要观察就要对它进行操作定义。因此，观察者必须对观察对象（行为）进行分类和定义。例如，有的研究者把课堂行为分成八个类别，进而建立课堂行为的观察系统。

**（二）确定"行为单元"，即观察中所用的行为成分的大小**

我们可以观察与记录很小的行为单元，这样可以获得较高的信度，但往往对效度损失较大。观察单元的大小可以用测量程序的"索尔"与"分子"方式来说明。索尔测量方式把较大的行为成分作为观察单元或单位。例如，对言语行为的观察，我们可以把个体之间的每一句对话作为观察单元，也可以把整个谈话段落作为观察单位。分子测量方式则以较小的行为成分作为观察单元。例如，把言语行为的单元细分为短语和词。采用何种单位，与研究的目的、研究的阶段、观察者的经验有关。

（三）观察推论的程度（对观察结果的解释），即观察结果可以推广的范围

分子测量方式的观察要求做出的推论程度很小，索尔测量则要求对观察单元作较大程度的推论。一般来说，观察都要求做出一定推论，大多数研究需要做出较高程度的推论，因而要求对观察者进行严格的训练。在设计观察内容与程序时，应使推论程度保持在适中水平。过大的行为单元还会使不同的观察者对相同的行为做出很不同的解释；但是如果行为单元太具体，又会使观察太刻板，而缺乏灵活性。

（四）观察系统的普遍性和可应用性

有的观察系统设计可应用于各种不同的研究情景，有的则适合用于一定的场合，如课堂、车间等。普遍性和可应用性与行为的取样有关系。事件取样使观察有整体性，效度较高；时间取样可以提高行为样本的代表性，但观察内容可能太零碎，在实际应用时要加以注意。

## 二、观察的测定

在观察时，要求观察者用事先设计好的评级量表对所观察的特征和行为做出评定。在许多情况下，观察者当场打分，可能会影响被观察者的行为，因而不宜边观察边打分，可以在观察结束后，根据观察笔记，用量表进行有关行为特征的评级。

（一）观察评级中的反应偏向

评级时，要注意三种常见的反应偏向。

1. 晕轮效应

晕轮效应，又称"光环效应""成见效应""光晕现象"，是指在人们相互作用过程中形成的一种夸大的社会印象，正如日、月的光辉，在云雾的作用下扩大到四周，形成一种光环作用。常常表现在人们在判断别人时常会有一种倾向，就是把人概分为好和不好两部分，当对某人的印象确立后，人们就会以对客体的一般印象为根据而形成恒定的评级倾向，将印象认知与对方言行联想在一起，以致经常偏离事实真相。评级中要特别注意控制这种偏向。

2. 宽大效应

人们在评价他人时，往往倾向于对他人做出积极的、肯定的评价，即评价他人时总有一种特别宽大的倾向，这就是宽大效应。在观察评级中也会出现过宽或过严的现象，我们把过宽的评价称为正宽大效应，把过严的评价称为负宽大效应。在观察评定中，观察者对被观察者的评定要把握好尺度，宽严适度，

始终如一,不允许出现一会儿宽,一会儿严,或者对这一组宽,对另一组严的现象。

### 3. 趋中效应

观察者有时会按照中庸之道进行观察评级,该打高分的不打高分而是有意地把分数往下压一些,该打低分的不打低分,而是有意地把分数往上拨一些,这种评分现象称为趋中效应。显然,这样做的结果是评分失去了客观性和公正性,其研究结果的客观性必然受到质疑。

为了保证观察评分的可观察性,研究者设计了新的评分方法,以防止可能出现的各种偏差。混合标准评级量表和行为定位量表是得到多数研究者认可的评定方法。

### (二)混合标准评级量表

这种评级方法是以观察者予以观察的规定行为或现象的关键事件作为评级依据。研究设计时先按照观察目的和要求,确定所观察行为的基本维度或基本方面,然后为每一纬度规定好、中、差三种关键事件。关键事件是指能代表好、中、差行为的典型情况;由此构成混合标准项目,三类事件分别以G(好)、A(中)和P(差)表示,并随机排列。观察时,对照关键事件,对所观察的行为做出"好于""一致""差于"关键事件的评级,最后把评级结果转换为观察得分。混合标准评级量表的记分方法如表 12-2 所示。

表 12-2 混合标准评级量表的记分

| 较好关键事件(G) | 一般事件(A) | 较差事件(P) | 得分 |
| --- | --- | --- | --- |
| + | + | + | 7 |
| 0 | + | + | 6 |
| − | + | + | 5 |
| − | 0 | + | 4 |
| − | − | + | 3 |
| − | − | 0 | 2 |
| − | − | − | 1 |

注:表中"+"表示好于关键事件;"0"表示与关键事件一致;"−"表示差于关键事件

### (三)行为定位量表

行为定位量表也是以关键事件为基础的。设计时需要将相似的人员分成四个评定小组,最好选择对所观察行为比较熟悉的人员。

设计程序包括五个步骤[①]:

(1)由第一个评定小组讨论所需要观察的行为特征和研究的构思,确定行

---

① 王重鸣.1990.心理学研究方法.北京:人民教育出版社:194.

为表现的所有重要方面。

（2）由第二个评定小组就第一个小组提出的重要行为方面，分别提出好、中、差的行为事例。

（3）由第三个评定小组进行"重译"，就是给他们提供重要行为方面的表格和随机排列好的好、中、差行为事例，要求他们把每一事例重新归类到各个行为方面，如果有不能分回原类的实例，则删除。

（4）由第四个评定小组确定经"重译"而保留的项目的量表值，可采用一致定位量表的设计方法。

（5）对保留的项目进行试测和观察评级，求出"评级者间信度"（以评级者间的相关为值标）。如果符合要求，以1～9或1～11点的量表轴标出行为事例的量表值位置，制成正式量表。行为定位量表对各行为等级以具体事例定位，定义明确，评级误差小，测量效度较高。

### 三、对观察法的评价

（一）观察法的优点

组织心理学家维科（Karl E. Weick）列举了自然观察法在基础和应用背景中的许多有用特征：

第一，它使我们从整体角度来观察事物；

第二，它可使我们观察到在实验室实验中不可能觉察或模仿的瞬时事件；

第三，它使我们在事件发生时就可做记录，因此，不必依赖于非科学家对往事所做的大众化的记录或依赖于人们的回忆；

第四，它允许我们探索实验室发现的普及能力及环境变化是否会带来实验现象的改变；

第五，它使我们能够观察那些若在实验室进行会冒险或有危险的事件。

（二）观察法的缺点

观察法的缺点包括：

第一，观察结果的质量在很大程度上依赖于观察者的能力和观察者的其他特征（如疲劳等）；

第二，在有些情况下，观察活动可能影响被试的正常活动，使观察结果失真；

第三，运用观察法需要花费较大精力和较多时间对观察者进行严格的训练，观察工作的成本也较高。

第四，观察本身可能会影响观察结果，观察对象可能不愿暴露自己的动机和行为，特别是当观察对象的动机或行为不被社会主流意识所接受时。观察对象可能会在意别人对自己的看法，所以在公众场合的表现与私下的表现会有所不同。这样，当观察对象知道自己被观察者观察时，观察本身就使观察对象的言行变形，使观察者只能观察到扭曲的信息。

# 第十三章 数据的处理：数据整理和描述统计

研究者通过应用各种数据搜集方法，获得了研究所需的数据，接下来的工作就是对数据进行整理和统计分析。本章的目的在于帮助读者理解数据整理和描述统计方法的用法，这些方法在分析研究结果和撰写研究报告时是一定会用到的。

这一章我们主要介绍几种数据整理和描述统计的基本方法，包括各种图表的应用，如数据的集中量数，如平均数、众数、中位数以及数据的离散量数，如全距、标准差和方差等的基本计算方法。

## 第一节 数据的表达

### 一、次数分布表

如果我们想如实表示数据的特征，次数分布图（表）是最直接的表现方式。这样一个图（表）将展示每一个数据在一系列数据中发生或出现的次数。次数分布可以采用图（如直方图或次数多边形）和表来表示，如表 13-1 所示。

表 13-1 是一项关于食品可口性研究的数据。研究者找 50 个人来品尝和评价一种新食品和一种已上市的竞争食品（或参照食品）哪个更可口。

表 13-1　50 个被试对两种食品的可口评价

| 分数/分 | 参照食品 | 新食品 |
| --- | --- | --- |
| −3 | 1 | 0 |
| −2 | 3 | 1 |
| −1 | 8 | 2 |
| 0 | 17 | 11 |
| +1 | 15 | 16 |
| +2 | 5 | 13 |
| +3 | 1 | 7 |

## 二、次数分布图

另一种方便地表示分值次数的方法叫次数多边形，它通常用来表示次数分布，像一个线形图。那么，在什么情况下使用直方图，什么情况下使用次数多边形呢？一般的经验是，当表示数据连续起落变化状况时使用次数多边形（或线形图），当表示数据不连续变化时用直方图（或条形图）（图 13-1、图 13-2）。

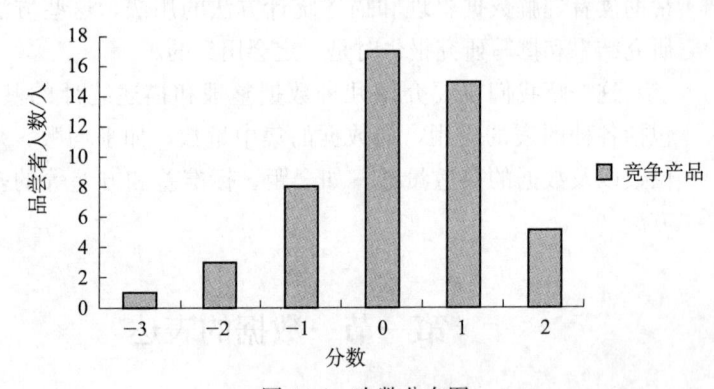

图 13-1　次数分布图

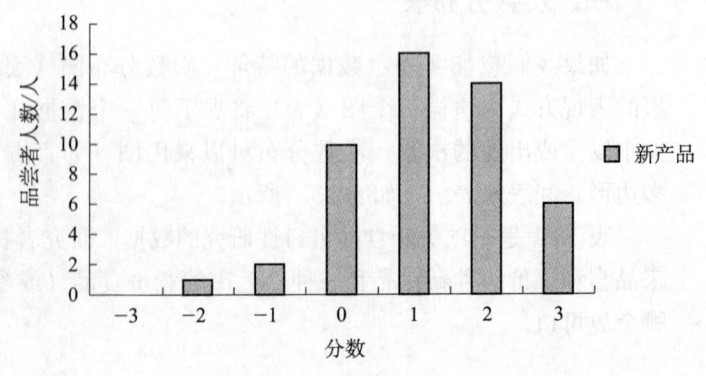

图 13-2　次数分布图

## 三、茎-叶图

茎-叶图是另一种整理数据的技术，它同时用了表格和图形，看起来更直观。例如，我们让 15 个学生给一个团体评分，从 0 分到 100 分不等，我们得到下面的结果：66，87，47，74，56，51，37，70，82，66，41，52，62，79，69，图 13-3 就是这些数据的茎-叶图，图中茎是这些两位数的十位数字，而叶是这些两位数的个位数字。例如，有两个分数集中在 80 分段（82 和 87），三个分数在 70 分段（70，74，79），四个分数在 60 分段（62，66，66，69），等等。从这个茎-叶图上我们可以看到数据是否对称，数据集中分布在何处，是否有极端的分数，以及数据是否有断裂。

| 茎 | 叶 |
| --- | --- |
| 8 | 2　7 |
| 7 | 0　4　9 |
| 6 | 2　6　6　9 |
| 5 | 1　2　6 |
| 4 | 1　7 |
| 3 | 7 |

图 13-3　学生评分的茎-叶图

# 第二节　数据集中趋势

## 一、平均数

平均数用来测量数据集中趋势，又称算术平均数，简称平均数，简写为 $M$，用公式表示为各数之和（$\sum X$）与数据个数（$N$）的比值，即

$$M = \frac{\sum X}{N} \tag{13-1}$$

式中，$M$ 为平均数，$\sum$ 为各数之和，$X$ 为所得数据，$N$ 为数据的个数。可见，数据 1，2，3，3，3 的和为 12，数据的个数为 5，因此 $M = \frac{12}{5} = 2.4$。

在表 13-1 中，如何分别计算两类食品的平均数呢？你可以把 50 个数加起来，然后除以 50，则 $M=0.22$ 和 $M=1.18$。

## 二、众数和中位数

众数是在一组数据中出现次数最多的数值,它的使用最为广泛。在数据3,4,4,4,5,5,6,6,7中,众数=4;在数据3,4,4,4,5,5,6,7,7,7中有两个众数,被称为双众数。

中数是按顺序排列在一起的一组数据中居于中间位置的数,对一组数进行排序后,正中间的一个数(数字个数为奇数),或者中间两个数的平均数(数字个数为偶数)。

数据的分布可以用对称或不对称来表示,对称或者不对称是相对于中轴线来说的,如果平均数比中数大,则曲线向正方向延伸(称为正偏态);相反,当平均数比中数小时,曲线向反方向延伸(称为负偏态)。

如果某一数值与平均值的偏差超过正常范围称为异常值,当一组数据由于异常值的出现而影响了整个数据的均衡性时,就需要使用截断均值(也称为校正平均数)。截断均值是指去掉高、低极端值得到的均值,如数据:-20,2,3,6,7,9,9,10,10,10,就呈现出极不对称性,-20影响了整体的均衡性,为了去除这种影响,我们将-20,10两极剔除出去,形成数据2,3,6,7,9,9,10,10。如果我们不对极端值进行校正,结果将出现极大的偏差,校正后的平均数为7.0,校正前仅为4.6。校正值对中数没有影响,前后均为8,对众数却有影响,校正前为10,校正后为9和10。

中数和截断均值使我们在某些情况下免受极端值的影响。例如,如果我们考察10户的收入状况,其中9户为0,而1户为1000万美元,则其平均数为每户100万美元,这样,这个结果就极不具有代表性,中数和截断均值可以使我们减少错误。例如,数据4,5,5,6,6,6,7,7,8,它的中数、众数、平均数、截断均值均为6,假设我们在输入数据时把8错写成了80,那么平均数就变成了14,但是,中数和截断均值却没有变化。

# 第三节 数据离散趋势

数据的集中趋势是描述数据的集中程度,即各个数据之间的相似程度;而数据的离散趋势是用来描述数据的离散程度的,即各个数据之间的差异程度。

## 一、全距

除了了解数据的集中趋势（或极端值）之外，还需要对数据的分散情况加以描述，像描述集中趋势一样，对离散情况的描述也有几种方法，包括全距、标准差和方差。

全距，就是最大分数与最小分数之间的差值。研究一组数据就要了解它的全距，如果全距非常小，就不能充分描述被试间的差异。但是这并不是说，一个较大的全距就能充分描述一组数据的本质。因此，考量数据的全距，无论从实际计算还是研究的目的来说都是非常重要的。

例如，我们考量的一组数据包含 20 个条目，每个条目采用 5 点评分，即 1 到 5，则其全距为 20 到 100，即 $CR=H-L=100-20=80$，运用此法我们即可得出数据的原始距离。

另外一个描述全距的概念是校正全距。在数据 2，3，4，4，6，7，9 中，全距为最大数减去最小的数，即 $CR=9-2=7$。但是校正全距则与此不同，在连续数据中 9 表示 8.5～9.5 这样一个距离，同理，2 表示 1.5 到 2.5 的距离，这样该数据的校正全距就是 9.5 到 1.5 之间的距离，即 $9.5-1.5=8$，这样校正后的全距比原始距离大了 1 个单位，因此它可以表示为：$ER=H-L+1$。

在大多数情况下，知道典型量数的位置及其周围的量数分布状况是很有用的，一个常用的典型量表测量手段是第 50 百分位数，也叫中位数（用 Mdn 表示）。它是几种有用的描述集中趋势的手段之一，这些手段会告诉我们数据的分布情况，中位数就是处于最中间的具有典型性的量数。

定位中位数（第 50 百分位数）可以用 50% 乘以 $(N+1)$ 来实现（$N$ 在这里指的是数据的总个数），定位其他百分位数的方法与其类似。例如，第 75 百分位数就在 $(N+1)\times 75\%$ 上，第 25 百分位数就在 $(N+1)\times 25\%$ 上，在数据 0，1，1，3，4，5，5 中，第 75 百分位数就是 $(7+1)\times 75\%=6$，即第 6 个数值，其他以此类推。

## 二、方差和标准差

全距和校正全距告诉我们，可以用两极差来描述数据的离散状况。此外，我们还可以用方差和标准差来描述数据的离散状况。

数据的方差用来表示数据相对于平均数的偏离状况，就是每个数值（$X$）与该组数据平均数（$M$）之差乘方后求和，再求均值。一组数据的方差通常也叫均方。表示方差的符号为 MS，用公式表示为

$$\mathrm{MS} = \frac{\sum (X-M)^2}{N} \quad (13\text{-}2)$$

式中，分子表示每个数据与该组数据平均数之差的平方后的总和，分母 $N$ 是指数据的个数。

标准差是数据离散趋势中最常用的量数。标准差的符号为 SD，标准差为方差的平方根，即

$$\mathrm{SD} = \sqrt{\frac{\sum (X-M)^2}{N}} \quad (13\text{-}3)$$

如表 13-2 中的数据，我们通常使用五个步骤来计算方差和标准差。

第一步，（在第 1 列）计算出 6 个原始数据之和（$\sum X = 30$），然后除以 $N$（即数据的个数）得出平均数。

第二步，（在第 2 列）用原始数据减去均值，通过数学检验，我们会发现这些偏差的总和为 0，即 $\sum (X-M) = 0$。

第三步，（在最后一列）把第 2 列的数平方，然后求出平方和，即 $\sum (X-M)^2 = 24$。

第四步，计算方差 MS，用以上得出的数据带入公式，即

$$\mathrm{MS} = \frac{\sum (X-M)^2}{N} = \frac{24}{6} = 4$$

表 13-2 计算方差和标准差的概要

| 原始数据 | X-M | $(X-M)^2$ |
| --- | --- | --- |
| 2 | −3 | 9 |
| 4 | −1 | 1 |
| 4 | −1 | 1 |
| 5 | 0 | 0 |
| 7 | 2 | 4 |
| 8 | 3 | 9 |
| $\sum X = 30$<br>$M = 5$ | $\sum (X-M) = 0$ | $\sum (X-M)^2 = 24$ |

第五步，计算标准差，对第四步得出的结果求平方根，即

$$\mathrm{SD} = \sqrt{\frac{\sum (X-M)^2}{N}} = \sqrt{\frac{24}{6}} = \sqrt{4} = 2$$

### 三、标准差的应用

**1. 标准分**

当一个正态曲线的平均数为 0，标准差为 1 时称作标准正态曲线。任一单一原始分数都可以依据其在一个标准正态曲线的横坐标上的位置将其在统计上转换为一个标准分。标准分表达了以标准差为单位，标准化团体中原始分数与平均数的离差。标准分（$Z$）的计算为个体原始分数（$X$）减去总体平均数（$M$），然后除以总体标准差（$\sigma$），即

$$Z = \frac{X - M}{\sigma} \tag{13-4}$$

例如，学绩测验（SAT）分数，总体平均分为 500，总体标准差为 100。假定学习测验分数服从正态分布，那么，我们要将一个原始分数 625 转换为标准分数，仅需代入式（13-4）即可求得：

$$Z = \frac{X - M}{\sigma} = \frac{625 - 500}{100} = 1.25$$

我们发现原始分数 625 对应于标准分 1.25，它告诉我们这个分数高出平均分多少（用标准差分布来解释）。如果将 $Z$ 分数转回原始分数，我们用 $\sigma$ 乘以 $Z$ 然后加 $M$，即

$$X = Z \times \sigma + M = 1.25 \times 100 + 500 = 625$$

**2. 相对标准分**

并不是所有的测验分数都遵从正态分布，从而可以转换为标准分。假定一个教师对 5 个男生和 5 个女生分别进行了两项课程等级测验，如表 13-3 所示，一组分数（$X_1$）是基于一个 50 分的简单测验，平均分 $M = 21.2$，标准差 $\sigma = 11.69$。教师将这些原始分数转换为标准分，结果见 $Z_1$、$Z_2$ 栏。例如，学生 1 在测验 1 中得 42 分，教师通过计算得出其标准分：

$$Z = \frac{(42 - 21.2)}{11.69} = 1.78$$

因此，学生 1 在测试 1 中的成绩几乎高出平均分两个标准差。学生 2 在该测试中的得分大约低于平均分一个标准差。

$Z$ 分数能使教师很容易地对比学生内和学生间的差异。教师计算了两个测试的平均分（最后一栏）。假设她想对测验 2 进行两次测试，她可以在平均之前先将测验 2 的成绩翻倍然后再除以 3。同样，我们注意到最后一栏底部的标准差（SD）不是 1.0，原因是两个或更多的标准分的平均分并不是按 $\sigma = 1.0$ 的正分数分布的。如果我们想让这些标准分的平均数遵从正态分布，我们首先需将这些平均数变为标准分。

表 13-3　两个测验中的原始分数（$X$）和标准分（$Z$）

| 学生编号和性别 | 测验1 $X_1$ | 测验1 $Z_1$ | 测验2 $X_2$ | 测验2 $Z_2$ | $Z_1$和$Z_2$的平均分 |
|---|---|---|---|---|---|
| 1 (M) | 42 | +1.78 | 90 | +1.21 | +1.50 |
| 2 (M) | 9 | −1.04 | 40 | −1.65 | −1.34 |
| 3 (F) | 28 | +0.58 | 92 | +1.33 | +0.96 |
| 4 (M) | 11 | −0.87 | 50 | −1.08 | −0.98 |
| 5 (M) | 8 | −1.13 | 49 | −1.13 | −1.13 |
| 6 (F) | 15 | −0.53 | 63 | −0.33 | −0.43 |
| 7 (M) | 14 | −0.62 | 68 | −0.05 | −0.34 |
| 8 (F) | 25 | +0.33 | 75 | +0.35 | +0.34 |
| 9 (F) | 40 | +1.61 | 89 | +1.16 | +1.38 |
| 10 (F) | 20 | −0.10 | 72 | +0.18 | +0.04 |
| Sum ($\sum$) | 212 | 0 | 688 | 0 | 0 |
| Mean ($M$) | 21.2 | 0 | 68.8 | 0 | 0 |
| SD ($\sigma$) | 11.69 | 1.0 | 17.47 | 1.0 | 0.98 |

# 第十四章 统计检验：显著性及其意义

## 第一节 虚无假设的显著性检验

### 一、虚无假设和备择假设

在统计学中，通过对样本进行统计分析发现了有意义的差异，接着就要去判断在总体中这种差异是否也存在，这种理论推导的过程称为假设检验（hypothesis testing）。假设检验是推论统计中最重要的内容，它的基本任务就是对总体参数或总体分布提出一个假设，然后利用样本信息来判断假设是否合理从而决定是否接受原假设。

假设是进行科学研究时必备的一种研究方法，它是根据已知的理论与事实对研究对象所做的假定性说明。统计学中的假设一般专指用统计学术语对总体参数做的假定性说明。在进行每项研究项目时，都需要根据已有的理论和经验对研究结果做出一种预想的希望证实的假设。这种假设被称为备择假设（alternate hypothesis），用符号 $H_1$ 表示。然而，在统计学中无法对 $H_1$ 的真实性进行直接检验，研究者只能建立与之对立的假设，称作虚无假设（null hypothesis），然后对虚无假设进行检验。

为了帮助读者理解虚无假设和备择假设，我们借用维纳（Howard Weiner）提出的一个类比。想象你正走在亚特兰大城的海滨人行道上或拉斯维加斯的某个地方，这时候一个鬼头鬼脑的人走了上来，然后小声告诉你他有一个神奇的四分之一美元的硬币，只要 5 美元，这个硬币就归你了。那么是什么使得这个硬币比它的面值贵这么多呢？他告诉你的答案是这个四分之一美元的硬币有特殊的性质，如果你使用得当，它能为你赢得名誉和财富，因为它正面向上和反面向上的规律不是一样的，也就是说，一面向上比另一面向上的概率更高。他说，当一个聪明人抛这个硬币时，他能够对结果打赌并从中赢到一笔钱。

如果这个硬币不是如这个街上卖硬币的人所说的那样，那么得到一个正面向上或反面向上的结果就纯粹是偶然的结果。进一步想想，你要决定去测试一下，看正面向上的概率是否和反面向上的概率一样。你抛了一次硬币，然后出现的结果是正面向上，你再抛一次硬币，它又是正面向上的，假设你抛了 9 次这个硬币，每一次它都正面向上，在这一点上，你将会相信他吗？这是显著性检验中最基本的问题。

我们来更精确地表述它。当你决定验证硬币正面朝上或者反面朝上出现的概率相等的时候，已经隐含了两种假设：一是正反面是没有偏差的（也就是说，硬币正面朝上的概率和反面朝上的概率确实是相等的）；二是硬币正面和反面朝上的结果是有偏差的（也就是说，正面朝上的概率和反面朝上的概率确实是不相等的）。要检验这两种假设，你必须做抛硬币的实验。用统计术语来说，第一个假设为虚无假设（用符号表示为 $H_0$），第二个假设为备择假设（用符号表示为 $H_1$），即

$H_0$（虚无假设）：如果连续多次抛硬币，硬币正面朝上的概率等于硬币反面朝上的概率（即硬币正面和反面朝上的结果是没有偏差的）。

$H_1$（备择假设）：如果连续多次抛硬币，硬币正面朝上的概率不等于硬币反面朝上的概率（即硬币正面和反面朝上的结果是有偏差的）。

我们会注意到这两种假设是相互排斥的，即当一个为真的话，另一个必然是假的。一般来说，实验者做实验的目的是希望拒绝 $H_0$（即没有偏差），而接受 $H_1$（即有偏差）。拿一个经典的实验设计来说，虚无假设通常意味着实验组和控制组的成绩没有差别。实验者试图拒绝 $H_0$，并且有相当的把握确信他们这样做不会犯错误。

## 二、Ⅰ型错误和Ⅱ型错误

想要理解Ⅰ型错误和Ⅱ型错误的概念，可以设想一个负责评估学生是否有资格进入学校的行政长官，他的工作是从两个学生中决定一个进入学校学习。一个是很有前途的学生，他能够胜任学校要求的工作，而另一个学生则是一个不能胜任所要求的工作并且可能因考试不及格而被退学的学生。为了说明这个问题，假定第一个候选对象是"虚无假设"（即该候选人将会入选，因为他不比

已被接纳的学生缺少资格),而第二个候选对象是"备择假设"(即该候选人不会入选,因为他比已接纳的学生缺少资格)。这个拥有通行证的行政长官面临的两难境地是:无论哪一个选择都将冒着犯错误的风险。如果该长官拒绝了这个学生,并且这个学生能够做得很好,该长官所犯的错误被认为是Ⅰ型错误,也就是说,虚无假设是真的。另一方面,如果该长官接受了这个学生而该学生被退学,这个长官就犯了Ⅱ型错误,也就是说,虚无假设是假的。

Ⅰ型错误意味着当虚无假设是真时我们错误地拒绝了虚无假设,实际上,虚无假设是真的,不应该被拒绝。Ⅱ型错误意味着当虚无假设是假时我们错误地没有拒绝,实际上,虚无假设是假的,应该被拒绝。犯Ⅰ型错误的风险(或概率)可用三个不同的名字来命名:alpha(用 $\alpha$ 表示),置信水平,$p$ 值。犯Ⅱ型错误的风险(或概率)只有一个名字:beta(用 $\beta$ 表示)。

有了这些知识,我们再回头看看用硬币决定生意的街头小贩的类似情况。假设你决定了:你不想犯错率超过1/20——又叫5%的置信水平。你扔了9次硬币,结果是8次朝上1次朝下。为了做出一个更好的决定,你需要了解得到这个结果或者一个更极端的结果的概率。如果虚无假设是真的,你会认为"如果概率小于1/20(即 $p<0.05$),我将会拒绝虚无假设,买下这个硬币;否则(即 $p>0.05$),就不买"。结果已经表明:如果在9次投掷中出现8次或9次正面朝上的概率小于1/20($p$ 近似为0.02或1/50),你将因此决定拒绝虚无假设,买下硬币。

也就是说,在我们的统计计算中,$p$ 值越小 $H_0$ 的可信程度就越小,通常我们用5%作为临界点,如果 $p \leq 0.05$,就拒绝 $H_0$,否则就不拒绝。当检验的 $p$ 值小于特定的阈值时,我们称这个检验的结果在这个水平上具有"统计显著性"。事实上,在有充分证据证明 $H_0$ 不成立和没有充分证据证明 $H_0$ 不成立这二者之间并没有明显的分割线,就像说今天天气热和冷之间不存在明显的分界线一样。所以,采用5%为分界点也只是为了方便,并没有什么科学依据。

有些情况下,人们在报告检验结果时,只是报告在某个给定水平下(如0.05或者0.01)具有统计显著性,而没有给出这个检验确切的 $p$ 值,这在实际应用中存在三点不足。首先,无法判断这个检验的 $p$ 值是刚好小于0.05一点点,还是远远小于0.05。其次,报告说检验结果在5%的水平上具有统计显著性,这就意味着对刚好小于0.05的 $p$ 值和刚好大于0.05的 $p$ 值来说,这二者之间存在很大的差别,但事实上这二者之间几乎没有什么差别。最后,像这样的报告,读者无法自己做出判断:$p$ 值是否小到足以拒绝虚无假设,如果某位读者认为除非 $p \leq 0.01$,否则就不应该拒绝虚无假设,但对于只给出 $p<0.05$ 的报

告,这位读者就无法判断是该拒绝 $H_0$ 还是不拒绝 $H_0$。

### 三、轻信风险和盲目风险

硬币的例子不是一个相关事件,因为它只有一个变量。也就是说,它所记录的只是硬币投掷的结果。或许两个变量（X 和 Y）客观上可能不相关,但是,研究人员主观上是希望通过虚无假设检验发现二者之间的关系的。这样,我们就发现 I 型错误实际上是在试图证明一个事实上并不存在的关系。这可能是那些最初依赖虚无假设检验的研究人员最感兴趣的一种风险。换言之,这些研究人员最想要得到答案的问题是:"I 型错误的概率是多少?"

在心理与行为科学研究中,尽管研究人员很重视 II 型错误出现的概率,但是在做虚无假设检验时,他们通常会更重视犯 I 型错误的风险。比如,有一个残忍的杀手,现在他有犯罪嫌疑。作为陪审团的一名成员,你必须对这项不利于杀手的控诉进行"无罪还是有罪"的投票。如果你投"有罪"而事实上他没有犯罪的话,你可能正将一个无辜的人送上断头台;如果你投"无罪"而事实上他不清白,你可能正放纵一个残忍的杀手进入社会。实际生活中,人们普遍接受这样一种观点:宣告一个无辜的人有罪比发现一个有罪的人无辜危害更严重。大多数研究人员认为犯 I 型错误和犯 II 型错误的重要性是不一样的,与此类似,在日常生活中,人们也常认为某些决策的风险比其他决策的风险危害更大。研究人员把 $\alpha$ 错误（犯 I 型错误的风险）看得比 $\beta$ 错误（犯 II 型错误的风险）更重要,其原因在表 14-1 里有详细的解释。犯 I 型错误的本质是研究者犯了轻信地推论错误,即错误拒绝虚无假设;犯 II 型错误的本质是研究者犯了盲目地推论错误,即错误接受虚无假设。一般的研究人员所接受的专业训练使他们形成了这样的认识,即冒"轻信"的风险比冒"盲目"的风险更不能原谅,一些哲学家把这种选择描述为科学观点上的"健康怀疑论"。

表 14-1　I 型错误和 II 型错误的定义

| 你的决定 | 真实状态 | |
| --- | --- | --- |
| | 硬币是没有偏倚的 | 硬币是偏倚的 |
| 硬币是偏倚的（即正面朝上和反面朝上的概率不相等） | I 型错误（轻信风险） | 没有推断风险 |
| 硬币是没有偏倚的（即这是个普通的硬币） | 没有推断风险 | II 型错误（盲目风险） |

从表 14-2 可以看出,对研究者来说,虚无假设就是:总体中两变量间没有相关关系,或者说所处理的反应没有区别。无论何时验证一个虚无假设,研究者都要考虑犯 I 型错误的概率。就像表 14-2 中显示的那样,当研究者错误地拒绝了虚无假设时,就犯了 I 型错误;当研究者错误地接受了虚无假设时,就犯了 II 型错误。

表 14-2  决定拒绝或接受虚无假设（$H_0$）的含义

| 研究人员的决定 | 真实状态 | |
|---|---|---|
| | $H_0$为真 | $H_0$为假 |
| 拒绝 $H_0$ | Ⅰ型错误 | 没有推断风险 |
| 接受 $H_0$ | 没有推断风险 | Ⅱ型错误 |

## 四、$r$ 值的显著性

当 $p$ 值低到足以正确地拒绝虚无假设时，研究人员还希望进一步了解效应值及其实践意义。因此，如果你想做虚无假设检验，你需要知道如何确定 $p$ 值。表 14-3 摘自一个较长表格的一部分，显示出 $p$ 的水平和不同的皮尔逊相关系数 $r$ 值的关联。第一纵栏是 $N-2$（这里 $N$ 是样本的容量），而其他纵栏是 $p$ 值（即Ⅰ型错误的风险）。我们注意到表中给出了单尾和双尾的 $p$ 值，并且双尾的 $p$ 值是单尾的 $p$ 值的 2 倍。双尾 $p$ 值的使用条件是：备择假设（$H_1$）不能明确预测显著性，在概率分布中显著性在哪一边，有待发现。单尾 $p$ 值（由双尾 $p$ 值一分为二获得）意味着，备择假设要求显著性在一头而不是另一头。

表 14-3  $r$ 的显著性水平

| $N-2$ | 概率水平（$p$） | | | | |
|---|---|---|---|---|---|
| | 0.05 | 0.025 | 0.01 | 0.005 | 单尾 |
| | 0.10 | 0.05 | 0.02 | 0.01 | 双尾 |
| 1 | 0.988 | 0.997 | 0.9995 | 0.9999 | |
| 2 | 0.900 | 0.950 | 0.980 | 0.990 | |
| 3 | 0.805 | 0.878 | 0.934 | 0.959 | |
| 4 | 0.729 | 0.811 | 0.882 | 0.917 | |
| 5 | 0.669 | 0.754 | 0.833 | 0.874 | |
| 10 | 0.497 | 0.576 | 0.658 | 0.708 | |
| 20 | 0.360 | 0.423 | 0.492 | 0.537 | |
| 30 | 0.296 | 0.349 | 0.409 | 0.449 | |
| 40 | 0.257 | 0.304 | 0.358 | 0.393 | |
| 50 | 0.231 | 0.273 | 0.322 | 0.354 | |
| 100 | 0.164 | 0.195 | 0.230 | 0.254 | |
| 200 | 0.116 | 0.138 | 0.164 | 0.181 | |
| 300 | 0.095 | 0.113 | 0.134 | 0.148 | |
| 500 | 0.074 | 0.088 | 0.104 | 0.115 | |

那么，如何理解表 14-3 呢？设想一个测试人们自尊水平和他们进行闲谈程度相关关系的问卷调查研究。但是，不能确信这个相关是何种相关，基于以往文献的研究，正相关或负相关都是可能的。比如，在一个闲聊的群体中，同样的发言内容由不受欢迎的人说出会被认为是刻意中伤他人，而由受欢迎的人讲

则会被认为是在开玩笑。正是由于不能预测这种相关是正相关还是负相关，所以需要采取双尾（而不是单尾）的显著性检验。

继续讲这个例子，假设总数 $N$ 为 52 个被试，结果显示自尊和闲谈程度的相关为 $r=0.33$，即高自尊和高闲谈程度的人具有正相关。但是，假如现在需要验证 $r=0.33$ 在统计上的显著性，以确定是否是由偶然因素引起的。对研究中的 $\alpha$ 来讲，通常研究人员选择 5% 的置信水平。查表 14-3 中 $N-2=50$ 和纵列标注为双尾 0.05 的交点，可以看到，为了拒绝虚无假设，$r$ 最小需要为 0.273 才能超出你已经选择的风险水平。如表 14-3 所示，所得 $p$ 值在双尾的 0.02 和 0.01 之间。也就是说，$r=0.33$ 大于表中列出的双尾的 $p=0.02$（$r=0.322$）的值，而小于表中列出的双尾的 $p=0.01$（$r=0.354$）的值。

报告 $p$ 值时，有几个方案可以选择。第一个方案是最常使用的，规定"双尾 $p<0.05$"，即错误拒绝虚无假设的双尾概率小于 5%。这个方案最明显的缺陷是报告不够精确，举例来说，研究者如果报告"$p>0.05$"，这并没有考虑所得的 $p$ 值是 0.06 还是 0.50。第二个方案是：可以规定"$0.01<$ 双尾 $p<0.02$"，也就是错误拒绝虚无假设的双尾概率超过 1%，而小于 2%。第三个方案，许多统计学家建议，使用专业的数据统计软件进行数据分析，进而得到恰当的 $p$ 值。

从表 14-3 中可以看出，不管是高相关还是低相关，在 $p=0.05$ 水平上都是显著的。最重要的是，"$N-2$"的大小能够直接影响在同一置信水平上 $r$ 值的显著性。举例来说，当 $N=1002$ 时，一个像 0.062 那么小的 $r$ 值在 $p=0.05$（双尾检测）的水平上都是显著的，而当 $N=12$ 时，$r$ 值再增大 9 倍，在同样的置信水平上，结果也不会显著。然而，并不能仅仅因为它在统计上不显著（即当 $N-2=10$，双尾 $p=0.05$）就忽略掉 0.558 的相关程度。上面这个例子说明了虚无假设检验的局限性，并且提醒不要把统计意义上的结果显著和实际意义上的结果显著相混淆。

## 第二节 效应值的检验

### 一、二项式效应值显示法

下面，我们将介绍在应用具体的统计检验时，不用 $r_{\text{effect}}$，而是用二项式效应值显示法（binomial effect-size display，BESD）来计算效应值。BESD 被描述为一个显示器（display），是因为它能将实验中的"成功率"和控制组转换为一个 2×2 的表格，称为二项表（binomial，意思是"两项"），因为两列变量以交叉的形式显现。我们将使用生物医学研究中的一组数据来说明 BESD 是如何工作的。在这项实验中，自变量是被试是否每隔一天服用一次阿司匹林，因变量是被试是否心脏病发作。

研究报告说，由于阿司匹林的作用，心脏病发作的风险可以减半。研究显示，当脂肪堆积已经蔓延到冠状动脉时，阿司匹林可以通过加速血液循环的方式降低由心脏病发作或心肌梗死（MI）引起的死亡率。心脏病发作风险减半的发现是基于一个对 22 071 名男性患者历时 5 年的研究，其中大约一半（11 037）人每隔一天服用一片普通的阿司匹林（325 毫克），而剩余的人（11 034）服用安慰剂。实验的部分结果显示在表 14-4。

表 14-4　阿司匹林对心脏病发作的作用

A. 服用阿司匹林和安慰剂时心肌梗死（MI）的情况

| 条件 | 无心脏病发作 | 心脏病发作 | 总数 |
| --- | --- | --- | --- |
| 阿司匹林 | 10 933 | 104 | 11 037 |
| 安慰剂 | 10 845 | 189 | 11 034 |
| 总计 | 21 778 | 293 | 22 071 |

B. BESD 显示 $r_{effect}=0.034$

| 条件 | 无心脏病发作 | 心脏病发作 | 总数 |
| --- | --- | --- | --- |
| 阿司匹林 | 51.7* | 48.3** | 100 |
| 安慰剂 | 48.3** | 51.7* | 100 |
| 总计 | 100 | 100 | 200 |

\* 表示从 100（0.500＋r/2）计算得来，\*\* 表示从 100（0.500－r/2）计算得来

表的上部显示在各种情况下心脏病是否发作的参试者数量。用 $\chi^2$ 检验这些实验结果的统计显著性，其 $p$ 值比常规的 0.05 置信水平的值小得多，即 $p$ 近似为 0.000 000 6。这最终告诉我们虚无假设检验的结果极不可能是偶然因素造成的。但是，当我们计算标准 $\chi^2$ 系数（$\varphi$）的大小效应值时，结果 $r_{effect}$ 仅有 0.034。我们说"仅有"是因为 0.1 或更小的相关效应值在行为科学中被认为很小。但在我们以为它不合逻辑而放弃这个"小"之前，让我们也来看一看它在真实的重要性方面意味着什么。

上文提到研究人员报告了心脏病发作风险减半，现在再来看看他们是怎样得出这个结论的。在使用安慰剂的情况下，11 034 名被试中有 189 名心脏病发作，比例为 1.7%。在使用阿司匹林的情况下，11 037 名被试中有 104 名心脏病发作，比例为 0.9%。两者相比确实得出心脏病发作的风险约减少了一半。然而，尽管这是个好消息，并且这个百分率也相当小，但是这表明只有很少一部分人的心脏病会发作（22 071 名被试中的 1.3%）。

没有哪种方法可以描绘全景，即研究人员没有办法对总体情况进行测量，但是用 BESD 可以把通过样本统计得到的效应值推广到总体中。在

BESD方法中，自变量和因变量是二分变量，并且二者分别又分为二等份。用这种方式，研究者能够比较不同的BESD，因为所有变量都是在同样的假设下进行预测的。在这种情况下，假设总数的一半会有心脏病发作而另一半没有（即二分因变量），并且一半服用了阿司匹林而另一半没有（即二分自变量）。以此类推，在其他情形中，BESD可以把变量定义为成功的和失败的，提高的和没有提高的，等等。

表14-4中的B部分用BESD给出了A部分实验结果计算出的$r_{effect}=0.034$。普通列联表的横行和纵列总数随着表格中数值的变化而变化，而BESD表的每一横行和纵列的总和都是100。通过均衡横行和纵列的末端值，使2×2的单元格内的值易于用比例或百分数解释和比较。这个BESD表明，如果那些曾经患有心肌梗死的病人按疗程服用阿司匹林，大约有3.4%的可能不会再患心肌梗死。换句话说，BESD不仅保留了效应值大小，而且还让我们很清楚地看到将总体人数心脏病发病率的比率从51.7%降到48.3%是没有多大意义的。

BESD的便利之处在于它可以很简单地从2×2列联表得到$r_{effect}$（在实验组与控制组的百分点上做出区分），以及从$r_{effect}$得到2×2列联表（通过计算实验成功的比率即0.50加上$r$的一半，然后再乘以100和通过计算控制组成功率即0.50减去$r$的一半然后再乘以100）。在这种情况下，当$r_{effect}=0.34$，实验成功率是$0.50+0.017=0.517$，再乘以100将0.517转化为51.7%。在安慰剂组通过计算$0.50-0.017=0.483$再乘以100转化为48.3%。

## 二、$r^2$的局限性

在以往研究文献中，一些研究者报告效应值时常常提及相关系数的平方，即$r^2$，$r^2$也称为决定系数或解释变量的百分比。不管用什么名称，"测定"或"解释"不是指$r^2$解释了$X$和$Y$之间的因果关系，而只是说明$r^2$代表$X$、$Y$的共变关系。例如，皮尔逊相关系数$r$是+1.0或-1.0（在这两种情况下$r^2$都等于1.0），这表明$Y$与$X$高度相关。

尽管$r^2$在大多数情况下很有意义，但是在有些情况下，$r^2$可能严重低估结果的实际重要性，因此我们要结合实际情况对结果进行解释。例如，再回到阿司匹林的研究中，$r_{effect}=0.034$意味着几乎没有效应。但是，$r_{effect}=0.034$就意味着3.4%的心脏病发病率的下降。虽然只有3.4%的心脏病发病率的下降，但是对维护健康来说，还是很有价值的。这说明效应值也是有实际作用的，特别是当你自己或自己的亲人在这个比例中时，你更能体会到它的价值。因此，尽管在大量有影响力的书籍中对$r^2$竭力推荐，但表14-5说明了它可能低估一个观察结果的实际作用的程度。

表 14-5　$r^2$ 和 $r_{\text{effect}}$ 相关的成功率的增加

| 测定系数 $r^2$ | 效应值 $r_{\text{effect}}$ | 从/% | 到/% | 成功率差异 |
| --- | --- | --- | --- | --- |
| 0.01 | 0.10 | 45 | 55 | 10%（或 0.10） |
| 0.04 | 0.20 | 40 | 60 | 20%（或 0.20） |
| 0.09 | 0.30 | 35 | 65 | 30%（或 0.30） |
| 0.16 | 0.40 | 30 | 70 | 40%（或 0.40） |
| 0.25 | 0.50 | 25 | 75 | 50%（或 0.50） |
| 0.36 | 0.60 | 20 | 80 | 60%（或 0.60） |
| 0.49 | 0.70 | 15 | 85 | 70%（或 0.70） |
| 0.64 | 0.80 | 10 | 90 | 80%（或 0.80） |
| 0.81 | 0.90 | 5 | 95 | 90%（或 0.90） |
| 1.00 | 1.00 | 0 | 100 | 100%（或 1.00） |

第一列是第二列数值的平方（如 0.10×0.10＝0.01），第三列和第四列是当第一列用 BESD 表示时和第二列的结果相对比时成功率的增加百分比，最后一列是用百分比或小数（在括号里）表示第三列和第四列结果的差异。这说明成功率（生存率、治疗率、提高率或选择率）的差异实际上和 $r_{\text{effect}}$ 相等。换句话说，$r_{\text{effect}}$ 告诉我们，对于一个给定的实验结果，自变量所起的实际作用——尽管我们必须考虑变量的性质和变量的大小来决定如何表述结果。

### 三、统计检验力分析

研究者在对虚无假设进行检验时，如果有充分依据拒绝虚无假设，那么就需要统计检验力来表明其显著性检验的敏感性。

假如一个年轻的研究者 A，进行一项关于生产力的实验研究（$N=80$），结果显示 $p=0.05$，$r_{\text{effect}}=0.22$，也就是说 A 的结果是显著的，说明新的管理模式比旧的管理模式好。旧模式的创立者 B 对此结果表示怀疑，因此要求自己的研究生重复 A 的实验，但并没有得到和 A 相同的实验结果（$N=20$），并且得到的双尾检验 $p$ 值大于 0.30。然而，B 在计算结果的效应值时发现效应值大小和 A 的一样（$r_{\text{effect}}=0.22$）。

换句话说，尽管两人研究的 $p$ 值不是很接近，但效应值是一样的，因此 B 的实验也验证了 A 的实验结果。问题是，由于 B 所用检验力水平太低以至于不能得到 A 所报告的 $p$ 值。同时，样本太小（$N=20$）导致统计检验力为 0.15。因此，在进行 $p=0.05$（双尾）检验时拒绝了虚无假设，而 A 的检验力（$N=80$）是 B 的 3 倍多。

上文说过，$\beta$ 是犯 II 型错误的概率（也就是未能证明关系存在的概率）；统计

检验力是 $1-\beta$，也就是没有犯II型错误的概率。在统计学中，检验力指的是当虚无假设为假需要拒绝虚无假设时被正确拒绝的概率。对于任何给定的虚无假设的检验（如 $t$ 检验、$F$ 检验或者 $\chi^2$ 检验），统计检验力由三种因素决定：①提出虚无假设的肯定结论的风险水平（也就是 $p$ 水平）；②研究的规模（即样本大小）；③效应值。这三种因素也是相互关联的，知道任何两种就可以决定第三种。因此，如果知道因素1和因素3的值，就可以计算出期望显著性水平下的样本大小。

表14-6 提供了一种巧妙的方法来计算当 $\alpha=0.05$（双尾检验）显著水平时所需受试者的数量。假如使用统计检验力是公认的 0.80 来进行研究。假定根据研究资料期望得到一个"小"效应值（$r_{effect}=0.10$）。假定这个效应值（0.10）和统计检验力（0.80）在 $\alpha=0.05$ 双尾检验时将需要近 800 名被试去拒绝虚无假设。这是一个庞大的被试数量，以至于被试十分不好找到，但是如果选用较大的效应值，那么只需要较少的被试就能达到相同的效果。比如，当 $r_{effect}=0.30$ 和统计检验力等于 0.80 时只需要 85 个被试，当 $r_{effect}=0.50$ 时只需要 30 个被试。

表14-6 检测效果为 0.05（双尾）时的样本量

| 统计检验力 | 相关效应值 | | | | | | |
|---|---|---|---|---|---|---|---|
| | 0.10 | 0.20 | 0.30 | 0.40 | 0.50 | 0.60 | 0.70 |
| 0.15 | 85 | 25 | 10 | 10 | 10 | 10 | 10 |
| 0.20 | 125 | 35 | 15 | 10 | 10 | 10 | 10 |
| 0.30 | 200 | 55 | 25 | 15 | 10 | 10 | 10 |
| 0.40 | 300 | 75 | 35 | 20 | 15 | 10 | 10 |
| 0.50 | 400 | 100 | 40 | 25 | 15 | 10 | 10 |
| 0.60 | 500 | 125 | 55 | 30 | 20 | 15 | 10 |
| 0.70 | 600 | 155 | 65 | 40 | 25 | 15 | 10 |
| 0.80 | 800 | 195 | 85 | 45 | 30 | 20 | 15 |
| 0.90 | 1000 | 260 | 115 | 60 | 40 | 25 | 15 |

# 第三节 构建置信区间

## 一、置信区间与显著性水平

置信区间，也称置信间距，是指在某一置信度时，总体参数所在的区域距离或区域长度。置信区间的上下二端点值称为置信界限。显著性水平是指估计总体参数落在某一区间时，可能犯错误的概率，用符号 $\alpha$ 表示。有时，也称之为意义阶段、信任系数等。$1-\alpha$ 为置信度或置信水平。

例如，0.95 的置信区间是指总体参数落在该区间之内，估计正确的概率为

95%，而出现错误的概率为 5%（$\alpha=0.05$）。由此可见：

0.95 的置信区间＝0.05 显著性水平的置信区间

0.99 的置信区间＝0.01 显著性水平的置信区间

显著性水平在假设检验中，还指拒绝虚无假设时可能出现的犯错误的概率水平。

## 二、置信区间的构建

通常把置信水平定义为 $(1-\alpha)\times 100\%$，因此，在双尾检验中 $p=0.05$ 时置信水平就是 95%，即 $(1-0.05)\times 100\%=95\%$。通过以下四个步骤计算出任一 $r_{effect}$ 的 95% 的置信区间：

（1）对照"费舍尔 $Z_r$ 分数转换为 $r$ 的对照表"（该表在一般的统计学书的附录里可以找到），把 $r_{effect}$ 值转换为费舍尔 $Z_r$（它是 $r$ 的对数转换）。这种转换将有限的 $r$ 范围（从 $-1.0$ 到 $+1.0$）转化为没有限制的正态分布，为了区别标准分 $Z$，通常用 $Z_r$ 表示费舍尔标准分。

（2）用下面的方程式替换研究中的 $N$ 值（样本总数）

$$\frac{1}{\sqrt{N-3}}\times 1.96$$

式中，1.96 是在 $p=0.05$（双尾检验）时的标准分 $Z$

（3）找出置信区间的置信界限。通过将第一步的结果减去第二步的结果得到下限，将第一步的结果与第二步的结果相加得到上限。

（4）同样，查找"$r$ 转换为费舍尔 $Z_r$ 分数的对照表"，将下限 $Z_r$ 值和上限 $Z_r$ 值转换成 $r_{effect}$ 值，以用来定义 95% 的置信区间。

举例说明，假如总样本数 $N=80$，计算 95% 的置信区间。

第一步是查看"费舍尔 $Z_r$ 分数转换为 $r$ 的对照表"，在行 0.3 和列 0.03 交叉处，我们发现费舍尔 $Z_r=0.343$。

第二步，在公式中代入 $N=80$，也就是

$$\frac{1}{\sqrt{N-3}}\times 1.96=\frac{1}{\sqrt{77}}\times 1.96=0.2234$$

第三步，将第一步的结果减去第二步的结果得到下限 $Z_r$（即 $0.343-0.2234=0.1196$，约为 0.12），然后将第二步的结果加上第一步的结果得到 $Z_r$ 的上限（即 $0.343+0.2234=0.5664$，约为 0.57）。

第四步是将第三步的两个结果转换为效应值 $r_{effect}$。查阅"$r$ 转换为费舍尔 $Z_r$ 分数的对照表"，当 $Z_r=0.12$ 时，查到行 0.1 和列 0.02 的交叉处是 0.119，约 0.12，即 $r_{effect}=0.33$ 的下限。当 $Z_r=0.57$ 时，我们看到横行 0.5 和纵列 0.07

处是 0.515（约 0.52），是 $r_{\text{effect}} = 0.33$ 的上限。那么，95％的置信区间在 0.12 和 0.52 之间。

## 三、置信区间与样本量

样本量的大小会影响置信区间的大小。假定样本容量是 20，由上述第二步中的公式得出：

$$\frac{1}{\sqrt{17}} \times 1.96 = 0.4754$$

通过计算得到 95％的置信区间范围是 $-0.13 \sim 0.67$。效应量是负值表示观察到的效应与预测的效应是相反的。因此，在这种情况下，置信区间跨度如此之大，使得实际中不会出现的情况都被包括在其中。

如果将样本量增加到 320，又如何呢？代入上述第二步的公式我们可以得到：

$$\frac{1}{\sqrt{317}} \times 1.96 = 0.1101$$

其余步骤相同，得出 95％的置信区间的范围为 $0.23 \sim 0.42$。因此可以看出，用小样本进行研究，会扩大置信区间，用大样本进行研究会缩小置信区间。在实际研究中，缩小置信区间会使数据更准确，因此在研究中要尽可能用大样本。

表 14-7 说明了 $\alpha$ 的值（即 $p$ 值）的置信区间和当 $p=0.10$、0.05 和 0.01 时双尾检验相应的标准分 $Z$。

表 14-7　置信区间与 $p$ 值和 $Z$ 分数的关系

| $p$ | 0.10 | 0.05 | 0.01 |
| --- | --- | --- | --- |
| 置信区间/％ | 90 | 95 | 99 |
| 双尾 $Z$ | 1.64 | 1.96 | 2.58 |

如果想得到 90％的置信区间，用 1.64 代替第二步公式中的 1.96。如果想得到 99％的置信区间，可以用 2.58 替代。如果将置信水平从 95％提高到 99％，那么置信区间会变大，反之亦然。

# 第十五章　统计检验：两组均数的比较

我们已经学习了使用统计和概率来检验假设，从这一章开始，我们开始讨论四种最常用的统计检验：$t$ 检验、$F$ 检验、相关检验和卡方检验。选用什么样的统计检验方法依赖于研究的问题和实验的设计。如果我们要比较两组（如实验组和控制组）的平均数，我们将会发现 $t$ 检验是一个方便且有用的方法。它允许我们通过设定一个信噪比来检验两组总体平均数。在这个比率里，信号是由两个平均数之间的差异来描述的，而噪声是由样本内分数的变异来描述的。信号越强，零假设被拒绝的可能性越大。

我们知道 $p$ 值仅仅是统计显著性的一个指标，而我们还想知道自变量（$X$）对因变量（$Y$）的影响的大小。这个影响的大小其实就是效应量的问题。在这一章，我们将看到用 $t$ 检验值和与它相关的自由度就很容易计算相关的效应值（$r_{\text{effect}}$）。给出了这个信息，我们能很容易通过前几章描述的步骤来计算 95% 的置信区间（或其他任何置信水平）。为了揭示可观察到的影响的实际重要性，我们可以把 $r_{\text{effect}}$ 改成一个 BESD。

在这里，我们先讲一下怎样计算信噪比，然后才讨论 $t$ 检验。接下来我们将使用这些知识和另外一个公式（显著性检验＝效应值×研究规模）作为我们讨论最优化侦测两个平均数之间真正差异的出发点。$t$ 检验有两种基本形式，即单总体检验和双总体检验。我们也将应用前面所学的知识来创建 BESD 和置信区间。

## 第一节　$t$ 检验的原理

$t$ 检验，亦称 Student $t$ 检验（Student's $t$ test），主要用于样本容量较小（$n<30$），总体标准差 $\sigma$ 未知的正态分布数据。$t$ 检验被称为学生氏 $t$，是为了纪念它的发明者戈斯特（William Sealy Gosset）。戈斯特为吉尼斯（著名的爱尔兰酿酒厂）工作，这个工厂由于安全的原因禁止它的员工出版他们已做的研究。为了发表他发明的这个统计方法，戈斯特最终劝说公司放松这个规定，但仅允许他使用笔名，他选择的就是笔名"学生"（Student）。

### 一、$t$ 检验的定义

$t$ 检验是用 $t$ 分布理论来推论差异发生的概率，从而比较两个平均数的差异是否显著。$t$ 检验的适用条件：

(1) 已知一个总体均数；
(2) 可得到一个样本均数及该样本标准差；
(3) 样本来自正态或近似正态的总体。

### 二、$t$ 检验的分类

$t$ 检验分为单总体检验和双总体检验。

#### （一）单总体检验

单总体检验是检验一个样本平均数与一个已知的总体平均数的差异是否显著。当总体分布是正态分布，如总体标准差未知且样本容量小于 30，那么样本平均数与总体平均数的离差统计量呈 $t$ 分布。

单样本 $t$ 检验是进行样本均数与总体均数的比较，样本来自正态的总体。它是进行单变量均数与一个数或假设值的比较，要求单变量为定量变量（数值型变量）。

1. 单一样本均值的检验

(1) 只对单一变量的均值加以检验，如检验今年新生的心理学平均成绩是否和往年有显著差异、推断某城市今年的人均收入与往年的人均收入是否有显著差异等。
(2) 要求样本数据来自服从正态分布的单一总体。
(3) 假设的基本形式：

$$H_0: \mu=\mu_0, \quad H_1: \mu\neq\mu_0$$

当然也可以有单侧检验的假设形式。

2. 基本步骤

(1) 提出假设：

$$H_0: \mu=\mu_0, \quad H_1: \mu\neq\mu_0$$

(2) 确定检验统计量。

若总体方差已知，且 $n\geqslant 30$，此时可构造标准正态分布 $Z$ 检验统计量

$$Z=\frac{\overline{X}-\mu}{\frac{\sigma}{\sqrt{n}}}:N(0,1) \tag{15-1}$$

式中，$N(0,1)$ 表示标准正态分布，$n$ 表示样本容量。

通常总体方差都是未知的，此时总体方差由样本方差代替，采用 $t$ 分布构造 $t$ 检验统计量

$$t=\frac{\overline{X}-\mu}{\frac{S}{\sqrt{n}}}:t(n-1) \tag{15-2}$$

式中，$S$ 为样本标准差，定义为

$$S=\sqrt{\frac{1}{n-1}\sum_{i=1}^{n}(X_i-M)^2} \tag{15-3}$$

【**例 15-1**】以学生的身高为例，已知某学校九年级 15 个学生的身高数据，如下表所示，检验其平均身高是否与整个年级的平均身高 165 厘米有显著差异。

| 序号 | 1 | 2 | 3 | 4 | 5 | 6 | 7 | 8 | 9 | 10 | 11 | 12 | 13 | 14 | 15 |
|---|---|---|---|---|---|---|---|---|---|---|---|---|---|---|---|
| 身高/厘米 | 175 | 174 | 168 | 173 | 164 | 169 | 170 | 166 | 158 | 165 | 156 | 152 | 156 | 168 | 160 |

答案：

(1) 提出假设：$H_0: \mu=165, H_1: \mu\neq 165$

(2) 确定检验统计量：由于总体方差未知，所以采用 $t$ 检验统计量，经计算得

$$\overline{X}=164.93, \quad S=7.126, \quad df=15-1=14, \text{则}$$

$$t=\frac{\overline{X}-\mu}{\frac{S}{\sqrt{n}}}=0.036$$

(3) 该例为双侧检验，显著性水平 $\alpha=0.05$，查 $t$ 分布表可得临界值 $t_{0.025}(14)=2.14$，$|t|=0.036<t_{0.025}(14)$，说明 $t$ 值落在接受区域内，即原假设与

样本描述的情况无显著差异,应该接受原假设。因此可以得出结论:15 个学生的平均身高与整个年级的平均身高无显著差异。

(二) 双总体检验

双总体检验又分为两种情况:一是独立样本 $t$ 检验;二是配对样本 $t$ 检验。

双总体检验是检验两个样本平均数与其各自所代表的总体平均数的差异是否显著。双总体检验又分为两种情况,一是相关样本平均数差异的显著性检验,用于检验匹配而成的两组被试获得的数据或同组被试在不同条件下所获得的数据的差异性,这两种情况组成的样本即为相关样本。二是独立样本平均数的显著性检验。各实验处理组之间毫无相关存在,即为独立样本,该检验用于检验两组非相关样本被试所获得的数据的差异性。

1. 独立样本 $t$ 检验

独立样本 $t$ 检验是进行两样本资料的均数比较,要求两样本均来自正太总体且方差相同。

1) 独立样本的均值检验

(1) 独立样本的均值检验,实质是总体均值是否相等的显著性检验。

【例 15-2】分析两个地区教师的人均收入、人均消费等指标是否存在显著性差异;男生与女生的身高是否存在显著性差异。

(2) 要求两个样本来自的总体为正态分布,且相互独立。

如果两总体相互独立,则分别从两总体得到的样本也相互独立。

因为要检验两总体的均值是否相等,需要通过样本进行检验,所以称为独立样本的均值检验。

2) 检验步骤

(1) 提出假设

$$H_0: \mu_1 = \mu_2, \quad H_1: \mu_1 \neq \mu_2$$

(2) 确定检验统计量。需要分为总体方差 $\sigma_1^2$、$\sigma_2^2$ 是否已知两种情况进行讨论。

(3) 做出统计推断。

3) 检验统计量 1

若总体方差 $\sigma_1^2$、$\sigma_2^2$ 已知,可构造标准正态分布 $Z$ 检验统计量

$$Z = \frac{(\overline{X}_1 - \overline{X}_2) - (\mu_1 - \mu_2)}{\sqrt{\frac{\sigma_1^2}{n_1} + \frac{\sigma_2^2}{n_2}}} \tag{15-4}$$

4) 检验统计量 2

若总体方差 $\sigma_1^2$、$\sigma_2^2$ 未知,可构造 $t$ 检验统计量。

当 $\sigma_1^2 = \sigma_2^2$ 时，构造的 $t$ 检验统计量为

$$t = \frac{(\overline{X}_1 - \overline{X}_2) - (\mu_1 - \mu_2)}{\sqrt{S^2\left(\dfrac{1}{n_1} + \dfrac{1}{n_2}\right)}} : t(n_1 + n_2 - 2) \tag{15-5}$$

式中，$S^2 = \dfrac{n_1 S_1^2 + n_2 S_2^2}{n_1 + n_2 - 2}$，$S_1$、$S_2$ 分别为两样本标准差。

5）检验统计量 3

（1）当 $\sigma_1^2 \neq \sigma_2^2$ 时，构造的 $t$ 检验统计量为

$$t = \frac{(\overline{X}_1 - \overline{X}_2) - (\mu_1 - \mu_2)}{\sqrt{\dfrac{S_1^2}{n_1} + \dfrac{S_2^2}{n_2}}} \tag{15-6}$$

（2）检验统计量仍服从 $t$ 分布，其修正的自由度为

$$df = \frac{\left(\dfrac{S_1^2}{n_1} + \dfrac{S_2^2}{n_2}\right)^2}{\dfrac{\left(\dfrac{S_1^2}{n_1}\right)^2}{n_1 - 1} + \dfrac{\left(\dfrac{S_2^2}{n_2}\right)^2}{n_2 - 1}} \tag{15-7}$$

6）注意

（1）在统计分析中，如果两个总体的方差相等，则称之为满足方差齐性。

（2）确定两个独立样本的方差是否相等，是构造和选择检验统计量的关键，因此在决定要用哪一个 $t$ 统计量公式前，必须进行方差齐性的检验。

$$t = \frac{M_1 - M_2}{\sqrt{\left(\dfrac{1}{n_1} + \dfrac{1}{n_2}\right)S^2}} \tag{15-8}$$

在式（15-8）中，$M_1$ 和 $M_2$ 是两个组的平均数；$n_1$ 和 $n_2$ 是两组中每一个样本的容量；$S^2$ 是总体方差的无偏估计。

在这种情况下，$S^2$ 被定义为总体方差的"综合估计"，计算为

$$S^2 = \frac{\sum(X_1 - M_1)^2 + \sum(X_2 - M_2)^2}{n_1 + n_2 - 2} \tag{15-9}$$

式中，$X_1$ 和 $X_2$ 是个体原始分数，其他符号的定义同上。

表 15-1 提供了我们要计算两组数的 $t$ 值所需要的基本数据。对于每一组，我们计算出个体分数减去平均数的平方的总和，然后我们把这个数套入公式求得 $S^2$。由 A 结果我们得出

$$S^2 = \frac{8.0 + 8.0}{3 + 3 - 2} = 4.0$$

因此

$$t = \frac{15-10}{\sqrt{\left(\frac{1}{3}+\frac{1}{3}\right)\times 4.0}} = 3.06$$

同样计算 B 的结果

$$S^2 = \frac{72.0+72.0}{3+3-2} = 36.0$$

$$t = \frac{15-10}{\sqrt{\left(\frac{1}{3}+\frac{1}{3}\right)\times 36.0}} = 1.02$$

表 15-1　A 结果和 B 结果计 $t$ 的基本数据

| | A 结果 | | | | | |
|---|---|---|---|---|---|---|
| | 维生素组 | | | 控制组 | | |
| | $X_1$ | $X_1-M_1$ | $(X_1-M_1)^2$ | $X_2$ | $X_2-M_2$ | $(X_2-M_2)^2$ |
| | 13 | −2.0 | 4.0 | 8 | −2.0 | 4.0 |
| | 15 | 0.0 | 0.0 | 10 | 0.0 | 0.0 |
| | 17 | +2.0 | 4.0 | 12 | +2.0 | 4.0 |
| 总和（∑） | 45 | 0 | 8.0 | 30 | 0 | 8.0 |
| 平均数（M） | 15 | — | — | 10 | — | — |
| | B 结果 | | | | | |
| | 维生素组 | | | 控制组 | | |
| | $X_1$ | $X_1-M_1$ | $(X_1-M_1)^2$ | $X_2$ | $X_2-M_2$ | $(X_2-M_2)^2$ |
| | 9 | −6.0 | 36.0 | 4 | −6.0 | 36.0 |
| | 15 | 0.0 | 0.0 | 10 | 0.0 | 0.0 |
| | 21 | +6.0 | 36.0 | 16 | +6.0 | 36.0 |
| 总和（∑） | 45 | 0 | 72.0 | 30 | 0 | 72.0 |
| 平均数（M） | 15 | — | — | 10 | — | — |

不用惊讶，A 的 $t$ 值比 B 的 $t$ 值大。因为 A 和 B 之间的变量的差别（也就是在噪声水平上的差别），我们才得到这个结果。在零假设显著性检验（NHST）中，下一步就是在一个合适的表中寻找 $p$ 值。因为大的 $t$ 是偶发事件，我们会发现 A 结果的 $p$ 值小于 B 结果的 $p$ 值。

以前我们学过怎样找 $p$ 值，一些背景知识将会用到。

2. 配对样本 $t$ 检验

配对样本是指对同一样本进行两次测试所得的两组数据，或者对两个完全相同的样本在不同条件下进行测试所得的两组数据。例如，一组病人服药前和服药后身体的指标；一个年级学生的期中成绩和期末成绩等。

1）基本思想

（1）配对样本均值的检验就是，根据两个配对样本推断两个总体的均值是否存在显著性差异。

（2）其基本思想是：先求出每对配对样本的观测值之差，形成一个新的单样本，再对差值求均值，检验差值的均值是否为0。

若两个样本的均值没有显著性差异，则样本之差的均值就接近于0，这类似于单一样本均值的检验。

配对样本均值的检验也叫作配对样本的 $t$ 检验（paired-samples $t$ test）。

2）检验步骤

（1）提出假设

$$H_0: \mu_1 = \mu_2, \quad H_1: \mu_1 \neq \mu_2$$

（2）确定检验统计量。

（3）做出统计推断。

3）检验统计量

（1）配对样本均值检验要求两个样本的差值服从正态分布。

（2）总体差值 $D$ 服从正态分布，$\overline{D}$ 为总体差值的均值。

（3）$t$ 检验统计量为

$$t = \frac{\overline{D} - (\mu_1 - \mu_2)}{\frac{S}{\sqrt{n}}} \tag{15-10}$$

式中，$S$ 为样本差值的标准差，定义为

$$S = \sqrt{\frac{1}{(n-1)} \sum_{i=1}^{n} (D_i - \overline{D})^2} \tag{15-11}$$

4）例题分析

例如，一个以健身为主要目标的健美俱乐部声称，参加其训练班至少可以使健身者平均体重减重8.5千克以上。为了验证该宣称是否可信，调查人员随机抽取了10名参加者，得到他们的体重记录，如表15-2所示。

表 15-2　训练前后体重

| 训练前 | 94.5 | 101 | 110 | 103.5 | 97 | 88.5 | 96.5 | 101 | 104 | 116.5 |
|---|---|---|---|---|---|---|---|---|---|---|
| 训练后 | 85 | 89.5 | 101.5 | 96 | 86 | 80.5 | 87 | 93.5 | 93 | 102 |

在 $\alpha = 0.05$ 的显著性水平下，调查结果是否支持该俱乐部的声称？

例题分析：

样本差值计算表如表15-3所示。

表 15-3　样本差值计算表

| 训练前 | 训练后 | 差值 $D_i$ |
|---|---|---|
| 94.5 | 85 | 9.5 |
| 101 | 89.5 | 11.5 |
| 110 | 101.5 | 8.5 |
| 103.5 | 96 | 7.5 |
| 97 | 86 | 11 |
| 88.5 | 80.5 | 8 |
| 96.5 | 87 | 9.5 |
| 101 | 93.5 | 7.5 |
| 104 | 93 | 11 |
| 116.5 | 102 | 14.5 |
| 合计 | — | 98.5 |

差值均值：

$$\overline{D} = \frac{\sum_{i=1}^{n} D_i}{n} = \frac{98.5}{10} = 9.85$$

差值标准差：

$$S = \sqrt{\frac{\sum_{i=1}^{n}(D_i - \overline{D})^2}{n-1}} = \sqrt{\frac{43.525}{10-1}} = 2.199$$

$H_0: \mu_1 - \mu_2 \geq 8.5$，$H_1: \mu_1 - \mu_2 < 8.5$，$\alpha = 0.05$，$df = 10 - 1 = 9$

检验统计量：

$$t = \frac{\overline{D} - (\mu_1 - \mu_2)}{\frac{S}{\sqrt{n}}} = \frac{9.85 - 8.5}{\frac{2.199}{\sqrt{10}}} = 1.9413$$

决策：在 $\alpha = 0.05$ 的水平上不能拒绝 $H_0$。

结论：不能认为该俱乐部的宣称不可信。

现以 $t$ 表示所用的检验统计量，$t$ 表示根据样本计算得到的检验统计量的值。现分别考虑左侧检验和右侧检验，单侧检验的 $p$ 值见表 15-4。

表 15-4　单侧检验的 $p$ 值

| 假设 | 当 $t \geq 0$ 时 | 当 $t \leq 0$ 时 |
|---|---|---|
| $H_0: \mu \leq \mu_0$，$H_1: \mu > \mu_0$ | $p$ 值（双侧）/2 | $1 - p$ 值（双侧）/2 |
| $H_0: \mu \geq \mu_0$，$H_1: \mu < \mu_0$ | $1 - p$ 值（双侧）/2 | $p$ 值（双侧）/2 |

5）结果解释

此问题为左侧检验：

$$H_0: \mu_1 - \mu_2 \geq 8.5, \quad H_1: \mu_1 - \mu_2 < 8.5$$

又由于其检验统计量的值为 $1.9413 > 0$，所以，此例检验的 $p$ 值应为 $1 -$

0.084/2=0.958>0.05，故不能拒绝原假设，即没有充足的理由认为该俱乐部的宣称是不正确的。

3. 独立样本 $t$ 检验与配对样本 $t$ 检验的区别

（1）独立样本 $t$ 检验要求两样本相互独立，配对样本 $t$ 检验要求两样本相互配对。

（2）两者的统计量不一样。

（3）独立样本 $t$ 检验需要考虑两总体方差相等和不等两种情况，配对样本 $t$ 检验则不需要考虑方差是否相等，通常来说方差是不等的。

## 第二节　$t$ 检验与信噪比

信噪比（signal-to-noise ratio）是描述信号中有效成分与噪声成分的比例关系的参数。在不同的应用领域中有不同的具体定义。较常见的有以下两种：①额定最大信号功率与无信号时静态噪声功率之比；②信号中有效成分的功率与噪声成分的功率之比。它们的单位都是 dB（分贝）。

### 一、简介

信噪比是音箱回放的正常声音信号与无信号时噪声信号（功率）的比值。例如，某音箱的信噪比为 80 分贝，即输出信号功率是噪声信号功率的 $10^8$ 倍，输出信号标准差则是噪声信号标准差的 $10^4$ 倍，信噪比数值越高，噪声越小。

### 二、$t$ 检验与信噪比的关系

信噪比是一个比较重要的参数，音源产生最大不失真声音信号强度与同时发出噪声强度之间的比率称为信号噪声比，简称信噪比（signal/noise），通常以 S/N 表示，单位为分贝（dB）。

以下是信噪比的一个例子。假设一个研究者正在进行一个关于维生素对来自贫困线以下家庭的孩子学习成绩的影响实验。研究者随机抽取一些孩子作为实验组（有规律地间歇服用维生素）或者是控制组（服用一种安慰剂）。备择假设（$H_1$）依据实验中起作用的假设来描述，即维生素将对孩子的学习成绩有积极影响。虚无假设（$H_0$）是维生素对孩子的学习成绩没有影响。表 15-5 和图 15-1 显示实验的两个结果来说明信噪比这个概念。

表 15-5　简单的随机实验 A 和 B 的结果

|  | A 结果 | | B 结果 | |
| --- | --- | --- | --- | --- |
|  | 维生素组 | 控制组 | 维生素组 | 控制组 |
|  | 13 | 8 | 9 | 4 |
|  | 15 | 10 | 15 | 10 |
|  | 17 | 12 | 21 | 16 |
| 平均数（M） | 15 | 10 | 15 | 10 |

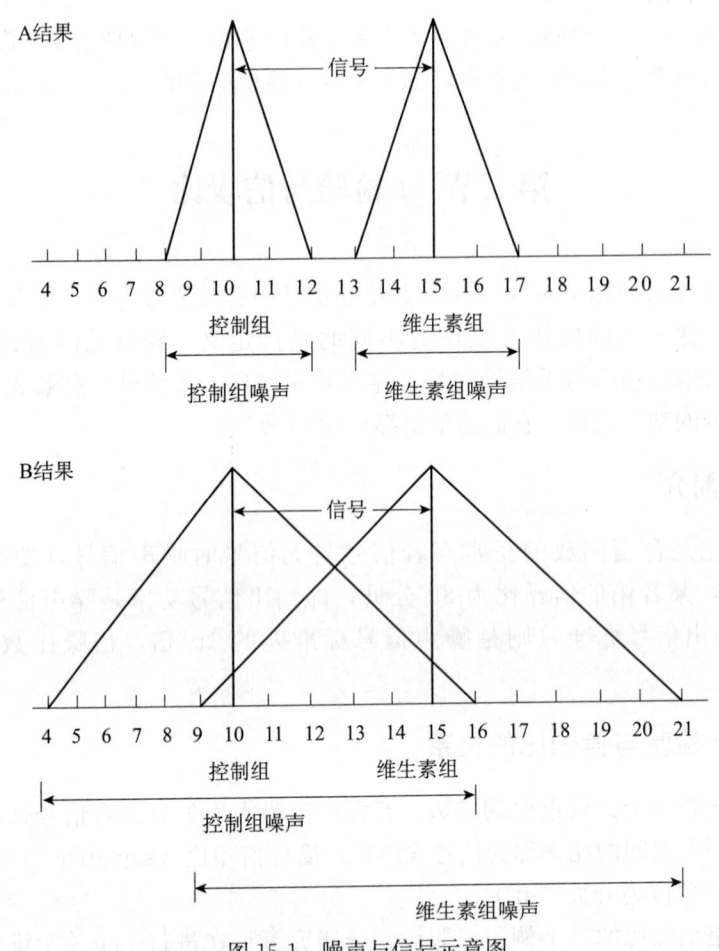

图 15-1　噪声与信号示意图

A 结果中没有数据重迭，而 B 结果中从 9 到 16 有数据重迭

我们看到维生素组的平均数和控制组的平均数是相等的（$M=15$）。A 结果和 B 结果之间唯一的差别是 B 结果更具可变性。也就是说，B 的分数没有 A 的分数集中。当我们比较组间的平均数差异时（15－10＝5），我们也应该考虑组内变异。也就是说，当我们以 A 的较小的组内变异为背景看 5 点组间差异时要

比以 B 组的较大的组内变异为背景看大得多。

这就是 $t$ 检验是怎样起作用的。它是以组内变异（噪声）为背景检测两个平均数（信号）差异的统计显著性的检验。对于任何规模的研究，平均数的差别越大，或者组内变异越小，信噪比，也就是 $t$ 的大小，就越大。因为 $t$ 值的大小是与那些统计显著的平均数之间的差异相联系的，研究者一般倾向于大的 $t$ 值。大的 $t$ 值有一个较低的概率（$p$ 值或 $\alpha$），这反过来又可让研究者拒绝平均数之间没有差别的虚无假设。

假设你试图在一个充满噪声的餐馆进行一次私人谈话。你不得不大声说话以便让你的话（也就是信号）在喧嚣的背景（噪声）下能被听见。然而，如果噪声不太大，你可以低语，而且你们可以很容易地交流。以此类推，当组内变异（噪声）不能淹没一个真正差异时，$t$ 检验对组间的差异（信号）更敏感。

### 三、利用 $t$ 表查找 $p$ 值

虽然把 $t$ 作为统计显著性的一个单独检验，但它也被认为是一簇曲线。原因就是对于 $t$ 检验中我们称之为自由度（符号是 $df$）的每一个可能值，都有一个不同的曲线（每一个都近似于正态分布）。在这种情况下，自由度被定义为 $n_1 + n_2 - 2$。$t$ 检验的发明者戈斯特的重大贡献之一，就是计算出了每一个自由度对应的曲线。然而，我们不必努力找出不同曲线的数值，我们可以利用一个总结了从这些曲线中选择 $p$ 值的最适当信息的表。这样的信息包含在表 15-6 中，这个表给出了选择 $t$ 曲线时单侧或双侧的面积。也就是说，对于一个单侧的 $p$ 值，这个表给出的是右侧的面积；反之，对于双侧的 $p$ 值，它给出的是双侧的面积。

表 15-6　不同 $p$ 值显著性要求的 $t$ 值

| $df$ | 概率（$p$） | | | | |
|---|---|---|---|---|---|
| | 0.10 | 0.05 | 0.025 | 0.005 | 单尾 |
| | 0.20 | 0.10 | 0.05 | 0.01 | 双尾 |
| 1 | 3.08 | 6.31 | 12.71 | 63.66 | |
| 2 | 1.89 | 2.92 | 4.30 | 9.92 | |
| 3 | 1.64 | 2.35 | 3.18 | 5.84 | |
| 4 | 1.53 | 2.13 | 2.78 | 4.60 | |
| 5 | 1.48 | 2.02 | 2.57 | 4.03 | |
| 6 | 1.44 | 1.94 | 2.45 | 3.718 | |
| 8 | 1.40 | 1.86 | 2.31 | 3.36 | |
| 10 | 1.37 | 1.81 | 2.23 | 3.17 | |
| 15 | 1.34 | 1.75 | 2.13 | 2.95 | |

续表

| df | 概率（p） | | | | |
|---|---|---|---|---|---|
| | 0.10 | 0.05 | 0.025 | 0.005 | 单尾 |
| | 0.20 | 0.10 | 0.05 | 0.01 | 双尾 |
| 20 | 1.32 | 1.72 | 2.09 | 2.84 | |
| 25 | 1.32 | 1.71 | 2.06 | 2.79 | |
| 30 | 1.31 | 1.70 | 2.04 | 2.75 | |
| 40 | 1.30 | 1.68 | 2.02 | 2.70 | |
| 60 | 1.30 | 1.67 | 2.00 | 2.66 | |
| 80 | 1.29 | 1.66 | 1.99 | 2.64 | |
| 100 | 1.29 | 1.66 | 1.98 | 2.63 | |
| 1000 | 1.28 | 1.65 | 1.96 | 2.58 | |
| ∞ | 1.28 | 1.64 | 1.96 | 2.58 | |

（一）t 分布

t 分布主要用于解决总体标准差未知情况下的小样本问题，故 t 分布堪称现代小样本统计理论的开端。t 分布是一种连续型分布。

t 分布与正态分布的密度函数图有很多相似之处，主要表现在：

(1) t 分布和正态分布基线上的取值 t 值（或 Z 值）都是在 $-\infty \sim +\infty$；

(2) 以平均数 0 为中心，左侧 t 值（或 Z 值）为负，右侧 t 值（或 Z 值）为正；

(3) 曲线以平均数处为最高点向两侧逐渐下降，尾部无限延伸，永不与基线相接，呈单峰对称形。

两者的区别之处在于：t 分布形态随自由度 $df$ 的变化呈一簇分布形态，不同自由度的 t 分布形态不同。当 $n<30$ 时，t 分布的分散程度比标准正态分布大，密度函数曲线比较平缓；随着自由度的逐渐增大，t 分布逐渐接近标准正态分布；当 $n \geqslant 30$ 时，t 分布的密度函数曲线与标准正态分布的密度函数曲线几乎重合，故当 n 无限大时，正态分布是 t 分布的极限形式。

查 t 分布表时，不仅要注意 t 值和 p 值，还要注意自由度。

在总体方差未知的情况下，我们无法直接描述样本平均数的抽样分布。但是，根据样本的观察值，可以计算样本的方差或总体方差的无偏估计量。因此，可以用 t 来代替。但是一经代替，样本平均数的抽样分布形态就不是原来的正态分布了，而是服从 t 分布。

（二）自由度

自由度是指总体参数估计量中变量值独立自由变化的个数。为了与样本容量 n 相区别，一般将自由度记为 $df$。自由度（$df$），起源与标准差有关，标准差又依赖于离均差（也就是 $X-M$ 的值）。假设我们有 5 个原始数据（X），即 1，

3，5，7，9，$\sum X = 25$，$M=5$。离均差的总和是 0，也就是 $\sum (X-M)=0$，因为 $(1-5)+(3-5)+(5-5)+(7-5)+(9-5)=0$。知道了这点，如果我们给出了除去一个值之外的所有值，我们就能很容易地算出这个缺少的值。换句话说，这个组的一个数是不能随便变化的，因此 $df=1$。于是，5 个数据，我们就有剩余的 4 $df$。在这种情况下，两个独立样本的 $t$ 检验，每个组少一个自由度，因此 $df = n_1 + n_2 - 2$。

研究表 15-6 可知，对于任何水平的 $p$ 值，$t$ 值要求达到的水平随自由度的增加而越来越小。另外，对于任意的 $df$，一个较高的 $t$ 值有较极端的（较小的）$p$ 值。一个考虑 $t$ 的方法是，如果虚无假设是真的（也就是如果总体平均数没有差别），$t$ 值最有可能是 0。然而，即使总体平均数的差别真的是 0，我们也经常发现 $t$ 值不为 0。例如，假设影响的方向是可预测的，在这种情况下，我们可能会用单侧的 $p$ 值。若 $df=8$，有大约 10% 的概率得到 $t$ 值为 1.40 或更大（也就是单侧 $p=0.10$），或者有 5% 的概率得到 $t$ 为 1.86 或更大（单侧 $p=0.05$），或者有 0.5% 的概率得到 $t$ 为 3.36 或更大（单侧 $p=0.005$）。我们现在准备查找双 $t$，我们将假定影响的方向是可预测的。这些行显示自由度，因为我们每一个组排除 $df=1$，对于两组结果自由度会是 4（也就是 $df=3+3-2=4$）。我们放一个数字在标有 $df=4$ 的那一行，顺着那横行读直到找到一个与已知的 $t$ 值相等或更大的值。我们看到 $t=3.06$ 比单侧 $p=0.025$ 的值（2.776）大，但比单侧 $p=0.01$ 的值（3.747）小。因此，单侧 $p$，$t=3.06$ 比 0.025（也就是 $p<0.025$，单侧）小，但比 0.01 大（也就是，$p>0.01$，单侧）。我们下一步看到 $t=1.02$ 比单侧 $p=0.25$ 的值（0.741）大，但比单侧 $p=0.10$ 的值（1.533）小。换句话说，$df=4$，单侧 $p$，$t=1.02$ 是小于 0.25 但大于 0.10。

$t$ 值在每一纵列随着自由度的增加变得越来越稳定。原因是 $t$ 分布随着样本容量的增加逐渐接近正态分布。当 $df=30$，$t$ 分布已相当接近正态分布，当 $df=\infty$（无穷），$t$ 分布的值同正态分布的值相等。当你要做一个元分析时，这方面的知识迟早要用到，在 $df=\infty$ 那行查找 $Z$ 分数的 $p$ 值。

我们必须自己决定是否将任意给出的 $t$ 值看作是几乎铁定的偶发事件，从而使我们怀疑虚无假设是真的。当然，我们不能简单决定，例如，"$p<0.20$ 是一个可以理解的风险"，然后期望教师、批评家、编辑将必然承认这个决定。如果我们遵守 NHST，这暗示 0.05 显著水平将作为一个评价的区分点，我们将会得出一个结论：A 结果是"统计显著"，而 B 结果是"在 $\alpha=0.05$ 统计不显著"。接下来，我们要学习利用 $t$ 检验来计算效应值、置信区

间和 BESD。

（三）保留小数位

当你用计算机计算时，保留几位小数位，不要忽略中间计算数据的位数，因为忽略中间计算数据会导致不准确的结果。假如你是一个工程师，试图弄清楚到达火星的人乘火箭需携带多少燃料，不准确的估算可能使宇航员无法完成任务。那么你对报告 $p$ 值的多少个位数弄不清楚时该怎么办呢？许多统计学家报告确切的 $p$ 值，因为它携带了比"差异显著"或"5％水平无显著差异"更多的含义。他们将对在 $p=0.05$ 水平上支持真实效应而在 $p=0.06$ 水平上支持零效应争论不朽，这是一件荒谬的事情。你可以用科学计数法代替列出一连串的 0，这是用来表示较小 $p$ 值的好方法。例如，你不用 $p=0.000\,000\,25$ 来报告，而用 $2.5\times10^{-7}$，$-7$ 表示我们在 2.5 的左边查 7 个位数是小数位。

## 第三节　$t$ 检验计算效应值

我们知道，仅仅得到一个 $p$ 值对解释研究结果来说并不能概括数据的所有信息。比如，仅有 $p$ 值，我们是无法看出实验处理的效应值的。我们想知道效应值，这样就可以知道实际显著性大小（用 BESD 方法），而且在需要时我们可以进行高效的后续研究。一般的统计学都会告诉我们，统计检验的效力取决于：①得出一个十分可靠的结论要冒的风险水平；②研究规模的大小，如抽样大小；③效应值。因此，如果我们知道自己想要取得的 $p$ 值大小及效应的实际大小，我们可以很容易地计算出达到所需的统计效力需要抽取的样本大小。

### 一、简介

效应值的分析方法，是对某一特定题目的大量研究论文的研究结果进行量化、归纳和综合，从而得出一般的普遍化结论的过程。它是 Glass（美）1977 年推荐的一种分析方法，Glass 把它叫作 Meta 分析（meta-analysis），这种方法在心理科学研究中是一种十分有用的研究工具。

### 二、效应值的概念

Meta 分析的基本做法是将每一个个别研究结果换成被称为效应值的数据。效应值（effect size，ES）定义为，实验组的均值 $M_E$ 和对照组的均值 $M_C$ 之差除

以对照组的标准差 $S_C$，即

$$\mathrm{ES} = \frac{M_E - M_C}{S_C} \tag{15-12}$$

这个定义把个别研究结果转换成以标准差为单位来衡量，其好处是便于对研究结果进行定量化解释。比如，效应值 0.67 可以解释为，平均说来，实验组的一般被试在相关量度方面的得分高于对照组的一般被试 2/3 个标准差。

为了使正的效应值总是表示正处理效应，对于测量值越大其成绩越好的数据，采用式（15-12），对于那些测量值越小其成绩越好的数据，则效应值的计算应为对照组的平均值减去实验组的平均值再除以对照组的标准差 $S_C$，即式（15-12）变为下列形式：

$$\mathrm{ES} = \frac{M_C - M_E}{S_C} \tag{15-13}$$

关于效应值 ES 计算的两点说明如下。

（1）一般情况下，在发表的文章中不给出样本数据的均值和标准差，这时，效应值可由诸如 $t$ 检验和 $F$ 检验等统计检验的统计量的值来计算，比如：

$$t \text{ 检验：} \mathrm{ES} = \sqrt{\frac{1}{N_E} + \frac{1}{N_C}} \tag{15-14}$$

$$F \text{ 检验：} \mathrm{ES} = 2\sqrt{\frac{F}{N_E + N_C}} \tag{15-15}$$

式中，$N_E$ 和 $N_C$ 分别表示实验组和对照组的样本容量。

（2）在大多数情况下，在利用式（15-12）计算效应值时，不采用对照组的标准差，而选用合并标准差 $S_P$，即

$$S_P = \sqrt{\frac{(N_E - 1)S_E^2 + (N_C - 1)S_C^2}{N_E + N_C - 2}} \tag{15-16}$$

特别是对于像年龄或性别这类不存在明显控制条件的分类变量，在比较两组的效应值时，选用合并标准差最为适宜。

### 三、效应值的统计分析方法

我们考察的是有关某特定问题的一组研究结果，因此，一旦每个效应值从相应的研究数据中产生，就能对其作进一步统计分析。比如，可以对效应值求平均值，以便确定整个的处理效应，也可以采用像方差分析或回归分析这样的参数统计方法来分析效应值数据，等等。

### 四、效应值估计量的分布

单个效应值，可视为在某一实验中，估计总体中可能存在的处理效应的一

个样本统计量，单个效应值的方差可由下式计算：

$$\mathrm{Var}(\mathrm{ES}_i) = \frac{N_\mathrm{E}+N_\mathrm{C}}{N_\mathrm{E} \cdot N_\mathrm{C}} + \frac{(\mathrm{ES}_i)^2}{2(N_\mathrm{E}+N_\mathrm{C})} \tag{15-17}$$

式中，$\mathrm{ES}_i$＝第 $i$ 个效应值。由式 15-17 可以看出，基于大样本的效应值的变异性比基于小样本的效应值的变异性要小，因此，以大样本为基础的效应值是处理效应总体参数更精确的估计，在小样本中，效应值是偏估的。

### 五、齐性检验

在我们所研究的问题中，为了确定是否所有的效应值都是同一总体处理效应的适当估计量，就要进行齐性检验，即检验假设

$$H_0: \mathrm{ES}_1 = \mathrm{ES}_2 = \cdots = \mathrm{ES}_n$$

如果接受 $H_0$，说明所有的 $\mathrm{ES}_i$ 都来自同一处理总体，因而所有可能的分组都不存在组间差异。

齐性检验所用统计量 $H$ 的构造为每个效应值相对于总加权均值的离差加权平方和，即

$$H = \sum_{i=1}^{n} \left( \frac{\mathrm{ES}_i - \overline{\mathrm{ES}}}{\sqrt{V_{\mathrm{ar}}(\mathrm{ES}_i)}} \right)^2 \tag{15-18}$$

式中，$n$ 为效应值个数，$\overline{\mathrm{ES}}$ 为 $n$ 个效应值的加权平均值。可以证明，在虚无假设 $H_0$ 下，$H$ 服从自由度为 $n-1$ 的 $\chi^2$ 分布，当接受 $H_0$ 时，表示所有 $n$ 个处理有相同的量度，这时，可使用具有置信区间的加权平均效应值来做解释；反之，若拒绝 $H_0$，则效应值不是齐性的，不能表示所有处理效果有相同的量度。这时，对效应值的解释还有待进一步分析，一般有两种方法可供选择。

一种方法类似于方差分析，把 $H$ 统计量分解为效应值的组间平方和 $H_\mathrm{B}$ 及组内平方和 $H_\mathrm{W}$。对 $H_\mathrm{B}$ 进行 $n-1$ 个自由度的 $\chi^2$ 检验，判断组间效应值是否齐性；对 $H_\mathrm{W}$ 进行自由度为 $n-k-1$ 的 $\chi^2$ 检验（$n$＝效应值个数；$k$＝组数），判断组内效应值是否齐性。

另一种方法是用加权回归来拟合效应值数据，每一个效应值仍然由它的方差倒数来加权。此时，总回归平方和可分解成回归平方和 $U$ 和误差平方和 $Q$。对 $U$ 可进行自由度为 $p$（$p$ 为自变量的个数）的 $\chi^2$ 检验，以判断回归的显著性；对 $Q$ 可进行自由度为 $n-p-1$ 的 $\chi^2$ 检验，即模型特性检验。若 $Q$ 检验不显著，说明效应值与回归模型没有偏差；反之，则说明至少一个以上的效应值偏离回归线。产生这种现象，可能有两个原因：其一，很可能还存在着其他可以加入模型的特性（或自变量，未包含在模型中的其他研究结果）；其二，模型中可能

存在奇异点，此时，可用回归诊断技术判别奇异点。

效应值还可以告诉我们一些与 $p$ 值十分不同的东西。统计显著的结果并不一定是用效应值所判定的实际显著性。因此，高显著性的 $p$ 值并不能解释为自动反映了实际效应的大小。这方面比较典型的例子是在医药方面，很多研究虽然公布说确实达到了显著性水平，但实际效应却很小。另外，如果我们没有强效力的检验，一些很重要的微弱效应因检验没有达到统计显著性就会被忽视掉（如Ⅱ型错误）。如果是理论上感兴趣的效应值，研究者可以在决定"什么都没发生"之前用大样本继续进行调查（如虚无假设是真的）。

可以用统计软件很容易地用 $t$ 值计算出效应值 $r_{effect}$。重申一下，我们用 $r_{effect}$ 作为效应值的指标是因为它可以用前面章节中 BESD 的公式来解释。先前我们也注意到在一些公开论文中提到其他关于效应值的指标，如果你想要把它们转换为 $r_{effect}$，可以在别处找到换算公式。

在包含一个连续变量的两个独立样本 $t$ 检验中，效应值相关系数相当于前面所涉及的点二列相关系数。具体阐述如下，你对特定组或条件赋值，如设实验组是 1，控制组是 0，然后标准化这些分数和因变量的分数，求两者的相关。用下面的公式可以得到同样的结果：

$$r_{effect}=\sqrt{\frac{t^2}{t^2+df}} \tag{15-19}$$

配对或单样本 $t$ 检验中，效应值 $r_{effect}$ 的统计学含义更复杂，不过我们仍然可以通过上面的简单公式轻易地计算出来。

当显著性检验是 $t$ 检验时，相应的效应值可以简单地计算，如式（15-19）。在表 15-5 的 A 结果中，$t=3.06$，$df=n_1+n_2-2=4$，我们得出 $r_{effect}$ 值很大，效应十分显著。

$$r_{effect}=\sqrt{\frac{3.06^2}{3.06^2+4}}=0.84$$

在 B 结果中，$t=1.02$，$df=4$，尽管按照传统的 5% 水平计算不能得出显著性，但是 $r_{effect}$ 能显示出实际的效应大小。

## 第四节 用 $t$ 检验计算置信区间

置信区间又称估计区间，是用来估计参数的取值范围的，常见的是在 52%～64%。置信区间的两端被称为置信极限，对一个给定情形的估计来说，置信水平越高，所对应的置信区间就会越大。

## 一、什么是置信区间

置信区间是一个统计学词汇，是对于具有特定的发生概率的随机变量，其特定的价值区间。在统计学中，一个概率样本的置信区间是对这个样本的某个总体参数的区间估计。置信区间展现的是这个参数的真实值有一定概率落在测量结果的周围的程度，给出的是被测量参数的测量值的可信程度，即前面所要求的"一定概率"，这个概率被称为置信水平。置信水平一般用百分比表示，置信水平0.95上的置信空间也可以表达为：95%置信区间。例如，如果在一次投票选举中某人的支持率为55%，而置信水平0.95上的置信区间是（50%，60%），那么他的真实支持率有95%的概率落在50%和60%之间，因此他的真实支持率不足一半的可能性小于5%。

## 二、计算效应值的置信区间

按照前面的章节讲过的四个步骤可以计算出效应值的置信区间。在95%置信水平和$r_{effect}=0.84$的条件下，第一步找出相应的费舍尔标准分$Z_r$，等于1.21。第二步，我们把$N=6$代入下面的公式

$$\left(\frac{1}{\sqrt{N-3}}\right)\times 1.96 = 1.1316$$

在这里，1.96代表95%的置信水平，当然我们可选择任何我们想要的置信水平（如前面的章节所述）。第三步，我们从1.21中减去在第二步中得到的值，得到$Z_r$的下限，用1.1316加上1.21得到$Z_r$的上限。最后一步，把上下限重新转化为$r_s$，基于转换结果我们可以95%地确信总数中$r$效应值在0.09和0.98之间。在第十四章中我们也讲过，如果用更大的$N$或更低的置信水平（如用90%而不是95%），区间不会这么大。

在其他因素不变的情况下，样本量越多（大），置信区间越窄（小）。

置信水平对置信区间的影响：在样本量相同的情况下，置信水平越高，置信区间越宽。

## 三、根据BESD的上下限取得效应值

运用前面讲过的BESD，可以通过计算出BESD的上下限来取得效应值，表15-7给出了BESD的值，使我们清楚地知道所求效应实际可能的显著性（因为它的值在置信区间内）。我们已弄清楚在95%的置信区间的两个端点上服用维生素的效应十分显著。

表 15-7　表 15-5 中 A 结果的 BESD

| | BESD 的下限（95%的置信区间） | |
|---|---|---|
| | 提高的 | 无提高 |
| 维生素组 | 54.5 | 45.5 |
| 控制组 | 45.5 | 54.5 |
| | 取得效应值的 BESD | |
| | 提高的 | 无提高 |
| 维生素组 | 92 | 8 |
| 控制组 | 8 | 92 |
| | BESD 的上限（95%的置信区间） | |
| | 提高的 | 无提高 |
| 维生素组 | 99 | 1 |
| 控制组 | 1 | 99 |

# 第五节　最优化 t 检验

## 一、影响 t 值的两个因素

像其他显著性检验（如 F 检验和 $\chi^2$ 检验），t 值的大小与两个因素有关，一个是需要处理的效应值的大小，另一是研究的规模（如抽样的数目大小）。用下面的概念方程可以同时表现两者的作用：

显著性检验＝效应值×研究规模

它表明 t 由效应值和研究规模共同求得。也就是说，效应值越大或所用的样本量越大，t 值就越大。这个方程给了我们一个在特定条件下能够最优化（或最大化）t 检验的特定方法（如增强 t 检验的效力）。

举例来说，下面是另外一个公式的 t 值在数学意义上可以分解为效应值和研究规模两部分：

$$t = \left(\frac{M_1 - M_2}{S}\right)\left(\frac{n_1 n_2}{n_1 + n_2}\right) \tag{15-20}$$

式中，效应值被规定为 $(M_1 - M_2)/S$。这种界定效应值的不同方法被称为 Hedge 系数，不要把它视为皮尔逊相关系数 r，它是类似于标准分之类的术语。

皮尔逊相关系数，又称皮尔逊积矩相关系数，是对两个定距变量（如年龄和身高）的关系强度的测量，简称 r。这一测量也可用作对显著性的一种检验，其方法是检验相关性：虚无假设是总体中的 r 值为 0，若样本 r 实际上不等于 0，则虚无假设被否定，从而我们可以满意地看到，这两个变量不是无关的，在统计显著性水平上它们是有关的。例如，若我们有一个较大的样本，并发现一个高的样本值 $r$（如 0.9），那么我们不妨否定这一假设：这个样本是来自一个其真正的 $r$ 值为 0 的总体，因为假如真正的总体 $r$ 值是 0，我们就不可能单纯碰巧取得一个 $r$ 值这样高的样本。$r$ 的变化从 $-1$（全负关系），通过 0（无关系或无关性），到 $+1$（全正关系）。从直线关系和曲线关系之间的关系来说，$r$ 是对直线关系的一种测量。对 $r$ 有个主要的解释，即 $r$ 测量围绕回归线散布的程度，也就是说，它告诉我们，我们用回归线可预测的准确程度有多大。

## 二、最优化 $t$ 检验的途径

这种表示和解释效应值的有效方法在其他的地方也有详细的讨论。

然而，我们提到上面的方程不是为了详细描述效应值的计算方法，而是给出三种如何最优化 $t$ 检验的途径：①加大平均数差异；②减少组内变异；③增大研究的效应值。

首先，我们可能运用较强的处理来增大实验组和控制组平均数的差异。例如，如果我们的假设是较长时间的处理时距比较短时间的处理时距更有利，那么我们用处理 45 分钟的实验组与控制组作显著性比较比用仅处理 15 分钟的实验组与控制组作显著性比较更合适。这种策略应该增大效应值的分子 ($M_1-M_2$)。

其次，用减少组内变异的方法，我们减小了效应值的分母部分 $S$，从而增强了 $t$ 检验的效力。这就是 A 结果所发生的，它的组内变异比 B 结果要小得多。减少组内变异的两种方法是：①标准化研究程序使反应一致；②要求所抽的样本的那些与因变量有实质性相关的特质相对同质。

最后，如前面的章节所示，我们也可以通过增大研究规模来提高 $t$ 的效力。也就是说我们只用增加总数 $N$（如被试的总数）。增加这个成分的另一种方法是让两个组的被试数尽可能相等（如使 $n_1=n_2$）。原因是对于任何特定的总数，样本数差别不大，$t$ 值增大。

# 第十六章　统计检验：多组均数的比较

$\chi^2$ 分布、$t$ 分布和 $F$ 分布是概率分布中三个重要的分布，也是推论统计的重要依据。在区间估计、假设检验、方差分析、回归分析等估计和判断中，经常需要利用这几个分布来构造小概率事件，以便对问题做出统计推断。第十五章已对 $t$ 分布做了介绍，本章将继续介绍 $F$ 分布，以及 $F$ 分布的应用。

## 第一节　$F$ 检验概述

$F$ 检验是假设检验的方式之一，它主要是用服从 $F$ 分布的统计值来检验两个正态总体方差的一致性。$F$ 分布是统计分析中常用的一种样本分布。

### 一、$F$ 分布的概念

假设有两个正态分布的总体，其方差分别为 $\sigma_1^2$ 和 $\sigma_2^2$，若从这两个总体中分别随机抽取两个样本，样本容量分别为 $n_1$ 和 $n_2$，可以计算出两个样本方差的比值：$S_1^2/S_2^2$，用 $F$ 来表示，即 $F$ 比率。像这样无数次抽样后就会有无数个 $F$ 值，英国统计学家费舍尔发现它们的分布情况是在数值1的附近波动，但并不会以1为中数而左右对称，且其分布的形状会随着两个样本容量的情况而变化，费舍尔将这个抽样分布命名为 $F$ 分布，它是随着分子自由度 $df_1 = n_1 - 1$ 和分母自由度 $df_2 = n_2 - 1$ 的变化而变化的一组分布。

$F$ 分布曲线如图 16-1 所示。

图 16-1　F 分布密度曲线图

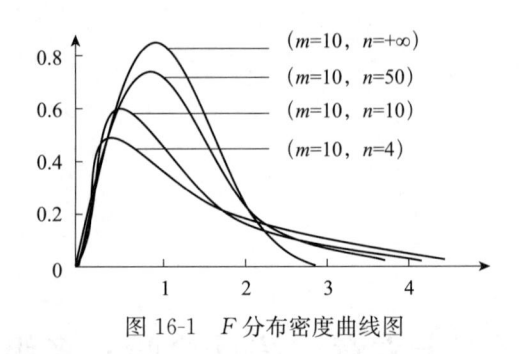

## 二、F 分布的特点

（1）F 分布是正偏态分布，它的分布曲线随分子、分母的自由度不同而不同，随 $df_1$ 和 $df_2$ 的增加而渐趋正态分布。

（2）F 只能为正值，因为 F 值为两个样本方差的比率。

（3）当分子的自由度为 1，分母的自由度为任意值时，F 值与分母自由度相同概率的 t 值（双侧概率）的平方相等。

## 三、F 分布表

F 分布表是根据 F 分布函数计算得来的。许多统计学书的附录中有单侧检验和双侧检验时所需要查的 F 分布表，我们可以找一本作为参考[①]。我们首先介绍一下单侧 F 分布表的使用方法。表中最左侧一列为分母的自由度，30 以内每个数值都给出，30 以后取部分数值给出。表中左侧第二列为 α 概率，即 0.05 和 0.01，指 F 分布曲线下 F 值的概率。表中最上方两行为分子的自由度，给出部分数值的分子自由度。表中其他各行各列的数值为 $\alpha=0.05$ 与 $\alpha=0.01$ 时所对应的不同分子、分母自由度 F 分布的值。例如，当 $df_1=6, df_2=8$（$df_1$ 为分子自由度，$df_2$ 为分母自由度）时，查 F 分布表对应的分子、分母自由度得到两个数字 3.58（$\alpha=0.05$）和 6.37（$\alpha=0.01$），意思是从一个正态总体中随机抽取的两个样本的方差的比值 F，只有 5% 的 F 值可能比 3.58 大，只有 1% 的 F 值可能比 6.37 大。我们用符号 $F_{\alpha(6,8)}$ 来表示 F 值，α 表示显著性水平，括号中的 6 和 8 为分子的自由度与分母的自由度。

单侧检验中的临界值只有一个，双侧检验中有两个临界值，就用 $F_{\alpha/2(6,8)}$ 来表示。附表中只列出各个不同自由度下的 $F_{\alpha/2}$ 值，根据 F 分布理论，左侧临

---

[①] 张厚粲，徐建平. 2009. 现代心理与教育统计学. 北京：北京师范大学出版社：449-506.

界值应为右侧临界值的倒数,所以求右侧临界值的倒数就可得另一边的临界值。例如,当 $df_1=6$, $df_2=8$ 时查双侧 $F$ 分布表得到 $F_{0.05/2(6,8)}=4.65$,那么 $1/F_{0.05/2(6,8)}=0.215$,表明从一个正态总体中随机抽取两个样本,其样本方差的比值 $F$ 有 5% 的可能性大于 4.65 或小于 0.215。双侧 $F$ 分布的情况如图 16-2 所示。

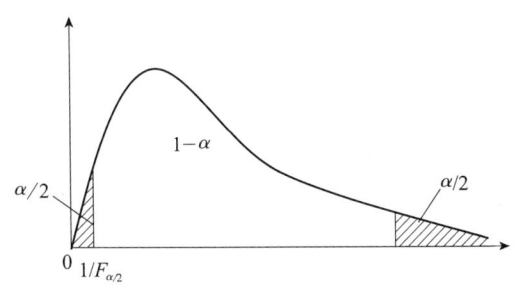

图 16-2  双侧 $F$ 分布示意图

## 第二节  方差分析中的 $F$ 检验

方差分析又称变异数分析(analysis of variance,ANOVA),也是由英国统计学家费舍尔发展而来的。与 $t$ 检验不同的是,方差分析的优势在于它能在一个实验中同时检验多种情况之间的差异。

### 一、方差的可分解性

分析实验数据中不同来源的变异对总变异的贡献大小是方差分析的主要作用,以此验证实验中的自变量是否对因变量有重要影响。方差分析可以提供每一个实验条件下的平均结果,并且计算在不同实验条件下的平均变异,甚至可以计算更多形式的变异。因此,其依据的基本原理就是方差的可分解性。方差是数据离均差平方和后的平均数,其中离均差平方和反映了数据之间的变异情况,因此方差的可分解性就是将总平方和分解为几个不同来源的平方和。例如,我们想研究不同讲授方法对英语单词记忆的影响作用。讲授方法是自变量,分为三个水平:无讲授、联想法、词根法。因变量是记忆英语单词时产生的错误频数。随机抽取 12 名被试,再随机把他们分到三个实验组。英语单词对于被试都是陌生的,30 分钟内被试将通过不同的讲授方法来学习 30 个单词,即不讲授而自行学习记忆,通过词义联想法和通过词根记忆法。测验完毕后,计算每位被试的错误频数。我们通过这个具体的例子来看看数据的变异是如何进行分解的，如表 16-1 所示。

表 16-1　方差分析数据示例

|  | 讲授方法 |  |  | $k=3$ |
|---|---|---|---|---|
|  | 无讲授 | 联想法 | 词根法 |  |
| $n=4$ | $X_{11}=16$ | $X_{12}=4$ | $X_{13}=1$ |  |
|  | $X_{21}=14$ | $X_{22}=5$ | $X_{23}=2$ |  |
|  | $X_{31}=12$ | $X_{32}=5$ | $X_{33}=2$ |  |
|  | $X_{41}=10$ | $X_{42}=5$ | $X_{43}=3$ |  |
|  | $\overline{X}_1=13$ | $\overline{X}_2=5$ | $\overline{X}_3=2$ | $\overline{X}_t=6.67$ |

在表 16-1 中，$k=3$ 表示三种实验条件，$n=4$ 表示每种实验条件中有 4 个被试，用 $i$ 表示组内第几个被试，$j$ 表示组数，$X_{ij}$ 表示一个特定处理条件内的一个观测值，$\overline{X}_j$ 表示某组的平均数，$\overline{X}_t$ 表示总平均数。表中数据表明，三组平均数 $\overline{X}_1$、$\overline{X}_2$、$\overline{X}_3$ 与总体平均数 $\overline{X}_t$ 之间存在着差异，每组内的每个分数 $X_{ij}$ 与该组平均数 $\overline{X}_j$ 之间也存在着差异，用 $\overline{X}_j - \overline{X}_t$ 表示每组的处理效应，用 $X_{ij} - \overline{X}_j$ 表示随机误差效应。因此，每一数据与总平均数的差异等于它与本组平均数的差异加上小组平均数与总平均数的差异，即

$$X_{ij} - \overline{X}_t = (X_{ij} - \overline{X}_j) + (\overline{X}_j - \overline{X}_t)$$

我们求出每个分数与总平均数的离差平方和，即

$$\sum_{j=1}^{k}\sum_{i=1}^{n}(X_{ij}-\overline{X}_t)^2$$

式中，$\sum_{j=1}^{k}$ 表示从第 1 组到第 $k$ 组之和，$\sum_{i=1}^{n}$ 表示各组的数据从 1 到 $n$ 的和。

离差平方和反映了数据之间的变异程度，因此公式 $\sum_{j=1}^{k}\sum_{i=1}^{n}(X_{ij}-\overline{X}_t)^2$ 反映出全部数据的变异情况，称为总平方和，用 $SS_t$ 来表示，t 表示全部的意思。这时候，公式转化为

$$\sum_{j=1}^{k}\sum_{i=1}^{n}(X_{ij}-\overline{X}_t)^2 = \sum_{j=1}^{k}\sum_{i=1}^{n}[(X_{ij}-\overline{X}_j)+(\overline{X}_j-\overline{X}_t)]^2 \quad (16\text{-}1)$$

随后推出：

$$\sum_{j=1}^{k}\sum_{i=1}^{n}(X_{ij}-\overline{X}_t)^2 = \sum_{j=1}^{k}\sum_{i=1}^{n}(X_{ij}-\overline{X}_j)^2 + \sum_{j=1}^{k}(\overline{X}_j-\overline{X}_t)^2 \quad (16\text{-}2)$$

式中，$\sum_{j=1}^{k}\sum_{i=1}^{n}(X_{ij}-\overline{X}_j)^2$ 反映的是每组内被试与组平均数的离差平方和，称为组内平方和，用 $SS_W$ 表示，W 表示组内的意思；$\sum_{j=1}^{k}(\overline{X}_j-\overline{X}_t)^2$ 反映的是每个组

的平均数与总平均数的离差平方和,称为组间平方和,用 $SS_B$ 来表示,B 表示组间的意思。

因此,公式可简写成:
$$SS_t = SS_W + SS_B \tag{16-3}$$

$$SS_t = \sum_{j=1}^{k} \sum_{i=1}^{n} (X_{ij} - \overline{X}_t)^2$$

$$SS_W = \sum_{j=1}^{k} \sum_{i=1}^{n} (X_{ij} - \overline{X}_j)^2$$

$$SS_B = \sum_{j=1}^{k} (\overline{X}_j - \overline{X}_t)^2$$

从公式可以看出总变异可分解为两个部分,即组内变异和组间变异。计算总变异的时候不需要考虑被试是被分配在哪个处理组,要把所有被试的数据作为一个组。组内变异表示由随机误差导致的被试差异,以及其他一些不能被实验者所控制的因素所导致的差异,我们统称为实验误差。这里我们假定实验误差是随机分配的,所得的单个数据可能高于或低于组平均数,但是从长远来看,实验误差的平均数应为 0,它不会对总体平均数产生任何影响。组间变异主要指由不同的实验处理方式造成的各组之间的变异,也就是自变量不同水平对数据产生的影响,可以用组平均数之间的差异来表示,所以组间平均数的差异越大,组间变异也就越大。由于组平均数是由该组各个数据求得,所以组间变异有两个来源:误差变异和处理变异。误差变异由组内变异估计得来,代表着未控制事件产生的个体分数之间的差异;处理变异则是自变量不同水平的效应。

## 二、方差分析的基本假设

以因变量有三个水平的方差分析为例,虚无假设认为三个样本对应的总体的均值是相等的,用公式符号表示为

$$H_0: \mu_1 = \mu_2 = \mu_3$$

因此可见,当虚无假设成立时,处理间的变异为 0,则 $F$ 统计量的值为 1。而备择假设就复杂多了。如果发现了处理效应,其可能是由于三个水平之间有显著差异,也可能只是来源于两两组合中的一个或两个,用公式符号表示可能有多种情况:

$$H_1: \mu_1 \neq \mu_2 = \mu_3; \; \mu_1 = \mu_2 \neq \mu_3; \; \mu_2 \neq \mu_1 = \mu_3; \; \mu_1 \neq \mu_2 \neq \mu_3$$

## 三、$F$ 值与 $t$ 值的比较

如果我们使用方差分析来比较两个组平均数的差异,那么所得的结果与 $t$ 检

验结果是相同的。当组数 $k=2$ 时，即 $df=1$ 时，$t^2=F$。也就是说，如果想比较两个平均数的差异，可以使用方差分析或者是无方向性的 $t$ 检验，其统计结论是相同的。$t$ 的效果大小是以

$$r_{\text{effect}} = \sqrt{\frac{t^2}{t^2+df}} \tag{16-4}$$

计算的。

这就必然当仅有两组进行比较时，$F$ 的有效大小能够以

$$r_{\text{effect}} = \sqrt{\frac{F}{F+df}} \tag{16-5}$$

来计算。

在这里，$df$ 指条件内的自由度，它的获得取决于每一组（或条件）内的自由度之和。但即使当 $k=2$，$df=1$ 时，$F$ 检验与 $t$ 检验还是存在一定差别的。$t$ 检验是比较两个样本平均数差异的基本方法，它能够对平均数进行无方向性及方向性的比较，而 $F$ 检验只能对平均数进行无方向性的比较，其虚无假设只能为 $H_0$：$\mu_1=\mu_2$。两种检验所依据的抽样分布不同：$t$ 检验使用的是 $t$ 分布，是根据平均数差异的分布而产生的，因而不仅有正值，也有负值，呈现出对称的分布形状；而 $F$ 检验使用的是 $F$ 分布，$F$ 分布是方差比率的抽样分布，其值只有正值，因此 $F$ 分布是正偏态的分布。

每当有两组进行比较时，$t$ 检验才是有用的。$F$ 检验一般经常应用于比较两组或两组以上设计的显著性检验。

### 四、方差分析的基本步骤

下面我们用表 16-1 中的数据演示一下方差分析的基本步骤。

（一）求平方和

我们直接用原始数据的计算公式。

总平方和：

$$SS_t = \sum\sum X_{ij}^2 - \frac{(\sum\sum X_{ij})^2}{\sum n_j}$$

组间平方和：

$$SS_B = \sum \frac{(\sum X_{ij})^2}{n_j} - \frac{(\sum\sum X_{ij})^2}{\sum n_j}$$

组内平方和：

$$SS_W = \sum\sum X_{ij}^2 - \sum \frac{(\sum X_{ij})^2}{n_j}$$

因为 $SS_t = SS_W + SS_B$，所以只需计算其中的两个就可以直接得到第三个平方和。我们继续看表 16-1 中的例题，根据数据可计算出：$SS_t = 816 - 6400/12 = 282.67$，$SS_B = 792 - 6400/12 = 258.67$，$SS_W = SS_t - SS_B = 282.67 - 258.67 = 24$。

### （二）计算自由度

方差无偏估计公式中的分母也称为自由度。由于需要估计的有组间方差和组内方差，所以需要两个自由度。组间自由度为实验条件的数目减去 1，组内自由度为所有条件间的自由度的和，即

组间自由度：
$$df_B = k - 1$$

组内自由度：
$$df_W = \sum(n_j - 1) \text{ 或 } df_W = N - k$$

在这里，$n_j$ 表示第 $j$ 组的组内被试数；$N$ 是测量或者样本单元的总数。

在表 16-1 中，$df_B = 2$，$df_W = 3 + 3 + 3 = 9$ 或 $df_W = 12 - 3 = 9$

这样我们也可以计算出总自由度：$df_t = N - 1$ 或 $df_t = df_B + df_W$

### （三）计算均方

组间均方：$MS_B = SS_B / df_B$

组内均方：$MS_W = SS_W / df_W$

表 16-1 中，$MS_B = 129.34$，$MS_W = 2.67$。

### （四）计算 F 值

$$F = MS_B / MS_W = 48.44$$

### （五）根据显著性水平 α 确定临界值

根据确定的显著性水平 α 及分子和分母自由度查 F 分布表（单侧），求出 F 分布中的临界值 $F_{\alpha(df_1, df_2)}$，其中，$df_1$ 表示分子自由度，$df_2$ 表示分母自由度。

根据表 16-1 中的数据，设定 $\alpha = 0.01$ 时，$F_{0.01(2,9)} = 8.02$。

### （六）推论

如果计算得到的 F 值大于所确定的临界值，表明 F 值出现的概率小于显著性水平，就可以拒绝虚无假设，说明不同组的平均数之间在统计上至少有一对有显著差异。假如实验控制适当，也可以提出自变量对因变量作用显著的结论。如果计算的 F 值小于临界值，就不能拒绝虚无假设，只能说不同组的平均数之间没有显著差异。

根据表 16-1 中数据的计算结果，$F > F_{0.01(2,9)}$，即 $p < 0.01$ 达到显著性水平，也就是说，总变异中三种不同的讲授方法引起的变异显著大于由误差（包括个体差异）引起的变异，因此认为三种实验处理之间差异显著。

（七）方差分析表

上面几个步骤的计算结果，可以归纳成一个方差分析表。一般实验报告中的结果部分，不需要写出统计检验的过程，只需列出方差分析表。对于不同的实验设计，方差分析表的组成要素基本一致，主要包括变异来源、平方和、自由度、均方、F 值和 p 值。因实验设计不同，变异来源也不同，相应的自由度和均方、F 值、p 值也会发生变化。

表 16-2 是根据表 16-1 的数据进行方差分析后，归纳的方差分析表。

表 16-2　方差分析表

| 变异来源 | 平方和（SS） | 自由度（$df$） | 均方（MS） | F | p |
| --- | --- | --- | --- | --- | --- |
| 组间 | 258.67 | 2 | 129.34 | 48.44 | <0.01 |
| 组内 | 24 | 9 | 2.67 | | |
| 总变异 | 282.67 | 11 | | | |

## 五、方差齐性检验

在进行方差分析时，每个实验组内部的方差之间是无显著性差异的，为了满足这一假定条件，在做方差分析前要先对每个组内方差做齐性检验。

在方差分析中，齐性检验常用哈特莱（Hartley）最大 F 比率法，具体实施步骤很简单，先找出几个组内方差中的最大值与最小值，代入公式：

$$F_{max} = S_{max}^2 / S_{min}^2 \tag{16-6}$$

查 $F_{max}$ 临界值表，算出的 $F_{max}$ 小于表中相应的临界值，就可以认为几个要比较的样本方差两两之间均无显著差异。

根据拇指原则，在样本容量大于 10 的情况下，$F_{max} = S_{max}^2 / S_{min}^2$ 的结果小于 2，则方差齐；若样本容量小于 10，$F_{max} = S_{max}^2 / S_{min}^2$ 的结果小于 4，则方差齐。

## 六、单因素方差分析

单因素方差分析也称为一维方差分析（one-way ANOVA），指方差分析中只有一个自变量，该自变量有三种以上的水平。一般来说，实验设计类型包括组间设计和组内设计两种。我们分别来看不同实验设计的方差分析。

（一）组间设计的方差分析

组间设计通常把被试分成若干个小组，每组分别接受一种实验处理，有几种实验处理，被试也就相应地被分成几组，即每个被试只接受自变量一个水平上的实验处理。由于被试是随机取样并随机分组安排到不同的实验处理中的，所以它又叫作完全随机设计。这种实验设计安排被试的一般方式如表 16-3 所示。

表 16-3　组间设计的被试安排

| 项目 | 自变量 | | | |
| --- | --- | --- | --- | --- |
| | 水平 1 | 水平 2 | … | 水平 $k$ |
| 因变量 | 被试 11 | 被试 21 | … | 被试 $k$1 |
| | 被试 12 | 被试 22 | … | 被试 $k$2 |
| | 被试 13 | 被试 23 | … | 被试 $k$3 |
| | … | … | … | … |

从理论上讲，此实验设计中，各个组别在接受实验处理前各方面都是相同的，如果实验结果中组与组之间有显著差异，就说明差异是由不同的实验处理造成的，这充分体现了完全随机设计的特点。当对此类实验设计中各组平均数进行方差分析时，统计结果显示差异显著，就表明实验处理是有效的。但是，在此类实验设计中，实验误差既包括被试个别差异引起的误差，又包括实验中的其他误差，它们是无法分离的，因而其检验效果受到一定的限制。

（二）组内设计的方差分析

当组数在 3 个或 3 个以上时，要检验各组平均数之间的差异就需要使用组内设计的方差分析，也称为重复测量方差分析（repeated-measures ANOVA）。

组内设计包括重复测量设计和随机区组设计。重复测量设计又称被试内设计，意思是一个被试完成所有条件下的实验。重复测量设计虽然有着许多优势，但在一些情况下它也可能产生一些效应，如疲劳、练习效应、系列位置效应等。这些效应会影响实验结果的准确性，因此研究者要设法消除这些影响。要去除这些影响，可以运用一些巧妙的实验设计，如拉丁方设计等。除此之外，还可以用前面章节讲过的一些措施。另一种组内设计是随机区组设计，也称为匹配组设计。如果在实验开始前研究人员就认为被试的某种特征会影响到研究结果，便可以通过某种方法去测量被试的该种特征，并根据被试的测量分数划分成若干个小组（组数根据该特征的本质而定，每个小组的人数应该是处理条件数的倍数），然后每个小组中的被试再随机分配到所有处理条件中，即每个小组都要完成所有的处理条件。例如，我们想研究四种不同的教学方法对学习成绩的影响。考虑到每个被试实验前的学习成绩不同可能对学习效果有影响，因此先让所有被试完成一个标准化学习成绩测量，然后按得分从低到高排列，从最低分数开始依次选择 4 个被试，然后随机分配到 4 种不同的教学方法处理条件，直到把所有的被试分配完毕。这样就可以保证实验前每种处理条件下被试的学习成绩是匹配的。如果每个小组中的人数只有 1 个，那么这个人就要完成所有的实验处理条件，这时就等同于重复测量设计。因此，两种设计的方差分析是相同的。

这种实验设计安排被试的一般方式如表 16-4 所示。

表 16-4　组内设计的被试安排

| 项目 | 自变量 | | | |
| --- | --- | --- | --- | --- |
| | 水平 1 | 水平 2 | ⋯ | 水平 $k$ |
| 因变量 | 被试 1 | 被试 1 | ⋯ | 被试 1 |
| | 被试 2 | 被试 2 | ⋯ | 被试 2 |
| | 被试 3 | 被试 3 | ⋯ | 被试 3 |
| | ⋯ | ⋯ | ⋯ | ⋯ |

## 七、多因素方差分析

很多心理与行为的产生与发展常常同时受到多种因素的影响，因此，要通过多因素实验设计，选取多个自变量同时考察它们对某一因变量产生的作用，这样做将会使实验研究的处理更接近实际情况，可以提高实验的生态效度。对多因素实验设计所得数据进行统计分析就要用到多因素方差分析。多因素方差分析数据来源于多因素实验设计，它是单因素方差分析的拓展。

多因素方差分析的基本原理与单因素方差分析是一样的，通过 $F$ 比率判断平均数之间的差异是来源于误差还是来源于某个处理效应。比单因素方差分析更具优势的是，多因素方差分析可同时检验一个实验中的多个自变量及其相互作用对因变量的影响。

### （一）平方和的分解

多因素方差分析中不仅考察单个自变量对因变量的影响，还要考察各个自变量之间交互作用对因变量产生的影响。因此，在两因素的完全随机设计中，总平方和可被分解为

$$SS_t = SS_A + SS_B + SS_{AB} + SS_E$$

式中，$SS_A$ 表示 A 因素的主效应，$SS_B$ 表示 B 因素的主效应，$SS_{AB}$ 表示 A 因素与 B 因素的交互效应，$SS_E$ 表示在实验中不能被 $SS_A + SS_B + SS_{AB}$ 解释的剩余变异，代表着实验中的随机误差，因此作为 $F$ 检验的误差项。

### （二）$F$ 检验

多因素方差分析中的 $F$ 检验包括主效应及交互效应的检验，见表 16-5。处理效应主要有三个来源：A 的主效应、B 的主效应、A×B 的交互效应。因此，假设有三个，如下：

虚无假设：

$H_0$：$\sigma_A^2 + \sigma_E^2 = \sigma_E^2$（表示 A 因素没有主效应）

$H_0$：$\sigma_B^2 + \sigma_E^2 = \sigma_E^2$（表示 B 因素没有主效应）

$H_0$：$\sigma_{AB}^2 + \sigma_E^2 = \sigma_E^2$（表示 A、B 因素没有交互效应）

备择假设：

$H_1$：$\sigma_A^2 + \sigma_E^2 \neq \sigma_E^2$（表示 A 因素有主效应）

$H_1$：$\sigma_B^2 + \sigma_E^2 \neq \sigma_E^2$（表示 B 因素有主效应）

$H_1$：$\sigma_{AB}^2 + \sigma_E^2 \neq \sigma_E^2$（表示 A、B 因素有交互效应）

表 16-5　方差分析表

| 效应 | $F$ 比率 | $H_0$ 为真 | $H_0$ 为假 |
| --- | --- | --- | --- |
| A | $F_A = \dfrac{MS_A}{MS_E}$ | $\sigma_A^2 = 0$<br>$F_A = \dfrac{\sigma_A^2 + \sigma_E^2}{\sigma_E^2} = 1$ | $\sigma_A^2 > 0$<br>$F_A = \dfrac{\sigma_A^2 + \sigma_E^2}{\sigma_E^2} > 1$ |
| B | $F_B = \dfrac{MS_B}{MS_E}$ | $\sigma_B^2 = 0$<br>$F_B = \dfrac{\sigma_B^2 + \sigma_E^2}{\sigma_E^2} = 1$ | $\sigma_B^2 > 0$<br>$F_B = \dfrac{\sigma_B^2 + \sigma_E^2}{\sigma_E^2} > 1$ |
| AB | $F_{AB} = \dfrac{MS_{AB}}{MS_E}$ | $\sigma_{AB}^2 = 0$<br>$F_{AB} = \dfrac{\sigma_{AB}^2 + \sigma_E^2}{\sigma_E^2} = 1$ | $\sigma_{AB}^2 > 0$<br>$F_{AB} = \dfrac{\sigma_{AB}^2 + \sigma_E^2}{\sigma_E^2} > 1$ |

# 第十七章　统计检验：相关的显著性

我们在前面曾谈到高尔顿的工作，他的一个研究项目涉及父亲的特质与其成年儿子的关系。凭着对研究方法和统计的直觉感知，高尔顿发明了一种方法来测量两变量的相关度。同时，我们已了解到研究者并非孤立地看待各个变量，而是认为它们与其他变量系统地有意义地相关联。本章我们主要讨论如何用相关过程来测量 $X$、$Y$ 两个变量之间的相关度。

## 第一节　相关系数

### 一、相关

（一）相关关系

当一个或几个相互联系的变量取一定数值时，与之相对应的另一变量的值虽然不确定，但它仍然按某种规律在一定的范围内变化。变量间的这种相互关系称为具体不确定的相关关系。例如，劳动生产率与工资水平的关系、投资额与国民收入的关系、商品流转规模与流通费用的关系等都属于相关关系。

事物总是相互联系的，它们之间的关系多种多样。分析起来，大致有三种情况：第一种是因果关系，即一种现象是另一种现象的原因，而另一种现象是结果；第二种是共变关系，即表面看起来有联系的两种事物都与第三种现象有关；第三种是相关关系，即两类现象在发展变化的方向与大小方面存在一定的联系，但不是前面两种关系。因果关系表明相关，但 $X$、$Y$ 是相关的，却不一定就有因果关系。

（二）第三变量问题

前面提到共同变量是做出因果判断的基本证据，其他必要的证据还包括时间优先权和内部效度。另外，需着重考虑的是：与 $X$、$Y$ 都相关的变量可能是引起二者的原因，这被称作第三变量问题。例如，众所周知儿童脚的尺寸与拼写能力之间有很高的正相关，那么，难道我们应该延长儿童脚的长度来提高他们的拼写能力吗？答案当然是不，因为并非由于儿童脚的长度这一变量，而是由于大脚儿童常常年龄较大，而年龄较大的儿童拼写能力较强。换句话说，第三个变量（年龄）可以说明 $X$ 与 $Y$ 的相关。

（三）相关类别

统计学中所讲的相关是指具有相关关系的不同现象之间的关联程度，前提是事物之间的这种联系不能直接做出因果关系的解释。因此，客观现象的相关关系可以按不同的标志加以区分。

（1）按相关的程度可以分为完全相关、不完全相关和不相关。当一种现象的数量变化由另一种现象的数量变化所确定时，称这两种现象间的关系为完全相关。例如，在价格不变的条件下，某种商品的销售总额与其销售量总是成正比例关系。当两种现象彼此互不影响，其数量变化各自独立时，称为不相关现象。例如，通常认为股票价格的高低与气温的高低是不相关的。两种现象之间的关系介于完全相关和不相关之间，称为不完全相关，一般的相关现象都是指这种不完全相关。

（2）按相关的方向可以分为正相关和负相关。当一种现象的数量增加（或减少），另一种现象的数量也随之增加（或减少）时，称为正相关，如消费水平随收入的增加而提高。当一种现象的数量增加（或减少），而另一种现象的数量向相反方向变动时，称为负相关，如商品流转的规模越大，流通费用水平则越低。

（3）按相关的形式可以分为线性相关和非线性相关。当两种相关现象之间的关系大致呈现为线性关系时，称之为线性相关。例如，人均消费水平与人均收入水平通常呈线性关系。如果两种相关现象之间并不表现为直线的关系，而是近似于某种曲线方程的关系，则这种相关关系称为非线性相关，如产品的平均成本与产品的总产量就是一种非线性相关。

（4）按所研究的变量多少可分为单相关、复相关和偏相关。两个变量之间的相关，称为单相关。当研究的是一个变量与两个或两个以上其他变量的相关关系时，称为复相关，如某种商品的需求与其价格水平及收入水平之间的相关关系便是一种复相关。在某一现象与多种现象相关的场合中，假定其他变量不变，专门考察其中两个变量的相关关系则称为偏相关。例如，在假定人们的收入水平不变的条件下，某种商品的需求与其价格水平的相关关系就是一种偏相关。

## 二、相关系数

### （一）相关系数的定义

单相关分析是对两个变量之间的线性相关程度进行分析。单相关分析所采用的尺度为单相关系数，简称相关系数。

总体相关系数（$\gamma$）的定义式是

$$\gamma = \frac{\text{Cov}(X,Y)}{\sqrt{\text{Var}(X)\text{Var}(Y)}} \tag{17-1}$$

式中，$\text{Cov}(X,Y)$ 为变量 $X$ 和 $Y$ 的协方差；$\text{Var}(X)$ 和 $\text{Var}(Y)$ 分别为变量 $X$ 和 $Y$ 的方差。

总体相关系数是反映两变量之间线性相关程度的一种特征值，表现为一个常数。由于实际上不可能对总体变量 $X$ 和 $Y$ 的全部数值都进行观测，所以总体相关系数一般是不知道的。通常需要从总体中随机抽取一定数量的样本，通过 $X$ 和 $Y$ 的样本观测值去估计样本相关系数。

样本相关系数（$r$）的定义式是

$$r = \frac{\sum (X-\bar{X})(Y-\bar{Y})}{\sqrt{\sum (X-\bar{X})^2 \sum (Y-\bar{Y})^2}} \tag{17-2}$$

式中，$\bar{X}$ 和 $\bar{Y}$ 分别为 $X$ 和 $Y$ 的样本平均数。

样本相关系数是根据样本观测值计算的，抽取的样本不同，其具体的数值也会有所差异。容易证明，样本相关系数是总体相关系数的一种估计量。

### （二）相关系数的特点

相关系数是两列变量间相关程度的数字表现形式，或者说是用来表示相关关系强度的指标。作为样本间相互关系程度的统计特征数，相关系数常用 $r$ 表示；作为总体参数，相关系数一般用 $\rho$ 表示，并且是就线性相关而言的。样本相关系数 $r$ 有以下特点：

（1）相关系数 $r$ 的取值范围介于 $-1.00$~$+1.00$，它是个比率，常用小数形式表示。

（2）相关系数的"$+$，$-$"（正、负号）表示双变量数列之间相关的方向，正值表示正相关，负值表示负相关。

（3）相关系数 $r=+1.00$ 时表示完全正相关，$r=-1.00$ 时表示完全负相关，这两者是完全相关。$r=0$ 时表示 $X$ 与 $Y$ 完全独立，也就是零相关，即无任何相关性。

（4）在大多数情况下，$0<|r|<1$，即 $X$ 与 $Y$ 的样本观测值之间存在着一定的线性关系。当 $r>0$ 时，$X$ 与 $Y$ 为正相关；当 $r<0$ 时，$X$ 与 $Y$ 为负相关。

（5）$r$ 是对变量之间线性相关关系的度量。$r=0$ 只是表明两个变量之间不存在线性关系，但它并不意味着两个变量之间不存在其他类型的关系。对于两者之间可能存在的非线性相关关系，需要利用其他指标去进行分析。

（三）相关系数的计算

具体计算样本相关系数时，通常利用以下公式

$$r = \frac{n\sum XY - \sum X \sum Y}{\sqrt{\left(n\sum X^2 - \left(\sum X\right)^2\right)\left(n\sum Y^2 - \left(\sum Y\right)^2\right)}} \qquad (17\text{-}3)$$

## 三、相关图

相关图又称散点图，又称点图、散布图，它是用相同大小的圆点的多少或疏密表示统计资料数量大小及变化趋势的图。在相关研究中，常用相关散点图表示两个变量之间的关系。在平面直角坐标系中，以 $X$、$Y$ 二列变量中的一列变量（如 $X$ 变量）为横坐标，以另一列变量（如 $Y$ 变量）为纵坐标，把每对数据（$X_i$，$Y_i$）当作同一个平面上的 $N$ 个点（$X_i$，$Y_i$）描绘在 $XOY$ 坐标系中，产生的图形就称为散点图或相关图。散点图通过点的散布形状和疏密程度来显示两个变量的相关趋势和相关程度，能够对原始数据间的关系做出直观而有效的预测和解释。成对观测值越多，散点图提供的信息就越准确。因此，散点图是确定变量之间是否存在相关关系及关系紧密程度的简单而又直观的方法。不同形状的散点图显示了两个变量间不同程度的相关关系。图 17-1 以散点图的形式表示了不同的相关关系及其相关值。

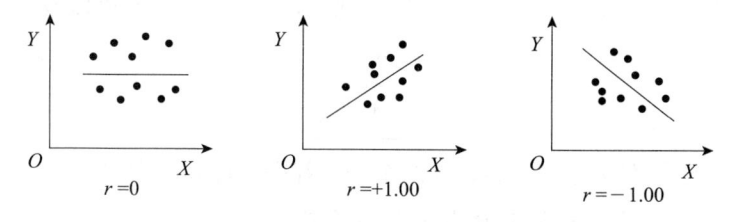

图 17-1 代表不同相关值的散点图

## 第二节 皮尔逊积差相关

### 一、皮尔逊相关的概念与适用资料

积差相关是英国统计学家皮尔逊于 20 世纪初提出的一种计算相关的方法，因而被称为皮尔逊积差相关，简称为皮尔逊相关。积差相关又称为积矩相关。通常，人们把离均差乘方之和除以 $N$ 叫作"矩"，把 $X$ 的离均差和 $Y$ 的离均差这两者积的总和除以 $N$（即 $\frac{\sum xy}{N}$），用"积矩"概念表示。皮尔逊积差相关是一种运用较为普遍的计算相关系数的方法。

一般来说，用于计算积差相关系数的数据资料，需要满足以下几个条件：

第一，要求成对的数据，即若干个体中每个个体都有两种不同的观测值；

第二，两列变量各自总体的分布都是正态，即正态双变量，至少两个变量服从的分布应是接近正态的单峰分布；

第三，两个相关的变量是连续变量，亦即两列数据都是测量数据；

第四，两列变量之间的关系应是直线性的，如果是非直线性的双列变量，则不能计算线性相关。

### 二、皮尔逊相关系数的计算

（一）运用标准差与离均差计算皮尔逊相关系数

$$r = \frac{\sum xy}{N S_X S_Y} \tag{17-4}$$

式中，$x$、$y$ 为两个变量的离均差，$x = X - \bar{X}$，$y = Y - \bar{Y}$；$N$ 为成对数据的数目；$S_X$ 为 $X$ 变量的标准差；$S_Y$ 为 $Y$ 变量的标准差。

根据 $S_X = \sqrt{\frac{\sum x^2}{N}}$，$S_Y = \sqrt{\frac{\sum y^2}{N}}$ 推导，式（17-4）又可以改写成：

$$r = \frac{\sum xy}{\sqrt{\sum x^2 \sum y^2}} \tag{17-5}$$

式中，$x$、$y$ 的含义同式（17-4）。这两个公式都需要计算离均差。

（二）运用标准分数计算皮尔逊相关系数

有许多公式可以计算皮尔逊相关系数。下面的公式更常用，使用该公式可

以让你明白本章讨论的所有相关都是皮尔逊相关的不同形式。当应用标准分数计算相关系数时,皮尔逊相关系数的公式如下所示:

$$r = \frac{\sum Z_X Z_Y}{N} \qquad (17\text{-}6)$$

式中,$Z_X$ 为变量 $X$ 的标准分;$Z_Y$ 为变量 $Y$ 的标准分。

式(17-6)表明,$X$、$Y$ 两个变量间的线性相关系数等于 $Z_X$、$Z_Y$ 积的总和除以 $X$ 列、$Y$ 列分数的总个数。为使用该公式,我们来按照前面章节的过程把原始分数转化成 $Z$ 分数,即计算出每一列原始分数的平均数和标准差。如表 17-1 所示,$Z$ 分数与测试 1 和测试 2 中学生的原始分数一致。需要注意的是,对学生 5 来说,虽然在测试 1 和测试 2 中的原始分数不同,但其 $Z$ 分数是一致的。究其原因在于,$Z$ 分数是通过其分别在测试 1 和测试 2 中的平均数和标准差计算得来的,而不是通过平均 $Z$ 分数而得到的。同时,表 17-1 最后一列给出了 $Z$ 分数的积及其平均数,从而得到 $r = 0.903$。由此可知,如果用式(17-6)计算相关系数,就要计算每一个变量的标准分数与两个变量标准分数的乘积之和,即 $Z_X$、$Z_Y$ 和 $\sum Z_X Z_Y$,见表 17-1。

**表 17-1　皮尔逊积差相关系数的原始数据和标准数据**

| 学号和性别 | 测试 1 $X_1$ 分数 | 测试 1 $Z_1$ 分数 | 测试 2 $X_2$ 分数 | 测试 2 $Z_2$ 分数 | $Z_1 Z_2$ |
|---|---|---|---|---|---|
| 1 (M) | 42 | +1.78 | 90 | +1.21 | +2.15 |
| 2 (M) | 9 | −1.04 | 40 | −1.65 | +1.72 |
| 3 (F) | 28 | +0.58 | 92 | +1.33 | +0.77 |
| 4 (M) | 11 | −0.87 | 50 | −1.08 | +0.94 |
| 5 (M) | 8 | −1.13 | 49 | −1.13 | +1.28 |
| 6 (F) | 15 | −0.53 | 63 | −0.33 | +0.17 |
| 7 (M) | 14 | −0.62 | 68 | −0.05 | +0.03 |
| 8 (F) | 25 | +0.33 | 75 | +0.35 | +0.12 |
| 9 (F) | 40 | +1.61 | 89 | +1.16 | +1.87 |
| 10 (F) | 20 | −0.10 | 72 | +0.17 | −0.02 |
| 总和($\sum$) | 212 | 0 | 688 | 0 | +9.03 |
| 平均数($M$) | 21.2 | 0 | 68.8 | 0 | 0.90 |
| 方差($\sigma$) | 11.69 | 1.0 | 17.47 | 1.0 | |

### (三)运用原始观测值计算皮尔逊相关系数

如果你有一个统计软件包、一台电脑,或者有一个可以直接计算 $r$ 的统计计算器,那么算出 $r$ 是很简单的。但是,如果你只有一个简易便携式计算器,有一种计算皮尔逊相关系数的方法比用式(17-4)、式(17-5)和式(17-6)更简单。

你只需计算分数、分数的平方,然后代入下面的公式,该公式以原始分数为基础。

如果直接运用原始数据计算皮尔逊相关系数,可以由式(17-4)推演出以下公式:

$$r = \frac{\sum XY - \dfrac{\sum X \sum Y}{N}}{\sqrt{\sum X^2 - \dfrac{(\sum X)^2}{N}} \cdot \sqrt{\sum Y^2 - \dfrac{(\sum Y)^2}{N}}} \tag{17-7}$$

或者使用下面的公式:

$$r = \frac{N\sum XY - \sum X \sum Y}{\sqrt{N\sum X^2 - (\sum X)^2} \cdot \sqrt{N\sum Y^2 - (\sum Y)^2}} \tag{17-8}$$

式(17-7)、式(17-8)初看上去很复杂,但公式中各个变量的数据十分容易获得。式中,$N$ 是 $X$ 列、$Y$ 列分数的总个数,$\sum$ 指导我们计算一系列值的总和。用此公式只需计算出分数之和与分数平方之和,同时不要忘了取分母的平方根。为了进一步说明相关系数各计算公式的应用,我们看下面这道例题。

**【例 17-1】** 表 17-2 是 10 名学生在测试 1 与测试 2 中的测量结果,问测试 1 与测试 2 的关系如何?

**表 17-2 用原始分数计算皮尔逊相关系数**

| 学号 | 测试 1 $X$ | $X^2$ | 测试 2 $Y$ | $Y^2$ | $XY$ |
|---|---|---|---|---|---|
| 1 | 42 | 1 764 | 90 | 8 100 | 3 780 |
| 2 | 9 | 81 | 40 | 1 600 | 360 |
| 3 | 28 | 784 | 92 | 8 464 | 2 576 |
| 4 | 11 | 121 | 50 | 2 500 | 550 |
| 5 | 8 | 64 | 49 | 2 401 | 392 |
| 6 | 15 | 225 | 63 | 3 969 | 945 |
| 7 | 14 | 196 | 68 | 4 624 | 952 |
| 8 | 25 | 625 | 75 | 5 625 | 1 775 |
| 9 | 40 | 1 600 | 89 | 7 921 | 3 560 |
| 10 | 20 | 400 | 72 | 5 174 | 1 440 |
| 总和($\sum$) | 212 | 5 860 | 688 | 50 388 | 16 430 |

**解:** 根据已有资料可知,学生在测试 1 与测试 2 中的分布都呈正态,且测试 1、测试 2 都属测量数据,并为线性相关,故本例可用皮尔逊相关公式计算相关系数的值。

表 17-2 第 3、5、6 列已经列出了每一个被试的 $X^2$、$Y^2$、$XY$ 的值,在最后

一行列出了相应的 $\sum X^2$、$\sum Y^2$、$\sum XY$ 的值,从表中已知 $N=10$,将这些值代入用原始分数计算相关系数的式(17-8)得

$$r = \frac{N\sum XY - \sum X \sum Y}{\sqrt{N\sum X^2 - (\sum X)^2} \cdot \sqrt{N\sum Y^2 - (\sum Y)^2}}$$

$$= \frac{10 \times 16\,430 - 212 \times 688}{\sqrt{10 \times 5\,860 - 212^2} \times \sqrt{10 \times 50\,388 - 688^2}}$$

$$= \frac{164\,300 - 145\,856}{\sqrt{58\,600 - 44\,944} \times \sqrt{503\,880 - 473\,344}}$$

$$= \frac{18\,444}{\sqrt{13\,656} \times \sqrt{30\,536}}$$

$$= \frac{18\,444}{20\,420.57}$$

$$\approx 0.90$$

答:测试1与测试2的相关系数为0.90。

通过例17-1,应用式(17-8)计算皮尔逊相关系数的步骤为:

(1) 求每一个变量的总和,即 $\sum X$ 和 $\sum Y$ 的值;

(2) 求每一个变量的平方和,即 $\sum X^2$ 和 $\sum Y^2$;

(3) 求成对变量乘积之和、每个变量和的乘积,即 $\sum XY$ 和 $\sum X \sum Y$ 的值;

(4) 代入式(17-8)计算 $r$。

### 三、皮尔逊相关系数的统计检验

皮尔逊相关系数的显著性检验即样本相关系数与总体相关系数的差异检验。由于相关系数 $r$ 的样本分布比较复杂,受 $\rho$ 的影响很大,一般分为 $\rho=0$ 和 $\rho\neq 0$ 两种情况。

**(一) $\rho=0$ 的情况**

图17-2表示从 $\rho=0$ 及 $\rho=0.8$ 的两个总体中抽样($n=8$)样本 $r$ 的分布。可以看到,$\rho=0$ 时 $r$ 的分布左右对称,$\rho=0.8$ 时正的分布偏得较大。对于这一点并不难理解。$\rho$ 的值域为 $-1\sim +1$,$r$ 的值域也是 $-1\sim +1$,当 $\rho=0$ 时,$\rho$ 的分布理应以0为中心左右对称;而当 $\rho=0.8$ 时,$r$ 的范围仍然是 $-1\sim +1$,但 $r$ 值肯定受 $\rho$ 的影响,趋向 $+1$ 的值比趋向 $-1$ 的值要出现得多些,因而分布形态不可能对称。所以,一般认为:$\rho=0$ 时 $r$ 的分布近似正态;$\rho\neq 0$ 时 $r$ 的分布不

是正态。

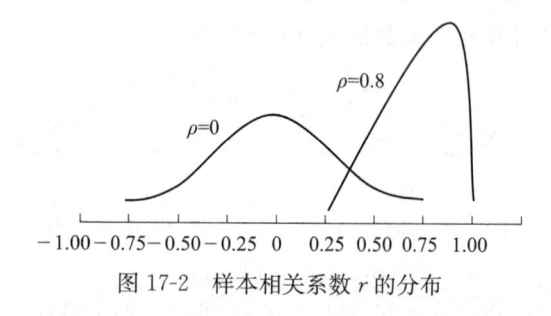

图 17-2　样本相关系数 $r$ 的分布

在实际研究中得到一个具体的相关系数值时，这个值可能说明两列变量之间在总体上是相关的（$\rho \neq 0$），但这种相关也许是偶然情况，总体上可能并无相关（$\rho = 0$），所以需要对这个值进行显著性检验，这时仍然可以用 $t$ 检验的方法。

$$H_0: \rho = 0$$
$$H_1: \rho \neq 0$$

$$t = \frac{r - 0}{\sqrt{\frac{1-r^2}{n-2}}} \quad (df = n-2) \tag{17-9}$$

如果 $t > t_{0.05/2}$，则拒绝，说明所得到的 $r$ 不是来自 $\rho = 0$ 的总体，或者说 $r$ 是显著的；若 $t < t_{0.05/2}$，则说明所得到的 $r$ 值具有偶然性，从 $r$ 值还不能断定总体具有相关系数，或者说 $r$ 不显著。

## （二）$\rho \neq 0$ 的情况

人们常说"相关系数 $r$ 是显著的"（或"不显著"），这都是特指在 $\rho = 0$ 这一前提下的检验结果，这种情况在实际中用得较多。但是它只解决了两个总体是否有相关的问题，或者说由此只能说明 $r$ 是否来自 $\rho = 0$ 的总体。在研究工作中，有时还需要考察 $r$ 是否来自 $\rho$ 为某一特定值的总体，即当 $\rho \neq 0$ 时 $r$ 的显著性检验。

$\rho \neq 0$ 时 $r$ 的样本分布不是正态的，这时需要将 $r$ 与 $\rho$ 都转换成费舍尔标准分 $Z_r$。$r$ 转换成 $Z_r$ 以后，$Z_r$ 的分布可以认为是正态分布，$Z_r$ 的平均数用 $Z_\rho$ 表示，标准误 $SE_{Z_r} = \frac{1}{\sqrt{n-3}}$，这样就可以进行 $Z$ 检验了。

$$Z = \frac{Z_r - Z_\rho}{\sqrt{\frac{1}{n-3}}} \tag{17-10}$$

## 第三节　斯皮尔曼等级相关

在心理与教育领域的研究中，有时搜集到的数据不是等距或等比的测量数据，而是具有等级顺序的测量数据。另外，即使搜集的数据是等距或等比的数据，但其总体分布不是正态的，不满足求积差相关的要求。在这两种情况下，欲求两列或两列以上变量的相关，就要用等级相关，这种相关方法对变量的总体分布不作要求，故又称这种相关方法为非参数的相关方法。

### 一、斯皮尔曼等级相关的概念与适用资料

如果我们的数据是等级分数而不是成一定比率的分数，当数据处于此情形时，相关系数就叫作斯皮尔曼等级相关系数，但这并不是计算等级数据得到的积矩相关系数，因为等级数据更具有可预测性。

积差相关是对两个变量之间相关程度的"标准测量"指标。斯皮尔曼等级相关则是对皮尔逊相关系数的延伸。它是英国心理学家、统计学家斯皮尔曼根据积差相关的概念推导出来的，因而有人认为斯皮尔曼等级相关是积差相关的一种特殊形式。

斯皮尔曼等级相关是等级相关的一种，其相关系数常用符号 $r_R$ 或 $r_s$ 表示，有时也把这一统计量称为斯皮尔曼 $\rho$ 系数（Spearman's rho）。它适用于只有两列变量，而且是属于等级变量性质的具有线性关系的资料，主要用于解决称名数据和顺序数据的相关问题。对于属于等距或等比性质的连续变量数据，若按其取值大小，赋予等级顺序，转换为顺序变量数据，亦可计算等级相关，此时不必考虑分数分布是否是正态的。因此，有些虽属等距或等比变量性质但其分布不是正态的资料，虽然不能用积差相关的方法求相关，但能计算等级相关。可见，等级相关方法的适用范围要比积差相关大，又对数据总体分布不作要求，这是其优点所在。另外，当 $N < 30$ 时，计算也比较简便。等级相关的缺点是一组符合计算积差相关要求的资料，不要用等级相关计算。

### 二、斯皮尔曼等级相关的计算

（一）等级差数法（$N < 30$）

$$r_s = 1 - \frac{6\sum D^2}{N(N^2 - 1)} \tag{17-11}$$

式中，6 是一个定值；$N$ 为等级个数；$D$ 指二列成对变量的等级差数。

这是斯皮尔曼等级相关的基本计算公式，我们可用式（17-11）来处理等级分数。

为说明该公式的用法，我们来看表17-3中斯拉维克（Paul Slovic）做的风险感知调查中搜集的一系列数据。

表17-3　30种活动和技术的感知风险次序

| 活动或技术 | 妇女选民联盟 | 专家 | D | D² |
|---|---|---|---|---|
| 核能 | 1 | 20 | −19 | 361 |
| 汽车 | 2 | 1 | 1 | 1 |
| 手枪 | 3 | 4 | −1 | 1 |
| 吸烟 | 4 | 2 | 2 | 4 |
| 摩托车 | 5 | 6 | −1 | 1 |
| 酒精饮品 | 6 | 3 | 3 | 9 |
| 大众（私人）飞行 | 7 | 12 | −5 | 25 |
| 警察工作 | 8 | 17 | −9 | 81 |
| 杀虫剂 | 9 | 8 | 1 | 1 |
| 外科医生 | 10 | 5 | 5 | 25 |
| 灭火 | 11 | 18 | −7 | 49 |
| 大型建筑 | 12 | 13 | −1 | 1 |
| 捕猎 | 13 | 23 | −10 | 100 |
| 喷灌 | 14 | 26 | −12 | 144 |
| 登山 | 15 | 29 | −14 | 196 |
| 自行车 | 16 | 15 | 1 | 1 |
| 商用飞行 | 17 | 16 | 1 | 1 |
| 电能（非核能） | 18 | 9 | 9 | 81 |
| 游泳 | 19 | 10 | 9 | 81 |
| 避孕 | 20 | 11 | 9 | 81 |
| 滑雪 | 21 | 30 | −9 | 81 |
| X光 | 22 | 7 | 15 | 225 |
| 高中和大学橄榄球 | 23 | 27 | −4 | 16 |
| 铁路 | 24 | 19 | 5 | 25 |
| 食品防腐剂 | 25 | 14 | 11 | 121 |
| 食品色彩 | 26 | 21 | 5 | 25 |
| 电动除草机 | 27 | 28 | −1 | 1 |
| 处方抗生素 | 28 | 24 | 4 | 16 |
| 家用电器 | 29 | 22 | 7 | 49 |
| 预防接种 | 30 | 25 | 5 | 25 |
| 总计（$\Sigma$） | 465 | 465 | 0 | 1828 |

资料来源：Slovic P. 1987. Risk perception. Science,（236）：281

该表显示出 15 个风险评估专家和 40 名妇女选举团排列的全部顺序。例如，专家认为汽车风险最大，滑雪风险最小，而妇女选举团则认为核能风险最大，预防接种风险最小。

例如，核能风险的计算，$D=1-20=-19$。以 $D^2$ 开头的这一列显示出差的平方和，即 $(-19)^2=361$。从表中可知 $D$ 一列的总和为 0，而 $D^2$ 一列的总和为 1828。则用式（17-11）计算出的斯皮尔曼等级相关系数如下：

$$r_s = 1 - \frac{6 \times 1828}{30^3 - 30} = 0.59$$

在说明等级相关上，我们可以使用 $D$ 分数和等级来确认结果的相似性和差异性。一个正差告诉我们，妇女选民联盟的成员感知活动或技术的风险要小于专家的，而一个负差表明相反的结论。例如，我们注意到两组比值在关于高风险与汽车、手枪和摩托车的联系上有较小分歧（$D$ 的范围从 $+1$ 到 $-1$）。他们在较低风险与电动除草机（$D=-1$）的联系上有较小的不一致，但是他们在核能（$D=-19$）、X 光（$D=15$）和登山（$D=-14$）上有着很大的差异。

（二）用标准分数计算斯皮尔曼等级相关系数

为了说明为什么我们把斯皮尔曼等级相关描写成皮尔逊积差相关，而皮尔逊积差相关是在偶然成为等级的数字基础上计算而来的，如表 17-4 所示，纵列包含的 $Z$ 分数表明了等级的标准分数。例如，找到与妇女选民联盟的核能等级相一致的 $Z$ 分数，我们计算

$$Z = \frac{X - M}{\sigma} = \frac{1 - 15.50}{8.655} = -1.68$$

最后一列表明了 $Z$ 分数等级相关的积，底端表明了总和与平均数。回想积的总和就是皮尔逊积差相关，我们看到它与我们使用斯皮尔曼等级相关公式所获得的值是完全相等的（表 17-4），即

$$r_s = \frac{\sum Z_X Z_Y}{N} = \frac{17.82}{30} = 0.59$$

表 17-4  30 种活动和技术的感知风险次序

| 活动或技术 | 妇女选民联盟 等级 | 妇女选民联盟 $Z$ 分数 | 专家 等级 | 专家 $Z$ 分数 | $Z$ 分数的乘积 |
|---|---|---|---|---|---|
| 核能 | 1 | $-1.68$ | 20 | $+0.52$ | $-0.87$ |
| 汽车 | 2 | $-1.56$ | 1 | $-1.68$ | $+2.62$ |
| 手枪 | 3 | $-1.44$ | 4 | $-1.33$ | $+1.92$ |
| 吸烟 | 4 | $-1.33$ | 2 | $-1.56$ | $+2.07$ |
| 摩托车 | 5 | $-1.21$ | 6 | $-1.10$ | $+1.33$ |
| 酒精饮品 | 6 | $-1.10$ | 3 | $-1.44$ | $+1.58$ |
| 大众（私人）飞行 | 7 | $-0.98$ | 12 | $-0.40$ | $+0.39$ |

续表

| 活动或技术 | 妇女选民联盟 等级 | 妇女选民联盟 Z分数 | 专家 等级 | 专家 Z分数 | Z分数的乘积 |
|---|---|---|---|---|---|
| 警察工作 | 8 | −0.87 | 17 | +0.17 | −0.15 |
| 杀虫剂 | 9 | −0.75 | 8 | −0.87 | +0.65 |
| 外科医生 | 10 | −0.64 | 5 | −1.21 | +0.77 |
| 灭火 | 11 | −0.52 | 18 | +0.29 | −0.15 |
| 大型建筑 | 12 | −0.40 | 13 | −0.29 | +0.12 |
| 捕猎 | 13 | −0.29 | 23 | +0.87 | −0.25 |
| 喷灌 | 14 | −0.17 | 26 | +1.21 | −0.21 |
| 登山 | 15 | −0.06 | 29 | +1.56 | −0.09 |
| 自行车 | 16 | +0.06 | 15 | −0.06 | 0.00 |
| 商用飞行 | 17 | +0.17 | 16 | +0.06 | +0.01 |
| 电能（非核能） | 18 | +0.29 | 9 | −0.75 | −0.22 |
| 游泳 | 19 | +0.40 | 10 | −0.64 | −0.26 |
| 避孕 | 20 | +0.52 | 11 | −0.52 | −0.27 |
| 滑雪 | 21 | +0.64 | 30 | +1.68 | +1.08 |
| X光 | 22 | +0.75 | 7 | −0.98 | −0.74 |
| 高中和大学橄榄球 | 23 | +0.87 | 27 | +1.33 | +1.16 |
| 铁路 | 24 | +0.98 | 19 | +0.40 | +0.39 |
| 食品防腐剂 | 25 | +1.10 | 14 | −0.17 | −0.19 |
| 食品色彩 | 26 | +1.21 | 21 | +0.64 | +0.77 |
| 电动除草机 | 27 | +1.33 | 28 | +1.44 | +1.92 |
| 处方抗生素 | 28 | +1.44 | 24 | +0.98 | +1.41 |
| 家用电器 | 29 | +1.56 | 22 | +0.75 | +1.17 |
| 预防接种 | 30 | +1.68 | 25 | +1.10 | +1.85 |
| 总计（$\Sigma$） | 465 | 0 | 465 | 0 | 17.82 |
| 平均数（$M$） | 15.50 | 0 | 15.50 | 0 | 0.59 |
| 标准差（$\sigma$） | 8.655 | 1.00 | 8.655 | 1.00 | |

## （三）使用斯皮尔曼等级相关排列进行快速评估

如果我们正在处理的原始分数是连续的，但是我们想要作为等级重新计算它们并求出一个斯皮尔曼等级系数，那么该如何计算呢？举个例子，假定6个成对分数（表17-5），研究者想得到它们之间的等级相关系数，可以这样处理：把原始分数转化为等级排列，然后在表中后两列值的基础上计算斯皮尔曼等级相关系数。通过放弃原始分数的关联，精确性会降低，但是在有些情况下，我们更倾向于使用等级排列。例如，当判断没有测量工具或当原始分数包括极端值，而极端值可以误导相关时，必须依赖于等级排列，因为等级分数从来不会有极端值。

表 17-5　6 对数据的等级

| 数据 | 原始分数 $X$ | 原始分数 $Y$ | $X$ 的等级 | $Y$ 的等级 |
|---|---|---|---|---|
| 第一对 | 73.8 | 801.76 | 2 | 1 |
| 第二对 | 176.2 | 732.90 | 1 | 2 |
| 第三对 | 44.4 | 539.57 | 3 | 3 |
| 第四对 | 38.6 | 206.11 | 4 | 5 |
| 第五对 | 37.5 | 210.56 | 5 | 4 |
| 第六对 | 21.8 | 159.33 | 6 | 6 |

下面举例说明式（17-11）在原始数据按斯皮尔曼等级相关系数排列中的应用。

【例 17-2】　现有 10 个学生在测试 1、测试 2 中的成绩表现，具体数据如表 17-6 所示。问：学生在测试 1 和测试 2 中的成绩是否一致？

表 17-6　原始数据按斯皮尔曼等级相关系数排列

| 学生序号 | 测试 1 $X_1$ 分数 | 等级 | 测试 2 $X_2$ 分数 | 等级 | $D$ | $D^2$ |
|---|---|---|---|---|---|---|
| 1 | 42 | 1 | 90 | 2 | −1 | 1 |
| 2 | 9 | 9 | 40 | 10 | −1 | 1 |
| 3 | 28 | 3 | 92 | 1 | 2 | 4 |
| 4 | 11 | 8 | 50 | 8 | 0 | 0 |
| 5 | 8 | 10 | 49 | 9 | 1 | 1 |
| 6 | 15 | 6 | 63 | 7 | −1 | 1 |
| 7 | 14 | 7 | 68 | 6 | 1 | 1 |
| 8 | 25 | 4 | 75 | 4 | 0 | 0 |
| 9 | 40 | 2 | 89 | 3 | −1 | 1 |
| 10 | 20 | 5 | 72 | 5 | 0 | 0 |
| 总计（∑） | 212 | 55* | 688 | 55* | 0** | 10 |

\* 表示两个变量的等级总和相等；\*\* 表示 $D$ 分数的总和是 0

表 17-6 的学生被排列为从 1（最高原始分数）到 10（最低原始分数），另外，$D$ 分数可以指这些等级之间的差异。方差的总和（$\sum D^2 = 10$）可以用斯皮尔曼等级相关公式的分子来代替。

$$r_s = 1 - \frac{6\sum D^2}{N^3 - N} = 1 - \frac{6 \times 10}{10^3 - 10} = 0.94$$

## 三、斯皮尔曼等级相关系数的统计检验

根据斯皮尔曼等级相关系数对 $X$、$Y$ 的总体等级相关关系进行检验。检验的原假设是 $H_0: \rho_s = 0$（或 $\rho_s \leqslant 0$，或 $\rho_s \geqslant 0$），备择假设是 $H_1: \rho_s \neq 0$（或 $\rho_s > 0$，或 $\rho_s < 0$）。基本原假设 $H_0: \rho_s = 0$ 的含义是按两种统计标志 $X$、$Y$ 划分的两种等级

不相关。

在样本量 $n$ 较小时（如 $n \leqslant 30$），$H_0: \rho_s = 0$ 成立的前提下，检验统计量 $r_s$ 的 $\alpha$ 水平单侧临界值 $r_\alpha$ 可由统计学书附录中附表查出①，它是满足下列条件的最小 $r$ 值：

$$P\{|r_s| \geqslant |r|\} \leqslant \alpha$$

在样本量 $n$ 较大时（如 $n > 30$），$H_0: \rho_s = 0$ 成立的前提下，$r_s$ 近似服从正态分布 $N\left(0, \dfrac{1}{n-1}\right)$。因此，可以建立下面的检验统计量：

$$Z = \frac{r_s}{\sqrt{\dfrac{1}{n-1}}} \sim N(0,1)$$

在进行斯皮尔曼等级相关系数的统计检验的过程中需要注意的两点说明如下。

1. 等级相关检验适用于变量值表现为等级的变量

对于变量值表现为数值而不是等级的变量，有时也可以把它划分为若干等级，用等级相关的方法来研究。这样做是出于以下一些理由：无法假定总体的分布；其中有一个变量是只能用等级来反映的；把测量值划分为等级更能反映事物的本质（如把年龄按生命过程阶段划分比用实际年龄更便于研究生命过程的统计规律）。把测量值转换为等级的方法如下：首先，按实际测量值的大小排序，并赋予每个观察值秩次；其次，把测量值的取值范围划分为若干等级区间。

2. 斯皮尔曼等级相关系数是以变量没有相同等级为前提的

若观察结果出现了相同的等级，这时须计算这几个观察结果所在位置秩次的简单算术平均数来作为它们相应的等级。在这种情形下应用斯皮尔曼等级相关系数计算公式所得的结果显然只是近似的。若相同等级不是太多，可近似应用斯皮尔曼等级相关系数计算公式，否则应加以修正。

## 第四节　点二列相关

我们就从测量 $r$ 的不同值开始，然后计算不同特点的原始数据的相关系数，例如，$X$、$Y$ 的值可能是连续的或者是二分的。一个连续变量意味着：

---

① 张厚粲，徐建平. 2009. 现代心理与教育统计学. 北京：北京师范大学出版社：449-504.

两个连续分数中任何一个降低，另一个也随之降低。而一个二分变量可分成两个单独的部分，例如，一个研究音高差别的物理心理学家，想把声波频率的变化与主体分辨变化的不同能力相联系。假定两个变量是连续的，我们可以推出 1 和 2 之间的 1.5，或者 1.5 和 1.6 之间的 1.55 作为一种选择。假设该物理心理学家想把主体的性别与他们分辨音高的能力相联系，音高辨别力是一种连续变量，但性别是一种可二分的独立变量。我们可以通过在中点分割变量来创造二分变量。

## 一、点二列相关

### （一）什么是二分变量

通常，有些变量的测量结果只有两种类别，如男性和女性、房东与房客、成功与失败、及格与不及格、是与否、生与死、已婚与未婚等。这种按事物的某一性质划分的只有两类结果的变量，称为二分变量。二分变量又分为真正的二分变量和人为的二分变量两种。真正的二分变量也称为离散型二分变量。所谓人为的二分变量是指该变量本来是一个连续型的测量数据，两种结果之间本来是一个连续的统一体，但被某种人为规定的标准划分为两个类别。在这种情况下，一个测量结果很明显地要么属于这个类别，要么属于另一个类别，两种类别之间一般也不会被看作是连续的。有时一个变量是双峰分布，也可划分为二分称名变量，如文盲与非文盲，可规定一个界限，文盲指识字极少的人，其余的人为非文盲，就识字量来说可能形成双峰分布形态。

### （二）点二列相关的概念与适用资料

积矩 r 的另一种特殊情况是点二列相关。在这种情况下，一个是连续变量，另一个是类别变量，即任意的应用值，如 0 和 1 或 −1 和 +1。当 0 和 1 被应用时，一个二分变量的两种水平上的定量称作虚拟变量。它是一个非常有用的程序，它允许我们用数量表示二分变量。例如，假定二分变量是在这个处理条件下，而在这个处理条件中被一个主题所分配，这个主题包括一个实验组和一个控制组。对于虚拟变量这一变量，我们可以方便地记录 1 为实验组，0 为控制组。二分变量的另一个例子能够被简便地改写成 0 和 1，它们可以是性别（女性对男性）、生存率（生对死）和成功率（成功对失败）。

如果两列变量中有一列为等距或等比测量数据，而且其总体分布为正态的，另一列变量是二分称名变量，此时，给"二分"变量的一系列观测值，即两种变化结果赋予对应的数字，如 1、0，就得到一个"二分"数列，另一个连续变量的一系列观测值就是一个点数列。如果一个点数列中的点与一个"二分"数列中的点存在一一对应的关系，则称这两个数列为点二列。点二列相关法就是考察两列观测值一个为连续变量（点数据），另一个为"二分"称名变量（二分型数据）之间相关程度的统计方法。

点二列相关多用于评价由"是非类"测验题目组成的测验量表的内部一致性问题。是非类测验题每题的得分只有两种结果：答对得分，答错不得分。每一题目的"对""错"就成为二分称名变量，而整个测验的总分是一列等距或等比性质的连续变量，要计算每一题目与总分的相关（称为每一题目的区分度），就需应用点二列相关方法。

## 二、点二列相关系数的计算

计算点二列相关系数的公式是

$$r_{pb} = \frac{\overline{X}_p - \overline{X}_q}{s_t} \sqrt{pq} \qquad (17\text{-}12)$$

式中，$\overline{X}_p$ 是与二分称名变量的一个值对应的连续变量的平均数；$r_{pb}$ 是点二列相关系数；$\overline{X}_q$ 是与二分称名变量的另一个值对应的连续变量的平均数；$p$ 与 $q$ 是二分称名变量两个值各自所占的比率，$p+q=1$；$s_t$ 是连续变量的标准差。

点二列相关系数的取值在 $-1.00$ 至 $+1.00$ 之间。相关越高，绝对值越接近 $+1.00$。

为了说明式（17-12）的应用，我们以表17-2的研究为例。假定我们要比较测试1中的男性和女性，测试中的分数如表17-7所示。

表 17-7　男女生的测试分数

| 男生 | 女生 |
| --- | --- |
| 42 | 28 |
| 9 | 15 |
| 11 | 25 |
| 8 | 40 |
| 14 | 20 |

尽管我们有两组分数，但排列看起来不太像一个典型的相关系数，在这里我们期待看到的是成对的分数（如 $X_1$ 和 $X_2$ 的分数或 $X$ 和 $Y$ 的分数）。把原始分转化为标准分 $Z$，转化的结果见表17-7。

第一列数据重复个人身份和性别信息，另外两列再次表明测试1中的原始分数和标准分数。在标有"学生性别"的下面，第一列用虚拟变量分数来表明性别，即显示女生代码为1和男生代码为0；另一列表明标准虚拟变量值的 $Z$ 分数的结果，如表17-8所示。

例如，为了得到学生1的性别 $Z$ 分数，我们计算 $Z$ 值。

$$Z = \frac{X-M}{\sigma} = \frac{0-0.5}{0.5} = -1$$

在这里，$X=0$ 是学生 1 的虚拟变量，$M=5/10=0.5$ 是学生 1 纵列分数的平均数，$\sigma=0.5$ 是标准差，显示在那列的底端。

表 17-8　点二列相关的原始分数、虚拟变量和标准数据

| 学号和性别 | 测试 1 原始分数 | Z 分数 | 学生性别 虚拟变量 | Z 分数 | Z 分数的积 |
|---|---|---|---|---|---|
| 1（M） | 42 | +1.78 | 0 | −1 | −1.78 |
| 2（M） | 9 | −1.04 | 0 | −1 | +1.04 |
| 3（F） | 28 | +0.58 | 1 | +1 | +0.58 |
| 4（M） | 11 | −0.87 | 0 | −1 | +0.87 |
| 5（M） | 8 | −1.13 | 0 | −1 | +1.13 |
| 6（F） | 15 | −0.53 | 1 | +1 | −0.53 |
| 7（M） | 14 | −0.62 | 0 | −1 | +0.62 |
| 8（F） | 25 | +0.33 | 1 | +1 | +0.33 |
| 9（F） | 40 | +1.61 | 1 | +1 | +1.61 |
| 10（F） | 20 | −0.10 | 1 | +1 | −0.10 |
| 总和（$\Sigma$） | 212 | 0 | 5 | 0 | +3.77 |
| 平均数（$M$） | 21.2 | 0 | 0.5 | 0 | 0.38 |
| 标准差（$\sigma$） | 11.69 | 1.0 | 0.5 | 1.0 | |

我们可以看出，Z 分数的积的总和是 +3.77。当我们用这个结果去除学生数（$N=10$），我们会得到点二列相关系数，公式如下：

$$r_{pb} = \frac{\sum Z_X Z_Y}{N} = \frac{3.77}{10} = 0.38$$

这个公式告诉我们，关于测试 1 这组学生在性别和分数之间显示出一种一般性的相关。

### 三、点二列相关系数的统计检验

对于点二列相关公式 $r_{pb} = \dfrac{\overline{X}_p - \overline{X}_q}{s_t}\sqrt{pq}$ 中的 $\overline{X}_P$ 与 $\overline{X}_q$ 进行差异的 $t$ 检验，若差异显著，表明 $r_{pb}$ 显著；若差异不显著，则 $r_{pb}$ 也不显著。

如果样本容量较大（$n > 50$），也可以用下面的近似方法：

$|r_{pb}| > \dfrac{2}{\sqrt{n}}$ 时，认为 $r_{pb}$ 在 0.05 水平上显著；

$|r_{pb}| > \dfrac{3}{\sqrt{n}}$ 时，认为 $r_{pb}$ 在 0.01 水平上显著。

# 第五节 列联表相关

## 一、phi 系数

通常情况下，两个相互关联着的变量为二分变量。在前面的章节，我们举了一个假设例子，即人们吃了汉堡包而食物中毒。假定我们对用数量来表示这两个变量之间的相关感兴趣。在这种情况下，我们把另外一个积差相关系数的特殊例子称作 phi 系数（用符号 $\varphi$ 表示，$\varphi$ 就是希腊小写字母 phi）。它是指两个分布都只有两个点值或只是表示某些质的属性，如工作状态（有工作与无工作）、吸烟状况（吸烟者与非吸烟者）、婚姻状态、智能水平等。此时，可以运用列联表计算，因此它又称为列联系数。在这个例子里，两个变量都是二分变量（应用于数值如 0 和 1 或 −1 和 +1）。phi 系数的适用资料是除四分相关之外的四格表（计数）资料，它是表示两项分类资料相关程度最常用的一种相关系数。我们能用几种不同的方法获得 phi 系数的值。概念的程序表明在表 17-9 中。

表 17-9 phi 系数虚拟变量和标准数据

| 人 | 吃汉堡包？ Y=1；N=0 | Z 分数 | 食物中毒？ Y=1；N=0 | Z 分数 | Z 分数的乘积 |
|---|---|---|---|---|---|
| Mimi | 1 | +1.183 | 1 | +1.173 | 1.400 |
| Gail | 0 | −0.846 | 0 | −0.846 | 0.716 |
| Connie | 0 | −0.846 | 0 | −0.846 | 0.716 |
| Jerry | 0 | −0.846 | 0 | −0.846 | 0.716 |
| Greg | 0 | −0.846 | 0 | −0.846 | 0.716 |
| Dwight | 0 | −0.846 | 0 | −0.846 | 0.716 |
| Nancy | 1 | +1.173 | 1 | +1.173 | 1.400 |
| Richard | 0 | −0.846 | 0 | −0.846 | 0.716 |
| Kerry | 0 | −0.846 | 0 | −0.846 | 0.716 |
| Michele | 1 | +1.173 | 1 | +1.173 | 1.400 |
| John | 1 | +1.173 | 1 | +1.173 | 1.400 |
| Sheila | 1 | +1.173 | 1 | +1.173 | 1.400 |
| 总和（$\Sigma$） | 5 | 0.00 | 5 | 0.00 | 12.012 |
| 平均数（$M$） | 0.417 | 0.00 | 0.417 | 0.00 | 1.00 |
| 标准差（$\sigma$） | 0.493 | 1.00 | 0.493 | 1.00 | 0.337 |

我们说 $\varphi$ 是另一个积差相关系数的特例。在标有"吃汉堡包"的下面，第一列显示"是（Y）=1"和"非（N）=0"的虚拟变量。另一列显示与虚拟变量值相对应的标准分数。例如，我们计算与 Mimi 的 1 相对应的 Z

分数：

$$Z = \frac{X-M}{\sigma} = \frac{1-0.417}{0.493} = +1.183$$

同样，在标有"食物中毒"的下面虚拟变量仍是"是（Y）=1"和"非（N）=0"，接下来则是与之相对应的 Z 分数。

在这个表的最后一列显示出 Z 分数的积的平均数是 1.00，这个数就是 phi 系数，公式如下：

$$\varphi = \frac{\sum Z_X Z_Y}{N} = \frac{12.012}{12} = 1.00$$

换句话说，我们处理 phi 系数不同于任何一个在 Z 分数的基础上计算出来的积差相关系数。

有一种更简便的方法来计算 $\varphi$，这种方法有利于实际中应用，而且数据可以用 2×2 的四格表来表示，其四格表又可称为列联表。在表 17-10 中，我们可以看出吃汉堡包后中毒的所有 5 个人和吃了汉堡包后无恙的 7 个人的信息。我们还注意到四格表中的格子被标上 A、B、C 和 D。使用这个代码，我们可以计算：

$$\varphi = \frac{BC-AD}{\sqrt{(A+B)(C+D)(A+C)(B+D)}}$$

$$= \frac{7 \times 5 - 0 \times 0}{\sqrt{7 \times 5 \times 5 \times 7}}$$

$$= \frac{35-0}{\sqrt{1225}}$$

$$= \frac{35}{35}$$

$$= 1.0$$

用上面的公式计算后所得值与皮尔逊积差相关系数的值是一样的，见图 17-3。

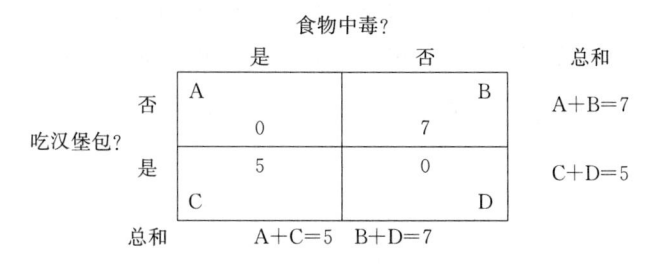

图 17-3 关于 phi 系数的四格表

## 二、列联表相关

列联表相关又称均方相关系数、接触系数等，一般用 $C$ 表示。它是由二因素的 $R \times C$ 表示的计数资料，欲分析所研究的二因素之间的相关程度，就要应用列联表相关。

关于列联表的计算，有很多计算方法，其中最常用的是皮尔逊定义的列联系数：

$$C = \sqrt{\frac{\chi^2}{n+\chi^2}} \qquad (17\text{-}13)$$

在式（17-13）中，当两个因素完全独立时，$C$ 为 0，有相关时，它将大于零，但达不到 1。Tschuprow 提出了另一个表示公式：

$$T = \sqrt{\frac{\chi^2}{\sqrt{(R-1)(C-1)}N}} \qquad (17\text{-}14)$$

这个公式在 $R \neq C$ 时，$T$ 也不能达到 1。

应用上面两个公式计算列联表系数，要用到 $\chi^2$ 值。有关 $\chi^2$ 值的计算方法请参阅 $\chi^2$ 检验一章的内容。除了上述公式外，还有其他一些计算 $R \times C$ 表二因素相关程度的公式。

另外，当双变量的测量数据被整理成次数分布表后，也可用列联表相关系数表示两变量的相关程度。此时，当分组数目 $R \geqslant 5$，$C \geqslant 5$，且样本数 $N$ 又较大时，计算的列联表相关系数 $C$ 与积差相关系数 $r$ 很接近。

## 三、四格相关的显著性检验

显著性检验公式为

$$Z = \frac{r_t}{\frac{1}{y_1 y_2} \cdot \sqrt{\frac{p_1 q_1 p_2 q_2}{N}}} \qquad (17\text{-}15)$$

式中，$p_1$ 为 A 因素 A 类项的比率，$q_1$ 则为非 A 类项的比率，$q_1 = 1 - p_1$。$p_2$ 为 B 因素 B 类项的比率，$q_2$ 则为非 B 类项的比率。$r_t$ 是四格相关系数。$y_1$、$y_2$ 是根据 $p_1$、$p_2$ 查正态表得到的纵线高度，$N$ 为总数。将计算得到的 $Z$ 值与 $Z_{\alpha/2}$ 进行比较，若 $Z > Z_{\alpha/2}$ 则表明相关显著。

# 第十八章 统计检验：计数数据的比较

计数数据的检验需要运用卡方检验。卡方检验（chi-square test）是一种用途非常广的假设检验方法，主要适用于分类资料推断统计。本章介绍卡方检验的基本原理和基本方法。

## 第一节 $\chi^2$ 检验的原理

这一章我们要讨论的统计量是卡方（chi-square），通用符号为 $\chi^2$，读作卡方。它是1900年由皮尔逊（即积距 $r$ 的发明人）创建的。和 $t$ 检验、$F$ 检验一样，$\chi^2$ 是描述相关事件发生概率大小的统计量，同样，它也不能显示变量间相关关系的强度。正如 $t$ 检验和 $F$ 检验，在小样本基础上，任何已给定的 $\chi^2$ 值均与较强的相关关系有关联。换句话说，在被试很少的情况下，较高的关系强度才能得出较大的 $\chi^2$ 值（或者 $t$ 值和 $F$ 值）。

在初步整理计数数据时，除了用次数分布表呈现外，大都用列联表或交叉表的单元格表示，所以 $\chi^2$ 检验又称为列联表分析或交叉列联表分析。另外，$\chi^2$ 检验使用的是次数或百分比，故而又称作百分比检验。使用 $\chi^2$ 检验时，不对计数数据的总体分布形态做任何的假设，因此，$\chi^2$ 检验被看作是一种非参数检验。

$\chi^2$ 检验其实就是检验一个因素两项或者多项分类的实际观察次数与理论次数分布有无差异或者是否一致，或者说有无显著的问题。所谓实际观察次数也称实际频数（actual frequencies），是指在实验或者实际调查中得到的数据资料，也称观察频数（observed frequencies）。理论次数也称为理论频数（theoretical frequencies），是指根据某种理论次数分布、某种理论或概率原理计算出来的次数，又称为期望次数（expected frequencies）。

## 一、$\chi^2$检验的假设

### （一）期望次数的大小

为了使$\chi^2$分布成为$\chi^2$值的合理准确的近似估计值，每个单元格内的期望次数应不小于5。有些谨慎的研究者指出，当$df=1$时，为了保证结果的准确性，每一个单元格的期望值应不小于10。有一种情况是自由度很大，但其他几个类别的理论次数即使很小，但在可接受的范围内，有一个类别的理论次数小于1。这时一个简便的方法是使每一个类别的理论次数都不小于1，这样分类中就能让不超过20％的理论次数可以小于5。在理论次数比较小的四格表中，为了避免使用近似$\chi^2$值，应当使用精确的多项检验来处理数据。

### （二）分类相互排斥，互不包容

$\chi^2$检验中的分类必须相互排斥，互不包容，必须保证每一个观测值都会被分到不同的类别中，这样就不会出现某一个观测值同时划分到两个单元格中。

### （三）观测值要相互独立

$\chi^2$检验一个最基本的前提假设是各个被试之间要彼此独立。在实际的实验研究中，观测值的总数和被试的总人数要相等，每一个被试只有一个观测值是保证观测值相互独立最有效的方法。

在做列联表的$\chi^2$检验时，独立性是指变量之间相互独立。此时，这种变量的独立性有待进一步检验。观测值的独立性是前提假设。

## 二、$\chi^2$检验的类别

根据研究问题的不同，$\chi^2$检验可以分为配合度检验、独立性检验、同质性检验等。

配合度检验主要是用来检验一个因素多项分类的实际观测值与理论次数是否相近，这种$\chi^2$检验也称为无差假说检验。当对连续数据的正态进行检验时，这种检验又可称为正态吻合性检验。

独立性检验是用来检验两个或两个以上的因素之间是否相互独立或是否有关联。$\chi^2$检验适合于两个变量之间的检验，当变量多于两个时，就必须使用多维列联表的分析方法了。

同质性检验主要用于检验不同样本总体在某一个变量上的反应是否有显著差异。当使用同质性检验检测两个样本在某一变量上的分布情况时，如果两个样本没有差异，就说明两样本的总体是同质的，反之，则是异质的。

### 三、$\chi^2$检验的基本思想和基本公式

$\chi^2$检验是以$\chi^2$分布为基础的一种常用假设检验方法，它的虚无假设$H_0$是：观察频数与期望频数没有差别。

该检验的基本思想是：首先假设$H_0$成立，基于此前提计算出$\chi^2$值，它表示观察值与理论值之间的偏离程度。根据$\chi^2$分布及自由度可以确定在$H_0$假设成立的情况下获得当前统计量及更极端情况的概率$P$。如果$P$值很小，说明观察值与理论值偏离程度太大，应当拒绝虚无假设，表示比较资料之间有显著差异；否则就不能拒绝虚无假设，尚不能认为样本所代表的实际情况与理论假设有差别。$\chi^2$值的计算公式为

$$\chi^2 = \sum \frac{(f_0 - f_e)^2}{f_e} \tag{18-1}$$

式中，$f_0$是实际观察次数，$f_e$是理论次数。由公式可知，对实际观察次数（$f_0$）与某理论次数（$f_e$）之差进行平方再除以理论次数，求出比值，再将各个比值相加，其和就是$\chi^2$值。$f_0$与$f_e$差值越大，$\chi^2$值就越大；$\chi^2$值越大，就表明统计量与理论值的差异越大。同理，$f_0$与$f_e$差值越小，$\chi^2$值就越小；$\chi^2$值越小，就表明统计量与理论值的差异越小。因此，$\chi^2$值可以用来表示统计量与理论值差异的程度。得到的数据与被检验的假设之间越一致，则实际次数与理论次数越接近。换句话说，如果实际观察次数比理论次数高出很多，则有必要怀疑这个虚无假设的可能性，因为当观察次数与理论次数的差很小时，$\chi^2$值也很小。

### 四、期望次数的计算

用计算公式时，我们首先要确定每一个观察次数所对应的理论次数，也就是虚无假设成立时的数值。在拟合优度检验中，期望值为总体的实际数值，或是某一理论存在的数值。假设抛一枚硬币，正反面实际的比例为1∶4，但是按照二项分布原理，硬币正反面出现的次数比应为1∶1，此时的期望次数要根据1∶1的比例计算。在独立性检验和同质性检验中，当两个变量或者样本相互独立时，期望值为列联表中各单元格的理论次数，即各个单元格对应的两个边缘

次数的乘积除以总次数，公式为：$f_e$＝纵栏总数×横栏总数/总次数。举例如表 18-1 所示。

表 18-1　双变量交叉表的期望值

| B 因素 | A 因素 类别 1（$A_1$） | A 因素 类别 2（$A_2$） | 合计 |
|---|---|---|---|
| 类别 1（$B_1$） | $N_{A_1}N_{B_1}/N_t$ | $N_{A_2}N_{B_1}/N_t$ | $N_{B_1}$ |
| 类别 2（$B_2$） | $N_{A_1}N_{B_2}/N_t$ | $N_{A_2}N_{B_2}/N_t$ | $N_{B_2}$ |
| 合计 | $N_{A_1}$ | $N_{A_2}$ | $N_t$ |

如果以表 18-1 中两个变量的类别 2 构成的 $A_2B_2$ 单元格为例，其期望值为 $A_2$ 与 $B_2$ 的边缘次数（$N_{A_2}$ 与 $N_{B_2}$）的乘积 $N_{A_2}N_{B_2}$ 除以总次数 $N_t$。

### 五、小期望次数的连续性校正

运用 $\chi^2$ 检验时，一个前提假设就是各单元格的理论次数不得小于 5。卡方分布本身是连续性分布，但是在分类资料的统计分析中，显然次数只能以整数形式出现，因此计算出的统计量是非连续的。只有当样本量比较充足时，才可以忽略两者间的差异，否则将可能导致较大的偏差。具体而言，一般认为对于 $\chi^2$ 检验中的每一个单元格，要求其最小期望次数均大于 5，且至少有 4/5 的单元格期望次数大于 5，此时使用卡方分布计算出的概率值才是准确的。如果数据不符合要求，可以采用确切概率法进行概率的计算。

当单元格的次数过少时，可采用以下方法进行校正。

第一，单元格合并法。若有一个或者多个单元格的期望次数不大于 5，在拟合优度检验的研究中，可以调整变量的分类方式，将部分单元格合并。例如，在身高中，如果 190 厘米以上的人过少，就可将其与 180 厘米以上的合并以增加期望次数。

第二，增加样本量。如果不能改变变量的分类方式（如性别、正误等），又要获得有用的样本，最好的方法就是增加样本数以增加期望值。

第三，删除样本。如果样本量不能增加，而有些单元格的次数实在偏低且又不具有研究价值，可以把该分类删除，但研究结论不能推广到删除分类的这一总体中。

第四，运用公式校正。正如期望次数小于 5 或样本总次数小于 20 时，应使用费舍尔精确概率检验法（Fisher' exact probability test）；在 2×2 的列联表中，单元格的期望次数大于 5 而小于 10，可使用耶茨校正（Yates' correction for continuity）公式加以校正。

# 第二节 拟合优度检验

拟合优度检验（goodness of fit test）主要用于检验单一变量的实际观察次数分布与某理论次数是否有差别。由于拟合优度检验的是一个因素多项分类的计数资料，所以也称为单因素检验（one-way test）。

## 一、拟合优度检验的一般问题

### （一）统计假设

拟合优度检验的研究假设是实际观察次数与某理论次数之间的差异是否显著，$H_0$为实际观察次数与理论次数之间无差异或者相等。拟合优度检验研究的是某总体的分布是否与某种分布相符合，不涉及总体参数。统计假设如下：

$$H_0: f_0 - f_e = 0 \text{ 或 } f_0 = f_e$$
$$H_1: f_0 - f_e \neq 0 \text{ 或 } f_0 \neq f_e$$

运用公式 $\chi^2 = \sum (f_0 - f_e)^2 / f_e$ 计算 $\chi^2$ 值，然后查 $\chi^2$ 分布表。如果计算的 $\chi^2$ 值大于表中 $\chi^2_{0.05}$ 或 $\chi^2_{0.01}$ 的值，就拒绝虚无假设 $H_0$，则 $f_0$ 与 $f_e$ 之间差异显著；反之，接受 $H_0$，则 $f_0$ 与 $f_e$ 之间无差异。

需要指出的是，$\chi^2$ 检验法查表所得的概率值是双侧概率。因为 $\chi^2$ 总为正值，但实际上 $f_0 - f_e$ 有正有负。因此，当 $\chi^2 > \chi^2_{0.05}$ 或者 $\chi^2 > \chi^2_{0.01}$ 时，拒绝 $H_0$，这时犯错误的概率是 0.05 或 0.01，指的是双侧概率而言。

### （二）自由度的确定

确定拟合优度检验方法中的自由度，与以下两个因素有关：一是实验或者调查中的分类项数；二是计算理论次数时，用观察数目的统计量的个数。自由度的计算一般为资料的分类或分组的数目，减去计算理论次数时所用统计量的个数。一般情况下，在计算理论次数时要用到"总数"这一统计量，因此拟合优度检验的自由度一般为分类项数减去 1。但计量数据分布的拟合优度检验时，如正态拟合检验，要用到三个统计量：总数、平均数、标准差，这种情况下自由度为分组数目减去 3。

### （三）理论次数的计算

拟合优度检验需要先计算理论次数，这是计算 $\chi^2$ 值的关键性步骤。理论次数的计算，一般是根据某种理论，按一定的概率通过样本及实际观察次数计算。

某种理论有经验概率，也有理论概率，如二项分布、正态分布等理论概率。具体应用要依据实际情况而定。

## 二、拟合优度检验的应用

### （一）检验无差假说

本节所讲的无差假说，是指各项分类的实际计数之间没有差异，即假设各项分类之间的机会相等，或者概率相等，因此理论次数完全按概率相等的条件计算，即

$$理论次数 = 总数 \times \frac{1}{分类项数} \tag{18-2}$$

**【例 18-1】** 随机抽取 120 名学生，询问他们在高中是否选择住校，选择住校的为 71 人，选择不住校的 49 人，问：他们对住校的意见是否有显著差异？

解：此题只有两项分类。假设两项分类的实际次数相等或无差别，其各项实际次数的概率应相同，即 $p=q=0.5$。因此，检验的问题"对住校的意见是否有显著差异"实际上是指每种态度的实际次数与理论次数的差异是否显著，因各项的理论次数相同，所以可以理解为对住校的态度是否一致或是否有差异。因此：

$$f_e = 120 \times 0.5 = 60$$

设　$H_0：f_0 = f_e = 60$
　　　$H_1：f_0 \neq f_e$

$$\chi^2 = \sum \frac{(f_0 - f_e)^2}{f_e} = \frac{(71-60)^2}{60} + \frac{(49-60)^2}{60} = \frac{11^2}{60} + \frac{(-11)^2}{60} \approx 4.03$$

因为计算只用到总数 120 一个统计量，分类项数是 2，所以

$$df = 2 - 1 = 1$$

查 $\chi^2$ 值表，当 $df=1$ 时，$\chi^2_{0.05} = 3.84$，$\chi^2_{0.01} = 6.63$，算得的 $\chi^2$ 值在二者之间，故 $0.01 < p < 0.05$ 或 $\chi^2_{0.05} < \chi^2 < \chi^2_{0.01}$。

答：可以推论说，学生们在对是否应该住校这一问题上的意见有显著差异，这一结论出错的概率在 0.05 到 0.01 之间。

**【例 18-2】** 在某人自编的拖延症的自测题目中，某一道题目有轻度、中度、重度 3 个备选选项。调查了 120 人，结果轻度的 60 人，中度的 30 人，重度的 30 人。问不同程度的拖延症人数之间是否有显著差异？

解：由例 18-1 可知，此题为无差假说，已知分类项目为 3，所以各项理论次数相等。故

$$p=\frac{1}{3}, \ n=120, \ f_e=120\times 1/3=40$$

$$\chi^2 = \sum \frac{(f_0-f_e)^2}{f_e} = \frac{(60-40)^2}{60}+\frac{(30-40)^2}{60}+\frac{(30-40)^2}{60} \approx 10$$

$$df=3-1=2$$

查 $\chi^2$ 值表，当 $df=2$ 时，$\chi^2_{0.05}=5.99$

因此，$\chi^2 > \chi^2_{0.05}$，$p<0.05$

答：可以推论说，被试在拖延症程度这一问题上的意见有显著差异，这一结论出错的概率小于 0.05。

（二）检验假设分布的概率

假设某因素各类分项的次数分布为正态分布，假定的观察对象是正态，因此其理论次数应按正态分布概率计算。具体方法是先按正态分布理论计算各项分类应有的概率，再乘以总数即可得到各项理论次数。若是二项分布、泊松分布等非正态分布，那么概率应按各自假设的分布计算。事先假定的分布是经验分布而非理论分布，也可以按经验分布计算概率，然后乘以总数即可得到理论次数，最后检验实际计数与检验假设之间亦即实际计数与理论次数之间的差异是否显著。

### 三、连续变量分布的拟合度检验

对于连续变量的计数数据，有时候在实际研究中预先不知道其总体分布，要根据对样本的次数分布来判定是否服从某种指定的具有明确表达式的理论次数分布。这些理论分布有正态分布、二项分布、泊松分布等多种理论分布。在给定的显著性水平下，对假设做显著性检验，这种假设检验通常称为分布的拟合度检验，简称为分布拟合检验。分布拟合检验有很多种，拟合度检验是最常见的一种。

正态分布的拟合度检验是连续变量分布拟合度检验中经常面临的问题，是心理与教育研究中整理和分析研究数据时常用的统计方法。

对于连续性数据总体分布的检验，其中一种方法是将测量数据整理成次数分布表，画出次数分布曲线图，根据图形进一步判断选择恰当的理论分布。有时可选择某一直线或曲线的理论分布函数方程式计算理论次数，然后把实际分组次数和理论分组次数代入 $\chi^2$ 检验公式，计算 $\chi^2$ 值，继而查 $\chi^2$ 值表，确定差异是否显著。若显著，说明实际次数分布与所选的理论次数分布不吻合，然后选择其他理论分布函数，再次比较，直至相互吻合；反之，若差异不显著，说明二者吻合。

对于连续随机变量分布的拟合度检验,关键的步骤是计算理论次数与自由度。理论次数的计算是把实际次数分布的统计量代入所选的理论次数分布函数方程,计算各分组区间的理论频率,然后再乘以总数得到各分组区间的理论次数。确定自由度时是将分组的数目减去计算理论次数时所用统计量的数目。

### 四、比率或百分数的拟合度检验

如果搜集到的计数资料用的是百分数,那么拟合度检验的方法和上面几种情况基本相同,只是最后将计算的 $\chi^2$ 值乘以 $\frac{N}{100}$ 后再查 $\chi^2$ 值表。原因在于最初百分数是由原数据乘以 $\frac{100}{N}$ 得到的,在结果中再乘以 $\frac{N}{100}$ 予以还原。

【例 18-3】 在一项有 500 人参与的调查中,非常同意的占 24%,同意的占 20%,不确定的占 8%,不同意的占 12%,极其不同意的占 36%,试问各种态度是否有所不同?

解:本题是无差假说检验,步骤如下。

(1) $H_0$:5 种态度无显著差异,理论人数分配比率为 20%;

(2) $\chi^2 = \frac{(24-20)^2}{20} + \frac{(20-20)^2}{20} + \frac{(8-20)^2}{20} + \frac{(12-20)^2}{20} + \frac{(36-20)^2}{20}$

$= \frac{16}{20} + \frac{0}{20} + \frac{144}{20} + \frac{64}{20} + \frac{256}{20} = 24$

$\chi^2 \times \frac{N}{100} = 24 \times \frac{500}{100} = 120$;

(3) 本题只用到总人数这一个统计量,所以 $df = 5 - 1 = 4$;

(4) 查 $\chi^2$ 值表。当 $df = 4$,$\chi^2_{0.05} = 14.9$ 因此,$\chi^2 > \chi^2_{0.05}$,$p < 0.05$。

答:持 5 种态度的人数或百分数有显著差异。

### 五、二项分类的拟合度检验与比率显著性检验的一致性

比率显著性检验的依据是二项分布,设 $p = q$,实际次数为 $x = f_0$,$\mu = f_e$,当 $np > 5$ 时,比率显著性检验的公式为

$$Z = \frac{p - p_e}{\sqrt{\frac{p_0 q_0}{n}}} = \frac{x - \mu}{\sqrt{np_0 q_0}} = \frac{f_0 - f_e}{\sqrt{f_e \cdot \frac{1}{2}}} \quad (p = q = \frac{1}{2}) \quad (18\text{-}3)$$

根据

$$\chi^2 = Z^2 = \left(\frac{x - \mu}{\delta}\right)^2 = \frac{(x - \mu)^2}{\delta^2} \quad (df = 1)$$

$$Z^2 = \frac{(f_0 - f_e)^2}{f_e \cdot \frac{1}{2}} = 2 \cdot \frac{(f_0 - f_e)^2}{f_e}$$

若 $p \neq q$，则 $\chi^2 = \frac{(f_0 - f_e)^2}{f_e}$

式中，$Z$ 是标准分；$p$ 是成功事件的比率；$q = 1 - p$；$p_0$ 和 $q_0$ 是实际比率；$p_e$ 是理论比率；$\delta$ 是成功事件的标准差。

可见，只有两项分类的 $\chi^2$ 检验与比例的显著性相同。在进行比率显著性检验时，先将所关心的某一性质的实际次数换算成比率 $p$，$p = 1 - q$，$q$ 为与之相对的分类的次数比率，若不用此比率表示，用实际次数表示则为 $f_{0_1}$ 与 $f_{0_2}$ 两项分类，比率 $p = \frac{f_{0_1}}{f_{0_1} + f_{0_2}}$，$q = \frac{f_{0_2}}{f_{0_1} + f_{0_2}}$。可见，两者实质相同，只是表示方法不同。

**【例 18-4】** 投掷一枚硬币 100 次，实验结果正面向上的次数为 42 次，问正面向上的比率是否显著？

解：(1) 用比率显著性检验：

$p_0 = q_0 = \frac{1}{2} = 0.5$；$p = \frac{42}{100} = 0.42$；$q = 1 - 0.42 = 0.58$

$$Z = \frac{p - p_0}{\sqrt{\frac{p_0 q_0}{n}}} = \frac{0.42 - 0.5}{\sqrt{\frac{0.5 \times 0.5}{100}}} = -\frac{0.08}{0.05} = -1.6$$

用实际次数计算 $\mu = np = 100 \times 0.5 = 50$

$$\delta = \sqrt{100 \times 0.5 \times 0.5} = 5 ; Z = \frac{42 - 50}{5} = -1.6$$

(2) 用拟合度检验：

|       | 正面向上 | 正面向下 | $N$ |
|-------|---------|---------|-----|
| $f_0$ | 42      | 58      | 100 |
| $f_e$ | 50      | 50      | 100 |

$$\chi^2 = \frac{(42 - 50)^2}{50} + \frac{(58 - 50)^2}{50} = 2.56$$

查 $df = 1$ 的 $\chi^2$ 值表得 $\chi^2 = 2.56$，$p = 0.1162$（用内插计算），而 $Z = 1.6$ 时查正态表得 $p$ 为 $(0.50 - 0.4452) \times 2 = 0.1096$，因 $\chi^2$ 概率为双侧概率，故查表得到的概率乘以 2 得到双侧概率。由于近似计算引起的误差，两个概率非常接近。由此可见，两种检验方法所得的统计结论是相同的，但拟合度检验更为简单。

## 第三节 独立性检验

独立性检验（test of independence）主要用于两个或两个以上因素多项分类的计数资料分析，也就是研究两类变量之间的关联性和依存性问题。例如，人的血型与人的性格是否有关联、学生的社会经济状况与学业成就是否有关联等。如果要研究两个因素（又称自变量）或两个以上因素之间是否具有独立性，或有无关联，或有无"交互作用"存在，就要应用独立性检验。其目的在于检验从样本得到的两个变量的观测值是否具有特殊的关联。如果两个自变量是独立的、无关联的（即 $\chi^2$ 值不显著），就意味着对其中一个自变量（因素）来说，另一个自变量的多项分类次数上的变化是在取样误差的范围之内。假如两个因素是非独立的（即 $\chi^2$ 值显著），则称这两个变量之间有关联或有交互作用存在。由于两个变量代表两个不同的概念（或母体），独立性检验必须同时处理双变量的总体特性，所以又可称之为双因子检验，亦可视之为双母总体检验。值得注意的是，此时双母总体指的是两个变量所代表的概念母总体，而非人口学上的母总体。

当然，对其中一个自变量而言，另一个自变量多项分类次数上的变化，超过了取样误差的范围。从另一个方面来讲，假如研究者的兴趣是一个自变量的不同分类是否在另一变量的多项分类上有差异或者是有一致性，也可用独立性检验来解释：如果两个变量有关联，那么在分类上的差异就显著。这是一个问题的两个方面。

例如，某校对学生课外活动的内容进行调查，结果如表 18-2 所示。

表 18-2　学生课外活动调查结果

| 性别 | 活动内容 |  |  | 合计 |
|---|---|---|---|---|
|  | 体育 | 文娱 | 阅读 |  |
| 男 | 21 | 11 | 23 | 55 |
| 女 | 6 | 7 | 29 | 42 |
| 合计 | 27 | 18 | 52 | 97 |

独立性检验一般多采用表格的形式记录观察结果。像表 18-2 那样，这种表格又称为列联表，故独立性检验又有列联表分析的别名。每一个因素可以分为两个或两个以上类别，因分类的数目不同，列联表有多种形式。两个因素各有两项分类，称为四格表，一个因素有两项分类，另一个因素有 $k$ 项分类，则称之为 $2 \times k$ 表。一个因素有 $R$ 类，另一个因素有 $C$ 类，这种表被称为 $R \times C$ 表。

另外，因素也可以多于两个以上，这种表称为多维列联表，它的分析比较复杂。本节主要针对二维列联表来讨论独立性检验的分析方法。

## 一、独立性检验的一般问题与步骤

（一）统计假设

统计性检验的虚无假设是二因素（或多因素）之间是独立的或无关联的，备择假设则是二因素（或多因素）之间有关联或者说差异显著。一般多用文字叙述而很少用统计符号表示。

（二）理论次数的计算

独立性检验的理论次数是直接用列联表提供的数据推算出来的。我们可以根据二因素或称两样本其各行或各列数目的和计算每一项分类的数目与总数（$N$）的比值。

（三）自由度的确定

两因素列联表自由度与两因素各自的分类项数有关。设 $R$ 为每一行的分类项数，$C$ 为每一列的分类数目，则自由度为

$$df = (R-1)(C-1) \tag{18-4}$$

这里，自由度的意思是：在计算理论次数时，在 $3\times 2 = 6$ 的单元格内，只有两个单元格内的数目可以自由变动，也就是说，在 6 个单元格中，只要有 2 个单元格的数字确定，在边缘次数（即 $f_x, f_y$）不变的情况下，其他各单元格的数字就随之而定了。例如，知道男生喜爱体育活动的理论次数 15.3，喜爱文娱活动的理论次数 10.2 这两个数，其他各单元格的理论次数便可推算出来。若不是理论次数，而是两个实际次数，也同样如此。因此，在计算 $R\times C$ 表的理论次数时，只需用上述公式计算 $(R-1)(C-1)$ 个理论次数，其余的理论次数可直接用边缘次数减去所计算出来的 $(R-1)(C-1)$ 个理论次数得到。

（四）统计方法的选择

独立性检验的统计方法，视样本是独立的还是相关的，是大样本还是小样本等具体情况而定，各因素的分类项目多少不同也有不同的统计方法。这些具体方法在下面将逐一介绍。在应用独立性检验时，一定要考虑到上述情况而选择恰当的统计公式。

一般应用独立性检验的场合，独立样本居多，用检验的基本公式计算：

$$\chi^2 = \sum \frac{(f_0 - f_e)^2}{f_e} \tag{18-5}$$

应用基本公式计算，要先计算理论次数，比较麻烦。可用下式直接计算值，其公式为

$$\chi^2 = N(\sum \frac{f_{0i}^2}{f_{xi}f_{yi}} - 1) \tag{18-6}$$

式中，$f_{0i}$为每一格的实际观察次数。$f_{xi}$是与$f_{0i}$对应的那一行的总数，称为边缘次数。$f_{yi}$是与$f_{0i}$对应的那一列的总数，也称边缘次数，$N$为总的观察数目。对于小样本及2×2表，可用更简便的公式。

（五）结果及解释

查自由度为$(R-1)(C-1)$的$\chi^2$值表后，确知计算的$\chi^2$值小于$\chi^2_{0.05(2)}$或$\chi^2_{0.01}$时，接受原假设，即认为两个因素无关联，或者说两个因素是相互独立的，或者说一个因素的几项分类在另一个因素的几项分类上实际观察次数与理论次数差异不显著，或者可以笼统地讲差异不显著。

当计算的$\chi^2$值大于$\chi^2_{0.05(2)}$或$\chi^2_{0.01}$时，拒绝虚无假设，即认为两个因素之间有关联，或者说两个因素不独立，或者说一个因素的几项分类与另一个因素的几项分类的实际观察次数与理论观察次数之间差异显著。

## 二、四格表独立性检验

最简单的列联表就是四格表，这种形式在心理、教育及社会调查中应用最多。四格表的独立性检验在很多情况下与二比率差异显著性检验的统计功用相同。也就是说，在有些场合，如其中一个因素属于被试方面的两项分类时，调查结果可以整理成两个比率，也可以整理成四格表形式。在这种情况下，两种不同的统计方法都可达到相同的统计分析目的。下面根据样本的不同情况，分别叙述各种方法。

（一）独立样本四格表检验

独立样本四格表检验，相当于独立样本比率差异的显著性检验。在独立样本的四格表中，当各单元格的理论次数为5时，可用计算值的基本公式求值，查临界值的自由度$df=1$，或者用下面的简捷公式计算值：

$$\chi^2 = \frac{N(AD-BC)^2}{(A+B)(C+D)(A+C)(B+D)} \tag{18-7}$$

式中，$A$、$B$、$C$、$D$分别为四格表内各格的实际观察次数，$(A+B)$、$(C+D)$、$(A+C)$、$(B+D)$为各边缘次数，自由度$df=1$。四格表各单元表示方式具体如表18-3所示。

表 18-3　四格表

|  | | 因素 A | | |
|---|---|---|---|---|
|  | | 分类 1 | 分类 2 | |
| 因素 B | 分类 1 | A | B | A+B |
|  | 分类 2 | C | D | C+D |
|  | | A+C | B+D | N=A+B+C+D |

**（二）相关样本四格表检验**

相关样本四格表检验与相关样本比率差异显著性检验的功能相同。其检验公式为

$$\chi^2 = \frac{(A-D)^2}{A+D} \tag{18-8}$$

$df=1$，式中，$A$、$D$ 为四格表中两次实验或调查中分类项目不同的那两个格的实际次数。

**（三）四格表值的近似校正**

当四格表任一格的理论次数小于 5 时，要用 Yates 连续性校正公式计算 $\chi^2$ 值，这一点与拟合度检验相同。下面的四格表连续校正公式，是根据 Yates 连续性校正公式，将实际次数代入推导而来，它使用起来更加方便。

独立的四格表值校正公式：

$$\chi^2 = \frac{N(|AD-BC|-\frac{N}{2})^2}{(A+B)(C+D)(A+C)(B+D)} \tag{18-9}$$

相关的四格表值校正公式：

$$\chi^2 = \frac{(|A-D|-1)^2}{A+D} \tag{18-10}$$

只要四个单元格中有一格的理论次数小于 5，就可应用四格表校正公式。当理论次数大于 5 时，按道理也应用校正公式计算，但由于样本较大，校正公式计算的结果与不用校正公式所计算的结果十分接近，一般对推论不产生影响，故可用基本公式计算。

用校正公式近似计算，允许四格中有一格的实际次数出现零的情况，校正公式适用较广，可得到与精确概率方法非常近似的结果。

**（四）四格表的费舍尔精确概率检验方法**

在期望次数即理论次数小于 5 时，可用费舍尔精确概率检验法。因为四格表检验只是利用近似分布，当样本较大时近似很好，当样本较小时近似就不好。这种情况下用校正公式，可以进一步改善近似程度。

如果不用校正公式，可用费舍尔精确概率直接计算。在边缘次数固定的情况下，观测数据的精确概率分布为超几何分布。如果两个变量是独立的，当边缘次数保持不变时，各格内的实际观察次数 $a$、$b$、$c$、$d$ 与前述的 $A$、$B$、$C$、$D$ 同义，任何一个特定排列概率 $p$ 是

$$p = \frac{(a+b)!(c+d)!(a+c)!(b+d)!}{a!b!c!d!(a+b+c+d)!} \quad (18\text{-}11)$$

$a!$ 读作 $a$ 的阶乘。

在边缘次数不变的情况下，用式（18-11）计算出各格内实际观察次数排列的概率，以及所有其他可能排列的概率的和，然后与显著性水平 $\alpha$ 比较，若 $p < \alpha$，则说明超过了独立性样本各单元格实际观察次数的取样范围，就可推论说，两样本独立的假设不成立，或者说两样本之间存在显著关联。

### 三、$R \times C$ 表独立性检验

$R \times C$ 表独立性检验，是应用较多的 $\chi^2$ 检验。除四格表有些特殊情况外，一般情形下的 $R \times C$ 表检验，计算 $\chi^2$ 的基本公式为

$$\chi^2 = \sum \frac{(f_{0i} - f_{ei})^2}{f_{ei}} \quad (18\text{-}12)$$

式中，$f_{ei} = \dfrac{f_{xi} \cdot f_{yi}}{N}$

较方便的公式为

$$\chi^2 = N \left( \sum \frac{f_{0i}^2}{f_{xi} f_{yi}} - 1 \right) \quad (18\text{-}13)$$

### 四、多重列联表分析

独立性检验主要讨论两个变量之间的关系，并对其显著性进行检验，当变量类别多于两个时，就要运用多重列联表分析方法。比如，有一个三因子列联表，目的是讨论性别（男与女）、婚姻状况（未婚与已婚）及生活满意状态（刺激、规律或无聊）三个变量之间的关系，可以将其中一个变量作为分层变量或控制变量，分别就控制变量每一个水平下另两个变量所形成的列联表来进行比较分析。如果将性别视为控制变量，分别进行男性与女性的婚姻状况与生活满意状态的列联表分析，此时，三因子列联表就被拆分成两个二因子列联表，即男性样本可以得到一个 $2 \times 3$ 的列联表，女性样本可以得到另一个 $2 \times 3$ 的列联表。分别就两个列联表各自的统计量进行计算，再加以比较即可，其数学原理与独立性检验相同。对控制变量的不同水平所进行的单个列联表分析，如果呈

现一致性的结果,如各单元格的百分比分布比例一致,$\chi^2$值不显著,此时可以将各水平下的$\chi^2$值相加,以推测列联表中两个变量总的$\chi^2$值,并进行关联性鉴定,如何具体合并,可参考本章后面的内容。但是当各水平列联表的分布情形不一致时,就必须单独就个别列联表来解释。

## 第四节 同质性检验与数据的合并

在心理与行为研究中,经常会遇到这样的问题:比较几个因素是否有真实的差异,或者判断几次重复实验的结果是否同质,要解决这类问题就要用到$\chi^2$检验中的同质性检验(test for homogeneity)。另外,在心理与行为实验中,还要对几次或几组实验数据进行合并,这时,就需要先进行同质性—异质性检验,然后判断是否能够合并。

计数数据的同质性检验与独立性检验方法基本相同,但检验的目的不同。独立性检验是对同一样本的若干变量关联情况的检验,目的在于判明数据资料是相互关联还是彼此独立的;同质性检验则是对两个样本中同一个变量的分布状况的检验,是对几个样本的数据是否同质做出统计判断。

### 一、单因素分类数据的同质性检验

对单因素分类数据的同质性检验,包括以下几个步骤:①计算各个样本组的$\chi^2$值和自由度;②累加各样本组的$\chi^2$值,计算其总和及自由度的总和;③将各样本组原始数据按相应类别合并,产生一个总的数据表,并计算这个总数据表的$\chi^2$值和自由度;④计算各样本组的累计$\chi^2$值与总测试次数合并获得的$\chi^2$值之差,称此为异质性$\chi^2$值,异质性$\chi^2$值是各个样本组间不一致的部分,其自由度为各样本组累计自由度与合并后的总数据的自由度之差;⑤查$\chi^2$表,判断$\chi^2$值差是否显著。如果显著,表明几个样本组之间异质;如果不显著,表明同质。从实验设计角度讲,这几个样本组的数据可以合并到一起。

### 二、列联表形式的同质性检验

当几组实测数据以列联表形式呈现时,其同质性—异质性$\chi^2$分析方法与前面的方法相同。

### 三、计数数据的合并方法

在心理与行为实验中经常会遇到研究内容相同的两格表、四格表或 $R \times C$ 表,即因素内容、分类项目都相同的计数数据,这些数据有的是来自不同的研究者,有的是同一个研究者不同或相同时期的研究,在调查或实验之前并未考虑数据合并问题,而是在搜集到数据之后,才想合并它们,如何将这些数据合并,更充分地利用这些数据信息,就是数据合并问题。当同质性检验的结果表明各类数据同质时,就可将它们合并处理。如果是探索性实验,那么在后续的正式实验中,实验变量就可做出相应的调整。

(一)两格表及四格表数据的合并

1. 简单合并法

简单合并法即将所有的数据合并到同一个两格表或四格表中,然后计算 $\chi^2$ 值,并进行假设检验。应用简单合并法的条件:①各分表某特征的相应比率接近;②各分表(小样本)的量都未达到显著水平,即分表小样本齐性。

2. $\chi^2$ 相加法

$\chi^2$ 相加法,即将各分表的 $\chi^2$ 值相加,查自由度为分表数目的 $\chi^2$ 值表,确定显著性水平。这种方法虽常被应用,但反应不灵敏,因为它没有考虑到各表中的比率方向,所以对于有相同比率方向的各分表分辨力较差。

3. $\sqrt{\chi^2}$ 即 $\chi$ 值相加法

这种方法的应用条件是:①各样本容量相差不超过 2 倍;②表中各相应比率的取值为 0.2~0.8。应用下式进行显著性检验:

$$Z = \frac{\sum \chi}{\sqrt{K}} \tag{18-14}$$

式中,$K$ 为分表的数目,$\chi = \sqrt{\chi^2}$ 为各分表 $\chi^2$ 值的开方。在计算 $\chi$ 值时,需附以适当的符号,符号的确定根据各分表中相应项目的比率差异方向是否相同。差异方向相同,各 $\chi$ 值符号相同;若差异方向不同,则 $\chi$ 值符号不同,但"+""—"号无关紧要。

这种方法是假设各比率相等的条件下,任一 $2 \times 2$ 表的 $\chi^2$ 值渐进服从平均数为 0、标准差为 1 的正态分布,$K$ 个表的 $\chi^2$ 值之和的分布则服从平均数为 0、标准差为 $\sqrt{K}$ 的正态分布。所以,求出统计量 $Z$ 后,查正态表确定其是否显著。

4. 加权法

它是一种在多个四格表中各相应比率不在 0.2 至 0.8 之间,且样本容量相差较大（超过2倍），样本差异方向相同时，应用χ值相加法不适宜的情况下合并数据的方法。这种方法更加提高和重视大样本的重要性。它的依据是在全部样本比率之差为零的假设下，加权的差异（$w_i d_i$）服从平均数为0、单位方差的正态分布，故加权差异之和则服从平均数为零、标准差为 $\sqrt{\sum w_i p_i q_i}$ 的正态分布，其统计量则为

$$Z = \frac{\sum_{i=1}^{K} w_i d_i}{\sqrt{\sum w_i p_i q_i}} \tag{18-15}$$

式中，$K$为分类数目，$i$为各$2\times 2$表的序号，$d_i = p_{i1} - p_{i2}$，$p_{i1}$、$p_{i2}$为$2\times 2$表的比率，$w_i = \frac{n_{i1} \cdot n_{i2}}{n_{i1} + n_{i2}}$为各样本加权数，$n_{i1}$、$n_{i2}$为两边缘次数。

5. 分表理论次数合并法

这种方法是分别计算每个分表各格的理论次数，然后将每个分表对应的理论次数相加，作为简单合并表的理论次数，再据此计算$\chi^2$值，这种方法是在没有更好的方法可用时，不得以而采用的一种方法，应用这种方法有一个缺点，即它不遵循$df=1$的$\chi^2$分布，但仍然用$\chi^2$统计量，这样就使问题复杂化。

（二）$R\times C$表数据的合并

$R\times C$表需要合并数据信息，条件同四格表一样：各次调查或研究所引起的不同影响必须消除，即实验或调查的控制要相同，表中各相应比率方向要相同等。常用的方法有以下两种。

1. 简单合并法

这种方法要求各分表中相应的比率接近且各样本齐性。

2. 分表理论次数合并法

这种方法即先分别计算每个分表中各格的理论次数，然后将各分表的实际次数合并，作为总表的实际次数，将各分表对应格的理论次数相加作为总表的理论次数，然后用$\chi^2$值基本公式计算$\chi^2$值。查$df=(R-1)(C-1)$的$\chi^2$表，确定显著性水平。

## 第五节  $\chi^2$值与$\varphi$系数

如果样本大小$n$不是太小（$n>20$），最小的期望频数也不是太小（如3左

右），我们可通过 $\chi^2$ 值来检验 $\varphi$ 系数的显著性，因为：

$$\chi^2 = \varphi^2 \cdot n$$

即

$$\text{显著性检验} = \text{效应值} \times \text{样本量}$$

这提示我们：$\chi^2$（像 $t$ 和 $F$）与效应值和样本量有关。因此，效应值越大或者被试量越大，$\chi^2$ 值就越大。

一般情况下，我们先计算 $\chi^2$，再计算 $r_{\text{effect}}$。就其他统计检验而论，只有自由度为1时，我们才报告效应值。在 $df=1$ 的 $\chi^2$ 值情况下，为了便于计算效应值，我们使用以下公式：

$$\varphi = \sqrt{\frac{\chi^2}{n}} \tag{18-16}$$

式中，$\varphi$ 是效应值。

假如我们现在研究两个校园组织成员的食物偏好，成员们自称是垃圾食品爱好者（JFJ）和绿色营养食品爱好者（GE）。我们给每组被试1～2种食物选择，一种是夹着洋葱、腌菜、美味调料及带着烤肉酱的汉堡包（我们叫它大杰克），另一种是夹着莴苣叶和番茄酱的全麦面包。结果如表18-4所示。

表 18-4　食品选择基本数据

| 食品选择 | 垃圾食品爱好者 | 绿色食品爱好者 | 总计 |
| --- | --- | --- | --- |
| 大杰克 | 24 | 13 | 37 |
| 全麦面包 | 12 | 30 | 42 |
| 总计 | 36 | 43 | 79 |

所有成员都是一个独立的个体，被试测试的结果填入四格表中相应的一个方格内。表18-4中，实际观察次数是指每组人选择两种食品的实际人数，其中在垃圾食品爱好者中有24人选择大杰克，12人选择全麦面包，另一部分营养食品爱好者有13人选择大杰克，30人选择全麦面包。

我们现在计算效应值，可用以下公式：

$$\varphi = \frac{BC - AD}{\sqrt{(A+B)(C+D)(A+C)(B+D)}}$$

$$= \frac{(13 \times 12) - (24 \times 30)}{\sqrt{37 \times 42 \times 36 \times 43}}$$

$$= 0.3636$$

由此计算：

$$\chi^2 = 0.3636^2 \times 79 = 10.444$$

先根据基本公式，求得：

$$\chi^2 = \sum \frac{(f_0 - f_e)^2}{f_e} = \frac{(24-16.861)^2}{16.681} + \frac{(13-20.139)^2}{20.139} + \frac{(12-19.139)^2}{19.139}$$
$$+ \frac{(30-22.861)^2}{22.861}$$
$$= 10.466$$

可见，在可容许误差内，两个 $\chi^2$ 值是一样的。

同样，在自由度为 1 的 $\chi^2$ 值下，$\varphi = r_{\text{effect}}$，这可以用 BESD 的方法加以解释。把相关数值代入公式可得

$$r_{\text{effect}} = \sqrt{\frac{\chi^2}{n}} = \sqrt{\frac{10.446}{79}} = 0.36$$

可见，此值与上述 $\varphi$ 值相等。

在一个卡方表格中有许多单元格（如一个计数或频数表格），从统计意义上讲，计算这种表格的卡方显著性要比 2×2 表格更难。表 18-5 是一个 2×4 表格，增加了两个新组，其中一个新组（标明为 PC）由心理学俱乐部的 35 个成员组成，另一组由数学俱乐部的 11 名成员组成（标明为 MC）。我们的假设是：心理和数学系的学生更喜欢 JFJ 而非 GE。

表 18-5  2×4 表格

| 食物选择 | PC | MC | JFJ | GE | 总数 |
| --- | --- | --- | --- | --- | --- |
| 大杰克 | 21 | 8 | 24 | 13 | 66 |
| 全麦面包 | 14 | 3 | 12 | 30 | 59 |
| 总数 | 35 | 11 | 36 | 43 | 125 |

表 18-6 中的期望频数从表 18-5 中已得数据计算出来。例如，在表 18-5 中，我们看到心理俱乐部的 35 个成员中 21 个选择大杰克，在表 18-6 中计算得出期望次数为 18.480，我们把相应的横栏总数（66）乘以相应的纵栏总数（35），然后除以总数观察值（125），结果是 $\frac{66 \times 35}{125} = 18.480$。可以看出表 18-6 中的行总数和列总数与表 18-5 中总数值相一致。

代入公式 $df = 3$，得出：

$$\chi^2 = \sum \frac{(f_0 - f_e)^2}{f_e} \tag{18-17}$$

表 18-7 给出了运算结果。这些单元格的 $\chi^2$ 值总和是 14.046，$\chi^2$ 的 $p$ 值（$df = 3$）大约等于 0.003。

表 18-6　各分类的期望频数

| 食物选择 | PC | MC | JFJ | GE | 行总数 |
|---|---|---|---|---|---|
| 大杰克 | 18.480 | 5.808 | 19.008 | 22.704 | 66 |
| 全麦面包 | 16.520 | 5.192 | 16.992 | 20.296 | 59 |
| 列总数 | 35 | 11 | 36 | 43 | 125 |

表 18-7　各分类的 $\frac{(f_o - f_e)^2}{f_e}$ 值

| 食物选择 | PC | MC | JFJ | GE | 行总数 |
|---|---|---|---|---|---|
| 大杰克 | 0.344 | 0.827 | 1.311 | 4.148 | 6.630 |
| 全麦面包 | 0.384 | 0.925 | 1.467 | 4.640 | 7.416 |
| 列总数 | 0.728 | 1.752 | 2.778 | 8.788 | 14.046 |

$\chi^2$ 值越大，观察频数和期望频数的差异性可能就越小，令人不解的是表 18-7 中的 $\chi^2$ 值很大。然而，所有这些告诉我们的是，在数据中某种观察频数和期望频数有可能有明显的差异。当 $df > 1$ 时，方差分析中 $F$ 值计算公式中的分子也是如此。也就是说，一个有显著性的总的 $F$ 值能告诉我们变量之间有一些差别，但并不能明确地显示出这个差别在什么地方。为帮助我们解释 $df > 1$ 时的 $\chi^2$ 值表，下面我们介绍一些可用的方法。

第一种方法是，当卡方 $df > 1$ 时，检验与 $\frac{(f_o - f_e)^2}{f_e}$ 数值最接近的结果，因为这些结果显示了哪一个单元格对总的 $\chi^2$ 值贡献最大。在一个列联表中出现一个较大数值的单元格，这表明这一单元格能对横栏和纵栏的总数造成一定的影响并进一步影响整个的 $\chi^2$ 值。也就是说，按照概率或可能性，这一单元格的数值不应该是这样，或者说，在我们的研究假设中这一单元格并不重要。表 18-7 中的最大值（8.778）表明，在其他三组的随机选择基础上，按概率来说，GE 一组并没有按理论预期的方式进行选择。

处理大计数表格的第二个方法是把它们细分成小一点（如 2×2）的表格。在分割综合表格的基础上，我们计算附加卡方，这一过程称为表格的分解。先前的理论和假设或已获得结果的特性能告诉我们该去计算哪一个附加卡方。细分表的数量和大小要符合某些统计学原则，计算结果也需要一定的统计学调整。

第三个选择叫边缘值标准化，你所需要的是一个小型计算器和一点耐心。该方法将横栏和纵栏总数大小（或者边缘值）考虑进去，即将所有横栏总数设置成彼此相等，所有纵栏总数也彼此相等。然而，这个过程和 BESD 是有区别的，BESD 将横栏和纵栏的边缘值设置为 100。为表明边缘值标准化是怎样操作的，我们用下面的例子加以演示。

在我们设法去理解大计数表格的那些结果时遇到的一个特别的问题就是，我们的眼睛很可能被列出的绝对值所欺骗（如 $f_0$ 数据）。现在假定让我们说出表 18-5 中哪些数据在大杰克分类中是虚高的。我们注意到 PC 成员和 JFJ 的频数最大，我们可能错误地断定，在大杰克分类中 PC 组和 JFJ 组中的一组数据显得较大。这样我们得到的结论将是错误的，因为我们仅看到表格中每个单元格中的数值，而没有看到横栏和纵栏的边缘值。

浏览这些边缘值可以看出，在大杰克分类中，PC 组和 JFJ 组的观测次数应比数学俱乐部成员的大一点，因为 PC 和 JFJ 的成员比数学俱乐部成员多。另外，在总数上，大杰克分类的被试应比在全麦面包分类的多一点。把所有边缘值同时考虑进去将发现，实际上应是数学俱乐部被试在大杰克分类中的数据是虚高的。

然而，在大表格中，由于我们的眼睛和思维没有得到系统的帮助，所以将所有边缘值都考虑进去会变成一件非常难的事情。边缘值标准化允许我们去修正不均等的横栏和纵栏。

这样给我们提供了一个把不均等的栏都考虑进去的系统化程序。表 18-8～表 18-11 阐述了修正不均等的横栏和纵栏边缘值而采取的步骤。

表 18-8　不均等的纵栏边缘值修正结果

| 食物选择 | PC | MC | JFJ | GE | 总数 |
| --- | --- | --- | --- | --- | --- |
| 大杰克 | 0.600 | 0.727 | 0.667 | 0.302 | 2.296 |
| 全麦面包 | 0.400 | 0.273 | 0.333 | 0.698 | 1.704 |
| 总数 | 1.000 | 1.000 | 1.000 | 1.000 | 4.000 |

表 18-9　不均等的横栏边缘值修正结果

| 食物选择 | PC | MC | JFJ | GE | 总数 |
| --- | --- | --- | --- | --- | --- |
| 大杰克 | 0.261 | 0.317 | 0.291 | 0.132 | 1.001 |
| 全麦面包 | 0.235 | 0.160 | 0.195 | 0.410 | 1.000 |
| 总数 | 0.496 | 0.477 | 0.486 | 0.542 | 2.001 |

表 18-10　最后的修正结果

| 食物选择 | PC | MC | JFJ | GE | 总数 |
| --- | --- | --- | --- | --- | --- |
| 大杰克 | 0.517 | 0.657 | 0.589 | 0.238 | 2.001 |
| 全麦面包 | 0.483 | 0.343 | 0.411 | 0.762 | 1.999 |
| 总数 | 1.000 | 1.000 | 1.000 | 1.000 | 4.000 |

表 18-11　偏离 0.500 的期望值的结果

| 食物选择 | PC | MC | JFJ | GE | 总数 |
| --- | --- | --- | --- | --- | --- |
| 大杰克 | +0.017 | +0.157 | +0.089 | -0.262 | +0.001 |
| 全麦面包 | -0.017 | -0.157 | -0.089 | +0.262 | -0.001 |
| 总数 | 0.000 | 0.000 | 0.000 | 0.000 | 0.000 |

表 18-8 的结果阐述了第一步，将表 18-5 中的每一个观测频数除以其纵栏总数，举例来说，为得到表 18-5 中 21 和 14 的修正值，我们用每个值分别除以 35；为得到表 18-5 中 8 和 3 的修正值，我们用每个值分别除以 11；等等。这些计算结果构成表 18-8 的数据，从中我们看到：纵栏边缘值已相等了，但横栏仍很不相等。为了对后者进行修正，表 18-8 中，接着用每个新值除以它的横栏边缘值。例如，为获得 0.600，0.727，0.667 和 0.302 的修正值，我们用每个值除以 2.296。为得到 0.400，0.273，0.333 和 0.698 的修正值，我们用每个值除以 1.704，这些结果呈现在表 18-9 中。

在四舍五入误差允许范围内，表 18-9 横栏边缘值相等，但是纵栏不再相等。到目前为止，我们知道该做什么：仅用表 18-9 的每个项目除以其新的纵栏边缘值。该过程将使纵栏边缘值相等，但是可能使新的横栏边缘值不等。

我们重复上述步骤直到边缘值不再变化为止。从我们目前的数据来看，通过连续反复以上步骤得到的最后结果呈现在表 18-10 中。表 18-10 是误差范围允许下边缘值相等的最终表格，表格中的数据不受变量边缘值效应的影响。由表中数据可以看出，大杰克种类里，MC 的值是最大的；在全麦面包种类里，GE 的值是最大的。

我们采取的最后一个步骤把这个结果放进更加清晰的程序：在大杰克和全麦面包分类里，如果各分组之间没有任何不同，我们可以把单元格中的数值看作是与期望值偏离程度的大小。如果没有差异，在表 18-10 中所给的边缘值将是 0.500。我们将表 18-10 的每个单元格内的数值减去期望值 0.500，最后所得的数值构成了表 18-11 的数据。

最后表 18-11 中的数据是相当清晰和直截了当的。由表 18-11 的数据可以明显地看出，在之前的表格中，GE 组的数值在全麦面包分类中是虚高的，但在表 18-11 中发生了变化，同时在大杰克分类中其他分组虚高的值也发生了变化。此外，另外一些数据的变化也能帮助我们去解释之前的一些结果。举例来说，即使由于一些被试太少而不是太稳定，我们也能提出一些和大杰克分类里三分组间差异相关的假设性的问题。在大杰克分类里，MC 比 PC 占的比重大。在大杰克分类里，JFJ 的比重处在 PC 和 MC 之间。

在这项研究里，因为样本大小，这三个分组（PC、MC、JFJ）的差异在统计上是不显著的，但在大样本中，就可能会显著。无论怎样，边缘值标准化的目的是使差异在这些分组中更加显著，或者达到统计的显著性。

# 第十九章 研究报告的阅读和撰写

心理与行为科学研究离不开对前人工作的系统把握,因而对每一个心理学研究者来说,阅读他人的实验报告就成了必修课。第一次阅读心理学期刊论文可能感到困难重重。研究者写文章是为了给其他的研究者阅读,因此,他们用的是行话,并且行文简洁扼要。这些特点有助于同一领域中学者之间的互相交流。但是,这样的报告对本科生来说却有很大难度。本章的目的就是让你初步了解如何阅读及如何写作研究论文。

## 第一节 阅读研究报告时应注意的问题

阅读文章不能走马观花,最好的方法是在看完每一部分后停下来思考一番,带着下面的问题来阅读你会受益匪浅。大量阅读研究报告,逐渐形成习惯,你就会看出写文章的"门道",掌握阅读技巧。

### 一、引言部分的问题

(1) 作者的目的是什么?引言解释研究的背景和综述前期的研究文献。作者可能提供几种理论,但他会说明这些理论在解释行为时其解释力不同,并表明自己同意哪一种理论或者观点,不同意哪一种理论或者观点。

(2) 实验中将要验证的假设是什么?引言中这部分属于理论构思、研究思路、理论假设,文中一般有明确的表述。

（3）如果由我来设计实验验证这个假设，我会怎么做？在引言部分，这个问题很关键。在阅读方法部分之前，必须设法回答这个问题。许多实验都是在系统的行为调查背景下做出来的，以验证和支持作者提出的特定理论框架。如果你没有回答这个问题，就继续读完下面的部分，就很可能被精于辞藻、善于表达的作者说服而完全接受作者提出来的方法。

## 二、方法部分的问题

比较一下你的设计和作者的设计，现在回答以下四个问题：
（1）我提的方法比作者的好吗？
（2）作者的方法确实能验证假设吗？
（3）自变量、因变量和控制变量各是什么？
（4）用作者所描述的被试、仪器、材料和程序，我对实验结果的预测是什么？

## 三、结果部分的问题

结果部分的问题如下：
（1）作者的结果出乎意料吗？
（2）我如何解释这些结果？
（3）从我对结果的解释中，所得出的意义和启发是什么？

## 四、讨论部分的问题

讨论部分是作者以结论的形式对数据所做的解释。好的讨论可以让读者全面了解该研究，因为它回答了作者在引言部分提出的问题。比较一下你对结果的解释与作者的有什么不同，这样可以帮助你批判性地看待作者的解释。

（1）是我的解释还是作者的解释更能说明数据？在讨论部分一般可以允许作者有更大的自由度，因此我们可能会发现作者的结论中有些并非来自数据。作者得出的结论一般来说都是合适的，只是有时作者在引申这些结论时超出了数据所能支持的范围。

（2）对结果的意义和启发的讨论，我的和作者的哪个更有说服力？这个问题相对于上一个问题来说是次要的。但是，通过思考这个问题可以多方面地了解该研究，从而得到更有价值的启迪。

## 第二节　撰写研究报告和论文

### 一、论文与研究报告的意义和要求

（一）研究报告和论文的意义

研究报告和论文是对研究的最新成果的陈述和解释。在研究报告和论文中，研究者本人可以阐述对某一问题或某些问题的看法及见解，可以说明研究所采用的最新的研究工具、研究方法及研究手段。

同时，研究报告和论文是研究者之间交流研究成果的基本方式。通过及时、规范的报告，可以使研究成果为他人所知，有助于研究成果的推广和交流，展现研究的价值和功能。

最后，研究报告和论文有利于对某一领域的相关问题做出评价。研究者可以通过文献的检索及综合分析，进而对某一领域一定时期内的研究做出较为全面的了解、概括及评价，以促进相关研究工作的不断开展。

因此，研究报告和论文的撰写，是心理与行为科学研究工作中不可缺少的一个重要环节。

（二）研究报告和论文的要求

研究报告的形式较多，常见的是单一研究的报告，篇幅较短，针对某一具体实验或调查做出报告。学位论文要求较高一些，不同级别的学位论文要求也有区别。例如，学士学位论文详细报告某一研究的结果；硕士学位论文要求对同一课题做一两项研究，篇幅长一些，讨论也更深入；博士学位论文要求围绕同一课题报告3~5项研究，做出全面、透彻和系统的分析，范围比硕士学位论文更广泛，需分析、解释或评估某一主题思想。

研究报告和论文的目的是报告研究的结果，因此，需要清楚、准确、经济简练。一般来说，要经过几稿的修改和征求意见。要广泛征求同行、专家的意见。

### 二、论文与研究报告的各个部分

研究报告和论文包括九个部分，即题目和作者，摘要，关键词，引言，方法，结果，讨论与结论，参考文献及附录。

（一）题目和作者

题目是一篇文章的眼睛，定题目要深思熟虑，一个好的标题应该基本表明所研究的问题，特别是要有自变量和因变量，如"过去经验对内隐社会知觉的影响""学习不良儿童的家庭资源对其认知发展、学习动机的影响""速度与认知成绩及年龄关系的研究"等，这些都是很好的题目。有些题目使人看过不知所云，或者大而不当，如"关于记忆的研究""青少年心理的发展"等。因此，研究报告的题目既要简明扼要，又不能超出研究方法、研究技术的限制。

题目还应包括作者及其工作单位，这样就便于研究者之间进一步地交流和沟通，有利于研究者之间的合作。另外，如果研究获得了项目基金、团体机构或者个人的支持和帮助，应在题目页的下部以脚注（一般为星号＊）标注表明。

（二）摘要

摘要也就是内容提要，是研究报告和论文中不可缺少的一部分，是对研究报告和论文的研究目的、研究方法、研究结果及研究结论的简要概述。摘要是一篇具有独立性的短文，有其特别的地方。它建立在对研究报告和论文进行总结的基础之上，用简单、明确、易懂、精辟的语言对全文内容加以概括，留主干去枝叶，提取主要信息。作者的观点、研究报告和论文的主要内容、研究成果、独到的见解，这些都应该在摘要中体现出来。好的摘要便于索引与查找，易于收录到大型资料库中并为他人提供信息。因此，摘要在资料交流方面承担着至关重要的作用。

摘要的字数没有严格的限定，《心理学报》发表的研究报告，其摘要字数为150～200字。也有研究者主张摘要字数为 500～800 字。英文摘要一般要求100～150 字。摘要的内容包括研究的问题、所用的方法、结果和结论。行文要简练、准确。摘要的写作目的是概括主要内容，让读者看过以后决定是否还要看全文。

另外，需要注意的是，摘要是研究报告和论文中最后写的一部分。由于字数的限制，摘要一定要精练，成文时要反复推敲，惜字如金。

（三）关键词

关键词是从研究报告和论文的题名、摘要和正文中选取出来的，是对表述研究报告和论文的中心内容有实质意义的词汇。每篇研究报告和论文一般选取3～8个词汇作为关键词，另起一行，排在摘要的下方。

无论国内还是国外的研究报告和论文，关键词的选取都是遵循一定规范的，是为了满足文献标引或检索工作的需要而从研究报告和论文中选取出的词或词组。关键词包括主题词和自由词两个部分：主题词是专门为文献的标引或检索而从自然语言的主要词汇中挑选出来并加以规范了的词或词组；自由词则是未规范化的即还未收入主题词表中的词或词组。

### (四) 引言

引言在有些文章中又称为问题的提出、序言或前言。作为学术论文的开场白，引言应以简短的文字介绍写作背景和目的，以及相关领域内前人所做的工作和研究的概况，说明本研究与前人工作的关系，目前研究的热点和存在的问题，以便读者了解该文的概貌，起导读的作用。引言也可点明本文的理论依据、实验基础和研究方法，简单阐述其研究内容、结果、意义和前景，不要展开讨论。应该注意的是，对前人工作的概括不要断章取义，如果有意歪曲别人的意思而突出自己方法的优点就更不可取了。

引言一般要开门见山、不绕圈子，避免大篇幅地讲述历史渊源和立题研究过程，必须要言简意赅、突出重点，不应过多叙述同行熟知的及教科书中的常识性内容，确有必要提及他人的研究成果和基本原理时，只需以参考文献的形式标出文献即可。在引言中提示本文的工作和观点时，意思应明确，语言应简练，同时应尊重科学，实事求是。在论述本文的研究意义时，应注意分寸，切忌使用"有很高的学术价值""填补了国内外空白""首次发现"等不实之词，同时也要注意不用客套话，如"才疏学浅""水平有限""恳请指正""抛砖引玉"之类的语言，还应注意的是引言的内容不应与摘要雷同，也不应是摘要的注释。引言一般应与结论相呼应，在引言中提出的问题在结论中应有解答，但也应避免引言与结论雷同。最后，分析过去研究的局限性并阐明自己研究的创新点，这是整个引言的高潮所在，所以更要慎之又慎。阐明局限要客观。在阐述自己的创新点时，要紧紧围绕过去研究的缺陷性来描述，完整而清晰地描述自己的解决思路。

### (五) 方法

详细说明用于检验假设的设计和程序。方法部分应该十分详细，使读者能够通过阅读获得足够的信息，以便重复试验。主要包括被试情况，研究所用的工具及材料，研究设计及具体程序、实验数据的处理及分析方法等几个方面。

被试部分需要说明参加研究人员的基本情况及被试的取样方法。被试的基本情况包括被试的数量、主要的人口统计学特征（如性别、年龄、来源等），在有些研究（如认知神经科学研究）中还需说明被试有无精神疾病、左右利手等情况。另外，如果选用动物被试，还应说明其类别。

研究的材料及工具主要是指研究中研究者搜集数据或者实施实验时所采用的测量工具、问卷、设备仪器等。测量工具及问卷一般分为两大类：一类是已经标准化的测验或量表（如大五人格测验、智力测验、MMPI 测验等），另一类是研究者自己设计的问卷或量表，此时应注明问卷的编制过程、信效度等。实验的设备仪器主要是指计算机、脑电仪、TMS 仪等。

研究的设计需要报告研究设计的类型（单因素/多因素，组间/组内）、被试如何分组、无关变量的控制等。具体程序的操作需要说明研究的过程、指导语等相关情况。

实验数据的处理及分析方法主要涉及的是研究者所用的分析软件及分析方法。分析软件主要有 SPSS、Amos、Mplus 处理软件等；分析方法主要指所采用的检验方法，包括 $t$ 检验、单因素/多因素方差分析、回归分析等方法。

### （六）结果

总结研究的数据和有关的统计分析，简短地说明每一结果与研究假设的关系，而且应报告所有有关结果，包括与自己假设不一致的结果。结果往往以统计图表的形式表示，加上必要的说明。

需要注意的是，在这一部分不必对结果的实际意义进行探讨和解释。数据的处理水平就能显示出数据的真实含义。

另外，在结果中，一般采用适当的统计图表对所得的数据资料进行补充。统计图表简洁、直观，能对研究中的假设加以直观的证实。在使用图表时应当注意，对于同一结果，要么用表表达，要么用图形表达，二者择其一。

### （七）讨论与结论

这一部分是对研究结果的含义和意义的评价，应当说是整个研究报告和论文最为关键的部分。在研究报告和论文中，引言部分会对相关的知识体系及报告的研究取向加以介绍，结果部分应呈现研究所得到的相关数据结果，以及不同于以往的新的研究结果。讨论部分的作用就是要把新的研究结果融入到已有的知识和理论结构中，将原有的知识和理论体系升级重建。

引言部分是对相互矛盾的理论及假设加以回顾，给予研究一个参考框架，讨论部分需要对这些加以探讨，并说明所得到的研究结果是否支持之前的理论和假设，与引言部分形成前后呼应之势。另外，讨论过程也是对研究结果合理化的过程，同时还应简短地论述意外研究结果出现的原因。

需要注意的是，如果研究为应用性研究，还应指出结果的实践意义，以及向相关方面提出应用或推广研究结果的建议及具体实施过程等。

在研究报告和论文中，如果用来解释研究结果的理论或假设不止一项，那么就需要指出未来的研究方向。同时，除了指明未来的研究方向外，还应说明研究的不足之处，这样既能弥补自己研究的不足，又能深入研究，促进理论知识的建构。

结论部分应当是研究报告和论文正文的最后一个部分。它是对研究的所有结果进行综合概括，应当客观并具有适当的概括性。客观性直接关系到研究的科学性，因此要求研究结论必须是观测到的直接现象和测得的数据，不应当主观臆想或胡乱编造。概括性应当包括研究的内部信效度及推广时的外部信效度等内容。在推广时，结论概括性应当适中，不宜程度过大。

（八）参考文献

列出引用和提到的文献，包括作者、题目、发表时间、刊物（或著作）及页码。这里涉及如何对待引用文献的问题，有人不愿标出文献出处，这是不被允许的。

为了便于说明旁征博引、引经据典的概念，可以引述美国参议员葛伦的名言："如果抄袭一个人的作品，那是剽窃；如果抄袭十个人的作品，那是做研究工作；如果抄袭一百个人的作品，那就成为学者。"其实，参考资料的功能是用于支持、印证研究者的基本论点。这里的"抄袭"是指参考的资料的"搜集、引用与再创造"。假如能像李白、杜甫那样，把抄袭得来的东西融会贯通、消化吸收，写出的作品已非本来的面目。化前人的心血为己有，那就是已臻于神出鬼没的"神偷"功夫。到了"神偷"境界，就可以成为文豪与学者。事实上，英国哲学家培根早在三四百年前曾比喻做学问有三种人：第一种人好比"蜘蛛结网"，其材料不是从外面找来的，而是从肚子里吐出来的；第二种人好比"蚂蚁囤粮"，他们只是将外面的东西一一搬回储藏起来，并不加以加工改造；第三种人好比"蜜蜂酿蜜"，他们采撷百花的精华，加上一番酿造的功夫，做成了又香又甜的糖蜜。由此观之，抄袭者想成为妙手神偷，应效法蜜蜂酿蜜的方法，采撷百家之言，择善而从，加上一番创造的功夫，持之以恒，才有可能成为学者。如何采撷百家之言呢？简言之，广博搜集研究和参考资料，细微观察，然后予以归纳、分析、批判，是做任何研究的基本功夫。有了此功夫，撰写论文时，才能旁征博引。如果只是随兴所至，东摸西摸，不深入了解，没有基本功夫，因所知有限，必致陷于困穷，将来做研究不易有成就。

（九）附录

附录中主要包括不便在正文中呈现的计算程序，自编的测验、问卷，以及较冗长的处理方法等。目的是让读者了解研究的具体情况，以便对研究思路、方法和统计分析等做出评价。附录一般出现在硕士或者博士的毕业论文中，在发表的文章中，除特殊说明外，这一部分一般被省略。

# 第二十章　方法只是工具不是目的

　　本书的全部内容都在讲研究方法，都在强调方法的重要性，但是我们必须记住：方法不等于一切。因为我们坚信科学的心理与行为科学的研究不仅仅只是将科学的方法手段应用于人类行为和经验的研究。方法永远是为目的服务的，而不是相反。对本科生和研究生来说，在实际的研究过程中会面临许多令人纠结的问题。比如，我掌握了一种研究方法，而哪些问题适合于这种方法呢？这相当于有人手里有一把锤子，他到处在寻找哪里有钉子。科学研究的根本目的是发现和解决问题，增进人类对世界的认识和了解，研究方法是为研究目的服务的，而学生包括一部分研究者却把这个关系弄颠倒了。有研究者为了发表"高水平"的论文，一窝蜂地采用某种当前很时髦的研究手段和研究方法，近年来国内心理学界不断被人诟病的 ERP（事件相关电位）研究和 fMRI（正电子断层扫描）技术，就是很好的例子。我们欢迎新技术、新手段，因为它为我们增进对某一领域的认识打开了一扇新的大门，开辟了新的可能的途径。但是我们需要明白：这些研究技术是适合于某些课题的，它不是万能的，超出了它的适用范围，也许它无能为力。

　　本章的目的是帮助学生树立这样的信念：手段和方法不是一切，手段和方法只是解决问题的途径和手段。因此，我们要求读者在认识上要"超越方法"。

# 第一节 研究的维度

在前面的章节里,我们讨论了当代研究人的行为和心理的常用方法。现在我们尝试对这些方法进行某种整合,把它们统一呈现在一个图表中来表示。为了使它们合在一起看上去更容易一些,我们把研究的方法分为三个维度(图20-1),每一个维度都是一个连续的统一体。

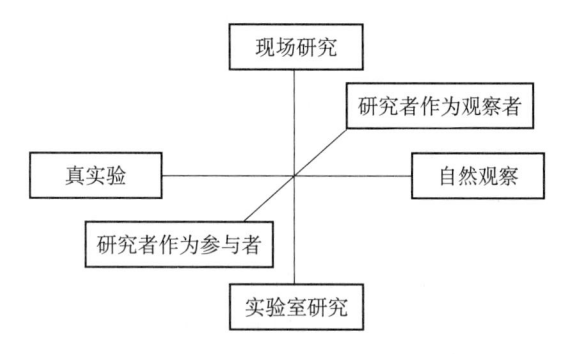

图 20-1 研究方法的三维度属性示意图

## 一、干预维度

第一个维度是,我们对研究现象的直接干预程度。其中一端是真实验方法。这是一种主动的方法,这种方法使得我们可以通过直接操纵自变量,使研究变量之间的关系变为可能,并且可以观察它对因变量的影响。实验者感兴趣的是,在给定的时间内一个因素(自变量)是怎样影响其他因素(因变量)的。这一维度的另外一端是自然观察法。这一方法的典型特征是被动性,对观察者来说,他只能被动地等待研究现象或行为的出现,并试图描述研究的对象。

不同的研究方法均有其不同的特点,我们要充分发挥其优点、避免其缺点,意识到这一点非常重要。例如,当我们使用自然观察法时,我们会发现我们必须等待被观察者新的行为或经验自动地出现,而不能人为地引起某种行为进行观察,同时观察所得也无法确定变量间关系。实验室实验法使我们可以在严格控制条件下观察和记录自变量对因变量的影响,并能够较确切地发现变量之间的因果关系,这是它的优点。但是,有一利就有一弊。实验室实验法是在人为地剥离了许多有密切联系的因素和条件下观察被试的某种行为和心理活动,这样会造成被试的心理、行为有别于生活和生产实际,进而影响研究结果的可推广性。事实上，当我们选好了研究的自变量和因变量以后，一些可能影响实验结果的条件大部分都被排除了。通常，被排除的都是在研究的开始阶段我们起初都不清楚的东西，即还没有认识到其作用的因素。例如，当我们设计实验时，有多少人会考虑到天气（温度、压强、湿度）的因素？一般来说我们会假设天气不是一个重要的因素。但是有例子表明，一些偏头痛患者在暴风雨来临前报告头痛的情况会增多。

对于上述这些原因，我们建议应该同时使用实验法和观察法。当操控一个真实验时，我们不仅要关注因变量是怎样被观察和记录的，还应仔细斟酌可能影响因变量的潜在因素。同样，当我们在自然观察研究中观察人们的行为时，也应该考虑哪些变量与它存在相关关系，哪些变量会影响其他的变量。因此，正如考虑一个论题需要用发展的眼光来看一样，在自然观察与实验方法间其实是一种连续统一体，而且二者可以相互补充。

## 二、环境维度

第二个维度是研究的环境：实验室研究和现场研究。实验室研究是创设了一个实验环境，包含了我们所要研究的所有影响研究结果的重要变量。通过把研究搬到实验室，我们能够对环境因素进行更好的控制。现场研究则较少地控制环境因素，这样被试（参与者）可能更少地受到实验独特的要求所限制，使得被试的反应可能更自然。

## 三、参与维度

第三个维度是研究者是否参与实验。该维度的一端是研究者作为观察者，在这种情况下，假设研究者不以任何方式参与实验，只是被动地记录数据。另一端是研究者作为参与者，在这种情况下研究者就是实验的一个部分。研究者作为观察者还是参与者，到底哪一个得到的结果更客观，这里没有严格的界定，这取决于问题的性质。如果你在研究社会心理学中摩托党的问题，那么成为摩托党的成员肯定比作为旁观者观察得到的信息更准确。然而，如果你想要知道其他人对摩托党穿过他们城镇时的反应，那么就需要成为一个观察者，因为这样你可以同时看到事件发生的情况和事件发生之后镇上人的反应。

正如图 20-1 中看到的研究方法的维度，我们可以看出，作为研究者，可以根据你对研究问题的理解选择多种有效的方法和手段。但是没有一种方法或手段是最好的。方法是否有效仅仅与提出的具体问题有关。为了能够阐明这一点，现在让我们将图 20-1 中的三个维度分开阐述，分为两个二维度交互的问题（图 20-2）。读者可以尝试来确定本书所讨论的各种研究方法应该处于哪个象限中。

实际的研究工作中，要根据你研究的具体主题和你提出的具体问题，来选择一种最合适的研究方法。

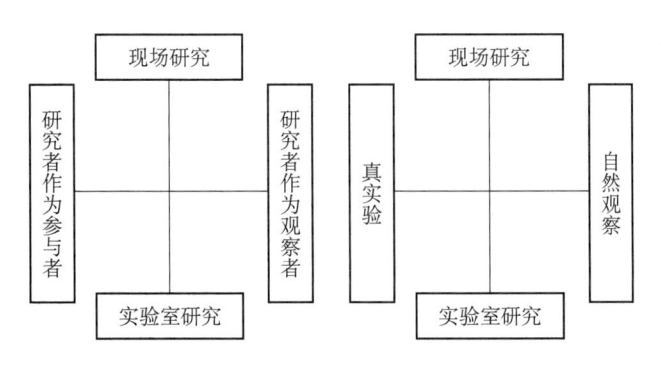

图 20-2 研究方法的二维度示意图

## 第二节 作为人的活动的心理与行为科学研究

### 一、研究活动的开端：问题

正如我们在前面讨论中所强调的，科学研究的过程不仅仅只是方法的应用。事实上，知道怎样成为某一领域的科学家是很重要的素养，这就需要我们知道怎样提出问题。科学家就像小孩一样去发现世界。作为科学家，你的一部分任务就是用小孩子的视角来重新体验：你是怎样去寻找那些令人惊奇的和激动人心的问题的。一旦你对现象和过程着了迷，那么你自然而然地就会去思考它、探究它，并开始提出有关的问题。

然而，只有惊讶和激动人心是不够的。就像是孩子长大并且成熟了一样，科学家慢慢地不满足于对问题最初的激动，于是就如何回答问题开始制定一套系统的方法。这通常指的不仅仅是一个实验，而是一系列直接的研究，我们把它叫作一个研究系统。在设计这种方法时，科学家动用、吸收了其他人的工作及其自己特有的想法。我们在本章稍后的内容里详细讨论科学家对他人已有工作及其自己的信任问题。现在我们只想强调，对一个想法或者研究问题感到激动是一个重要的开始，但仅仅只是个开始而已，接下来的任务可能难度更大。

### 二、寻求答案的限制

科学家在研究工作中会遇到很多的阻碍，这就会限制我们提出的问题的类型，主要存在三大限制：一是我们能够使用的工具的局限；二是我们对于世界的共同信念的限制；三是我们自身心理上的限制，如害怕犯错或者被同事和朋友拒绝。

（一）工具的限制

在科学研究中我们想要问的许多问题可能都受到我们现在所处时代的特殊的技术水平的限制，这是由真实的物理工具以及技术上的和方法论的复杂性所决定的。电子望远镜和显微镜都是以同样的方式让科学家能够来探索世界上未知的事物，电子技术的发展如计算机，生理放大器和多样的大脑研究装置等的发展，给我们研究人类行为和经验提供了技术支持，这些技术突破了我们原有的局限性。伴随着新工具的出现，新的方法也得到了发展。然而，爱上某种特殊的工具或研究技术就是一个陷阱，不管是方法论的、统计学的还是机械的。在这种情景下，科学家通过使用他们偏好的工具，倾向于尝试使所有的人类行为和经验与自己喜欢用的测量工具相一致。就像上述锤子的例子，如果你只给小孩子一把锤子，他将把所有的东西都当成钉子。这并不是锤子的问题，而是小孩子认为锤子应该怎么用的问题。同样，科学家对研究工具使用目的的看法也是这样的。因此，我们要谨记：方法不是万能的。

（二）我们对于世界的共同信念

在科学研究中，许多方法都是可用的，然而我们研究什么基本上是个人决策问题。该决策依赖于我们的共同观念和个人的认知能力。有时，这些观念可能有文化的界限，这就导致我们认为我们做的正是世界各地人们所做的事情。例如，社会心理学最近的研究表明，一些传统的社会心理学的现象，如认知失调或者常被引用的归因错误可能不适用于非西方文化。在其他时候，我们个人的观点或期望可能会影响我们的方法或结论。有关推理过程的研究结果显示，我们更容易批判别人的推理而不是我们自己的，并且我们似乎更会建构一个模型来支持自己的观点而不是驳斥自己的观点。虽然我们都是按照自己对现实世界所形成的表象来思考和行动的，但是我们往往忽视这一点。科学家们正在研究儿童是什么时候第一次开始意识到是现实世界的表象，而不是现实世界本身在引导人们的大多数行为和经验。

科学家致力于发现新的真理的过程中最大的问题之一，是与我们对世界的看法相联系的。一些作者将这些看法看作是"心照不宣"的或是形而上学的，也有的称之为潜意识。我们都有这样的假设，例如，认为"人是罪恶的""人类是一个攻击性的物种""所有的行为都是习得的""所有的行为都是天生的"，甚至简约率（它表明科学的最好的解释应该是最不复杂的）本身就是一种未被证实的形而上学的假设，正是这些假设指导着我们的行动。提出假设并不是问题，正如生物学家博姆（David Bohm）提出的，真正的问题发生在当一个人混淆了假设和直接观察到的事实的时候。关于这个问题，举个常见的例子，即我们早上看到日出，傍晚看到日落。但是太阳是不升起也不下落的，正是我们自身在空间上的转动才使得太阳进入视野或走出视野。一旦给你指出这一差异，你可能会同意，甚至你可能下次看到日出日落时就觉得不一样了。

一个科学的例子是关于这个问题的：人们一度相信重的东西比轻的东西更快地接触地面。以前人们认为，被自主神经系统激活的器官（心脏、脾胃和某些腺体）不受个体意识的调控，并且相信我们的免疫系统不受心理过程如悲伤的影响。这些信念现在被称作"问题"，我们现在已经认识到我们的思想、情感和行动对我们的身体有深刻的影响。例如，实验证明心理干预对癌症存活率的重要性十分明显。从对情绪影响我们身体的生化过程的方式的探索，到研究发现慢跑能减轻沮丧，我们正在发现我们大脑的生化过程和生理活动与行为之间存在重要的交互作用。事实上，我们发现经验是促使大脑发展的主要贡献者。心理与行为科学也正在重新欣赏遗传学。有一个时期，人们认为学习是所有行为的基础，而遗传学的观点几乎没有了市场。当我们重新考虑我们是怎样回答这些问题时，尤其是从进化的角度，我们发现我们自己在重新考虑情绪、语言，甚至意识本身的本质等问题。诸如此类的理论观点的转变，突出显示了研究人类机能的新方法的重要性。

最近科学家们开始转变他们对世界的认识，从认为过程是稳定的到询问不稳定性和波动性是怎样作为自然界的一部分而存在的。这种转变包括重新对行为的模式、复杂性，以及程序进化的方式感兴趣。这种研究取向的例子是基于非线性系统分析的模型的运用或混沌理论的运用。这种研究取向已经被多种系统所应用，包括气象学、生理学和物理系统。混沌理论认为，最初情况的细微变化，可能会在后来产生可预期的较大的弹道偏差。在发展心理学、临床心理学、健康心理学领域，我们不难想象：最初短暂地接触某种情况（如第二语言，药物滥用，健康或生病），将会很大程度上影响一个人以后一生的轨迹。在不同的场合下，班杜拉多次指出，我们生活中的许多重要大事件（我们和谁结婚、我们去哪里上大学、我们在哪里工作等）通常都是某种偶遇导致的。这些思想使我们重新考虑从行为角度来看什么是"正常的"轨迹，这反过来使我们质疑我们具有的简单的"规律观"可能不是最好的"世界观"。例如，戈德伯格（Goldberger）和里盖伊（Rigney）指出，正常的心理模式是混乱的，而有规律的模式可能是病理学上的一个信号。这种观点促使我们重新考虑我们对世界的看法。这种混顿范式已经应用于多种领域，包括心理与行为科学，特别是脑内的认知过程和感觉过程。

### （三）我们心理上的局限性

认知心理学家对情绪性学习障碍表现出极大的兴趣。一些障碍可能源于害怕自己表现差劲，或怕自己在别人眼中看起来很愚蠢，或自我感觉很愚蠢等。有研究者指出，我们中的一些人害怕成功。说实在的，假如在我们的学习实验和其他研究中的被试会表现出这些害怕，我们也要考虑到我们作为科学家一样怀有相同的恐惧。因此，对我们来说，面对新发现，我们的主要局限在于恐惧新发现可能对我们个人来说具有的意义。

一些科学家已经开始记录他们自己的心理过程，正如他们从事的科学工作，这为我们洞察我们心理上的一些限制提供了有价值的启发。一个著名的例子是沃森（Watson）关于双螺旋结构的理论。沃森的著作不仅记录了关于DAN结构的科学研究，还记录了与该研究有关的妒忌和自我动机，以及像态度之类的影响科学研究的心理因素。在一项已发表的研究中，米特洛夫（Mitroff）研究了科学家并报告了他们对科学的心理反应。比如，研究月球成分的科学家，当最初带回岩石样本时，特别是当这些岩石的结构与科学家自己的理论有冲突时，他们会有怎样的反应？米特洛夫进行了仔细的检查。米特洛夫同样检查了科学家们是怎样从心理上把他们的家庭和工作联系起来以及他们是怎样表达情感的。在报告的结尾米特洛夫表示认同马斯洛的结论。马斯洛认为科学能够充当一个防御机制和一种逃避生活的方式，也可以作为一种提高心理健康的手段。这些例子足以启示我们，科学家与生活中的任何一个人一样，拥有真实的情感，同时也有自身的局限性。

## 三、作为复杂的人类过程的科学

科学本身就是一个复杂的人的加工过程，不管科学家对世界有什么样的预想，也不管对其本质有什么样的假设，科学的目的都是要探索"世界是怎样的"。

1890年，作为科学家，同时也是威斯康星大学校长的张伯伦（T. C. Chamberlain）在《科学》杂志上发表了一篇论文，他提出了许多我们在本书中间接思考过的问题。

张伯伦在他的文章的开始提到，对世界的学习存在两种基本的方法。第一种方法包括尽量去跟随、模仿先贤，并通过记住他们的研究结果来获得知识。张伯伦认为你通过复制先前成功的实验并且学会了他们使用的方法，你也就学会了科学。作为一名学习"科学"的学生，这就是你们的第一个任务，学会复制他人的成功过程、步骤，并且你必须知道进行研究工作的通行方法。

第二个方法，张伯伦把它叫作原创性研究。原创性研究要求研究者独立思考并在尝试中不断地发现新的真理，或者形成事实间的联系，或者至少发展一种独特的事实的集合。这种尝试是独立进行的，不管想法是否完全依赖于先前的想法。

关于这种方法，爱因斯坦就是一个明显的例子，早在 20 世纪，物理学家依赖牛顿理论或麦克斯韦（Maxwell，19 世纪英国物理学家、数学家）方程来帮助他们理解世界。爱因斯坦对这两种方法都没有选择，而是开创了他自己的思想实验。他想象一个人开着一辆有轨电车离城镇的时钟越来越远，爱因斯坦在想，如果车以光速行驶，将会发生什么？因为从时钟上反射的光的速度是以光速前进的，并且车里的人的速度也是光速，时钟反射的光的速度和人察觉到时钟的速度是一样的。因此，他将看到时钟在倒退。这些思想实验帮助爱因斯坦以一种新的和独立的方式来看待世界。这也是一种他自己也不确定的方式，因为一开始爱因斯坦也不相信这些思想实验有预测力。他转向用哲学来考虑他的预测。结果是，爱因斯坦发现我们对时间的概念是从无意识中产生的，也就是说，我们的时间概念不是绝对的东西。但是相反的，我们大脑的无意识结论基于感觉信息的输入。我们通常假设时间是绝对的。正如爱因斯坦提出的，真正绝对的是光速而不是时间，后来的实验也证明了这一结论。

爱因斯坦的例子不仅帮助我们去理解张伯伦关于科学的第二方法或创造性方法的主张，而且这也是一个很好的例证，它说明即使有时候结果与个人的观点或传统的观点不一致，科学家也愿意遵从逻辑解决问题，并认真对待出人意料的结果。

张伯伦认为，科学家应该超越从一个独特的视角来看世界的习惯，而代之以他称作的"多种工作假设"看世界。这一方法被认为是一组假设，每个假设都会产生不同的结论和理解。对张伯伦来说，这种方法能够应用于个人的思考过程和研究实践。通过考虑两种或更多可供选择的假设，我们通常能提出更多复杂的问题。例如，心理学发展的早期，一些科学家指出所有的行为都是先天的，并且他们也能找到理论来支持这个观点。另一些科学家则认为行为是由环境决定的，他们也找到了这方面的根据来支持这一观点。如今，我们面对这两种理论，已经可能不是更偏向任何一种观点，而是研究环境和遗传因素是怎样交互作用的。这里我们再次重申，我们不能仅仅只考虑单一的假设，而是要考虑一组相互竞争的假设，并提出多种观点。张伯伦指出，这种多种工作假设的方法不仅能够应用于提出假设，而且能够应用于观察方法本身。张伯伦指出，在使用多种工作假设的方法时，研究者不能只选择性地证明自己喜爱的理论是正确的，不能把这种动机带到研究工作中，相反，科学工作者应该认识到研究是为了追求真理而不是别的。

## 四、研究中的价值观

价值观的领域是从科学领域分离出来的。然而，这并不是说，两个领域间没有重叠的部分。科学的领域代表我们想要测试的假设和创造的理论，价值观的领域与科学的领域是交叉的，价值观能够影响科学研究（图20-3）。我们应该记住，虽然我们在科学研究中受价值观的影响，但在研究工作中我们不会去检验我们的伦理和道德价值观的正当性。也就是说，虽然每个科学家在研究过程中都带有独特的尚未检验的价值观，但是，我们还是共同遵守学术传统和公认的学术伦理要求。我们希望在伦理价值观方面，科学家之间基本上不存在差异。

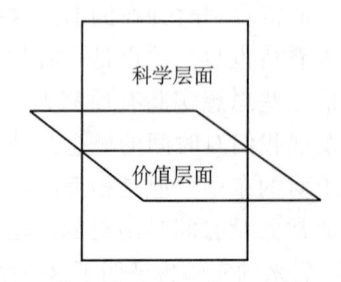

图 20-3　科学和价值层面的交叉示意图

和伦理一样重要的是，人们在科学研究中还有其他的价值观。像伦理观一样，这些价值观用科学的方法是无法检验的，但是它们通常影响科学家对研究问题的选择，也影响对信息的解释。例如，许多研究原子能的科学家遵守了和平使用原子能的协议，并且一些科学家拒绝为可能制造战争武器的项目工作。然而，有的科学家认为一个强大的防御系统对维护他们的价值观是必需的，因此他们乐意从事能够生产更强大的战争武器的科学研究。同样，在行为科学中，一些科学家提出将行为矫正或特殊的药物治疗，甚至是改变激素等方法，作为改造囚犯的方法，然而另一些科学家则反对应用这些技术。在卫生保健方面，最近我们也看到不仅要强调延长生命的重要性，而且要强调评估生命延长的心理上的质量的重要性。

科学知识可以促进技术的进步。对此我们姑且不论。作为个体的科学家还持有不是直接与其科学工作相关的价值观。例如，索尔克（Jonas Salk）是索尔克脊髓灰质炎疫苗的发明者，他把自身与整个人类联系起来，致力于探索我们怎样塑造人类自身的进化。他强调，除非我们愿意积极地理解我们面对的价值判断，否则我们可能会自我毁灭。另一些科学家则强调兼爱，推崇甘地提出的非暴力学说的示范意义。例如，爱因斯坦强调反对战争的重要性。还有些科学家在从事他们个体层面上的音乐和诗歌的创作。牛顿花了许多时间来读《圣经启示录》这本书，尝试去理解它的意义及其与未来的相关性。关键点是科学家是不可能没有价值观的，没有一个人是完全不动感情的科学家。科学不可能以一种没有价值观的方式来运作。

## 五、实用性

科学家们希望更好地理解我们生活的世界，更好地理解有机体（包括我们自己）。对许多科学家来说，这个渴望本身就表明了其实用性。一些科学家已经直接将他们的研究转向对广泛的生态学的思考。另一些科学家则将研究聚焦在理解躯体和精神疾病上。有一些科学家试图去探究新的领域，他们对人类这一物种未来的发展抱有希望。近几年来，不仅在理解心理疾病方面有了许多努力，而且在新的治疗方法的发展和评估上的努力都有了增加。这些工作的一个例子就是斯金纳早期的尝试，他通过应用学习理论的技术，来帮助患神经症和精神疾病的人。另一个例子是米勒（Neal Miller）的尝试，他应用学习的规律来减轻心理疾病。其他的心理学家尝试超越正常与病态心理的区分。马斯洛曾试图研究那些靠能力生存的人，他称这些人是自我实现的人，并且开始初步地描述性研究他们的行为和经验。另一些研究者指出，因为我们研究了意识的降低状态，如睡眠和昏迷，我们也应该研究唤醒状态下或是改变状态下的意识。

实用性的问题不仅导致科学家广泛关注实验的应用领域，而且这也导致科学家努力评估特殊的研究方法。比如，有必要区分科学上的显著结果和统计意义上的显著结果。当研究者对比实验中的实验组和控制组时，可能会发现统计意义上的差异，这也说明了变异并不是偶然因素造成的。然而，差异本身可能会小到几乎没有科学意义的程度，即使是统计显著。我们来看一个简单的例子，假设你开发一项新技术，通过放松来降低血压。经过几个月的测试，你可能会发现你的技术的确在实验组和控制组之间产生了统计学上的差异，然而，通过精确的检验，你可能会发现实验组的被试血压降低了 2~4 毫米汞柱，但是血压仍然在高血压的范围内。你的结果虽然在统计上显著，但可能没有临床意义，因此可能不能作为治疗高血压的手段进行推广。如此，科研中发现的统计学上的显著差异，对实际工作可能没有重要意义。

## 六、科学是超越方法的

正如前述，科学家会考虑其研究课题的真实性、价值观和实用性。因此，科学是并且总是一定程度上超越纯粹的方法的。科学除了可以扩大知识，还可以服务于其他的目的。科学也对我们个人的成长以及个人与社会的发展起到帮助作用。我们认为，科学的价值之一是，它能帮助我们超越我们自身和集体的局限性。在科学研究中,我们超越个人的狭隘信念,献身于对真理的求索。科学知识代表了一个较高层次的知识,它永远对质疑和修正保持开放的态度。科学的知识代表了一种高层次的知识,这并不是强调它的正确性,而是强调它是可以质疑的、可以反驳和修正的。如果不自愿地重新考虑、重新检查、重新评估知识,无论这个知识在表述时多么有价值,都会成为教条,都会缺乏生命力。

事实上,我们必须认识到每一个理论都是有不足的,并且有一天可能会被驳斥,这应该导致的是希望而不是失望。这个希望就是通过科学我们能够降低我们所共有的愚昧程度。随着每一个新理论的提出,我们也给自己提供了一个新的机会去了解世界。每一种新的方法和理论就像是一副眼镜,它能框定我们的视域,并且聚焦到我们看到的东西上。利用这副特殊的眼镜,我们可以观察世界并描绘出我们所见世界之地图,科学与此类似。但是,我们要记得地图和地图所代表的现实是有区别的,这一点非常重要。这中间同时存在科学的希望与局限。希望就是通过科学,我们能够为我们的时代制作有用的地图,局限就是我们可能会忘记我们描绘的地图与我们生活的现实之间存在差异,而我们混淆了差异。

为了指出我们生活的世界与我们合乎科学的对世界的描述之间的区别,我们把科学研究区分为三个方面:科学家、研究参与者和证据。

|  | 实验处理 | |
|---|---|---|
|  | 经验 | 行为(表现) |
| 研究的焦点 "我" | 我怎样研究我自己的经验? 1 | 我怎样研究我自己的行为? 2 |
| 研究的焦点 "你" | 我怎样研究你的经验? 3 | 我怎样研究你的行为? 4 |

图 20-4 四种已知的研究领域

让我们看看图 20-4,它表述了我们研究自身和研究别人的一种方法。矩阵的左侧是类别"我"和"你",对侧的顶端是类别"经验"和"行为(表现)"。从心理与行为科学短暂的历史中我们已经将精力集中于第四种研究领域——外显行为的研究,虽然心理与行为科学一开始也强调第一种研究领域——个人经验,但其现在通常以不合乎科学的名义被忽视和丢弃。心理与行为科学几乎成了那些对行为感兴趣和对经验感兴趣的人们的战场。今天这种情况开始改变了,我们看到一个新的科学家团体出现了,他们感兴趣的研究既包括行为也包括经验,不仅研究他人的而且研究自己的。因此,当代心理学已经尝试在我们的研究矩阵中不再强调具体的单元,而是重视对各个单元涉及的共同主题和方法进行研究。

我们已经开始探索那些对我们来说有用的行为和经验，我们的知识存在许多的漏洞需要我们去填补。我们希望读者看到我们在心理与行为科学中研究的论题是复杂的，使用单一思路是不可能解决的。这很清楚，我们矩阵中任何单元的研究，虽然是一个重要的、有用的开始，但是不可能给我们一个完整的心理机能的全景图。因此，作为心理与行为科学专业的学生，不仅要通过对以往的重要研究进行重复研究来理解传统的方法，而且要通过自己对心理与行为的新探索发现更多的新知识。

# 参 考 文 献

阿瑟·艾伦，艾琳·N. 艾伦，埃利奥特·库普斯. 2006. 心理统计（影印版）（第 4 版）. 北京：世界图书出版公司：443-479，628-629

陈卫旗. 2006. 社会科学现场实验的不等同对照组问题的解决方法. 西北师范大学学报，43（4）：66-70

陈晓萍. 2010. 独立思考精神：优秀学者的必备品质. 心理与行为科学报，42（1）：4-9

戴维·弗里德曼，罗伯特·皮萨尼，罗杰·柏维斯，等. 1997. 统计学. 魏宗舒，施锡铨，林举干，等译. 北京：中国统计出版社：133-177

董奇. 2004. 心理与教育研究方法. 北京：北京师范大学出版社：73-74，211-212，222

杜文久. 2006. 项目反应理论框架下多级评分项目的信息函数. 心理与行为科学报，38（1）：135-144

杜晓新. 2002. 单一被试实验研究中的效度问题. 中国特殊教育，(3)：23-24

古德芒德·R. 埃维森，玛莉·格根. 2000. 统计学：基本概念和方法. 吴喜之，程博，柳林旭，等译. 北京：高等教育出版社，施普林格出版社：196-215，251-261

顾天祯. 1985. 如何选择教育科研课题. 教育评论，(4)：58-61

郭庆科，房洁. 2000. 经典测验理论与项目反应理论的对比研究. 山东师范大学学报：自然科学版，(3)：264-266

郭秀艳，杨治良. 2005. 基础实验心理与行为科学. 北京：高等教育出版社：75-76

黄建丹. 2011. 项目反应理论简介. 学理论，17：271-272

黄希庭，张志杰. 2005. 心理与行为科学研究方法. 北京：高等教育出版社：85

杰克·R. 弗林克尔，诺曼·E. 瓦伦. 2004. 教育研究的设计与评估. 蔡永红等译. 北京：华夏出版社：96，162，309-315，400，468

理查德·鲁尼恩，凯·科尔曼，戴维·皮滕杰. 2004. 心理统计（第 9 版）（英文版）. 北京：人民邮电出版社：161-198

凌文铨，白利刚，方俐洛. 1998. 我国大学科系职业兴趣类型图初探. 心理学报，(1)：78

刘电芝. 1995. 问卷调查表的编制方法与技术. 江西教育科研，2：47-50

莫雷. 1998. 不同年级学生自然阅读过程信息加工活动特点研究. 心理学报，(1)：43-49

帕加诺. 2002. 行为科学中的统计学入门（第 6 版）（影印版）. 北京：中国统计出版社：99-128

裴娣娜. 1999. 教育科学研究方法. 沈阳：辽宁大学出版社：2，127

秦金亮，郭秀艳. 2003. 论心理与行为科学两种研究范式的整合趋向. 心理科学，26（1）：20-23

时勘，侯彤妹. 2002. 关键事件访谈方法. 中外管理导报，(3)：52-55

舒华. 2006. 心理与教育研究中的多因素实验设计. 北京：北京师范大学出版社：49-50

孙彬. 2010. 测量与计量学的发展——项目反应理论. 科技信息, 36: 127-130

王重鸣. 1990. 心理学研究方法. 北京: 人民教育出版社: 85, 131-135, 194

王晓田. 2010. 有关行为研究方法学的六点思考. 心理学报, 42 (1): 37-40

维斯伯格. 1994. 天才和疯狂? 关于狂郁症能提高创造力的假设的准实验研究. 心理科学, 5: 361-367

肖玮. 2006. 应用项目反应理论创建图形推理测验题库. 心理学报, 38 (6): 934-940

杨俊英, 张桂琴. 2001. 实验设计方案及其统计分析方法的选择. 中华物理医学与康复杂志, 23 (6): 378-381

杨治良, 周楚, 万璐璐, 等. 2006. 短时间延迟条件下错误记忆的遗忘. 心理学报, 38 (1): 1-6

詹妮弗·埃文斯. 2010. 心理学研究要义. 苏彦捷等译. 重庆: 重庆大学出版社: 62

张力为. 2005. 体育科学研究方法. 北京: 高等教育出版社: 250, 278

章志光. 2003. 社会心理学. 北京: 人民教育出版社: 245

周谦. 2000. 心理科学方法学. 北京: 中国科学技术出版社: 343

朱滢. 2006. 心理实验研究基础. 北京: 北京大学出版社: 124

B. H. 坎特威茨, H. L. 罗迪格 (Ⅲ), D. G. 埃尔姆斯. 2003. 实验心理学——掌握心理学的研究. 郭秀艳等译. 上海: 华东师范大学出版社: 29

Randolph A. Smith, Stephen F. Davis. 2006. 实验心理学教程——勘破心理世界的侦探. 郭秀艳, 孙里宁译. 北京: 中国轻工业出版社: 15-16

T. L. Frederick, L. James, T. Austin, 等, 2006. 心理学研究手册. 周晓林, 訾非, 黄立, 等译. 北京: 中国轻工业出版社

Backman C L, Harris S R, Chisholm J M, et al. 1997. Single-subject research in rehabilitation: a review of studies using AB, withdrawal, multiple baseline, and alternating treatments designs. Archives of Physical Medicine and Rehabilitation, 78: 1145-1153

Holm M B, Santangelo M A, Brown S O, et al. 2000. Effectiveness of everyday occupations for changing client behaviors in a community living arrangement. American Journal of Occupational Therapy, 54: 361-371

Platt J R. 1964. Strong inference. Science, 146: 352

Rosnow R L, Rosenthal R. 1998. Beginning Behavioral Research. Upper Saddle River: Prentice Hall

Rosnow R L, Rosenthal R. 2007. Beginning Behavioral Research: a Conceptual Primer. 6th ed. Upper Saddle River: Prentice Hall

Ray W J. 2011. Methods Toward a Science of Behavior and Experience. 9th international ed. Belmont: Wadsworth Publishing Company

Skinner B F. 1966. What is the experimental analysis of behavior? Journal of the Experimental Analysis of Behavior, 9: 213-218